建筑与市政工程施工现场专业人员职业标准培训教材

质量员通用与基础知识（市政方向）

（第三版）

中国建设教育协会　组织编写

焦永达　主　编

中国建筑工业出版社

图书在版编目（CIP）数据

质量员通用与基础知识. 市政方向 / 中国建设教育
协会组织编写；焦永达主编. — 3 版. — 北京：中国
建筑工业出版社，2023.3
建筑与市政工程施工现场专业人员职业标准培训教材
ISBN 978-7-112-28341-5

Ⅰ. ①质… Ⅱ. ①中… ②焦… Ⅲ. ①市政工程—质
量管理—职业培训—教材 Ⅳ. ①TU712

中国国家版本馆 CIP 数据核字（2023）第 017607 号

本书是根据中华人民共和国住房和城乡建设部颁布的《建筑与市政工程施工现场专业
人员职业标准》JGJ/T 250—2011 和建筑与市政工程施工员（市政方向）考核大纲编写
的，与《施工员岗位知识与专业技能（市政方向）》（第三版）一书配套使用。

本书主要内容包括：建设法规、市政工程材料、市政工程施工图绘制与识图、市政施
工技术、施工项目管理、力学基础知识、市政工程基本知识、市政工程造价的基本知识、
计算机和相关管理软件的应用知识、市政工程施工测量的基本知识、抽样统计分析的基
本知识。

本书可作为市政工程施工现场人员职业能力评价及考试培训教材，也可供大中专院
校、市政施工企业质量管理人员及监理人员参考。

责任编辑：李 慧 李 明 李 杰
责任校对：姜小莲

建筑与市政工程施工现场专业人员职业标准培训教材

质量员通用与基础知识（市政方向）

（第三版）

中国建设教育协会 组织编写

焦永达 主 编

*

中国建筑工业出版社出版、发行（北京海淀三里河路 9 号）
各地新华书店、建筑书店经销
北京红光制版公司制版
北京建筑工业印刷厂印刷

*

开本：787 毫米×1092 毫米 1/16 印张：18 字数：443 千字
2023 年 3 月第三版 2023 年 3 月第一次印刷
定价：59.00 元
ISBN 978 - 7 - 112 - 28341 - 5
（40270）

建筑与市政工程施工现场专业人员职业标准培训教材

编 审 委 员 会

建筑与市政工程施工现场专业人员队伍素质是影响工程质量和安全生产的关键因素。我国从 20 世纪 80 年代开始，在建设行业开展关键岗位培训考核和持证上岗工作。对于提高建设行业从业人员的素质起到了积极的作用。进入本世纪，在改革行政审批制度和转变政府职能的背景下，建设行业教育主管部门转变行业人才工作思路，积极规划和组织职业标准的研发。在住房和城乡建设部人事司的主持下，由中国建设教育协会、苏州二建建筑集团有限公司等单位主编了建设行业的第一部职业标准——《建筑与市政工程施工现场专业人员职业标准》，已由住房和城乡建设部发布，作为行业标准于 2012 年 1 月 1 日起实施。为推动该标准的贯彻落实，进一步编写了配套的 14 个考核评价大纲。

该职业标准及考核评价大纲有以下特点：（1）系统分析各类建筑施工企业现场专业人员岗位设置情况，总结归纳了 8 个岗位专业人员核心工作职责，这些职业分类和岗位职责具有普遍性、通用性。（2）突出职业能力本位原则，工作岗位职责与专业技能相互对应，通过技能训练能够提高专业人员的岗位履职能力。（3）注重专业知识的完整性、系统性，基本覆盖各岗位专业人员的知识要求，通用知识具有各岗位的一致性，基础知识、岗位知识能够体现本岗位的知识结构要求。（4）适应行业发展和行业管理的现实需要，岗位设置、专业技能和专业知识要求具有一定的前瞻性、引导性，能够满足专业人员提高综合素质和适应岗位变化的需要。

为落实职业标准，规范建设行业现场专业人员岗位培训工作，我们依据与职业标准相配套的考核评价大纲，组织编写了《建筑与市政工程施工现场专业人员职业标准培训教材》。

本套教材覆盖《建筑与市政工程施工现场专业人员职业标准》涉及的施工员、质量员、安全员、标准员、材料员、机械员、劳务员、资料员 8 个岗位 14 个考核评价大纲。每个岗位、专业，根据其职业工作的需要，注意精选教学内容、优化知识结构、突出能力要求，对知识、技能经过合理归纳，编写为《通用与基础知识》和《岗位知识与专业技能》两本，供培训配套使用。本套教材共 28 本，作者基本都参与了《建筑与市政工程施工现场专业人员职业标准》的编写，使本套教材的内容能充分体现《建筑与市政工程施工现场专业人员职业标准》的要求，促进现场专业人员专业学习和能力提高。

第三版教材在上版教材的基础上，依据考核评价大纲，总结使用过程中发现的不足之处，参照最新法律法规及现行标准规范，结合"四新"内容对教材内容进行了调整、修改、补充，使之更加贴近学员需求，方便学员顺利通过培训测试。

我们的编写工作难免存在不足，因此，我们恳请使用本套教材的培训机构、教师和广大学员多提宝贵意见，以便进一步的修订，使其不断完善。

建筑与市政工程施工现场专业人员职业标准培训教材编审委员会

本书是建筑与市政工程施工现场专业人员培训和考试复习统编教材，依据住房和城乡建设部颁布的《建筑与市政工程施工现场专业人员考核评价大纲》编写。

本书具有以下特点：（1）权威性。主编和部分参编人员参加了《建筑与市政工程施工现场专业人员职业标准》《建筑与市政工程施工现场专业人员考核评价大纲》的编写与宣贯，同时聘请了业内权威专家作为审稿人员，能够充分体现执业标准和考核评价大纲的要求。（2）先进性。本书按照有关最新标准、法规和管理规定进行动态修订，吸纳了行业最新发展成果。（3）适应性。本书内容结构与《建筑与市政工程施工现场专业人员考核评价大纲》一一对应，便于组织培训和复习。

本书在第二版的基础上，按照行业最新的标准、法律法规、管理规定和行业最新成果，对全书进行了全面修订。内容上删除了已淘汰的工艺工法、并对相关内容进行了更新，保持了内容的先进性、实用性。

本次修订重点调整了市政工程材料、管道施工技术、力学基础知识、管道工程基本知识、计算机和相关管理软件的应用知识、施工测量等内容；增加了混凝土耐久性、深基坑施工技术、管道基础和连接工艺要点、道路挡土墙、排水管道规划和接口类型、综合管廊管线安装、BIM软件的应用、综合管廊施工放线、竣工测量等内容。修订补充了水泥材料性能、外加剂性能、地基与基础工程施工技术、燃气管道和供热管道安装技术、桥梁工程施工放线、管道工程施工测量等内容。

本次修订依据工程实践需求删除了人工挖孔灌注桩施工工艺、预制板梁中气囊施工、平口混凝土管及砂浆抹带和砖砌检查井等陈旧施工工艺。根据具岗位实际需要，删除了力学基础知识中的计算内容、市政工程预算的基本知识、AutoCAD的基本知识和施工测量中的距离测量、角度测量和水准测量等内容，本次修订内容较多，更为符合培训考试的要求。

本书由焦永达主编，余家兴副主编，四川建筑职业技术学院胡兴福、北京国测集团有限责任公司焦猛、行业专家王青、冯力参与了本次修订工作。

本书在编写过程中得到中国市政工程协会等单位的支持和帮助，并参阅了业内专家、学者的文献和资料，在此一并表示谢意。

限于编者水平，书中疏漏和错误难免，敬请读者批评指正。

为满足全国市政工程施工现场专业人员学习与考核的要求，本书在第一版的基础上，根据《建筑与市政工程施工现场专业人员考核评价大纲》和工程实践需求进行了重点修订。

本次修订重点调整了市政工程常用湿软地基处理工艺、沥青混合料结构组成、城市桥梁结构组成与现浇施工工艺、市政管道工程施工工艺与功能性试验等内容；补充了集体合同的有关规定、石灰材料与应用、图纸绘制基础知识等内容；增加了水泥混凝土路面施工工艺、现场施工管理等内容。修订补充了抽样统计分析的基本知识和抽样检查方法内容。

本次修订依据考核大纲删去了"城市轨道交通""垃圾填埋场""园林绿化"等工程相关内容。依据城镇道路工程实践需求简写了路堤和路堑施工工艺；删除了市政管道工程中"灰麻捻口"等陈旧施工工艺。本次修订内容较多，更为符合培训考试的要求。

本书由焦永达主编，余家兴、马致远、黄丽等人执笔，胡兴福、侯洪涛、赵欣、李庚蕊、杨庆丰等人参加了修订工作。

本书在编写过程中得到中国市政工程协会等单位的支持和帮助，并参阅了业内专家、学者的文献和资料，在此一并表示谢意。

由于编者水平有限等原因，导致书中存在内容繁简不当、遗漏、错误等问题，恳请使读者在使用过程中提出意见和建议。

　　为进一步提高建筑市政工程施工专业人员的职业素质，满足施工项目管理的需求，中华人民共和国住房和城乡建设部颁布了《建筑与市政工程施工现场专业人员职业标准》JGJ/T 250—2011，本书是根据该标准及《建筑与市政工程施工现场专业人员考核评价大纲》编写的。可以作为市政工程施工现场人员职业能力评价及考试培训教材，也可供大中专院校、市政施工企业技术管理人员及监理人员参考。

　　本书综合运用本专业的理论基础和行业技术发展的成果，重点介绍市政工程质量员应具备的通用知识与基础知识，内容力求理论联系实际，注重对学员的实践能力、解决问题能力的培养，并兼顾全书的系统性和完整性。

　　本书由中国市政工程协会组织编写，焦永达任主编。通用知识由胡兴福、侯洪涛、余家兴、赵欣、张伟主笔，专业知识由张亚庆、张常明、侯洪涛、余家兴、李庚蕊、杨庆丰主笔。

　　本书在编写过程中得到了上海市公路桥梁（集团）有限公司、北京市市政建设集团有限责任公司、济南工程技术学院等单位的支持和帮助，并参考了现行的相关规范和技术规范，参阅了业内专家、学者的文献和资料，在此一并表示衷心的谢意！对为本书付出了辛勤劳动的中国建设教育协会、中国建筑工业出版社编辑同志表示衷心的感谢！

　　由于编者水平有限，书中疏漏、错误在所难免，恳请使用本书的读者不吝指正。

目　录

上篇 通用知识

一、建设法规

建设法规是指国家立法机关或其授权的行政机关制定的旨在调整国家及其有关机构、企事业单位、社会团体、公民之间，在建设活动中或建设行政管理活动中发生的各种社会关系的法律、法规的统称。它体现了国家对城市建设、乡村建设、市政及社会公用事业等各项建设活动进行组织、管理、协调的方针、政策和基本原则。

我国建设法规体系由以下五个层次组成。

1. 建设法律

建设法律是指由全国人民代表大会及其常务委员会制定通过，由国家主席以主席令的形式发布的属于国务院建设行政主管部门业务范围的各项法律，如《中华人民共和国建筑法》等。

2. 建设行政法规

建设行政法规是指由国务院制定，经国务院常务委员会审议通过，由国务院总理以中华人民共和国国务院令的形式发布的属于建设行政主管部门主管业务范围的各项法规。建设行政法规的名称常以"条例""办法""规定""规章"等名称出现，如《建设工程质量管理条例》《建设工程安全生产管理条例》等。

3. 建设部门规章

建设部门规章是指住房和城乡建设部根据国务院规定的职责范围，依法制定并颁布的各项规章或由住房和城乡建设部与国务院其他有关部门联合制定并发布的规章，如《实施工程建设强制性标准监督规定》《工程建设项目施工招标投标办法》等。

4. 地方性建设法规

地方性建设法规是指在不与宪法、法律、行政法规相抵触的前提下，由省、自治区、直辖市人民代表大会及其常委会结合本地区实际情况制定颁布发行的或经其批准颁布发行的由下级人大或其常委会制定的，只在本行政区域有效的建设方面的法规。

5. 地方建设规章

地方建设规章是指省、自治区、直辖市人民政府以及省会（自治区首府）城市和经国务院批准的较大城市的人民政府，根据法律和法规制定颁布的，只在本行政区域有效的建设方面的规章。

2

在建设法规的上述五个层次中，其法律效力从高到低依次为建设法律、建设行政法规、建设部门规章、地方性建设法规、地方建设规章。法律效力高的称为上位法，法律效力低的称为下位法。下位法不得与上位法相抵触，否则其相应规定将被视为无效。

（一）《建筑法》

《中华人民共和国建筑法》（以下简称《建筑法》）于 1997 年 11 月 1 日由中华人民共和国第八届全国人民代表大会常务委员会第二十八次会议通过，于 1997 年 11 月 1 日发布，自 1998 年 3 月 1 日起施行。2011 年 4 月 22 日，第十一届全国人民代表大会常务委员会第二十次会议根据《关于修改〈中华人民共和国建筑法〉的决定》修改，修改后的《建筑法》自 2011 年 7 月 1 日起施行。

《建筑法》的立法目的在于加强对建筑活动的监督管理，维护建筑市场秩序，保证建筑工程的质量和安全，促进建筑业健康发展。《建筑法》共 8 章 85 条，分别从建筑许可、建筑工程发包与承包、建筑工程监理、建筑安全生产管理、建筑工程质量管理等方面作出了规定。

1. 从业资格的有关规定❶

（1）法规相关条文

《建筑法》关于从业资格的条文是第 12 条、第 13 条、第 14 条。

（2）建筑业企业的资质

从事土木工程、建筑工程、线路管道设备安装工程、装修工程的新建、扩建、改建等活动的企业称为建筑业企业。建筑业企业资质，是指建筑业企业的建设业绩、人员素质、管理水平、资金数量、技术装备等的总称。

1）建筑业企业资质序列及类别

建筑业企业资质分为施工综合、施工总承包、专业承包和专业作业四个序列。取得施工综合资质的企业称为施工综合企业。取得施工总承包资质的企业称为施工总承包企业。取得专业承包资质的企业称为专业承包企业。取得专业作业资质的企业称为专业作业企业。

施工综合资质、施工总承包资质、专业承包资质、专业作业资质序列可按照工程性质和技术特点分别划分为若干资质类别，见表 1-1。

建筑业企业资质序列、类别及等级 表 1-1

序号	资质序列	资质类别	资质等级
1	施工综合资质	不分类别	不分等级
2	施工总承包资质	分为 13 个类别，分别为：建筑工程、公路工程、铁路工程、港口与航道工程、水利水电工程、电力工程、矿山工程、冶金工程、石油化工工程、市政公用工程、通信工程、机电工程、民航工程	分为甲级、乙级 2 个等级

---

❶ 该部分内容依据《建筑业企业资质标准（征求意见稿）》编写。

续表

序号	资质序列	资质类别	资质等级
3	专业承包资质	分为18个类别，分别为：地基基础工程、起重设备安装工程、预拌混凝土、建筑机电工程、消防设施工程、防水防腐保温工程、桥梁工程、隧道工程、模板脚手架、建筑装修装饰工程、古建筑工程、公路工程类、铁路电务电气化工程、港口与航道工程类、水利水电工程类、输变电工程、核工程、通用专业承包	预拌混凝土、模板脚手架、通用专业承包3个类别不分等级，其余分为甲级、乙级2个等级
4	专业作业资质	不分类别	不分等级

2）建筑业企业资质等级

建筑业企业资质等级，是指国务院行政主管部门按企业资质条件把企业划分成的不同等级。

施工综合资质不分等级，施工总承包资质分为甲级、乙级两个等级，专业承包资质一般分为甲级、乙级两个等级（部分专业不分等级），专业作业资质不分等级，见表1-1。

3）承揽业务的范围

① 施工综合企业和施工总承包企业

施工综合企业和施工总承包企业可以承接施工总承包工程。对所承接的施工总承包工程的各专业工程，可以全部自行施工，也可以将专业工程依法进行分包，但应分包给具有相应专业承包资质的企业。施工综合企业和施工总承包企业将专业作业进行分包时，应分包给具有专业作业资质的企业。

施工综合企业可承担各类工程的施工总承包、项目管理业务。各类别等级资质施工总承包企业承包工程的具体范围见《建筑业企业资质标准》，其中建筑工程、市政公用工程施工总承包企业承包工程范围分别见表1-2、表1-3。所谓建筑工程是指各类结构形式的民用建筑工程、工业建筑工程、构筑物工程以及相配套的道路、通信、管网管线等设施工程，工程内容包括地基与基础、主体结构、建筑屋面、装修装饰、建筑幕墙、附建人防工程以及给水排水及供暖、通风与空调、电气、消防、防雷等配套工程；市政公用工程包括给水工程、排水工程、燃气工程、热力工程、道路工程、桥梁工程、城市隧道工程（含城市规划区内的穿山过江隧道、地铁隧道、地下交通工程、地下过街通道）、公共交通工程、轨道交通工程、环境卫生工程、照明工程、绿化工程。

建筑工程施工总承包企业承包工程范围　　　　　　　　　　表 1-2

序号	企业资质	承包工程范围
1	甲级	可承担各类建筑工程的施工总承包、工程项目管理
2	乙级	可承担下列建筑工程的施工： （1）高度 100m 以下的工业、民用建筑工程； （2）高度 120m 以下的构筑物工程； （3）建筑面积 15 万 m² 以下的建筑工程； （4）单项建安合同额 1.5 亿元以下的建筑工程

注：表中"以上""以下""不少于"均包含本数。

市政公用工程施工总承包企业承包工程范围 表 1-3

序号	企业资质	承包工程范围
1	甲级	可承担各类市政公用工程的施工
2	乙级	可承担下列市政公用工程的施工: (1) 各类城市道路;单跨 45m 以下的城市桥梁; (2) 15 万 t/d 以下的供水工程;10 万 t/d 以下的污水处理工程;25 万 t/d 以下的给水泵站、15 万 t/d 以下的污水泵站、雨水泵站;各类给水排水及中水管道工程; (3) 中压以下燃气管道、调压站;供热面积 150 万 m² 以下热力工程和各类热力管道工程; (4) 各类城市生活垃圾处理工程; (5) 断面 25m² 以下隧道工程和地下交通工程; (6) 各类城市广场、地面停车场硬质铺装

注:表中"以上""以下""不少于"均包含本数。

② 专业承包企业

设有专业承包资质的专业工程单独发包时,应由取得相应专业承包资质的企业承担。专业承包企业可以承接具有施工综合资质和施工总承包资质的企业依法分包的专业工程或建设单位依法发包的专业工程。对所承接的专业工程,可以全部自行组织施工,也可以将专业作业依法分包,但应分包给具有专业作业资质的企业。

各类别等级资质专业承包企业承包工程的具体范围见《建筑业企业资质标准》,其中,与建筑工程、市政公用工程相关性较高的专业承包企业承包工程的范围见表 1-4。

部分专业承包企业承包工程范围 表 1-4

序号	企业类别	资质等级	承包工程范围
1	地基基础工程专业承包	甲级	可承担各类地基基础工程的施工
		乙级	可承担下列工程的施工: (1) 高度 100m 以下工业、民用建筑工程和高度 120m 以下构筑物的地基基础工程; (2) 深度 24m 以下的刚性桩复合地基处理和深度 10m 以下的其他地基处理工程; (3) 单桩承受设计荷载 5000kN 以下的桩基础工程; (4) 开挖深度 15m 以下的基坑围护工程
2	预拌混凝土专业承包	不分等级	可生产各种强度等级的混凝土和特种混凝土
3	建筑机电工程专业承包	甲级	可承担各类建筑工程项目的设备、线路、管道的安装,35kV 以下变配电站工程,非标准钢结构件的制作、安装;各类城市与道路照明工程的施工;各类型电子工程、建筑智能化工程施工
		乙级	可承担单项合同额 2000 万元以下的各类建筑工程项目的设备、线路、管道的安装,10kV 以下变配电站工程,非标准钢结构件的制作、安装;单项合同额 1500 万元以下的城市与道路照明工程的施工;单项合同额 2500 万元以下的电子工业制造设备安装工程和电子工业环境工程、单项合同额 1500 万元以下的电子系统工程和建筑智能化工程施工

续表

序号	企业类别	资质等级	承包工程范围
4	消防设施工程专业承包	甲级	可承担各类消防设施工程的施工
		乙级	可承担建筑面积5万 m² 以下的下列消防设施工程的施工： （1）一类高层民用建筑以外的民用建筑； （2）火灾危险性丙类以下的厂房、仓库、储罐、堆场
5	模板脚手架专业承包	不分等级	可承担各类模板、脚手架工程的设计、制作、安装、施工
6	建筑装修装饰工程专业承包	甲级	可承担各类建筑装修装饰工程，以及与装修工程直接配套的其他工程的施工；各类型的建筑幕墙工程的施工
		乙级	可承担单项合同额3000万元以下的建筑装修装饰工程，以及与装修工程直接配套的其他工程的施工；单体建筑工程幕墙面积15000m² 以下建筑幕墙工程的施工
7	古建筑工程专业承包	甲级	可承担各类仿古建筑、历史古建筑修缮工程的施工
		乙级	可承担建筑面积3000m² 以下的仿古建筑工程或历史建筑修缮工程的施工
8	通用专业承包资质	不分等级	可承担建筑工程中除建筑装修装饰工程、建筑机电工程、地基基础工程等专业承包工程外的其他专业承包工程的施工

注：表中"以上""以下""不少于"均包含本数。

③ 专业作业企业

专业作业企业可以承接具有施工综合资质、施工总承包资质和专业承包资质的企业分包的专业作业。

2. 建筑安全生产管理的有关规定

（1）法规相关条文

《建筑法》关于建筑安全生产管理的条文是第36条～第51条，其中有关建筑施工企业的条文是第36条、第38条、第39条、第41条、第44条～第48条、第51条。

（2）建筑安全生产管理方针

建筑安全生产管理是指建设行政主管部门、建筑安全监督管理机构、建筑施工企业及有关单位对建筑生产过程中的安全工作，进行计划、组织、指挥、控制、监督等一系列的管理活动。

《建筑法》第36条规定：建筑工程安全生产管理必须坚持"安全第一、预防为主"的方针。

安全生产关系到人民群众生命和财产安全，关系到社会稳定和经济健康发展，建设工程安全生产管理必须坚持"安全第一、预防为主"的方针。"安全第一"是安全生产方针的基础；"预防为主"是安全生产方针的核心和具体体现，是实现安全生产的根本途径，生产必须安全，安全促进生产。

"安全第一"是从保护和发展生产力的角度，表明在生产范围内安全与生产的关系，肯定安全在建筑生产活动中的首要位置和重要性。"预防为主"是指在建设工程生产活动

6

中，针对建设工程生产的特点，对生产要素采取管理措施，有效地控制不安全因素的发展与扩大，把可能发生的事故消灭在萌芽状态，以保证生产活动中人的安全、健康及财物安全。

"安全第一"还反映了当安全与生产发生矛盾的时候，应该服从安全，消灭隐患，保证建设工程在安全的条件下生产。"预防为主"则体现在事先策划、事中控制、事后总结，通过信息收集，归类分析，制定预案，控制防范。"安全第一、预防为主"的方针，体现了国家在建设工程安全生产过程中"以人为本"的思想，也体现了国家对保护劳动者权利、保护社会生产力的高度重视。

（3）建设工程安全生产基本制度

1）安全生产责任制度

安全生产责任制度是将企业各级负责人、各职能机构及其工作人员和各岗位作业人员在安全生产方面应做的工作及应负的责任加以明确规定的一种制度。

《建筑法》第36条规定：建筑工程安全生产管理必须建立健全安全生产的责任制度。第44条规定：建筑施工企业必须依法加强对建筑安全生产的管理，执行安全生产责任制度，采取有效措施，防止伤亡及其他安全生产事故的发生。建筑施工企业的法定代表人对本企业的安全生产负责。

安全生产责任制度是建筑生产中最基本的安全管理制度，是所有安全规章制度的核心，是"安全第一、预防为主"方针的具体体现。通过制定安全生产责任制，建立一种分工明确，运行有效、责任落实、能够充分发挥作用的、长效的安全生产机制，把安全生产工作落到实处。认真落实安全生产责任制，不仅是为了保证在发生生产安全事故时，可以追究责任，更重要的是通过日常或定期检查、考核，奖优罚劣，提高全体从业人员执行安全生产责任制的自觉性，使安全生产责任制真正落实到安全生产工作中去。

注：《安全生产法》对安全生产管理方针的表述为：安全生产应当以人为本，坚持安全第一、预防为主、综合治理的方针，建立政府领导、部门监督、单位负责、群众参与、社会监督的工作机制。

建筑施工单位的安全生产责任制主要包括企业各级领导人员的安全职责、企业各有关职能部门的安全生产职责以及施工现场管理人员及作业人员的安全职责三个方面。

2）群防群治制度

群防群治制度是职工群众进行预防和治理安全的一种制度。

《建筑法》第36条规定：建筑工程安全生产管理必须建立健全群防群治制度。

群防群治制度也是"安全第一、预防为主"的具体体现，同时也是群众路线在安全工作中的具体体现，是企业进行民主管理的重要内容。这一制度要求建筑企业职工在施工中应当遵守有关生产的法律、法规和建筑行业安全规章、规程，不得违章作业；对于危及生命安全和身体健康的行为有权提出批评、检举和控告。

3）安全生产教育培训制度

安全生产教育培训制度是对广大建筑干部职工进行安全教育培训，提高安全意识，增加安全知识和技能的制度。

《建筑法》第46条规定：建筑施工企业应当建立健全劳动安全生产教育培训制度，加强对职工安全生产的教育培训；未经安全生产教育培训的人员，不得上岗作业。

安全生产，人人有责。只有通过对广大职工进行安全教育、培训，才能使广大职工真正认识到安全生产的重要性、必要性，才能使广大职工掌握更多更有效的安全生产的科学技术知识，牢固树立安全第一的思想，自觉遵守各项安全生产规章制度。

4）伤亡事故处理报告制度

伤亡事故处理报告制度是指施工中发生事故时，建筑企业应当采取紧急措施减少人员伤亡和事故损失，并按照国家有关规定及时向有关部门报告的制度。

《建筑法》第51条规定：施工中发生事故时，建筑施工企业应当采取紧急措施减少人员伤亡和事故损失，并按照国家有关规定及时向有关部门报告。

事故处理必须遵循一定的程序，做到"四不放过"，即事故原因不清不放过、事故责任者和群众没有受到教育不放过、事故隐患不整改不放过、事故的责任者没有受到处理不放过。通过对事故的严格处理，可以总结出教训，为制定规程、规章提供第一手素材，做到亡羊补牢。

5）安全生产检查制度

安全生产检查制度是上级管理部门或企业自身对安全生产状况进行定期或不定期检查的制度。

安全检查制度是安全生产的保障。通过检查可以发现问题，查出隐患，从而采取有效措施，堵塞漏洞，把事故消灭在发生之前，做到防患于未然，是"预防为主"的具体体现。通过检查，还可总结出好的经验加以推广，为进一步搞好安全工作打下基础。

6）安全责任追究制度

建设单位、设计单位、施工单位、监理单位，由于没有履行职责造成人员伤亡和事故损失的，视情节给予相应处理；情节严重的，责令停业整顿，降低资质等级或吊销资质证书；构成犯罪的，依法追究刑事责任。

（4）建筑施工企业的安全生产责任

《建筑法》第38条、第39条、第41条、第44条～第48条、第51条规定了建筑施工企业的安全生产责任。根据这些规定，《建设工程质量管理条例》等法规作了进一步细化和补充，具体见《建设工程质量管理条例》部分相关内容。

3. 《建筑法》关于质量管理的规定

（1）法规相关条文

《建筑法》关于质量管理的条文是第52条～第63条，其中有关建筑施工企业的条文是第52条、第54条、第55条、第58条～第62条。

（2）建设工程竣工验收制度

《建筑法》第61条规定：交付竣工验收的建筑工程，必须符合规定的建筑工程质量标准，有完整的工程技术经济资料和经签署的工程保修书，并具备国家规定的其他竣工条件。建筑工程竣工经验收合格后，方可交付使用；未经验收或者验收不合格的，不得交付使用。

建设工程项目的竣工验收，指在建筑工程已按照设计要求完成全部施工任务，准备交付给建设单位投入使用时，由建设单位或有关主管部门依照国家关于建筑工程竣工验收制度的规定，对该项工程是否符合设计要求和工程质量标准所进行的检查、考核工作。工程项目的竣工验收是施工全过程的最后一道工序，也是工程项目管理的最后一项工作。它是建设投资成果转入生产或使用的标志，也是全面考核投资效益、检验设计和施工质量的重要环节。认真做好工程项目的竣工验收工作，对保证工程项目的质量具有重要意义。

（3）建设工程质量保修制度

建设工程质量保修制度，是指建设工程竣工经验收后，在规定的保修期限内，因勘察、设计、施工、材料等原因造成的质量缺陷，应当由施工承包单位负责维修、返工或更换，由责任单位负责赔偿损失的法律制度。建设工程质量保修制度对于促进建设各方加强质量管理，保护用户及消费者的合法权益可起到重要的保障作用。

《建筑法》第 62 条规定：建筑工程实行质量保修制度。同时，还对质量保修的范围和期限作了规定：建筑工程的保修范围应当包括地基基础工程、主体结构工程、屋面防水工程和其他土建工程，以及电气管线、上下水管线的安装工程，供热、供冷系统工程等项目；保修的期限应当按照保证建筑物合理寿命年限内正常使用、维护使用者合法权益的原则确定。具体的保修范围和最低保修期限由国务院规定。据此，国务院在《建设工程质量管理条例》中作了明确规定，详见《建设工程质量管理条例》相关内容。

（4）建筑施工企业的质量责任与义务

《建筑法》第 54 条、第 55 条、第 58 条～第 62 条规定了建筑施工企业的质量责任与义务。据此，《建设工程质量管理条例》作了进一步细化，见《建设工程质量管理条例》部分相关内容。

（二）《安全生产法》

《中华人民共和国安全生产法》（以下简称《安全生产法》）由第九届全国人民代表大会常务委员会第二十八次会议于 2002 年 6 月 29 日通过，自 2002 年 11 月 1 日起施行。根据 2021 年 6 月 10 日第十三届全国人民代表大会常务委员会第二十九次会议《全国人民代表大会常务委员会关于修改〈中华人民共和国安全生产法〉的决定》第三次修正，修正后的《安全生产法》自 2021 年 9 月 1 日起施行。

《安全生产法》的立法目的，是为了加强安全生产工作，防止和减少生产安全事故，保障人民群众生命和财产安全，促进经济社会持续健康发展。《安全生产法》包括总则、生产经营单位的安全生产保障、从业人员的安全生产权利义务、安全生产的监督管理、生产安全事故的应急救援与调查处理、法律责任、附则 7 章，共 119 条。对生产经营单位的安全生产保障、从业人员的安全生产权利和义务、安全生产的监督管理、生产安全事故的应急救援与调查处理四个主要方面作出了规定。

1. 生产经营单位的安全生产保障的有关规定

（1）法规相关条文

《安全生产法》关于生产经营单位的安全生产保障的条文是第 20 条～第 51 条。

（2）组织保障措施

1）建立安全生产管理机构

《安全生产法》第 24 条规定：矿山、金属冶炼、建筑施工、运输单位和危险物品的生产、经营、储存单位，应当设置安全生产管理机构或者配备专职安全生产管理人员。

2）明确岗位责任

①生产经营单位的主要负责人的职责

生产经营单位是指从事生产或者经营活动的企业、事业单位、个体经济组织及其他组织和个人。主要负责人是指生产经营单位内对生产经营活动负有决策权并能承担法律责任的人，包括法定代表人、实际控制人、总经理、经理、厂长等。《安全生产法》第5条规定：生产经营单位的主要负责人是本单位安全生产第一责任人，对本单位安全生产工作全面负责。

《安全生产法》第21条规定：生产经营单位的主要负责人对本单位安全生产工作负有下列职责：

A. 建立健全并落实本单位安全生产责任制加强安全生产标准化建设；

B. 组织制定并实施本单位安全生产规章制度和操作规程；

C. 组织制定并实施本单位安全生产教育和培训计划；

D. 保证本单位安全生产投入的有效实施；

E. 组织建立并落实安全风险分级管控和隐患排查治理双重预防工作机制，督促、检查本单位的安全生产工作，及时消除生产安全事故隐患；

F. 组织制定并实施本单位的生产安全事故应急救援预案；

G. 及时、如实报告生产安全事故。

同时，《安全生产法》第50条规定：生产经营单位发生生产安全事故时，单位的主要负责人应当立即组织抢救，并不得在事故调查处理期间擅离职守。

② 生产经营单位的安全生产管理人员的职责

《安全生产法》第46条规定：生产经营单位的安全生产管理人员应当根据本单位的生产经营特点，对安全生产状况进行经常性检查；对检查中发现的安全问题，应当立即处理；不能处理的，应当及时报告本单位有关负责人，有关负责人应当及时处理。检查及处理情况应当如实记录在案。

③ 对安全设施、设备的质量负责的岗位

A. 对安全设施的设计质量负责的岗位

《安全生产法》第33条规定：建设项目安全设施的设计人、设计单位应当对安全设施设计负责。

矿山、金属冶炼建设项目和用于生产、储存、装卸危险物品的建设项目的安全设施设计应当按照国家有关规定报经有关部门审查，审查部门及其负责审查的人员对审查结果负责。

B. 对安全设施的施工负责的岗位

《安全生产法》第34条规定：矿山、金属冶炼建设项目和用于生产、储存、装卸危险物品的建设项目的施工单位必须按照批准的安全设施设计施工，并对安全设施的工程质量负责。

C. 对安全设施的竣工验收负责的岗位

《安全生产法》第34条规定：矿山、金属冶炼建设项目和用于生产、储存危险物品的建设项目竣工投入生产或者使用前，应当由建设单位负责组织对安全设施进行验收；验收合格后，方可投入生产和使用。负有安全生产监督管理职责的部门应当加强对建设单位验收活动和验收结果的监督核查。

D. 对安全设备质量负责的岗位

《安全生产法》第37条规定：生产经营单位使用的危险物品的容器、运输工具，以及涉及人身安全、危险性较大的海洋石油开采特种设备和矿山井下特种设备，必须按照国家有关规定，由专业生产单位生产，并经具有专业资质的检测、检验机构检测、检验合格，取得安全使用证或者安全标志，方可投入使用。检测、检验机构对检测、检验结果负责。

（3）管理保障措施

1）人力资源管理

① 对主要负责人和安全生产管理人员的管理

《安全生产法》第27条规定：生产经营单位的主要负责人和安全生产管理人员必须具备与本单位所从事的生产经营活动相应的安全生产知识和管理能力。

危险物品的生产、经营、储存、装卸单位以及矿山、金属冶炼、建筑施工、运输单位的主要负责人和安全生产管理人员，应当由主管的负有安全生产监督管理职责的部门对其安全生产知识和管理能力考核合格。考核不得收费。

② 对一般从业人员的管理

《安全生产法》第28条规定：生产经营单位应当对从业人员进行安全生产教育和培训，保证从业人员具备必要的安全生产知识，熟悉有关的安全生产规章制度和安全操作规程，掌握本岗位的安全操作技能，了解事故应急处理措施，知悉自身在安全生产方面的权利和义务。未经安全生产教育和培训合格的从业人员，不得上岗作业。

生产经营单位使用被派遣劳动者的，应当将被派遣劳动者纳入本单位从业人员统一管理，对被派遣劳动者进行岗位安全操作规程和安全操作技能的教育和培训。

劳务派遣单位应当对被派遣劳动者进行必要的安全生产教育和培训。

③ 对特种作业人员的管理

《安全生产法》第30条规定：生产经营单位的特种作业人员必须按照国家有关规定经专门的安全作业培训，取得相应资格，方可上岗作业。

2）物力资源管理

① 设备的日常管理

《安全生产法》第35条规定：生产经营单位应当在有较大危险因素的生产经营场所和有关设施、设备上，设置明显的安全警示标志。

《安全生产法》第36条规定：安全设备的设计、制造、安装、使用、检测、维修、改造和报废，应当符合国家标准或者行业标准。

生产经营单位必须对安全设备进行经常性维护、保养，并定期检测，保证正常运转。维护、保养、检测应当作好记录，并由有关人员签字。

② 设备的淘汰制度

《安全生产法》第38条规定：国家对严重危及生产安全的工艺、设备实行淘汰制度，具体目录由国务院应急管理部门会同国务院有关部门制定并公布。省、自治区、直辖市人民政府可以根据本地区实际情况制定并公布具体目录。生产经营单位不得使用应当淘汰的危及生产安全的工艺、设备。

③ 生产经营项目、场所、设备的转让管理

《安全生产法》第 49 条规定：生产经营单位不得将生产经营项目、场所、设备发包或者出租给不具备安全生产条件或者相应资质的单位或者个人。

④ 生产经营项目、场所的协调管理

《安全生产法》第 49 条规定：生产经营项目、场所发包或者出租给其他单位的，生产经营单位应当与承包单位、承租单位签订专门的安全生产管理协议，或者在承包合同、租赁合同中约定各自的安全生产管理职责；生产经营单位对承包单位、承租单位的安全生产工作统一协调、管理，定期进行安全检查，发现安全问题的，应当及时督促整改。

（4）经济保障措施

1）保证安全生产所必需的资金

《安全生产法》第 23 条规定：生产经营单位应当具备的安全生产条件所必需的资金投入，由生产经营单位的决策机构、主要负责人或者个人经营的投资人予以保证，并对由于安全生产所必需的资金投入不足导致的后果承担责任。

2）保证安全设施所需要的资金

《安全生产法》第 31 条规定：生产经营单位新建、改建、扩建工程项目的安全设施，必须与主体工程同时设计、同时施工、同时投入生产和使用。安全设施投资应当纳入建设项目概算。

3）保证劳动防护用品、安全生产培训所需要的资金

《安全生产法》第 45 条规定：生产经营单位必须为从业人员提供符合国家标准或者行业标准的劳动防护用品，并监督、教育从业人员按照使用规则佩戴、使用。

《安全生产法》第 47 条规定：生产经营单位应当安排用于配备劳动防护用品、进行安全生产培训的经费。

4）保证工伤社会保险所需要的资金

《安全生产法》第 51 条规定：生产经营单位必须依法参加工伤社会保险，为从业人员缴纳保险费。

（5）技术保障措施

1）对新工艺、新技术、新材料或者使用新设备的管理

《安全生产法》第 29 条规定：生产经营单位采用新工艺、新技术、新材料或者使用新设备，必须了解、掌握其安全技术特性，采取有效的安全防护措施，并对从业人员进行专门的安全生产教育和培训。

2）对安全条件论证和安全评价的管理

《安全生产法》第 32 条规定：矿山、金属冶炼建设项目和用于生产、储存、装卸危险物品的建设项目，应当按照国家有关规定由具有相应资质的安全评估机构进行安全评价。

3）对废弃危险物品的管理

危险物品是指易燃易爆物品、危险化学品、放射性物品等能够危及人身安全和财产安全的物品。

《安全生产法》第 39 条规定：生产、经营、运输、储存、使用危险物品或者处置废弃危险物品的，由有关主管部门依照有关法律、法规的规定和国家标准或者行业标准审批并实施监督管理。

生产经营单位生产、经营、运输、储存、使用危险物品或者处置废弃危险物品，必须执行有关法律、法规和国家标准或者行业标准，建立专门的安全管理制度，采取可靠的安全措施，接受有关主管部门依法实施的监督管理。

4）对重大危险源的管理

重大危险源是指长期地或者临时地生产、搬运、使用或者储存危险物品，且危险物品的数量等于或者超过临界量的单元（包括场所和设施）。

《安全生产法》第 40 条规定：生产经营单位对重大危险源应当登记建档，进行定期检测、评估、监控，并制定应急预案，告知从业人员和相关人员在紧急情况下应当采取的应急措施。

生产经营单位应当按照国家有关规定将本单位重大危险源及有关安全措施、应急措施报有关地方人民政府应急管理部门和有关部门备案。

5）对员工宿舍的管理

《安全生产法》第 42 条规定：生产、经营、储存、使用危险物品的车间、商店、仓库不得与员工宿舍在同一座建筑物内，并应当与员工宿舍保持安全距离。

生产经营场所和员工宿舍应当设有符合紧急疏散要求、标志明显、保持畅通的出口、疏散通道。禁止占用、锁闭、封堵生产经营场所或者员工宿舍的出口、疏散通道。

6）对危险作业的管理

《安全生产法》第 43 条规定：生产经营单位进行爆破、吊装、动火、临时用电以及国务院应急管理部门会同国务院有关部门规定的其他危险作业，应当安排专门人员进行现场安全管理，确保操作规程的遵守和安全措施的落实。

7）对安全生产操作规程的管理

《安全生产法》第 44 条规定：生产经营单位应当教育和督促从业人员严格执行本单位的安全生产规章制度和安全操作规程；并向从业人员如实告知作业场所和工作岗位存在的危险因素、防范措施以及事故应急措施。

8）对施工现场的管理

《安全生产法》第 48 条规定：两个以上生产经营单位在同一作业区域内进行生产经营活动，可能危及对方生产安全的，应当签订安全生产管理协议，明确各自的安全生产管理职责和应当采取的安全措施，并指定专职安全生产管理人员进行安全检查与协调。

2. 从业人员的安全生产权利义务的有关规定

（1）法规相关条文

《安全生产法》关于从业人员的安全生产权利义务的条文是第 28 条、第 45 条、第 52 条～第 61 条。

（2）安全生产中从业人员的权利

生产经营单位的从业人员，是指该单位从事生产经营活动各项工作的所有人员，包括管理人员、技术人员和各岗位的工人，也包括生产经营单位临时聘用的人员。

生产经营单位的从业人员依法享有以下权利：

1）知情权

《安全生产法》第 53 条规定：生产经营单位的从业人员有权了解其作业场所和工作岗

位存在的危险因素、防范措施及事故应急措施，有权对本单位的安全生产工作提出建议。

2）批评权和检举、控告权

《安全生产法》第 54 条规定：从业人员有权对本单位安全生产工作中存在的问题提出批评、检举、控告。

3）拒绝权

《安全生产法》第 54 条规定：从业人员有权拒绝违章指挥和强令冒险作业。生产经营单位不得因从业人员对本单位安全生产工作提出批评、检举、控告或者拒绝违章指挥、强令冒险作业而降低其工资、福利等待遇或者解除与其订立的劳动合同。

4）紧急避险权

《安全生产法》第 55 条规定：从业人员发现直接危及人身安全的紧急情况时，有权停止作业或者在采取可能的应急措施后撤离作业场所。生产经营单位不得因从业人员在前款紧急情况下停止作业或者采取紧急撤离措施而降低其工资、福利等待遇或者解除与其订立的劳动合同。

5）请求赔偿权

《安全生产法》第 52 条规定：生产经营单位与从业人员订立的劳动合同，应当载明有关保障从业人员劳动安全、防止职业危害的事项，以及依法为从业人员办理工伤保险的事项。生产经营单位不得以任何形式与从业人员订立协议，免除或者减轻其对从业人员因生产安全事故伤亡依法应承担的责任。

《安全生产法》第 56 条规定：因生产安全事故受到损害的从业人员，除依法享有工伤保险外，依照有关民事法律尚有获得赔偿的权利的，有权提出赔偿要求。

6）获得劳动防护用品的权利

《安全生产法》第 45 条规定：生产经营单位必须为从业人员提供符合国家标准或者行业标准的劳动防护用品，并监督、教育从业人员按照使用规则佩戴、使用。

7）获得安全生产教育和培训的权利

《安全生产法》第 28 条规定：生产经营单位应当对从业人员进行安全生产教育和培训，保证从业人员具备必要的安全生产知识，熟悉有关的安全生产规章制度和安全操作规程，掌握本岗位的安全操作技能，了解事故应急处理措施，知悉自身在安全生产方面的权利和义务。

（3）安全生产中从业人员的义务

1）自律遵规的义务

《安全生产法》第 57 条规定：从业人员在作业过程中，应当严格落实岗位安全生产责任，遵守本单位的安全生产规章制度和操作规程，服从管理，正确佩戴和使用劳动防护用品。

2）自觉学习安全生产知识的义务

《安全生产法》第 58 条规定：从业人员应当接受安全生产教育和培训，掌握本职工作所需的安全生产知识，提高安全生产技能，增强事故预防和应急处理能力。

3）危险报告义务

《安全生产法》第 59 条规定：从业人员发现事故隐患或者其他不安全因素，应当立即向现场安全生产管理人员或者本单位负责人报告；接到报告的人员应当及时予以处理。

3. 安全生产监督管理的有关规定

（1）法规相关条文

《安全生产法》关于安全生产监督管理的条文是第62条～第78条。

（2）安全生产监督管理部门

根据《安全生产法》第10条规定，国务院应急管理部门对全国安全生产工作实施综合监督管理。国务院交通运输、住房和城乡建设、水利、民航等有关部门在各自的职责范围内对有关行业、领域的安全生产工作实施监督管理。

（3）安全生产监督管理措施

《安全生产法》第63条规定：负有安全生产监督管理职责的部门依照有关法律、法规的规定，对涉及安全生产的事项需要审查批准（包括批准、核准、许可、注册、认证、颁发证照等，下同）或者验收的，必须严格依照有关法律、法规和国家标准或者行业标准规定的安全生产条件和程序进行审查；不符合有关法律、法规和国家标准或者行业标准规定的安全生产条件的，不得批准或者验收通过。对未依法取得批准或者验收合格的单位擅自从事有关活动的，负责行政审批的部门发现或者接到举报后应当立即予以取缔，并依法予以处理。对已经依法取得批准的单位，负责行政审批的部门发现其不再具备安全生产条件的，应当撤销原批准。

（4）安全生产监督管理部门的职权

《安全生产法》第65条规定：应急管理部门和其他负有安全生产监督管理职责的部门依法开展安全生产行政执法工作，对生产经营单位执行有关安全生产的法律、法规和国家标准或者行业标准的情况进行监督检查，行使以下职权：

1）进入生产经营单位进行检查，调阅有关资料，向有关单位和人员了解情况。

2）对检查中发现的安全生产违法行为，当场予以纠正或者要求限期改正；对依法应当给予行政处罚的行为，依照本法和其他有关法律、行政法规的规定作出行政处罚决定。

3）对检查中发现的事故隐患，应当责令立即排除；重大事故隐患排除前或者排除过程中无法保证安全的，应当责令从危险区域内撤出作业人员，责令暂时停产停业或者停止使用相关设施、设备；重大事故隐患排除后，经审查同意，方可恢复生产经营和使用。

4）对有根据认为不符合保障安全生产的国家标准或者行业标准的设施、设备、器材以及违法生产、储存、使用、经营、运输的危险物品予以查封或者扣押，对违法生产、储存、使用、经营危险物品的作业场所予以查封，并依法作出处理决定。

监督检查不得影响被检查单位的正常生产经营活动。

（5）安全生产监督检查人员的义务

《安全生产法》第67条规定了安全生产监督检查人员的义务：

1）应当忠于职守，坚持原则，秉公执法；

2）执行监督检查任务时，必须出示有效的行政执法证件；

3）对涉及被检查单位的技术秘密和业务秘密，应当为其保密。

4. 安全事故应急救援与调查处理的规定

（1）法规相关条文

《安全生产法》关于生产安全事故的应急救援与调查处理的条文是第79条～第89条。

（2）生产安全事故的等级划分标准

生产安全事故是指在生产经营活动中造成人身伤亡（包括急性工业中毒）或者直接经济损失的事故。国务院《生产安全事故报告和调查处理条例》规定，根据生产安全事故（以下简称事故）造成的人员伤亡或者直接经济损失，事故一般分为以下等级：

1）特别重大事故，是指造成30人及以上死亡，或者100人及以上重伤（包括急性工业中毒，下同），或者1亿元及以上直接经济损失的事故；

2）重大事故，是指造成10人及以上30人以下死亡，或者50人及以上100人以下重伤，或者5000万元及以上1亿元以下直接经济损失的事故；

3）较大事故，是指造成3人及以上10人以下死亡，或者10人及以上50人以下重伤，或者1000万元及以上5000万元以下直接经济损失的事故；

4）一般事故，是指造成3人以下死亡，或者10人以下重伤，或者1000万元以下直接经济损失的事故。

（3）生产安全事故报告

《安全生产法》第83条规定，生产经营单位发生生产安全事故后，事故现场有关人员应当立即报告本单位负责人。单位负责人接到事故报告后，应当按照国家有关规定立即如实报告当地负有安全生产监督管理职责的部门，不得隐瞒不报、谎报或者迟报，不得故意破坏事故现场、毁灭有关证据。第84条规定：负有安全生产监督管理职责的部门接到事故报告后，应当立即按照国家有关规定上报事故情况。负有安全生产监督管理职责的部门和有关地方人民政府对事故情况不得隐瞒不报、谎报或者迟报。《关于进一步强化安全生产责任落实坚决防范遏制重特大事故的若干措施》要求，严格落实事故直报制度，生产安全事故隐瞒不报，谎报或者拖延不报的，对直接责任人和负有管理和领导责任的人员依规依纪依法从严追究责任。

《建设工程安全生产管理条例》进一步规定，施工单位发生生产安全事故，应当按照国家有关伤亡事故报告和调查处理的规定，及时、如实地向负责安全生产监督管理的部门、建设行政主管部门或者其他有关部门报告；特种设备发生事故的，还应当同时向特种设备安全监督管理部门报告。实行施工总承包的建设工程，由总承包单位负责上报事故。

（4）应急抢救工作

《安全生产法》第83条规定，单位负责人接到事故报告后，应当迅速采取有效措施，组织抢救，防止事故扩大，减少人员伤亡和财产损失。第85条规定，有关地方人民政府和负有安全生产监督管理职责的部门的负责人接到生产安全事故报告后，应当按照生产安全事故应急救援预案的要求立即赶到事故现场，组织事故抢救。

（5）事故的调查

《安全生产法》第86条规定：事故调查处理应当按照科学严谨、依法依规、实事求是、注重实效的原则，及时、准确地查清事故原因，查明事故性质和责任，评估应急处置工作总结事故教训，提出整改措施，并对事故责任者提出处理建议。

《生产安全事故报告和调查处理条例》规定了事故调查的管辖:特别重大事故由国务院或者国务院授权有关部门组织事故调查组进行调查;重大事故、较大事故、一般事故分别由事故发生地省级人民政府、设区的市级人民政府、县级人民政府负责调查。省级人民政府、设区的市级人民政府、县级人民政府可以直接组织事故调查组进行调查,也可以授权或者委托有关部门组织事故调查组进行调查。未造成人员伤亡的一般事故,县级人民政府也可以委托事故发生单位组织事故调查组进行调查。上级人民政府认为必要时,可以调查由下级人民政府负责调查的事故。特别重大事故以下等级事故,事故发生地与事故发生单位不在同一个县级以上行政区域的,由事故发生地人民政府负责调查,事故发生单位所在地人民政府应当派人参加。

(三)《建设工程安全生产管理条例》《建设工程质量管理条例》

《建设工程安全生产管理条例》(以下简称《安全生产管理条例》)于 2003 年 11 月 12 日国务院第 28 次常务会议通过,自 2004 年 2 月 1 日起施行。《安全生产管理条例》包括总则,建设单位的安全责任,勘察、设计、工程监理及其他有关单位的安全责任,施工单位的安全责任,监督管理,生产安全事故的应急救援和调查处理,法律责任,附则 8 章,共 71 条。

《安全生产管理条例》的立法目的,是为了加强建设工程安全生产监督管理,保障人民群众生命和财产安全。

《建设工程质量管理条例》(以下简称《质量管理条例》)于 2000 年 1 月 10 日国务院第 25 次常务会议通过,自 2000 年 1 月 30 日起施行;依据 2019 年 4 月 23 日《国务院关于修改部分行政法规的决定》(国务院令第 714 号)第二次修订。《质量管理条例》包括总则,建设单位的质量责任和义务,勘察、设计单位的质量责任和义务,施工单位的质量责任和义务,工程监理单位的质量责任和义务,建设工程质量保修,监督管理,罚则,附则 9 章,共 82 条。

《质量管理条例》的立法目的,是为了加强对建设工程质量的管理,保证建设工程质量,保护人民生命和财产安全。

1. 《安全生产管理条例》关于施工单位的安全责任的有关规定

(1)法规相关条文

《安全生产管理条例》关于施工单位的安全责任的条文是第 20 条～第 38 条。

(2)施工单位的安全责任

1)有关人员的安全责任

① 施工单位主要负责人

施工单位主要负责人不仅仅指法定代表人,而是指对施工单位全面负责、有生产经营决策权的人。

《安全生产管理条例》第 21 条规定:施工单位主要负责人依法对本单位的安全生产工作全面负责。具体包括:

A. 建立健全安全生产责任制度和安全生产教育培训制度;

B. 制定安全生产规章制度和操作规程；

C. 保证本单位安全生产条件所需资金的投入；

D. 对所承建的建设工程进行定期和专项安全检查，并做好安全检查记录。

② 施工单位的项目负责人

项目负责人主要指项目经理，在工程项目中处于中心地位。《安全生产管理条例》第21条规定：施工单位的项目负责人对建设工程项目的安全全面负责。鉴于项目负责人对安全生产的重要作用，该条同时规定施工单位的项目负责人应当由取得相应执业资格的人员担任。这里，"相应执业资格"目前指建造师执业资格。

根据《安全生产管理条例》第21条，项目负责人的安全责任主要包括：

A. 落实安全生产责任制度、安全生产规章制度和操作规程；

B. 确保安全生产费用的有效使用；

C. 根据工程的特点组织制定安全施工措施，消除安全事故隐患；

D. 及时、如实报告生产安全事故。

③ 专职安全生产管理人员

《安全生产管理条例》第23条规定：施工单位应当设立安全生产管理机构，配备专职安全生产管理人员。专职安全生产管理人员是指经建设主管部门或者其他有关部门安全生产考核合格，并取得安全生产考核合格证书在企业从事安全生产管理工作的专职人员，包括施工单位安全生产管理机构的负责人及其工作人员和施工现场专职安全生产管理人员。

专职安全生产管理人员的安全责任主要包括：对安全生产进行现场监督检查。发现安全事故隐患，应当及时向项目负责人和安全生产管理机构报告；对于违章指挥、违章操作的，应当立即制止。

2) 总承包单位和分包单位的安全责任

《安全生产管理条例》第24条规定：建设工程实行施工总承包的，由总承包单位对施工现场的安全生产负总责。为了防止违法分包和转包等违法行为的发生，真正落实施工总承包单位的安全责任，该条进一步规定：总承包单位应当自行完成建设工程主体结构的施工。该条同时规定：总承包单位依法将建设工程分包给其他单位的，分包合同中应当明确各自在安全生产方面的权利、义务。总承包单位和分包单位对分包工程的安全生产承担连带责任。

但是，总承包单位与分包单位在安全生产方面的责任也不是固定不变的，需要视具体情况确定。《安全生产管理条例》第24条规定：分包单位应当服从总承包单位的安全生产管理，分包单位不服从管理导致生产安全事故的，由分包单位承担主要责任。

3) 安全生产教育培训

① 管理人员的考核

《安全生产管理条例》第36条规定：施工单位的主要负责人、项目负责人、专职安全生产管理人员应当经建设行政主管部门或者其他有关部门考核合格后方可任职。

② 作业人员的安全生产教育培训

A. 日常培训

《安全生产管理条例》第36条规定：施工单位应当对管理人员和作业人员每年至少进行一次安全生产教育培训，其教育培训情况记录到个人工作档案。安全生产教育培训考核不合格的人员，不得上岗。

B. 新岗位培训

《安全生产管理条例》第 37 条对新岗位培训作了两方面规定。一是作业人员进入新的岗位或者新的施工现场前，应当接受安全生产教育培训。未经教育培训或者教育培训考核不合格的人员，不得上岗作业；二是施工单位在采用新技术、新工艺、新设备、新材料时，应当对作业人员进行相应的安全生产教育培训。

③ 特种作业人员的专门培训

《安全生产管理条例》第 25 条规定：垂直运输机械作业人员、安装拆卸工、爆破作业人员、起重信号工、登高架设作业人员等特种作业人员，必须按照国家有关规定经过专门的安全作业培训，并取得特种作业操作资格证书后，方可上岗作业。

4）施工单位应采取的安全措施

① 编制安全技术措施、施工现场临时用电方案和专项施工方案

《安全生产管理条例》第 26 条规定：施工单位应当在施工组织设计中编制安全技术措施和施工现场临时用电方案。同时规定，对下列达到一定规模的危险性较大的分部分项工程编制专项施工方案，并附具安全验算结果，经施工单位技术负责人、总监理工程师签字后实施，由专职安全生产管理人员进行现场监督：

A. 基坑支护与降水工程；

B. 土方开挖工程；

C. 模板工程；

D. 起重吊装工程；

E. 脚手架工程；

F. 拆除、爆破工程；

G. 国务院建设行政主管部门或者其他有关部门规定的其他危险性较大的工程。

② 安全施工技术交底

施工前的安全施工技术交底的目的就是让所有的安全生产从业人员都对安全生产有所了解，最大限度避免安全事故的发生。因此，第 27 条规定：建设工程施工前，施工单位负责项目管理的技术人员应当对有关安全施工的技术要求向施工作业班组、作业人员作出详细说明，并由双方签字确认。

③ 施工现场安全警示标志的设置

《安全生产管理条例》第 28 条规定：施工单位应当在施工现场入口处、施工起重机械、临时用电设施、脚手架、出入通道口、楼梯口、电梯井口、孔洞口、桥梁口、隧道口、基坑边沿、爆破物及有害危险气体和液体存放处等危险部位，设置明显的安全警示标志。安全警示标志必须符合国家标准。

④ 施工现场的安全防护

《安全生产管理条例》第 28 条规定：施工单位应当根据不同施工阶段和周围环境及季节、气候的变化，在施工现场采取相应的安全施工措施。施工现场暂时停止施工的，施工单位应当做好现场防护，所需费用由责任方承担，或者按照合同约定执行。

⑤ 施工现场的布置应当符合安全和文明施工要求

《安全生产管理条例》第 29 条规定：施工单位应当将施工现场的办公、生活区与作业

区分开设置，并保持安全距离；办公、生活区的选址应当符合安全性要求。职工的膳食、饮水、休息场所等应当符合卫生标准。施工单位不得在尚未竣工的建筑物内设置员工集体宿舍。

施工现场临时搭建的建筑物应当符合安全使用要求。施工现场使用的装配式活动房屋应当具有产品合格证。临时建筑物一般包括施工现场的办公用房、宿舍、食堂、仓库、卫生间等。

⑥ 对周边环境采取防护措施

《安全生产管理条例》第30条规定：施工单位对因建设工程施工可能造成损害的毗邻建筑物、构筑物和地下管线等，应当采取专项防护措施。施工单位应当遵守有关环境保护法律、法规的规定，在施工现场采取措施，防止或者减少粉尘、废气、废水、固体废物、噪声、振动和施工照明对人和环境的危害和污染。在城市市区内的建设工程，施工单位应当对施工现场实行封闭围挡。

⑦ 施工现场的消防安全措施

《安全生产管理条例》第31条规定：施工单位应当在施工现场建立消防安全责任制度，确定消防安全责任人，制定用火、用电、使用易燃易爆材料等各项消防安全管理制度和操作规程，设置消防通道、消防水源，配备消防设施和灭火器材，并在施工现场入口处设置明显标志。

⑧ 安全防护设备管理

《安全生产管理条例》第33条规定：作业人员应当遵守安全施工的强制性标准、规章制度和操作规程，正确使用安全防护用具、机械设备等。

《安全生产管理条例》第34条规定：施工单位采购、租赁的安全防护用具、机械设备、施工机具及配件，应当具有生产（制造）许可证、产品合格证，并在进入施工现场前进行查验；施工现场的安全防护用具、机械设备、施工机具及配件必须由专人管理，定期进行检查、维修和保养，建立相应的资料档案，并按照国家有关规定及时报废。

⑨ 起重机械设备管理

《安全生产管理条例》第35条对起重机械设备管理作了如下规定：

A. 施工单位在使用施工起重机械和整体提升脚手架、模板等自升式架设设施前，应当组织有关单位进行验收，也可以委托具有相应资质的检验检测机构进行验收；使用承租的机械设备和施工机具及配件的，由施工总承包单位、分包单位、出租单位和安装单位共同进行验收。验收合格的方可使用。

B.《特种设备安全监察条例》规定的施工起重机械，在验收前应当经有相应资质的检验检测机构监督检验合格。这里"作为特种设备的施工起重机械"是指涉及生命安全、危险性较大的起重机械。

C. 施工单位应当自施工起重机械和整体提升脚手架、模板等自升式架设设施验收合格之日起30日内，向建设行政主管部门或者其他有关部门登记。登记标志应当置于或者附着于该设备的显著位置。

⑩ 办理意外伤害保险

《安全生产管理条例》第38条规定：施工单位应当为施工现场从事危险作业的人员办理意外伤害保险。同时还规定：意外伤害保险费由施工单位支付。实行施工总承包的，由总承包单位支付意外伤害保险费。意外伤害保险期限自建设工程开工之日起至竣工验收合格止。

2. 《质量管理条例》关于施工单位的质量责任和义务的有关规定

（1）法规相关条文

《质量管理条例》关于施工单位的质量责任和义务的条文是第 25 条～第 33 条。

（2）施工单位的质量责任和义务

1）依法承揽工程

《质量管理条例》第 25 条规定：施工单位应当依法取得相应等级的资质证书，并在其资质等级许可的范围内承揽工程。

禁止施工单位超越本单位资质等级许可的业务范围或者以其他施工单位的名义承揽工程。禁止施工单位允许其他单位或者个人以本单位的名义承揽工程。施工单位不得转包或者违法分包工程。

2）建立质量保证体系

《质量管理条例》第 26 条规定：施工单位对建设工程的施工质量负责。施工单位应当建立质量责任制，确定工程项目的项目经理、技术负责人和施工管理负责人。

建设工程实行总承包的，总承包单位应当对全部建设工程质量负责；建设工程勘察、设计、施工、设备采购的一项或者多项实行总承包的，总承包单位应当对其承包的建设工程或者采购的设备的质量负责。

《质量管理条例》第 27 条规定：总承包单位依法将建设工程分包给其他单位的，分包单位应当按照分包合同的约定对其分包工程的质量向总承包单位负责，总承包单位与分包单位对分包工程的质量承担连带责任。

3）按图施工

《质量管理条例》第 28 条规定：施工单位必须按照工程设计图纸和施工技术标准施工，不得擅自修改工程设计，不得偷工减料。施工单位在施工过程中发现设计文件和图纸有差错的，应当及时提出意见和建议。

4）对建筑材料、构配件和设备进行检验的责任

《质量管理条例》第 29 条规定：施工单位必须按照工程设计要求、施工技术标准和合同约定，对建筑材料、建筑构配件、设备和商品混凝土进行检验，检验应当有书面记录和专人签字；未经检验或者检验不合格的，不得使用。

5）对施工质量进行检验的责任

《质量管理条例》第 30 条规定：施工单位必须建立、健全施工质量的检验制度，严格工序管理，做好隐蔽工程的质量检查和记录。隐蔽工程在隐蔽前，施工单位应当通知建设单位和建设工程质量监督机构。

6）见证取样

在工程施工过程中，为了控制工程施工质量，需要依据有关技术标准和规定的方法，对用于工程的材料和构件抽取一定数量的样品进行检测，并根据检测结果判断其所代表部位的质量。《质量管理条例》第 31 条规定：施工人员对涉及结构安全的试块、试件以及有关材料，应当在建设单位或者工程监理单位监督下现场取样，并送具有相应资质等级的质

量检测单位进行检测。

7）保修

《质量管理条例》第32条规定：施工单位对施工中出现质量问题的建设工程或者竣工验收不合格的建设工程，应当负责返修。

在建设工程竣工验收合格前，施工单位应对质量问题履行返修义务；建设工程竣工验收合格后，施工单位应对保修期内出现的质量问题履行保修义务。《民法典》第801条对施工单位的返修义务也有相应规定：因施工人原因致使建设工程质量不符合约定的，发包人有权请求施工人在合理期限内无偿修理或者返工、改建。经过修理或者返工、改建后，造成逾期交付的，施工人应当承担违约责任。返修包括修理和返工。

（四）《劳动法》《劳动合同法》

《中华人民共和国劳动法》（以下简称《劳动法》）于1994年7月5日第八届全国人民代表大会常务委员会第八次会议通过，自1995年1月1日起施行；根据2018年12月29日第十三届全国人民代表大会常务委员会第七次会议《关于修改〈中华人民共和国劳动法〉等七部法律的决定》第二次修改。

《劳动法》分为总则、促进就业、劳动合同和集体合同、工作时间和休息休假、工资、劳动安全卫生、女职工和未成年工特殊保护、职业培训、社会保险和福利、劳动争议、监督检查、法律责任、附则13章，共107条。

《劳动法》的立法目的，是为了保护劳动者的合法权益，调整劳动关系，建立和维护适应社会主义市场经济的劳动制度，促进经济发展和社会进步。

《中华人民共和国劳动合同法》（以下简称《劳动合同法》）于2007年6月29日第十届全国人民代表大会常务委员会第二十八次会议通过，自2008年1月1日起施行；根据2012年12月28日第十一届全国人民代表大会第十三次会议《关于修改〈中华人民共和国劳动合同法〉的决定》修改，2013年7月1日起实施。《劳动合同法》包括总则、劳动合同的订立、劳动合同的履行和变更、劳动合同的解除和终止、特别规定、监督检查、法律责任、附则8章，共98条。

《劳动合同法》的立法目的，是为了完善劳动合同制度，明确劳动合同双方当事人的权利和义务，保护劳动者的合法权益，构建和发展和谐稳定的劳动关系。

《劳动合同法》在《劳动法》的基础上，对劳动合同的订立、履行、终止等内容作出了更为详尽的规定。

1. 《劳动法》《劳动合同法》关于劳动合同和集体合同的有关规定

（1）法规相关条文

《劳动法》关于劳动合同的条文是第16条～第32条，关于集体合同的条文是第33条～第35条。

《劳动合同法》关于劳动合同的条文是第7条～第50条，关于集体合同的条文是第51条～第56条。

（2）劳动合同、集体合同的概念

劳动合同是劳动者与用人单位确立劳动关系、明确双方权利和义务的协议。这里的劳动关系，是指劳动者与用人单位（包括各类企业、个体工商户、事业单位等）在实现劳动过程中建立的社会经济关系。

劳动合同分为固定期限劳动合同、无固定期限劳动合同和以完成一定工作任务为期限的劳动合同。固定期限劳动合同是指用人单位与劳动者约定合同终止时间的劳动合同。无固定期限劳动合同是指用人单位与劳动者约定无确定终止时间的劳动合同。以完成一定工作任务为期限的劳动合同是指用人单位与劳动者约定以某项工作的完成为合同期限的劳动合同。

集体合同又称集体协议、团体协议等，是指企业职工一方与企业（用人单位）就劳动报酬、工作时间、休息休假、劳动安全卫生、保险福利等事项，依据有关法律法规，通过平等协商达成的书面协议。集体合同实际上是一种特殊的劳动合同。

（3）劳动合同的订立

1）劳动合同当事人

《劳动法》第16条规定，劳动合同的当事人为用人单位和劳动者。

《中华人民共和国劳动合同法实施条例》（以下简称《劳动合同法实施条例》）进一步规定：劳动合同法规定的用人单位设立的分支机构，依法取得营业执照或者登记证书的，可以作为用人单位与劳动者订立劳动合同；未依法取得营业执照或者登记证书的，受用人单位委托可以与劳动者订立劳动合同。

2）劳动合同的类型

劳动合同分为以下三种类型：一是固定期限劳动合同，即用人单位与劳动者约定合同终止时间的劳动合同；二是以完成一定工作任务为期限的劳动合同，即用人单位与劳动者约定以某项工作的完成为合同期限的劳动合同；三是无固定期限劳动合同，即用人单位与劳动者约定无明确终止时间的劳动合同。

有下列情形之一，劳动者提出或者同意续订、订立劳动合同的，除劳动者提出订立固定期限劳动合同外，应当订立无固定期限劳动合同：

① 劳动者在该用人单位连续工作满10年的；

② 用人单位初次实行劳动合同制度或者国有企业改制重新订立劳动合同时，劳动者在该用人单位连续工作满10年且距法定退休年龄不足10年的；

③ 连续订立两次固定期限劳动合同，且劳动者没有《劳动合同法》第39条（即用人单位可以解除劳动合同的条件）和第40条第1款、第2款规定（即劳动者患病或者非因工负伤，在规定的医疗期满后不能从事原工作，也不能从事由用人单位另行安排的工作的；劳动者不能胜任工作，经过培训或者调整工作岗位，仍不能胜任工作的）的情形，续订劳动合同的。

若劳动者依据此处的规定提出订立无固定期限劳动合同的，用人单位应当与其订立无固定期限劳动合同。对劳动合同的内容，双方应当按照合法、公平、平等自愿、协商一致、诚实信用的原则协商确定。

劳动者非因本人原因从原用人单位被安排到新用人单位工作的，劳动者在原用人单位的工作年限合并计算为新用人单位的工作年限。原用人单位已经向劳动者支付经济补偿的，新用人单位在依法解除、终止劳动合同计算支付经济补偿的工作年限时，不再计算劳动者在原用人单位的工作年限。

3）订立劳动合同的时间限制

《劳动合同法》第 10 条规定：建立劳动关系，应当订立书面劳动合同。已建立劳动关系，未同时订立书面劳动合同的，应当自用工之日起一个月内订立书面劳动合同。用人单位与劳动者在用工前订立劳动合同的，劳动关系自用工之日起建立。

因劳动者的原因未能订立劳动合同的，《劳动合同法实施条例》第 5 条规定：自用工之日起一个月内，经用人单位书面通知后，劳动者不与用人单位订立书面劳动合同的，用人单位应当书面通知劳动者终止劳动关系，无需向劳动者支付经济补偿，但是应当依法向劳动者支付其实际工作时间的劳动报酬。

因用人单位的原因未能订立劳动合同的，《劳动合同法实施条例》第 6 条规定：用人单位自用工之日起超过一个月不满一年未与劳动者订立书面劳动合同的，应当依照《劳动合同法》第 82 条的规定向劳动者每月支付两倍的工资，并与劳动者补订书面劳动合同；劳动者不与用人单位订立书面劳动合同的，用人单位应当书面通知劳动者终止劳动关系，并依照《劳动合同法》第 47 条的规定支付经济补偿。

4）劳动合同的生效

劳动合同由用人单位与劳动者协商一致，并经用人单位与劳动者在劳动合同文本上签字或者盖章生效。

劳动合同文本由用人单位和劳动者各执一份。

（4）劳动合同的条款

《劳动合同法》第 17 条规定：劳动合同应当具备以下条款：

1）用人单位的名称、住所和法定代表人或者主要负责人；

2）劳动者的姓名、住址和居民身份证或者其他有效身份证件号码；

3）劳动合同期限；

4）工作内容和工作地点；

5）工作时间和休息休假；

6）劳动报酬；

7）社会保险；

8）劳动保护、劳动条件和职业危害防护；

9）法律、法规规定应当纳入劳动合同的其他事项。

劳动合同除前款规定的必备条款外，用人单位与劳动者可以约定试用期、培训、保守秘密、补充保险和福利待遇等其他事项。

《劳动合同法》第 18 条规定：劳动合同对劳动报酬和劳动条件等标准约定不明确，引发争议的，用人单位与劳动者可以重新协商；协商不成的，适用集体合同规定；没有集体合同或者集体合同未规定劳动报酬的，实行同工同酬；没有集体合同或者集体合同未规定劳动条件等标准的，适用国家有关规定。

（5）试用期

1）试用期的最长时间

《劳动法》第 21 条规定：试用期最长不得超过 6 个月。

《劳动合同法》第 19 条进一步明确：劳动合同期限 3 个月以上未满 1 年的，试用期不得超过 1 个月；劳动合同期限 1 年以上不满 3 年的，试用期不得超过 2 个月；3 年以上固定期限和无固定期限的劳动合同，试用期不得超过 6 个月。

2）试用期的次数限制

《劳动合同法》第 19 条规定：同一用人单位与同一劳动者只能约定一次试用期。

以完成一定工作任务为期限的劳动合同或者劳动合同期限不满 3 个月的，不得约定试用期。

试用期包含在劳动合同期限内。劳动合同仅约定试用期的，试用期不成立，该期限为劳动合同期限。

3）试用期内的最低工资

《劳动合同法》第 20 条规定：劳动者在试用期的工资不得低于本单位相同岗位最低档工资或者劳动合同约定工资的 80%，并不得低于用人单位所在地的最低工资标准。

《劳动合同法实施条例》对此作进一步明确：劳动者在试用期的工资不得低于本单位相同岗位最低档工资的 80% 或者不得低于劳动合同约定工资的 80%，并不得低于用人单位所在地的最低工资标准。

4）试用期内合同解除条件的限制

《劳动合同法》第 21 条规定：在试用期中，除劳动者有《劳动合同法》第 39 条（即用人单位可以解除劳动合同的条件）和第 40 条第 1 款、第 2 款（即劳动者患病或者非因工负伤，在规定的医疗期满后不能从事原工作，也不能从事由用人单位另行安排的工作的；劳动者不能胜任工作，经过培训或者调整工作岗位，仍不能胜任工作的）规定的情形外，用人单位不得解除劳动合同。用人单位在试用期解除劳动合同的，应当向劳动者说明理由。

（6）劳动合同的无效

《劳动合同法》第 26 条规定：下列劳动合同无效或者部分无效：

1）以欺诈、胁迫的手段或者乘人之危，使对方在违背真实意思的情况下订立或者变更劳动合同的；

2）用人单位免除自己的法定责任、排除劳动者权利的；

3）违反法律、行政法规强制性规定的。

对劳动合同的无效或者部分无效有争议的，由劳动争议仲裁机构或者人民法院确认。

劳动合同部分无效，不影响其他部分效力的，其他部分仍然有效。

劳动合同被确认无效，劳动者已付出劳动的，用人单位应当向劳动者支付劳动报酬。劳动报酬的数额，参照本单位相同或者相近岗位劳动者的劳动报酬确定。

（7）劳动合同的变更

用人单位变更名称、法定代表人、主要负责人或者投资人等事项，不影响劳动合同的履行。

用人单位发生合并或者分立等情况，原劳动合同继续有效，劳动合同由承继其权利和义务的用人单位继续履行。

用人单位与劳动者协商一致，可以变更劳动合同约定的内容。变更劳动合同，应当采用书面形式。

变更后的劳动合同文本由用人单位和劳动者各执一份。

（8）劳动合同的解除

用人单位与劳动者协商一致，可以解除劳动合同。用人单位向劳动者提出解除劳动合同并与劳动者协商一致解除劳动合同的，用人单位应当向劳动者给予经济补偿。

劳动者提前 30 日以书面形式通知用人单位，可以解除劳动合同。劳动者在试用期内提前 3 日通知用人单位，可以解除劳动合同。

1）劳动者解除劳动合同的情形

《劳动合同法》第 38 条规定：用人单位有下列情形之一的，劳动者可以解除劳动合同，用人单位应当向劳动者支付经济补偿：

① 未按照劳动合同约定提供劳动保护或者劳动条件的；

② 未及时足额支付劳动报酬的；

③ 未依法为劳动者缴纳社会保险费的；

④ 用人单位的规章制度违反法律、法规的规定，损害劳动者权益的；

⑤ 因《劳动合同法》第 26 条第 1 款（即：以欺诈、胁迫的手段或者乘人之危，使对方在违背真实意思的情况下订立或者变更劳动合同的）规定的情形致使劳动合同无效的；

⑥ 法律、行政法规规定劳动者可以解除劳动合同的其他情形。

用人单位以暴力、威胁或者非法限制人身自由的手段强迫劳动者劳动的，或者用人单位违章指挥、强令冒险作业危及劳动者人身安全的，劳动者可以立即解除劳动合同，不需事先告知用人单位。

2）用人单位可以解除劳动合同的情形

除用人单位与劳动者协商一致，用人单位可以与劳动者解除合同外，如遇下列情形，用人单位也可以与劳动者解除合同。

① 随时解除

《劳动合同法》第 39 条规定：劳动者有下列情形之一的，用人单位可以解除劳动合同：

A. 在试用期间被证明不符合录用条件的；

B. 严重违反用人单位的规章制度的；

C. 严重失职，营私舞弊，给用人单位造成重大损害的；

D. 劳动者同时与其他用人单位建立劳动关系，对完成本单位的工作任务造成严重影响，或者经用人单位提出，拒不改正的；

E. 因《劳动合同法》第 26 条第 1 款第 1 项（即以欺诈、胁迫的手段或者乘人之危，使对方在违背真实意思的情况下订立或者变更劳动合同的）规定的情形致使劳动合同无效的；

F. 被依法追究刑事责任的。

② 预告解除

《劳动合同法》第 40 条规定：有下列情形之一的，用人单位提前 30 日以书面形式通知劳动者本人或者额外支付劳动者 1 个月工资后，可以解除劳动合同，用人单位应当向劳动者支付经济补偿：

A. 劳动者患病或者非因工负伤，在规定的医疗期满后不能从事原工作，也不能从事由用人单位另行安排的工作的；

B. 劳动者不能胜任工作，经过培训或者调整工作岗位，仍不能胜任工作的；

C. 劳动合同订立时所依据的客观情况发生重大变化，致使劳动合同无法履行，经用人单位与劳动者协商，未能就变更劳动合同内容达成协议的。

用人单位依照此规定，选择额外支付劳动者 1 个月工资解除劳动合同的，其额外支付的工资应当按照该劳动者上 1 个月的工资标准确定。

③ 经济性裁员

《劳动合同法》第 41 条规定：有下列情形之一，需要裁减人员 20 人以上或者裁减不足 20 人但占企业职工总数 10％以上的，用人单位提前 30 日向工会或者全体职工说明情况，听取工会或者职工的意见后，裁减人员方案经向劳动行政部门报告，可以裁减人员，用人单位应当向劳动者支付经济补偿：

A. 依照企业破产法规定进行重整的；

B. 生产经营发生严重困难的；

C. 企业转产、重大技术革新或者经营方式调整，经变更劳动合同后，仍需裁减人员的；

D. 其他因劳动合同订立时所依据的客观经济情况发生重大变化，致使劳动合同无法履行的。

④ 用人单位不得解除劳动合同的情形

《劳动合同法》第 42 条规定：劳动者有下列情形之一的，用人单位不得依照本法第 40 条、第 41 条的规定解除劳动合同：

A. 从事接触职业病危害作业的劳动者未进行离岗前职业健康检查，或者疑似职业病病人在诊断或者医学观察期间的；

B. 在本单位患职业病或者因工负伤并被确认丧失或者部分丧失劳动能力的；

C. 患病或者非因工负伤，在规定的医疗期内的；

D. 女职工在孕期、产期、哺乳期的；

E. 在本单位连续工作满 15 年，且距法定退休年龄不足 5 年的；

F. 法律、行政法规规定的其他情形。

（9）劳动合同终止

《劳动合同法》第 44 条规定：有下列情形之一的，劳动合同终止。用人单位与劳动者不得在劳动合同法规定的劳动合同终止情形之外约定其他的劳动合同终止条件：

1）劳动者达到法定退休年龄的，劳动合同终止；

2）劳动合同期满的。除用人单位维持或者提高劳动合同约定条件续订劳动合同，劳动者不同意续订的情形外，依照本项规定终止固定期限劳动合同的，用人单位应当向劳动者支付经济补偿；

3）劳动者开始依法享受基本养老保险待遇的；

4）劳动者死亡，或者被人民法院宣告死亡或者宣告失踪的；

5）用人单位被依法宣告破产的。依照本项规定终止劳动合同的，用人单位应当向劳动者支付经济补偿；

6）用人单位被吊销营业执照、责令关闭、撤销或者用人单位决定提前解散的。依照本项规定终止劳动合同的，用人单位应当向劳动者支付经济补偿；

7）法律、行政法规规定的其他情形。

（10）集体合同的内容与订立

集体合同的主要内容包括劳动报酬、工作时间、休息休假、劳动安全卫生、保险福利等事项，也可以就劳动安全卫生、女职工权益保护、工资调整机制等事项订立专项集体合同。

集体合同由工会代表职工与企业（用人单位）签订；没有建立工会的企业（用人单位），由职工推举的代表与企业（用人单位）签订。

（11）集体合同的效力

依法签订的集体合同对企业和企业全体职工具有约束力。职工个人与企业订立的劳动合同中劳动条件和劳动报酬等标准不得低于集体合同的规定。

（12）集体合同争议的处理

用人单位违反集体合同，侵犯职工劳动权益的，工会可以依法要求用人单位承担责任。因履行集体合同发生争议，经协商解决不成的，工会或职工协商代表可以自劳动争议发生之日起1年内向劳动争议仲裁委员会申请劳动仲裁；对劳动仲裁结果不服的，可以自收到仲裁裁决书之日起15日内向人民法院提起诉讼。

2. 《劳动法》关于劳动安全卫生的有关规定

（1）法规相关条文

《劳动法》关于劳动安全卫生的条文是第52条～第57条。

（2）劳动安全卫生

劳动安全卫生又称劳动保护，是指直接保护劳动者在劳动中的安全和健康的法律保护。

根据《劳动法》的有关规定，用人单位和劳动者应当遵守如下有关劳动安全卫生的法律规定：

1）用人单位必须建立、健全劳动安全卫生制度，严格执行国家劳动安全卫生规程和标准，对劳动者进行劳动安全卫生教育，防止劳动过程中的事故，减少职业危害。

2）劳动安全卫生设施必须符合国家规定的标准。

新建、改建、扩建工程的劳动安全卫生设施必须与主体工程同时设计、同时施工、同时投入生产和使用。

3）用人单位必须为劳动者提供符合国家规定的劳动安全卫生条件和必要的劳动防护用品，对从事有职业危害作业的劳动者应当定期进行健康检查。

4）从事特种作业的劳动者必须经过专门培训并取得特种作业资格。

5）劳动者在劳动过程中必须严格遵守安全操作规程。劳动者对用人单位管理人员违章指挥、强令冒险作业，有权拒绝执行；对危害生命安全和身体健康的行为，有权提出批评、检举和控告。

二、市政工程材料

市政公用工程（简称市政工程）材料是构成市政工程的所有材料的通称。市政工程材料有很多分类方法，按主要化学成分，可分为无机材料、有机材料和有机与无机复（混）合材料。无机材料工程中应用最多的材料，主要有水泥、砂、石、混凝土、砂浆、砖、钢材等。有机材料主要有沥青、有机高分子防水材料、木材以及制品、各种有机涂料等。有机与无机复合材料集有机材料与无机材料的优点于一身，主要有浸渍聚合物混凝土或砂浆、覆有有机涂膜的彩钢板、玻璃钢等。

（一）无机胶凝材料

1. 无机胶凝材料的分类及特性

胶凝材料也称为胶结材料，是用来把块状、颗粒状或纤维状材料粘结为整体的材料。无机胶凝材料也称矿物胶凝材料，是胶凝材料的一大类别，其主要成分是无机化合物，如水泥、石膏、石灰等均属无机胶凝材料。

按照硬化条件的不同，无机胶凝材料分为气硬性胶凝材料和水硬性胶凝材料两类。前者如石灰、石膏、水玻璃等，后者如水泥。

气硬性胶凝材料只能在空气中凝结、硬化、保持和发展强度，一般只适用于干燥环境，不宜用于潮湿环境与水中。

水硬性胶凝材料既能在空气中硬化，也能在水中凝结、硬化、保持和发展强度，既适用于干燥环境，又适用于潮湿环境与水中。

2. 通用水泥的特性、主要技术性质及应用

水泥是一种加水拌合成塑性浆体，能胶结砂、石等适当材料，并能在空气和水中硬化的粉状水硬性胶凝材料。

水泥的品种很多。按其矿物组成可分为硅酸盐水泥、铝酸盐水泥、硫铝酸盐水泥、氟铝酸盐水泥、铁铝酸盐水泥以及少熟料或无熟料水泥等。按其用途和性能可分为通用水泥、专用水泥以及特性水泥三大类。用于一般土木建筑工程的水泥为通用水泥。适应专门用途的水泥称为专用水泥，如砌筑水泥、道路水泥、油井水泥等。某种性能比较突出的水泥称为特性水泥，如白色硅酸盐水泥、快硬硅酸盐水泥、抗硫酸盐硅酸盐水泥、膨胀水泥等。

（1）通用水泥的品种、特性及应用

通用水泥即通用硅酸盐水泥简称，是以硅酸盐水泥熟料和适量的石膏，以及规定的混合材料制成的水硬性胶凝材料。通用水泥的品种、特性及应用范围见表 2-1。

通用水泥的品种特性及应用范围　　　表2-1

名称	硅酸盐水泥	普通硅酸盐水泥	矿渣硅酸盐水泥	火山灰质硅酸盐水泥	粉煤灰硅酸盐水泥	复合硅酸盐水泥
主	1. 早期强度高 2. 水化热高 3. 抗冻性好	1. 早期强度较高 2. 水化热较高 3. 抗冻性较好 耐热性较差 耐腐蚀性较 干缩性较小 抗碳化性较	1. 早期强度低，后期强度高 2. 水化热较低 3. 抗冻性较差 4. 耐热性较好 5. 耐腐蚀性好 6. 干缩性较大 7. 抗碳化性较差 8. 抗渗性差	1. 早期强度低，后期强度高 2. 水化热较低 3. 抗冻性较差 4. 耐热性较差 5. 耐腐蚀性好 6. 干缩性大 7. 抗碳化性较差 8. 抗渗性好	1. 早期强度低，后期强度高 2. 水化热较低 3. 抗冻性较差 4. 耐热性较差 5. 耐腐蚀性好 6. 干缩性小 7. 抗碳化性较差 8. 抗裂性好	1. 早期强度稍低 2. 其他性能同矿渣水泥
	硅酸盐水泥…相同		1. 大体积混凝土工程 2. 高温车间和有耐热要求的混凝土结构 3. 蒸汽养护的构件 4. 耐腐蚀要求高的混凝土工程	1. 地下、水中大体积混凝土结构 2. 有抗渗要求的工程 3. 蒸汽养护的构件 4. 耐腐蚀要求高的混凝土工程	1. 地上、地下及水中大体积混凝土结构 2. 蒸汽养护的构件 3. 抗裂性要求较高的构件 4. 耐腐蚀要求高的混凝土工程	可参照矿渣硅酸盐水泥、火山灰质硅酸盐水泥、粉煤灰硅酸盐水泥，但其性能受所用混合材料性能的影响，所以使用时应针对工程的性质加以选用

主要技术性质

……粒粗细的程度，它是影响水泥用水量、凝结时间、强度和安定性能的……，与水反应的表面积越大，因而水化反应的速度越快，水泥石的早期……的收缩也越大，且水泥在储运过程中易受潮而降低活性。因此，水泥……水泥和普通硅酸盐的细度以比表面积表示用透气式比表面仪测定，矿……泥、粉煤灰水泥和复合水泥以筛余表示。《通用硅酸盐水泥》GB……酸盐水泥和普通硅酸盐水泥的比表面积应不大于 $300m^2/kg$。

……用水量

……时间、体积安定性等性能时，为使所测结果有准确的可比性，规定在……净浆必须以标准方法（按《水泥标准稠度用水量、凝结时间、安定性……16—2011规定）测试，并达到统一规定的浆体可塑性程度（标准稠……度用水量，是指拌制水泥净浆时为达到标准稠度所需的加水量，它……的百分数表示。

……水泥加水开始到失去流动性所需的时间称为凝结时间，分为初凝时间和终凝时间。初凝时间是水泥从开始加水拌合起至水泥浆开始失去可塑性所需的时间；终凝时间是从水泥开始加水拌合起至水泥浆完全失去可塑性，并开始产生强度所需的时间。水泥的凝结时间对施工有重大意义。初凝过早，施工时没有足够的时间完成混凝土或砂浆的搅拌、运输、浇捣和砌筑等操作；水泥的终凝过迟，则会拖延施工工期。国家标准规定：硅酸盐水泥初凝时间不得早于 45min，终凝时间不得迟于 6.5h。

4）体积安定性

水泥体积安定性是指水泥浆体硬化后体积变化的稳定性。安定性不良的水泥，在浆体硬化过程中或硬化后产生不均匀的体积膨胀，并引起开裂。水泥安定性不良的主要原因是熟料中含有过量的游离氧化钙、游离氧化镁或掺入的石膏过多。国家标准规定，水泥熟料中游离氧化镁含量不得超过 5.0%，三氧化硫含量不得超过 3.5%。体积安定性不合格的水泥为废品，不能用于工程中。

5）水泥的强度

水泥强度是表征水泥力学性能的重要指标，它与水泥的矿物组成、水泥细度、水灰比大小、水化龄期和环境温度等密切相关。水泥强度按《水泥胶砂强度检验方法（ISO 法）》GB/T 17671—2021 的规定制作试块，养护并测定其抗压和抗折强度值，并据此评定水泥强度等级。

根据 3d 和 28d 龄期的抗折强度和抗压强度进行评定，通用水泥的强度等级划分见表 2-2。

6）水化热

水化热是指水泥和水之间发生化学反应放出的热量，通常以焦耳/千克（J/kg）表示。

水泥水化放出的热量以及放热速度，主要决定于水泥的矿物组成和细度。熟料矿物中铝酸三钙和硅酸三钙的含量越高，颗粒越细，则水化热越大。这对一般建筑的冬期施工是有利的，但对于大体积混凝土工程是有害的。为了避免由于温度应力引起水泥石的开裂，在大体积混凝土工程施工中，不宜采用硅酸盐水泥，而应采用水化热低的水泥，如中热水泥、低热矿渣水泥等，水化热的数值可根据国家标准规定的方法测定。

通用水泥的主要技术性能见表 2-2。

通用水泥的主要技术性能 表 2-2

性能＼品种		硅酸盐水泥	普通硅酸盐水泥	矿渣水泥	火山灰水泥	粉煤灰水泥	复合水泥
水泥中混合材料掺量		0～5%	活性混合材料 5%～20%，或非活性混合材料 8% 以下	粒化高炉矿渣 20%～70%	火山灰质混合材料 20%～40%	粉煤灰 20%～40%	两种或两种以上混合材料，其总掺量为 20%～50%
密度（g/cm³）		3.0～3.15			2.8～3.1		
堆积密度(kg/m³)		1000～1600		1000～1200	900～1000		1000～1200
细度		比表面积>300m²/kg		80μm 方孔筛筛余量不大于 10%，或 4μm 方孔筛筛余不大于 30%			
凝结时间	初凝	不小于 45min					
	终凝	不大于 6.5h		不大于 10h			
体积安定性	安定性	沸煮法合格（若试饼法和雷氏法两者有争议，以雷氏法为准）					
	MgO	含量不大于 5.0%		含量不大于 6.0%			
	SO₃	含量不大于 3.5%（矿渣水泥中含量不大于 4.0%）					
碱含量		用户要求低碱水泥时，按 Na₂O+0.685K₂O 计算的碱含量，不得大于 0.60%，氯离子含量不大于 0.06%					
强度等级		42.5、42.5R、52.5、52.5R、62.5、62.5R		32.5、32.5R、42.5、42.5R、52.5、52.5R			42.5、42.5R、52.5、52.5R

注：R 表示早强型。

3. 道路硅酸盐水泥、特性水泥的特性及应用

（1）道路硅酸盐水泥

道路硅酸盐水泥简称道路水泥，是指由道路硅酸盐水泥熟料、0～10％活性混合材料与适量石膏磨细制成的水硬性胶凝材料。道路硅酸盐水泥熟料是由适当成分的生料烧至部分熔融，以硅酸钙为主要成分，含有较多量的铁铝酸钙。

道路硅酸盐水泥的强度高（特别是抗折强度高）、耐磨性好、干缩小、抗冲击性好、抗冻性好、抗硫酸盐腐蚀性能比较好，适用于道路路面、机场跑道道面、城市广场等工程。

（2）特性水泥

特性水泥的品种很多，以下仅介绍市政工程中常用的几种。

1）快硬硅酸盐水泥

凡以硅酸盐水泥熟料和适量石膏磨细制成的以 3d 抗压强度表示强度等级的水硬性胶凝材料称为快硬硅酸盐水泥，简称快硬水泥。

快硬硅酸盐水泥的特点是，凝结硬化快，早期强度增长率高。可用于紧急抢修工程、低温施工工程等，可配制成早强、高等级混凝土。

快硬水泥易受潮变质，故贮运时须特别注意防潮，并应及时使用，不宜久存。出厂超过1个月，应重新检验，合格后方可使用。

2）膨胀水泥

膨胀水泥是指以适当比例的硅酸盐水泥或普通硅酸盐水泥，铝酸盐水泥等和天然二水石膏磨制而成的膨胀性的水硬性胶凝材料。

按基本组成我国常用的膨胀水泥品种有：硅酸盐膨胀水泥、铝酸盐膨胀水泥、硫铝酸盐水泥、铁铝酸盐膨胀水泥等。

膨胀水泥主要用于收缩补偿混凝土、防渗混凝土（屋顶防渗、水池等）、防渗砂浆，使用在结构的加固、构件接缝、后浇带，固定设备的机座及地脚螺栓等部位。

4. 石灰性能及在市政工程中的应用

（1）品种与分类

石灰按品种分为生石灰、熟石灰（消石灰粉）；按氧化镁含量不同可分为钙质石灰、镁质石灰。

生石灰的主要成分为氧化钙，通常制法为将主要成分为碳酸钙的天然岩石，在高温下煅烧，即可分解生成二氧化碳以及氧化钙（成分 CaO，即生石灰）。块状生石灰磨细后为生石灰粉。

熟石灰（成分 Ca（OH）$_2$），为生石灰加水化消化而成，通称为熟石灰。石灰消化反应的特点是剧烈放热，不仅放热量大、放热集中，同时产生明显的体积膨胀。生石灰中含有过火石灰时，过火石灰的滞后消化反应，会在已固结的材料内部产生膨胀，从而出现"爆灰"裂缝；为了消除过火石灰的危害，可将石灰消解后陈放半个月再使用。

生、熟石灰按照国家有关标准分为三个等级，工程中应按照设计要求或标准规定选用。

（2）性能与应用

1）性能特点

可塑性好，石灰拌制石灰砂浆或各种混合砂浆，都具有较好的工作性；

硬化缓慢，石灰浆只能在空气中硬化，空气中的 CO_2 含量较少，碳化作用缓慢；

强度低，石灰的硬化只能在空气中进行。硬化以后的强度也不高，如 1：3 石灰砂浆 28d 抗压强度通常为 0.2～0.5MPa，受潮后强度更低，在水中还可能溃散；

收缩性大，石灰在硬化过程中，蒸发大量水分而引起显著的收缩，所以除调成石灰乳涂刷外，不宜单独使用；

耐水性差，石灰不宜用于潮湿环境和重要建筑物基础。

2）石灰保存

生石灰只有不经水浸，可以保存很长时间，一般不超过半年。熟石灰应在 7d 之内使用。

（3）石灰在市政工程中应用

熟石灰常在城镇道路工程中用作石灰稳定土、二灰稳定土、二灰稳定砂砾等半刚性基层的原材料。其还可应用于其他市政工程的石灰乳涂料、石灰砂浆与混合砂浆。

生石灰可用于城镇道路工程的湿软路基处理。生石灰加入湿土中并拌合后，生成的消石灰使土的结构和性质很快开始变化，依次逐渐改变土的液限、塑限、塑性指数和压实性能。

在城镇道路工程应用标准可参考《公路路面基层施工技术细则》JTG/T F20—2015，路基处理所用石灰应不低于三级灰标准。

（二）混凝土

1. 混凝土的分类及主要技术性质

（1）混凝土的分类

混凝土是以胶凝材料、粗细骨料及其他外掺材料按适当比例拌制、成型、养护、硬化而成的人工石材。通常将水泥、掺合材料、粗细骨料、水和外加剂按一定的比例配制而成的、干表观密度为 $2000～28000kg/m^3$ 的混凝土称为普通混凝土，可从以下不同角度分类。

1）按用途分：结构混凝土、抗渗混凝土、抗冻混凝土、大体积混凝土、水工混凝土、耐热混凝土、耐酸混凝土、装饰混凝土等。

2）按强度等级分：普通混凝土（＜C60）、高强混凝土（≥C60）、超高强混凝土（≥C100）。

3）按施工工艺分：喷射混凝土、泵送混凝土、碾压混凝土、压力灌浆混凝土、离心混凝土、真空脱水混凝土。

（2）普通混凝土的主要技术性质

混凝土的技术性质包括混凝土拌合物的技术性质和硬化混凝土的技术性质。混凝土拌合物的主要技术性质为和易性，硬化混凝土的主要技术性质包括强度、变形和耐久性等。

1）混凝土拌合物的和易性

混凝土中的各种组成材料按比例配合经搅拌形成的混合物称为混凝土拌合物，又称新拌混凝土。

混凝土拌合物易于各工序施工操作（搅拌、运输、浇筑、振捣、成型等），并能获得质量稳定、整体均匀、成型密实的混凝土性能，称为混凝土拌合物的和易性。和易性是满足施工工艺要求的综合性质，包括流动性、黏聚性和保水性。

流动性是指混凝土拌合物在自重或机械振动时能够产生流动的性质。流动性的大小反映了混凝土拌合物的稀稠程度，流动性良好的拌合物，易于浇筑、振捣和成型。

黏聚性是指混凝土组成材料间具有一定的黏聚力，在施工过程中混凝土能保持整体均匀的性能。黏聚性反映了混凝土拌合物的均匀性，黏聚性良好的拌合物易于施工操作，不会产生分层和离析的现象。黏聚性差时，会造成混凝土质地不均，振捣后易出现蜂窝、空洞等现象，影响混凝土的强度及耐久性。

保水性是指混凝土拌合物在施工过程中具有一定的保持内部水分而抵抗泌水的能力。保水性反映了混凝土拌合物的稳定性。保水性差的混凝土拌合物会在混凝土内部形成透水通道，影响混凝土的密实性，并降低混凝土的强度及耐久性。

混凝土拌合物和易性良好是保证混凝土施工质量的技术基础，也是混凝土适合泵送施工等现代化施工工艺的技术保证。在保证施工质量的前提下，具有良好的和易性，才能形成均匀，密实的混凝土结构。

2）混凝土的强度

① 混凝土立方体抗压强度和强度等级

混凝土的抗压强度是混凝土结构设计的主要技术参数，也是混凝土质量评定的重要技术指标。

按照标准制作方法制成边长为 150mm 的标准立方体试件，在标准条件（温度 20±2℃，相对湿度为 95％以上）下养护 28d，然后采用标准试验方法测得的极限抗压强度值，称为混凝土的立方体抗压强度，用 f_{cu} 表示。

为了便于设计和施工选用混凝土，将混凝土的强度等级按照混凝土立方体抗压强度标准值分为若干等级，即强度等级。普通混凝土共划分为 C15、C20、C25、C30、C35、C40、C45、C50、C55、C60、C65、C70、C75、C80 共十四个强度等级。其中"C"表示混凝土，C 后面的数字表示混凝土立方体抗压强度标准值（$f_{cu,k}$）。如 C30 表示混凝土立方体抗压强度标准值 30MPa≤$f_{cu,k}$<35MPa。

② 混凝土轴心抗压强度

在实际工程中，混凝土结构构件大部分是棱柱体或圆柱体。为了能更好地反映混凝土的实际抗压性能，在计算钢筋混凝土构件承载力时，常采用混凝土的轴心抗压强度作为设计依据。

混凝土的轴心抗压强度是采用 150mm×150mm×300mm 的棱柱体作为标准试件，在标准条件（温度为 20±2℃，相对湿度为 95％以上）下养护 28d，采用标准试验方法测得的抗压强度值。

③ 混凝土的抗拉强度

抗拉强度指的是轴向抗拉强度，我国目前常采用劈裂试验方法测定混凝土的抗拉（弯拉）强度。劈裂试验方法是采用边长为 150mm 的立方体标准试件，按规定的劈裂拉伸试验方法测定混凝土的劈裂抗拉强度。

而弯拉强度指的是抗拉强度，在城镇道路工程中，水泥混凝土路面的弯拉强度是一个关键指标，常采用小梁标准试件和路面钻芯取样的圆柱体劈裂强度折算进行弯拉强度综合评定。

（3）混凝土的耐久性

混凝土抵抗其自身因素和环境因素的长期破坏，保持其原有性能的能力，称为耐久性。混凝土的耐久性主要包括抗渗性、抗冻性、抗碳化、抗盐害、抗碳酸盐腐蚀、抗碱—骨料反应等方面。

1）抗渗性

混凝土抵抗压力液体（水或油）等渗透本体的能力称为抗渗性。

混凝土的抗渗性用抗渗等级表示。抗渗等级是以 28d 龄期的标准试件，用标准试验方法进行试验，以每组六个试件，四个试件未出现渗水时，所能承受的最大静水压（单位：MPa）来确定。混凝土的抗渗等级用代号 P 表示，如 P4、P6、P8、P10、P12 和大于 P12 六个等级。P4 表示混凝土抵抗 0.4MPa 的液体压力而不渗水。

2）抗冻性

混凝土在吸水饱和状态下，抵抗多次反复冻融循环而不破坏，同时也不严重降低其各种性能的能力，称为抗冻性。

混凝土的抗冻性用抗冻等级表示。抗冻等级是以 28d 龄期的混凝土标准试件，在浸水饱和状态下，进行冻融循环试验，以抗压强度损失不超过 25%，同时重量损失不超过 5% 时，所能承受的最大的冻融循环次数来确定。混凝土抗冻等级用 F 表示，分为 F50、F100、F150、F200、F250、F300、F350、F400 和大于 F400 等九个等级。F150 表示混凝土在强度损失不超过 25%，质量损失不超过 5% 时，所能承受的最大冻融循环次数为 150 次。处于冻害环境的，应掺加引气剂，引气剂含量应达到 3%～5%。

3）抗腐蚀混凝土

抗腐蚀混凝土一般是通过对原材料的质量控制、优选及施工工艺的优化控制，合理掺加优质矿物掺合料或复合掺合料，采用高效（高性能）减水剂制成的具有良好工作性、满足结构所要求的各项力学性能且耐久性优异的混凝土。

原材料和配合比的基本要求：高耐久性混凝土水胶比（W/B）≤0.38。水泥采用硅酸盐水泥或普通硅酸盐水泥，水泥比表面积小于 $350m^2/kg$，不应大于 $380m^2/kg$。粗骨料宜采用连续级配，吸水率<1.0%，且无潜在碱骨料反应危害。采用优质矿物掺合料或复合掺合料及高效（高性能）减水剂是配制高耐久性混凝土的特点之一。优质矿物掺合料主要包括硅灰、粉煤灰、磨细矿渣粉及天然沸石粉等，所用的矿物掺合料应达到优品级，矿物掺合料等量取代水泥的最大量宜为：硅粉≤10%，粉煤灰≤30%，矿渣粉≤50%，天然沸石粉≤10%，复合掺合料≤50%。

① 盐害耐久性要求：应根据不同盐害环境确定最大水胶比；抗氯离子的渗透性、扩散性，宜以 56d 龄期电通量或 84d 氯离子迁移系数来确定。一般情况下，56d 电通量宜≤800C，84d 氯离子迁移系数宜≤$2.5×10^{-12}m^2/s$；混凝土表面裂缝宽度符合规范要求。

② 抗硫酸盐腐蚀耐久性要求：硫酸盐侵蚀较为严重的环境，水泥熟料中的 C_3A 不宜超过 5%，宜掺加优质的掺合料并降低单位用水量。应根据不同硫酸盐腐蚀环境，确定最

大水胶比、混凝土抗硫酸盐侵蚀等级。混凝土抗硫酸盐等级宜不低于KS120。

③ 抑制碱骨料反应有害膨胀的要求：混凝土中碱含量$<3.0kg/m^3$；在含碱环境或高湿度条件下，应采用非碱活性骨料。对于重要工程，应采取抑制碱骨料反应的技术措施。

④ 抗中性化要求：主要有提高混凝土气密性或水密性，采用降低水灰比、降低单方混凝土用水量对抗碳化性能较为有效。

2. 普通混凝土的组成材料及其主要技术要求

普通混凝土的组成材料有水泥、砂子、石子、水、外加剂或掺合料。前四种材料是组成混凝土所必需的材料，后两种材料可根据混凝土性能的需要有选择性的添加。

（1）水泥

水泥是混凝土组成材料中最重要的材料，也是成本支出最多的材料，更是影响混凝土强度、耐久性最重要的影响因素。

水泥品种应根据工程性质与特点、所处的环境条件及施工所处条件及水泥特性合理选择。配制一般的混凝土可以选用硅酸盐水泥、普通硅酸盐水泥、矿渣硅酸盐水泥、火山灰质硅酸盐水泥、粉煤灰硅酸水泥、复合硅酸盐水泥等通用水泥。

水泥强度等级的选择应根据混凝土强度的要求来确定，低强度混凝土应选择低强度等级的水泥，高强度混凝土应选择高强度等级的水泥。一般情况下，中、低强度的混凝土（≤C30），水泥强度等级为混凝土强度等级的$1.5\sim2.0$倍；高强度混凝土，水泥强度等级与混凝土强度等级之比可小于1.5，但不能低于0.8。

（2）细骨料

细骨料是指公称直径小于5.00mm的岩石颗粒，通常称为砂。根据生产过程特点不同，砂可分为天然砂、人工砂和混合砂。天然砂包括河砂、湖砂、山砂和海砂。混合砂是天然砂与人工砂按一定比例组合而成的砂。

1）有害杂质含量

配制混凝土的砂子要求清洁不含杂质。国家标准对砂中的云母、轻物质、硫化物及硫酸盐、有机物、氯化物等各有害物含量以及海砂中的贝壳含量作了规定。

2）含泥量、石粉含量和泥块含量

含泥量是指天然砂中公称粒径小于$80\mu m$的颗粒含量。泥块含量是指砂中公称粒径大于1.25mm，经水浸洗、手捏后变成小于$630\mu m$的颗粒含量。石粉含量是指人工砂中公称粒径小于$80\mu m$的颗粒含量。国家标准对含泥量、石粉含量和泥块含量作了规定。

3）坚固性

砂的坚固性是指砂在自然风化和其他外界物理、化学因素作用下，抵抗破坏的能力。

天然砂的坚固性用硫酸钠溶液法检验，砂样经5次循环后其质量损失应符合国家标准的规定。

人工砂的坚固性采用压碎指标值来判断砂的坚固性，参见有关文献。

4）砂的表观密度、堆积密度、空隙率

砂的表观密度大于$2500kg/m^3$，松散堆积密度大于$1350kg/m^3$，空隙率小于47%。

5）粗细程度及颗粒级配

粗细程度是指不同粒径的砂混合后，总体的粗细程度。质量相同时，粗砂的总表面积小，包裹砂表面所需的水泥浆就越少，反之细砂总表面积大，包裹砂表面所需的水泥浆量就多。因此，和易性一定时，采用粗砂配制混凝土，可减少拌合用水量，节约水泥用量。但砂过粗易使混凝土拌合物产生分层、离析和泌水等现象。

颗粒级配是指粒径大小不同的砂粒互相搭配的情况。级配良好的砂，不同粒径的砂相互搭配，逐级填充使砂更密实，空隙率更小，可节省水泥并使混凝土结构密实，和易性、强度、耐久性得以加强，还可减少混凝土的干缩及徐变。

（3）粗骨料

粗骨料是指公称直径大于 5.00mm 的岩石颗粒，通常称为石子。其中天然形成的石子称为卵石，人工破碎而成的石子称为碎石。

1）泥、泥块及有害物质含量

粗骨料中泥、泥块含量以及硫化物、硫酸盐含量、有机物等有害物质含量应符合国家标准规定。

2）颗粒形状

卵石及碎石的形状以接近卵形或立方体为较好。针状颗粒和片状颗粒不仅本身容易折断，而且使空隙率增大，影响混凝土的质量，因此，国家标准对粗骨料中针、片状颗粒的含量作了规定。

3）强度

为保证混凝土的强度，粗骨料必须具有足够的强度。粗骨料的强度指标有两个，一是岩石抗压强度，二是压碎指标值，参见有关文献。

4）坚固性

坚固性是指卵石、碎石在自然风化和其他外界物理化学作用下抵抗破裂的能力。有抗冻性要求的混凝土所用粗骨料，要求测定其坚固性。

（4）水

混凝土用水包括混凝土拌制用水和养护用水。按水源不同分为饮用水、地表水、地下水、海水及经处理过的工业废水。地表水和地下水常溶有较多的有机质和矿物盐类；海水中含有较多硫酸盐，会降低混凝土后期强度，且影响抗冻性，同时，海水中含有大量氯盐，对混凝土中钢筋锈蚀有加速作用。

混凝土用水应优先采用符合国家标准的饮用水。在节约用水，保护环境的原则下，鼓励采用检验合格的中水（净化水）拌制混凝土。混凝土用水中各杂质的含量应符合国家标准的规定。

（5）外加剂

1）混凝土外加剂的分类

外加剂按照其主要功能分为八类：高性能减水剂、高效减水剂、普通减水剂、引气减水剂、泵送剂、早强剂、缓凝剂、引气剂。

掺外加剂混凝土性能见表 2-3。

2）混凝土外加剂的常用品种及应用

① 减水剂

减水剂是使用最广泛、品种最多的一种外加剂。按其用途不同，又可分为普通减水剂、高效减水剂、早强减水剂、缓凝减水剂、缓凝高效减水剂、引气减水剂等。

掺外加剂混凝土性能　　表2-3

项目	高性能减水剂			高效减水剂		普通减水剂			引气减水剂	泵送剂	早强剂	缓凝剂	引气剂
	早强型	标准型	缓凝型	标准型	缓凝型	早强型	标准型	缓凝型					
减水率/%，不小于	25	25	25	14	14	8	8	8	10	12	—	—	6
泌水率比/%，不大于	50	60	70	90	100	95	100	100	70	70	100	100	70
含气量/%	<6.0	<6.0	<6.0	<3.0	<4.5	<4.0	<4.0	<5.5	>3.0	<5.5	—	—	>3.0
凝结时间之差/min（初凝、终凝）	-90~+90	-90~+120	>+90	-90~+120	>+90	-90~+90	-90~+120	>+90	-90~+120	—	-90~+90	>+90	-90~+120
1h经时变化量 坍落度/mm	—	<80	<60	—	—	—	—	—	—	<80	—	—	—
1h经时变化量 含气量/%	—	—	—	—	—	—	—	—	-1.5~+1.5	—	—	—	-1.5~+1.5
抗压强度比/%，不小于 1d	180	170	—	140	—	135	—	—	—	—	135	—	—
抗压强度比/%，不小于 3d	170	160	—	130	130	130	115	110	115	—	130	—	95
抗压强度比/%，不小于 7d	145	150	140	125	125	110	115	110	110	115	110	100	95
抗压强度比/%，不小于 28d	130	140	130	120	120	100	110	110	100	110	100	100	90
收缩率比/%，不大于 28d	110	110	110	135	135	135	135	135	135	135	135	135	135
相对耐久性（200次）/%，不小于	—	—	—	—	—	—	—	—	80	—	—	—	80

注：1. 表1中抗压强度比、收缩率比、相对耐久性为强制性指标，其余为推荐性指标；
　　2. 除含气量和相对耐久性外，表中所列数据为掺外加剂混凝土与基准混凝土的差值或比值；
　　3. 凝结时间之差性能指标中的"-"号表示提前，"+"号表示延缓；
　　4. 相对耐久性（200次）性能指标中的"≥80"表示将28d龄期的受检混凝土试件快速冻融循环200次后，动弹性模量保留值≥80%；
　　5. 1h含气量经时变化量的"+"号表示含气量增加，"-"号表示含气量减少；
　　6. 其他品种的外加剂是否需要测相对耐久性指标，由供、需双方协商确定；
　　7. 当用户对泵送剂等产品有特殊要求时，需要进行的补充试验项目、试验方法及指标，由供需双方协商决定。

数据来源：《混凝土外加剂》GB 8076—2008

常用减水剂的应用见表 2-4 所示。

常用减水剂的应用　　　　　　　　　　　　表 2-4

种类 类别	普通减水剂	高效减水剂	早强减水剂	缓凝减水剂
适宜掺量（占水泥重%）	0.2~0.3	0.2~1.2	0.5~2	0.1~3
减水量	10%~11%	12%~25%	20%~30%	6%~10%
早强效果	—	显著	显著（7d可达28d强度）	—
缓凝效果	1~3h	—		3h以上
引气效果	1%~2%	部分品种<2%		
适用范围	一般混凝土工程及大模板、滑模、泵送、大体积及夏期施工的混凝土工程	适用于所有混凝土工程，更适于配制高强混凝土及自流平混凝土，泵送混凝土，冬期施工混凝土	因价格昂贵，宜用于特殊要求的混凝土工程，如高强混凝土，早强混凝土，自流平混凝土等	一般混凝土工程

② 早强剂

早强剂是能加速水泥水化和硬化，促进混凝土早期强度增长的外加剂。可缩短混凝土养护龄期，加快施工进度，提高模板和场地周转率。

目前，常用的早强剂有氯盐类、硫酸盐类和有机胺类。

③ 缓凝剂

缓凝剂是可在较长时间内保持混凝土工作性，延缓混凝土凝结和硬化时间的外加剂。

缓凝剂适用于长时间运输的混凝土、高温季节施工的混凝土、泵送混凝土、滑模施工混凝土、大体积混凝土、分层浇筑的混凝土等。不适用于 5℃ 以下施工的混凝土，也不适用于有早强要求的混凝土及蒸养混凝土。

④ 引气剂

引气剂是一种在搅拌过程中具有在砂浆或混凝土中引入大量、均匀分布的微气泡，而且在硬化后能保留在其中的一种外加剂。加入引气剂，可以改善混凝土拌合物的和易性，显著提高混凝土的抗冻性和抗渗性，但会降低弹性模量及强度。

引气剂主要有松香树脂类、烷基苯磺酸盐类和脂醇磺酸盐类，其中松香树脂类中的松香热聚物和松香皂应用最多。

引气剂适用于配制抗冻混凝土、泵送混凝土、港口混凝土、防水混凝土以及骨料质量差、泌水严重的混凝土，不适宜配制蒸汽养护的混凝土。

⑤ 泵送剂

泵送剂是改善混凝土泵送性能的外加剂。它由减水剂、调凝剂、引气剂、润滑剂等多种组分复合而成。

3. 高性能混凝土、预拌混凝土的特性及应用

（1）高性能混凝土

高性能混凝土是指具有高耐久性和良好的工作性，早期强度高而后期强度不倒缩，体

积稳定性好的混凝土。

高性能混凝土的主要特性为：

1）具有一定的强度和高抗渗能力。

2）具有良好的工作性。混凝土拌合物流动性好，在成型过程中不分层、不离析，从而具有很好的填充性和自密实性能。

3）耐久性好。高性能混凝土的耐久性明显优于普通混凝土，能够使混凝土结构安全可靠地工作 50～100 年以上。

4）具有较高的体积稳定性，即混凝土在硬化早期应具有较低的水化热，硬化后期具有较小的收缩变形。

高性能混凝土是水泥混凝土的发展方向之一，它被广泛地用于桥梁工程、高层建筑、工业厂房结构、港口及海洋工程、水工结构等工程中。

（2）预拌混凝土

预拌混凝土也称商品混凝土，是指由水泥、骨料、水以及外加剂、矿物掺合料等组分按一定比例，在搅拌站经计量、拌制后出售的并采用运输车，在规定时间内运至使用地点的混凝土拌合物。

预拌混凝土设备利用率高，计量准确，产品质量好、材料消耗少、工效高、成本较低，又能改善劳动条件，减少环境污染。

（三）钢材

1. 钢材的分类及主要技术性能

（1）钢材的分类

钢材的品种繁多，分类方法也很多，见表 2-5。

钢材的分类　　　　　　　　　　　　　　　　　表 2-5

分类方法	类别		特　性
按化学成分分类	碳素钢	低碳钢	含碳量＜0.25%
		中碳钢	含碳量 0.25%～0.60%
		高碳钢	含碳量＞0.60%
	合金钢	低合金钢	合金元素总含量＜5%
		中合金钢	合金元素总含量 5%～10%
		高合金钢	合金元素总含量＞10%
按脱氧程度分类	沸腾钢		脱氧不完全，硫、磷等杂质偏析较严重，代号为"F"
	镇静钢		脱氧完全，同时去硫，代号为"Z"
	特殊镇静钢		比镇静钢脱氧程度还要充分彻底，代号为"TZ"
按质量分类	普通钢		含硫量≤0.055%～0.065%，含磷量≤0.045%～0.085%
	优质钢		含硫量≤0.03%～0.045%，含磷量≤0.035%～0.045%
	高级优质钢		含硫量≤0.02%～0.03%，含磷量≤0.027%～0.035%

市政工程中所用钢材包括用于钢结构所用的各种型钢（如圆钢、槽钢、角钢、工字钢、扁钢等）、钢板和用于钢筋混凝土的各种钢筋、钢丝、钢绞线。

（2）钢材的主要技术性能

钢材的技术性能主要包括力学性能和工艺性能。

1）力学性能

力学性能又称机械性能，是钢材最重要的使用性能。

① 抗拉性能

抗拉性能是建筑钢材最重要的技术性质。其技术指标为由拉力试验测定的屈服强度、抗拉强度和伸长率。

将低碳钢受拉时的应力-应变关系曲线如图 2-1 所示，从图中可以看出，低碳钢从受拉至拉断，经历了四个阶段：弹性阶段（O-A）、屈服阶段（A-B）、强化阶段（B-C）和颈缩阶段（C-D）。

A. 屈服强度。当试件拉力在 OB 范围内时，如卸去拉力，试件能恢复原状，应力与应变的比值为常数，因此，该阶段被称为弹性阶段。当对试件的拉伸进入塑性变形的屈服阶段 AB 时，称屈服下限 B 所对应的应力为屈服强度或屈服点，记做 σ_s。

中碳钢与高碳钢（硬钢）的拉伸曲线与低碳钢不同，屈服现象不明显，难以测定屈服点，则规定产生残余变形为原标距长度的 0.2% 时所对应的应力值，作为硬钢的屈服强度，也称条件屈服点，用 $\sigma_{0.2}$ 表示，如图 2-2 所示。

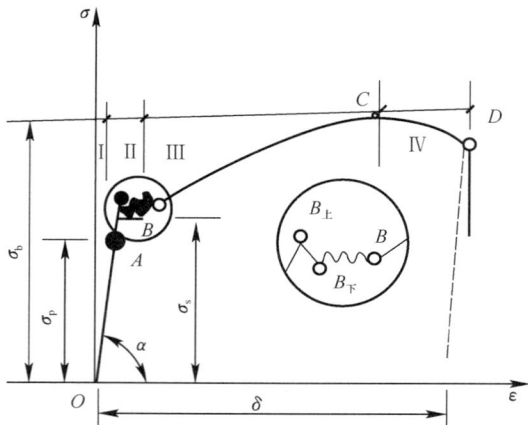

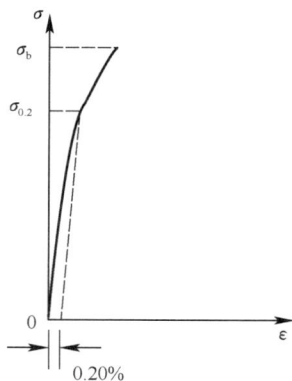

图 2-1 低碳钢受拉的应力-应变图   图 2-2 中、高碳钢的应力-应变图

B. 抗拉强度。从图 2-1 中 BC 曲线逐步上升可以看出：试件在屈服阶段以后，其抵抗塑性变形的能力又重新提高，称为强化阶段。对应于最高点 C 的应力称为抗拉强度，用 σ_b 表示。

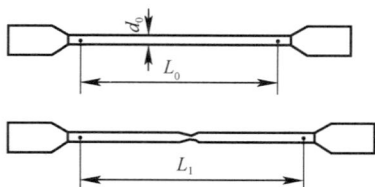

图 2-3 钢材的伸长率

C. 伸长率。图 2-3 中当曲线到达 C 点后，试件薄弱处急剧缩小，塑性变形迅速增加，产生"颈缩现象"而断裂。将拉断后的试件拼合起来，测定出标距范围内的长度 l_1（mm），其与试件原标距 l_0（mm）之差为塑性变形值，塑性变形值与 l_0 之比称为伸长率，用 δ

表示，如图 2-4 所示。

$$\delta = \frac{l_1 - l_0}{l_0} \times 100\%$$

伸长率是衡量钢材塑性的一个重要指标，δ 越大说明钢材的塑性越好。

② 冲击韧性

冲击韧性是指钢材抵抗冲击荷载的能力。冲击韧性指标是通过标准试件的弯曲冲击韧性试验确定的，如图 2-4 所示。以摆锤打击试件，于刻槽处将其打断，试件单位截面积上所消耗的功，即为钢材的冲击韧性指标，用冲击韧性 a_k（J/cm^2）表示。a_k 值越大，冲击韧性越好。

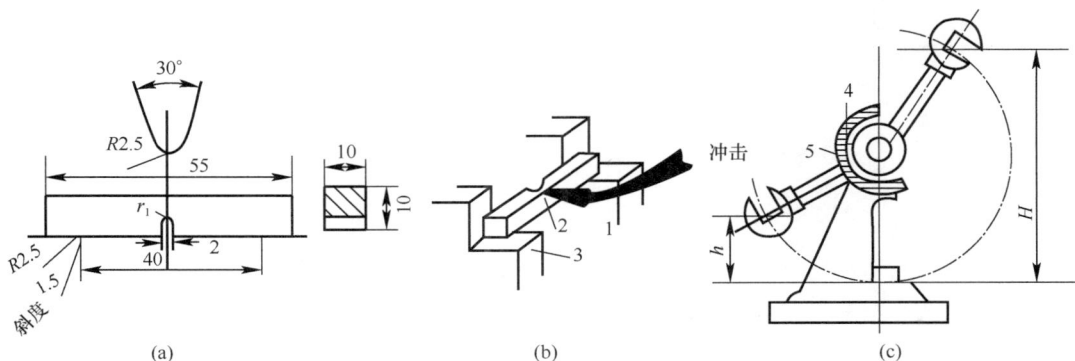

图 2-4　冲击韧性试验示意图

（a）试件尺寸；（b）试验装置；（c）试验机

1—摆锤；2—试件；3—试验台；4—刻转盘；5—指针

③ 硬度

钢材的硬度是指其表面局部体积内抵抗外物压入产生塑性变形的能力。常用的测定硬度的方法有布氏法和洛氏法。

布氏硬度试验是利用直径为 D（mm）的淬火钢球，以一定荷载 F（N）将其压入试件表面，经规定的持续时间后卸除荷载，即得到直径为 d（mm）的压痕。以压痕表面积除荷载 F，所得的应力值即为试件的布氏硬度值。布氏硬度的代号为 HB。

洛氏硬度试验是将金刚石圆锥体或钢球等压头，按一定压力压入试件表面，以压头压入试件的深度来表示硬度值。洛氏硬度的代号为 HR。

④ 耐疲劳性

在反复荷载作用下的结构构件，钢材往往在应力远小于抗拉强度时发生断裂，这种现象称为钢材的疲劳破坏。钢材抵抗疲劳破坏的能力称为耐疲劳性。

2）工艺性能

良好的工艺性能，可以保证钢材顺利通过各种加工，而使钢材制品的质量不受影响。钢材的工艺性能主要包括冷弯性能、焊接性能、冷拉性能、冷拔性能等，下面只介绍冷弯性能和焊接性能。

① 冷弯性能

冷弯性能是指钢材在常温下承受弯曲变形的能力。钢材的冷弯性能指标是以试件弯曲的角度 α 和弯心直径对试件厚度（或直径）的比值 d/α 来表示。

钢材的冷弯试验是通过直径(或厚度)为 α 的试件,采用标准规定的弯心直径 d($d=n\alpha$),弯曲到规定的弯曲角(180°或90°)时,试件的弯曲处不发生裂缝、裂断或起层,即认为冷弯性能合格。钢材弯曲时的弯曲角度越大,弯心直径越小,则表示其冷弯性能越好。

图 2-5 为弯曲时不同弯心直径的钢材冷弯试验。

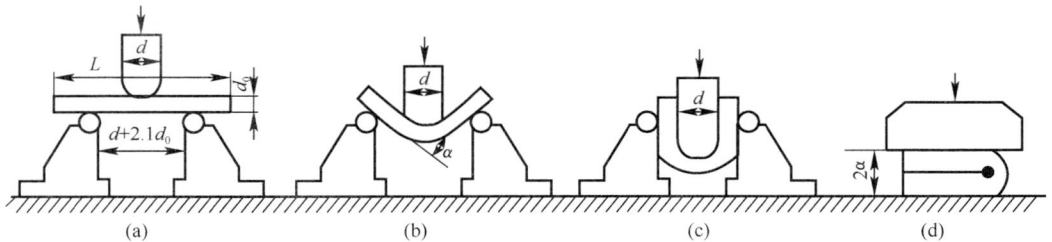

图 2-5　钢材冷弯试验
(a)安装试件;(b)弯曲90°;(c)弯曲180°;(d)弯曲至两面重合

② 焊接性能

在市政工程中,各种型钢、钢板、钢筋及预埋件等需用焊接加工。焊接的质量取决于焊接工艺、焊接材料及钢的焊接性能。

钢材的可焊性是指钢材是否适应通常的焊接方法与工艺的性能。可焊性好的钢材指易于用一般焊接方法和工艺施焊,焊口处不易形成裂纹、气孔、夹渣等缺陷;焊接后钢材的力学性能,特别是强度不低于原有钢材,硬脆倾向小。钢材可焊性能的好坏,主要取决于钢的化学成分。含碳量高将增加焊接接头的硬脆性,含碳量小于 0.25% 的碳素钢具有良好的可焊性。

2. 钢结构用钢材的品种及特性

(1)钢结构用钢材的品种及特性

1)碳素结构钢

碳素结构钢的牌号由字母 Q、屈服点数值、质量等级代号、脱氧方法代号四个部分组成。其中 Q 是“屈”字汉语拼音的首位字母;屈服点数值(以 N/mm^2 为单位)分为 195、215、235、275;质量等级代号有 A、B、C、D,表示质量由低到高;脱氧方法代号有 F、Z、TZ,分别表示沸腾钢、镇静钢、特殊镇静钢,其中代号 Z、TZ 可以省略不写。钢结构一般采用 Q235 钢,分为 A、B、C、D 四级,A、B 两级有沸腾钢和镇静钢,C 级全部为镇静钢,D 级全部为特殊镇静钢。例如 Q235A 代表屈服强度为 $235N/mm^2$,A 级,镇静钢。

Q235 钢既具有较高的强度,又具有较好的塑性和韧性,可焊性也好,同时力学性能稳定,对轧制、加热、急剧冷却时的敏感性较小,故在建筑钢结构中应用广泛。其中 Q235A 级钢一般仅适用于承受静荷载作用的结构,Q235-C 级和 D 级钢可用于重要焊接的结构。同时 Q235-D 级钢冲击韧性很好,具有较强的抗冲击、振动荷载的能力,尤其适宜在较低温度下使用。

2)低合金高强度结构钢

低合金高强度结构钢是在钢的冶炼过程中添加少量合金元素（合金元素的总量低于5%），以提高钢材的强度、耐腐蚀性及低温冲击韧性等。

低合金高强度结构钢均为镇静钢或特殊镇静钢，所以它的牌号只有 Q、屈服点数值、质量等级三部分。屈服点数值（以 N/mm^2 为单位）分为 295、345、390、420、460。质量等级有 A 到 E 五个级别。A 级无冲击功要求，B、C、D、E 级均有冲击功要求。不同质量等级对碳、硫、磷、铝等含量的要求也有区别。低合金高强度结构钢的 A、B 级属于镇静钢，C、D、E 级属于特殊镇静钢。例如 Q345E 代表屈服点为 $345N/mm^2$ 的 E 级低合金高强度结构钢。

低合金高强度结构钢与碳素结构钢相比，具有较高的强度，综合性能好，所以在相同使用条件下，可比碳素结构钢节省用钢 20%～30%，对减轻结构自重有利。同时还具有良好的塑性、韧性、可焊性、耐磨性、耐蚀性、耐低温性等性能，具有良好的可焊性及冷加工性，易于加工与施工。

（2）钢结构用型钢的规格

钢结构所用钢材主要是型钢和钢板，所用母材主要是碳素结构钢和低合金高强度结构钢。

1）热轧型钢

热轧型钢主要采用碳素结构钢 Q235A，低合金高强度结构钢 Q345 和 Q390 热轧成型。

常用的热轧型钢有角钢、工字钢、槽钢、H 型钢等，如图 2-6 所示。

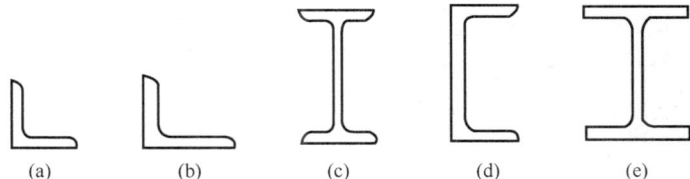

图 2-6　常用的热轧型钢
（a）等边角钢；（b）不等边角钢；（c）工字钢；（d）槽钢；（e）H 型钢

① 热轧普通工字钢

工字钢的规格以"腰高度×腿宽度×腰厚度"（mm）表示，也可用"腰高度♯"（cm）表示；规格范围为 10♯～63♯。若同一腰高的工字钢，有几种不同的腿宽和腰厚，则在其后标注 a、b、c 表示相应规格。

工字钢广泛应用于各种建筑结构和桥梁，主要用于承受横向弯曲（腹板平面内受弯）的杆件，但不宜单独用作轴心受压构件或双向弯曲的构件。

② 热轧 H 型钢

H 型钢由工字型钢发展而来。H 型钢的规格型号以"代号腹板高度×翼板宽度×腹板厚度×翼板厚度"（mm）表示，也可用"代号腹板高度×翼板宽度"表示。

与工字型钢相比，H 型钢优化了截面的分布，具有翼缘宽，侧向刚度大，抗弯能力强，翼缘两表面相互平行、连接构造方便，重量轻、节省钢材等优点。

H 型钢分为宽翼缘（代号为 HW）、中翼缘（代号为 HM）和窄翼缘 H 型钢（HN）以及 H 型钢桩（HP）。宽翼缘和中翼缘 H 型钢适用于钢柱等轴心受压构件，窄翼缘 H 型钢适用于钢梁等受弯构件。

③ 热轧普通槽钢

槽钢规格以"腰高度×腿宽度×腰厚度"(mm)或"腰高度♯"(cm)来表示。同一腰高的槽钢,若有几种不同的腿宽和腰厚,则在其后标注 a、b、c 表示该腰高度下的相应规格。

槽钢主要用于承受轴向力的杆件、承受横向弯曲的梁以及联系杆件,主要用于建筑钢结构、车辆制造等。

④ 热轧角钢

角钢可分为等边角钢和不等边角钢。

等边角钢的规格以"边宽度×边宽度×厚度"(mm)或"边宽♯"(cm)表示。规格范围为 $20×20×(3～4)～200×200×(14～24)$。

不等边角钢的规格以"长边宽度×短边宽度×厚度"(mm)或"长边宽度/短边宽度"(cm)表示。规格范围为 $25×16×(3～4)～200×125×(12～18)$。

角钢主要用作承受轴向力的杆件和支撑杆件,也可作为受力构件之间的连接零件。

2)冷弯薄壁型钢

冷弯薄壁型钢指用钢板或带钢在常温下弯曲成的各种断面形状的成品钢材。

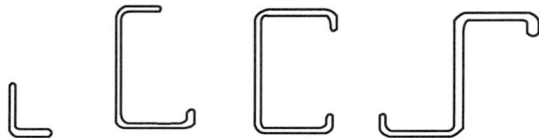

图 2-7　常见形式的冷弯薄壁型钢

冷弯薄壁型钢的类型有 C 型钢、U 型钢、Z 型钢、带钢、镀锌带钢、镀锌卷板、镀锌 C 型钢、镀锌 U 型钢、镀锌 Z 型钢。图 2-7 所示为常见形式的冷弯薄壁型钢。冷弯薄壁型钢的表示方法与热轧型钢相同。

在房屋建筑中,冷弯型钢可用作钢架、桁架、梁、柱等主要承重构件,也被用作屋面檩条、墙架梁柱、龙骨、门窗、屋面板、墙面板、楼板等次要构件和围护结构。

3)钢板

钢板是用碳素结构钢和低合金高强度结构钢经热轧或冷轧生产的扁平钢材。按轧制方式可分为热轧钢板和冷轧钢板。

表示方法:宽度×厚度×长度(mm)。

厚度大于 4mm 以上为厚板;厚度小于或等于 4mm 的为薄板。

钢厚板采用热轧方式生产,是钢结构的主要用钢材,按材料质量进行选择。低合金高强度结构钢厚板,用于重型结构、大跨度桥梁和高压容器等。薄板可用热轧、冷轧方式生产,冷轧板质量较好、性能高,但成本较高。土木工程采用热轧板,多用于屋面、墙面或楼板等。

4)钢管

依据生产工艺,钢结构所用钢管分为热轧无缝钢管和焊接钢管两大类。

① 热轧无缝钢管以优质碳素钢和低合金结构钢为原材料,多采用热轧-冷拔联合工艺生产,也可用冷轧方式生产,但后者成本高。其主要用于压力管道和一些特定的钢结构。

② 焊接钢管采用优质或普通碳素钢钢板卷焊而成,表面镀锌或不镀锌(视使用而定)。按其焊缝形式有直缝电焊钢管和螺旋焊钢管,适用于各种结构、输送管道等。焊接

钢管成本较低，容易加工，但多数情况下抗压性能较差。

在土木工程中，钢管多用于桁架、塔桅、塔柱、压力管道等钢结构，也广泛应用于建筑、桥梁等工程中的临时支撑架。

3. 钢筋混凝土结构用钢材的品种及特性

钢筋混凝土结构用钢材主要是由碳素结构钢和低合金结构钢轧制而成的各种钢筋，其主要品种有热轧钢筋、冷加工钢筋、热处理钢筋、预应力混凝土用钢丝和钢绞线等。常用的有热轧钢筋、冷轧带肋钢筋。

（1）热轧钢筋

经热轧成型并自然冷却的成品钢筋，称为热轧钢筋。根据表面特征不同，热轧钢筋分为热轧光圆钢筋和热轧带肋钢筋两大类。

① 热轧光圆钢筋

根据《钢筋混凝土用钢 第 1 部分：热轧光圆钢筋》GB/T 1499.1—2017 的规定，热轧光圆钢筋级别为 1 级，强度等级代号为 R300。R 表示"热轧"，300 表示屈服强度要求值（MPa）。

光圆钢筋的强度低，但塑性和焊接性能好，便于各种冷加工，因而广泛用作小型钢筋混凝土结构中的主要受力钢筋及大中型钢筋混凝土结构中的构造筋。

② 热轧带肋钢筋

热轧带肋钢筋表面有两条纵肋，并沿长度方向均匀分布有牙形横肋。根据《钢筋混凝土用钢 第 2 部分：热轧带肋钢筋》GB/T 1499.2—2018 的规定，热轧带肋钢筋分为 HRB400、HRB500、HRB600 三个牌号。其中 H、R、B 分别为热轧（Hotrolled）、带肋（Ribbed）和钢筋（Bars）三个词的英文首字母，见表 2-6 的规定。

热轧带肋钢筋的力学性能和工艺性能见表 2-7。

热轧带肋钢筋牌号的构成及其含义　　　　　　　　　　　　　　表 2-6

类别	牌号	牌号构成	英文字母含义
普通热轧钢筋	HRB400	由 HRB＋屈服强度特征值构成	HRB——热轧带肋钢筋的英文（Hot rolled Ribbed Bars）缩写。 E——"地震"的英文（Earthquake）首位字母
	HRB500		
	HRB600		
	HRB400E	由 HRB＋屈服强度特征值＋E 构成	
	HRB500E		
细晶粒热轧钢筋	HRBF400	由 HRBF＋屈服强度特征值构成	HRBF——在热轧带肋钢筋的英文缩写后加"细"的英文（Fine）首位字母。 E——"地震"的英文（Earthquake）首位字母
	HRBF500		
	HRBF400E	由 HRBF＋屈服强度特征值＋E 构成	
	HRBF500E		

③ 低碳钢热轧圆盘条

低碳钢热轧圆盘条是由屈服强度较低的碳素结构钢轧制的横截面为圆形，表面光滑，经热轧成型并自然冷却的成盘钢筋。盘条的公称直径为 5.5～14.0mm，是目前土木工程用量大、使用广的线材，也称普通线材。普通线材大量用作建筑混凝土的配筋、拉制普通低碳钢丝和镀锌低碳钢丝。

热轧带肋钢筋的力学性能和工艺性能　　　　　　　表 2-7

牌号	下屈服强度 R_{eL} （MPa）	抗拉强度 R_m （MPa）	断后伸长率 A （%）	最大力总延伸率 A_{ge} （%）	R_m^0/R_{eL}	R_{eL}^0/R_{eL}	公称直径 d （mm）	弯曲压头直径 （mm）
	不小于					不大于		
HRB400 HRBF400	400	540	16	7.5	—	—	6～25 28～40	4d 5d
HRB400E HRBF400E			—	9.0	1.25	1.30	>40～50	6d
HRB500 HRBF500	500	630	15	7.5	—	—	6～25 28～40	6d 7d
HRB500E HRBF500E			—	9.0	1.25	1.30	40～50	8d
HRB600	600	730	14	7.5	—	—	6～25 28～40 >40～50	6d 7d 8d

注：R_m^0 为钢筋实测抗拉强度；R_{eL}^0 为钢筋实测下屈服强度。

建筑钢材用盘条，牌号 Q215、Q235。根据《低碳钢热轧圆盘条》GB/T 701—2008 的规定，低碳钢热轧圆盘条的力学性能和工艺性能应符合表 2-8 的要求。

低碳钢热轧圆盘条力学性能和工艺性能　　　　　　　表 2-8

牌号	力学性能		冷弯试验 180° $d=$弯心直径 $a=$公称直径
	抗拉强度（MPa）≥	伸长率 δ_S（%）≥	
Q195	420	28	$d=0$
Q215	420	26	$d=0.5a$
Q235	470	22	$d=a$

（2）冷轧带肋钢筋

冷轧带肋钢筋是采用普通低碳钢或低合金钢热轧的圆盘条，经冷轧或冷拔减径后在其表面冷轧成两面或三面有肋的钢筋，也可经低温回火处理。根据《冷轧带肋钢筋》GB/T 13788—2017 的规定，冷轧带肋钢筋按抗拉强度最小值分为 CRB550、CRB650、CRB800、CRB600H 和 CRB680H、CRB800H 六个牌号，其中 C、R、B、H 分别为冷轧（Coldrolled）、带肋（Ribbed）和钢筋（Bar）和高延性（High elongation）六个词的英文首字母。CRB550、CRB600H、CRB680H 钢筋的公称直径范围为 4～12mm，CRB650、CRB800、CRB800H 的公称直径分别为 4mm、5mm、6mm。

冷轧带肋钢筋在中、小型预应力混凝土结构构件中和普通混凝土结构构件中得到了越来越广泛的应用。CRB550、CRB600H 为普通钢筋混凝土用钢筋，CRB650、CRB800、

CRB800H 既可以作为普通钢筋混凝土用钢，也可以作为预应力混凝土用钢筋使用。

4. 预应力混凝土用的钢材的品种及性能

（1）预应力混凝土用热处理钢筋

预应力混凝土用热处理钢筋是用热轧带钢筋经淬火和回火的调质处理而成的，按外形分为纵肋（公称直径有 8.2mm、10mm 两种）和无纵肋（公称直径有 6mm、8.2mm 两种）。

根据《预应力混凝土用钢棒》GB/T 5223.3—2017 的规定，预应力混凝土用热处理钢筋的力学性能应符合表 2-9 的要求。牌号的含义依次为：平均含碳量的万分数、合金元素符号、合金元素平均含量（"2"表示含量为 1.5%～2.5%，无数字表示含量<1.5%）、脱氧程度（镇静钢无该项）。

预应力混凝土用热处理钢筋的力学性能　　　表 2-9

牌号	公称直径（mm）	屈服点（MPa）	抗拉强度（MPa）	伸长率 δ_S（%）
		≥		
40Si2Mn	6			
48Si2Mn	8.2	1325	1470	6
45Si2Mn	10			

预应力混凝土用热处理钢筋强度高，可代替高强钢丝使用；配筋根数少，节约钢材；锚固性好不易打滑，预应力值稳定；施工简便，开盘后自然伸直，无需调直与焊接。可用于预应力梁、板结构及吊车梁等，多用于预应力钢筋混凝土轨枕。

（2）预应力混凝土用钢丝和钢绞线

1）预应力混凝土用钢丝

预应力混凝土用钢丝是用优质碳素结构钢制成，《预应力混凝土用钢丝》GB/T 5223—2014 按加工状态将其分为冷拉钢丝（WCD）和消除应力钢丝两类。消除应力钢丝按松弛性能又分为低松弛级钢丝（WLR）和普通松弛钢丝（WNR）；按外形分为类光圆（P）、螺旋肋钢丝（H）和刻痕钢丝（I），如图 2-8、图 2-9 所示。

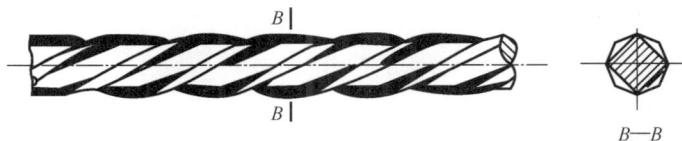

图 2-8　螺旋肋钢丝外形

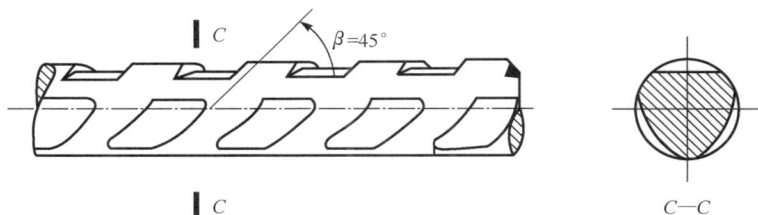

图 2-9　三面刻痕钢丝外形

预应力混凝土用钢丝有强度高（抗拉强度 σ_b 在 1470～1770MPa 以上，屈服强度 $\sigma_{0.2}$ 在 1100～1330MPa 以上），柔性好（标距为 200mm 的伸长率大于 1.5%，弯曲 180° 达 4 次以上），无接头、质量稳定可靠、施工方便、无须冷拉、无须焊接等优点。主要用于大跨度屋架及薄腹梁、大跨度吊车梁、桥梁、电杆和轨枕等的预应力钢筋。

2）预应力混凝土用钢绞线

预应力混凝土钢绞线是按严格的技术条件绞捻起来的钢丝束，是以数根优质碳素结构钢钢丝经绞捻和消除内应力的热处理而制成。《预应力混凝土用钢绞线》GB/T 5224—2014 根据捻制结构（钢丝的股数），预应力钢绞线按捻制结构分为五类：用两根钢丝捻制的钢绞线（代号为 1×2）、用三根钢丝捻制的钢绞线（代号为 1×3）、用三根刻痕钢丝捻制的钢绞线（代号为 1×3I）、用七根钢丝捻制的标准型钢绞线（代号为 1×7）、用七根钢丝捻制又经模拔的钢绞线［代号为（1×7）C］。钢绞线外形如图 2-10 所示。

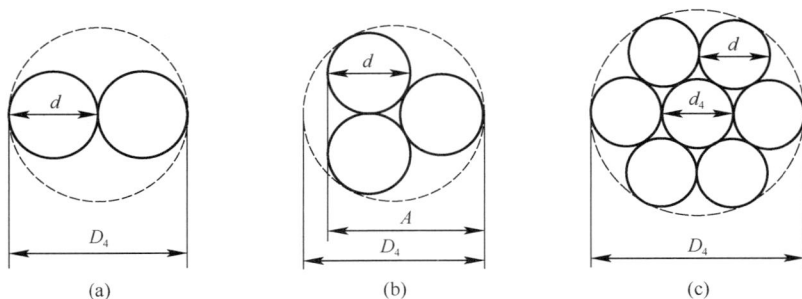

图 2-10　钢绞线外形示意图
（a）1×2 结构钢绞线；（b）1×3 结构钢绞线；（c）1×7 结构钢绞线

预应力混凝土用钢绞线的最大负荷随钢丝的根数不同而不同，7 根捻制结构的钢绞线，整根钢绞线的最大力达 384kN 以上，规定非比例延伸力达 346kN 以上，1000h 松弛率≤1.0%～4.5%。

预应力混凝土用钢绞线亦具有强度高、柔韧性好、无接头、质量稳定和施工方便等优点，使用时按要求的长度切割，主要用于大跨度、大负荷的桥梁、水塔、水池等结构的预应力钢筋。

（四）沥青材料及沥青混合料

1. 沥青材料的分类、技术性能及应用

（1）沥青材料分类

沥青按其在自然界中获得的方式，可分为地沥青和焦油沥青两大类。其中地沥青是指通过对地表或地下开采所得到的沥青材料，包括天然沥青和石油沥青；焦油沥青可理解为由各种有机物（煤、泥炭、木材等）化工加工的"副产品"所得到的沥青材料，包括煤沥青、木沥青、页岩沥青（产源属地沥青、但生产方法同焦油沥青）等。

我国对于沥青材料的命名和分类方法按沥青的产源不同划分如下：

$$\text{沥青}\begin{cases}\text{地沥青}\begin{cases}\text{天然沥青：石油在自然条件下，长时间经受地球物理因素作用形成的产物}\\\text{石油沥青：石油经各种炼油工艺加工而得的石油产品}\end{cases}\\\text{焦油沥青}\begin{cases}\text{煤沥青：煤经干馏所得的煤焦油，经再加工后得到的产品}\\\text{页岩沥青：页岩炼油工业的副产品}\end{cases}\end{cases}$$

市政工程常用沥青有下列几种：

1) 石油沥青

① 分类

石油沥青是用石油经开采、精炼加工而得到的沥青材料，是目前工程中应用最多的一种沥青。

石油沥青是由多种碳氢化合物及其非金属（氧、硫、氮）的衍生物组成的混合物。石油沥青的组分分析方法分为三组分分析法和四组分分析法。三组分分析法是将沥青分为油分、树脂、沥青质三种组分；四组分分析法是将沥青分为饱和酚、芳香酚、胶质、沥青质四种组分。

目前石油沥青主要划分为三大类：道路石油沥青、建筑石油沥青和普通石油沥青；其中道路石油沥青是沥青的主要类型，又分为道路石油沥青、乳化石油沥青、液体石油沥青和改性沥青等。

② 牌号与等级

路用沥青划分等级主要是根据沥青的针入度以及其他技术指标，通常分为30号、50号、70号、90号、110号、130号和160号七个标号。每个标号中又分为A、B、C三个等级，见表2-10。

沥青等级及其适用范围 表2-10

沥青等级	适用范围
A 等	适用于城市道路面层、各个等级的公路及任何场合和层次
B 等	1. 高速公路、一级公路沥青下面层及以下的层次，二级及二级以下公路的各个层次； 2. 用作改性沥青、乳化沥青、改性乳化沥青、稀释沥青的基质沥青
C 等	C级沥青适用于三级及三级以下公路的各个层次

2) 天然沥青

天然沥青是石油在自然条件下，长时间经受温度、压力、气体、无机物催化剂、微生物以及水分等综合作用下氧化聚合形成的沥青类物质，通常由沥青、矿物质、水分构成。由于它常年与自然环境共存，故其性质特别稳定。根据天然沥青生成矿床的不同，可细分为湖沥青、岩沥青、海底沥青等。

天然沥青具有针入度小、软化点高等特点，在工程中可用作沥青改性剂，将其按一定的比例，如30%掺入普通沥青中，可改善其高温稳定性能；可用于特殊条件下沥青面层或大跨度钢桥的桥面铺装。

3) 煤沥青

煤沥青在工程中的应用也较大。虽然其几乎所有的技术性质都不及石油沥青，但耐腐蚀性好，因此适用于防腐工程。

（2）沥青材料技术性质

1）黏滞性

黏滞性是沥青最重要的技术性质。针入度是评价沥青黏滞性的最重要的技术指标之一。针入度是指黏稠石油沥青的针入度在规定温度 25℃ 条件下，以规定重量 100g 的标准针，经历规定时间 5s 贯入试样中的深度，以 1/10mm 为单位表示，符号为 P（25℃，100g，5s）。

2）感温性

通常用软化点指标来评价沥青材料的高温感温性，用针入度指数指标来评价沥青材料的综合感温性。

① 软化点（TR&B）

沥青软化点是反映沥青的温度敏感性的重要指标。由于沥青材料从固态至液态有一定的变态间隔，故规定其中某一状态作为从固态转到黏流态（或某一规定状态）的起点，相应的温度称为沥青软化点。

② 针入度指数（PI）

针入度指数是对沥青材料温度敏感性的一种反应，以不同温度下沥青针入度的变化速率来表示。针入度指数的范围是 $-10 < PI < 20$。$PI < -2$ 时，沥青属于溶胶结构，感温性大；$PI > 2$ 时，沥青属于凝胶结构，感温性低；$-2 < PI < 2$ 时，沥青属于溶-凝胶结构。一般路用沥青要求 $PI > -2$。

3）延度（延展性）

延度指标反映的是沥青的延展性，延展性是指石油沥青在外力作用下产生变形而不被破坏（裂缝或断开），除去外力后仍保持变形后的形状不变的性质，它反映的是沥青受力时，所能承受的塑性变形的能力。

4）黏附性

黏附性是指沥青与其他材料（主要指集料）的界面粘结性能和抗剥落性能。

5）老化性能

沥青在大气（自然）条件下会老化。老化后沥青的质量损失百分率越小，针入度比和延度越大，则表示沥青的大气稳定性越好，即"老化"越慢。

6）施工安全性

闪点和燃点值表明沥青材料施工引起火灾或爆炸可能性大小，通常控制沥青闪点应大于 230℃。

上述技术指标中，针入度、软化点和延度是评价黏稠沥青路用性能最常用的经验指标，是划分沥青牌号的主要依据，工程中通称为沥青"三大指标"。

（3）沥青材料在市政工程的应用

沥青类涂料可用于城市管道、场站构筑物的外防水、防腐工程；以沥青胶结矿质混合料生产各类沥青混合料广泛用于城镇道路工程。

由于普通沥青有高温易软化、低温易脆裂、耐久性差等不足之处，为满足城镇交通和高性能防水防腐要求，需要改善、提高沥青材料的性能。通过掺加橡胶、树脂、高分子聚合物、天然沥青、磨细的橡胶粉或者其他材料等外掺剂（改性剂），来改善沥青性能所得的新型沥青材料称为改性沥青。

改性沥青可分为聚合物改性沥青、天然沥青改性沥青、其他改性材料改性沥青三大类，其中聚合物改性沥青在工程中的应用最多，其次为天然沥青改性沥青。目前我国的城镇道路快速路、主干路多使用改型沥青混合料做磨耗层。

2. 沥青混合料的分类、组成材料及其主要技术要求

（1）沥青混合料分类

沥青混合料是用适量的沥青与一定级配的矿质集料经过充分拌合而形成的混合物。沥青混合料的种类很多，道路工程中常用的分类方法有以下几类。

1）按结合料分类

按使用的结合料不同，沥青混合料可分为石油沥青混合料、煤沥青混合料、改性沥青混合料和乳化沥青混合料。

2）根据沥青混合料的施工温度分类

沥青混合料可分为热拌、温拌、冷拌沥青混合料。

3）根据矿料级配类型分类

沥青混合料可分为连续级配和间断级配混合料。

4）根据混合料密实度分类

沥青混合料可分为密级配、半开级配、开级配沥青混合料。

① 密级配沥青混合料

密级配沥青混合料是按密实级配原理设计组成的各种粒径颗粒的矿料，与沥青结合料拌合而成，设计空隙率较小（＜6％）的密实式沥青混合料；包括按连续级配设计的沥青混凝土（AC 表示）和密实式沥青稳定碎石混合料（ATB 表示），以及按间断级配设计的沥青玛蹄脂碎石（SMA 表示）。其中沥青混凝土（AC）按关键性筛孔通过率的不同又可分为细型、粗型密级配沥青混合料等。粗集料嵌挤作用较好的也称嵌挤密实型沥青混合料。

② 半开级配沥青混合料

半开级配沥青碎石混合料是指由适当比例的粗集料、细集料及少量填料（或不加填料）与沥青结合料拌合而成，经马歇尔标准击实成型试件的剩余空隙率在 6％～12％的半开式沥青碎石混合料（AM 表示）。

③ 开级配沥青混合料

开级配沥青混合料是指矿料级配主要由粗集料嵌挤组成，细集料及填料较少，设计空隙率＞18％的混合料。开级配沥青混合料包括用于柔性沥青稳定基层的排水式沥青碎石基层（ATPB）和用于表面的排水式沥青磨耗层（OGFC）。

（2）沥青混合料的组成材料及其技术要求

1）沥青

沥青是沥青混合料中唯一的连续相材料，而且还起着胶结的关键作用。我国现行行业标准《城镇道路工程施工与质量验收规范》CJJ 1 规定：城镇道路面层宜优先采用 A 级沥青，煤沥青不宜用于热拌沥青混合料路面的表面层。沥青的质量必须符合《城镇道路工程施工与质量验收规范》CJJ 1 规定，沥青的标（牌）号应按表 2-11 进行选择。

热拌沥青混合料用沥青标号的选用 表 2-11

气候分区	最低月平均温度（℃）	沥青标号	
		沥青碎石	沥青混凝土
寒区	<−10	90，110，130	90，110，130
温区	0～10	90，110	70，90
热区	>10	50，70，90	50，70

2）粗集料

粗集料应洁净、干燥、表面粗糙；质量技术要求应符合《城镇道路工程施工与质量验收规范》CJJ 1 有关规定。每种粗集料的粒径规格（即级配）应符合工程设计的要求。粗集料应具有较大的表观相对密度，较小的压碎值、洛杉矶磨耗损失、吸水率、针片状颗粒含量、水洗法＜0.075mm 颗粒含量和软石含量。如城市快速路、主干路表面层粗集料压碎值不大于 26%、吸水率不大于 2.0% 等。

城市快速路、主干路的表面层（或磨耗层）的粗集料的磨光值 PSV 不应少于 36～42（雨量气候分区中干旱区—潮湿区），以满足沥青路面耐磨的要求。沥青面层用粗集料质量指标应符合表 2-12 的规定。

粗集料与沥青的黏附性应有较大值，城市快速路、主干路的集料对沥青的黏附性应大于或等于 4 级，次干路及以下道路应大于或等于 3 级。

沥青面层用粗集料质量指标 表 2-12

指 标	高速公路及一级公路		其他等级公路
	表面层	其他层次	
石料压碎值（%），≤	26	28	30
洛杉矶磨耗损失（%），≤	28	30	35
表观密度（t/m³），≥	2.60	2.50	2.45
吸水率（%），≤	2.0	3.0	3.0
坚固性（%），≤	12	12	—
针片状颗粒含量（混合料）（%），≤ 其中粒径大于 9.5mm（%），≤ 其中粒径小于 9.5mm（%），≤	15 12 18	18 15 20	20 — —
水洗法＜0.075mm 颗粒含量（%），≤	1	1	1
软石含量（%），≤	3	5	5

3）细集料

沥青混合料用细集料是指粒径小于 2.36mm 的天然砂、人工砂及石屑等。天然砂可采用河砂或海砂，通常宜采用粗砂和中砂。细集料应洁净、干燥、无风化、无杂质，质量技术要求应符合《城镇道路工程施工与质量验收规范》CJJ 1 有关规定。热拌密级配沥青混合料中天然砂用量不宜超过集料总量的 20%，SMA、OGFC 不宜使用天然砂。沥青混合料用细集料主要质量指标见表 2-13。

沥青混合料用细集料主要质量指标　　　　　　　表 2-13

指标	高速公路、一级公路	一般道路
表观密度（g/cm³）	≥2.50	≥2.45
坚固性（>0.3mm 部分）（%）	≤12	—
砂当量（%）	≥60	≥50

4）矿粉

矿粉是粒径小于 0.075mm 的无机质细粒材料，它在沥青混合料中起填充与改善沥青性能的作用。矿粉应采用石灰岩等憎水性石料磨成，且应洁净、干燥，不含泥土成分，外观无团粒结块。城市快速路、主干路的沥青面层不宜采用粉煤灰作填料。沥青混合料用矿粉质量要求应符合《城镇道路工程施工与质量验收规范》CJJ 1 有关规定；沥青面层用矿粉质量指标应符合表 2-14的规定。

在高等级路面中可加入有机或无机短纤维等填料，以便改善沥青混合料路面的使用性能。

沥青面层用矿粉质量指标　　　　　　　表 2-14

指　标		高速公路、一级公路	一般道路
表观密度（g/cm³）		≥2.50	≥2.45
含水量（%）		≤1	≤1
粒度范围（%）	<0.6mm	100	100
	<0.15mm	90～100	90～100
	<0.075mm	75～100	70～100
外观		无团块	
亲水系数		<1	
塑性指数		<4	

5）纤维稳定剂

木质素纤维技术要求应符合《城镇道路工程施工与质量验收规范》CJJ 1 有关规定。不宜使用石棉纤维。纤维稳定剂应在 250℃高温条件下不变质。

（3）沥青混合料组成结构

1）结构类型

沥青混合料由于所用材料和级配的不同，可分为按嵌挤原则构成和按密实级配原则构成的两大结构类型。

① 按嵌挤原则构成的沥青混合料的结构强度，是以矿物质颗粒之间的嵌挤力和内摩擦阻力为主、沥青结合料的粘结作用为辅而构成的。特点是以较粗的、颗粒尺寸均匀的矿物质颗粒构成骨架，沥青结合料填充其空隙，粘结成整体。这类沥青混合料的结构强度受自然因素（温度）的影响较小。

② 按密实级配原则构成的沥青混合料的结构强度，是以沥青与矿料之间的粘结力为主，矿物质颗粒间的嵌挤力和内摩擦阻力为辅而构成的。这类沥青混合料的结构强度受温

度的影响较大。

2）密实级配沥青混合料的结构组成

按密实级配原则构成的沥青混合料，其结构组成通常有下列三种形式：

① 悬浮-密实结构

由次级骨料填充前级骨料（较次级骨料粒径稍大）空隙的沥青混凝土具有很大的密度，但由于前级骨料被次级骨料和沥青胶浆分隔，不能直接互相嵌锁形成骨架，因此该结构具有较大的黏聚力 c，但内摩擦角 θ 较小，高温稳定性较差。通常按最佳级配原理进行设计。AC 沥青混合料是这种结构典型代表。

② 骨架-空隙结构

粗骨料所占比例大，细骨料很少甚至没有。粗骨料可互相嵌锁形成骨架，嵌挤能力强；但细骨料过少不易填充粗骨料之间形成的较大的空隙。该结构内摩擦角 θ 较高，但黏聚力 c 也较低。沥青碎石混合料（AM）和排水沥青混合料（OGFC）是这种结构典型代表。

③ 骨架-密实结构

较多数量的断级配粗骨料形成空间骨架，发挥嵌挤锁结作用，同时由适当数量的细骨料和沥青填充骨架间的空隙形成既嵌紧又密实的结构。该结构不仅内摩擦角 θ 较高，黏聚力 c 也较高，是综合以上两种结构优点的结构。沥青玛琋脂混合料（简称 SMA）是这种结构典型代表。

三种结构的沥青混合料由于密度 ρ、空隙率 VV、矿料间隙率 VMA 不同，混合料在稳定性和路用性能上亦有显著差别，典型结构组成如图 2-11 所示。

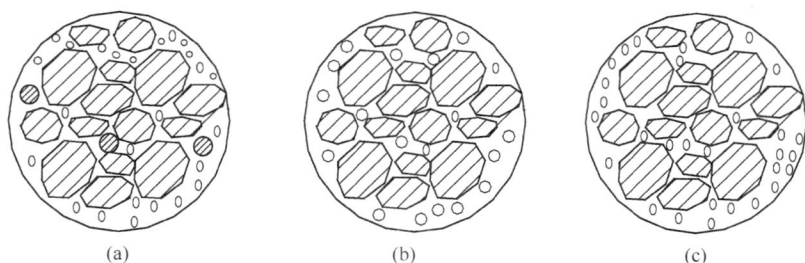

图 2-11　沥青混合料的典型结构组成

（a）悬浮-密实结构；（b）骨架-空隙结构；（c）骨架-密实结构

（4）密实级配沥青混合料的结构特点与工程应用

1）悬浮-密实结构

① 级配特点

悬浮-密实结构沥青混合料采用连续密级配矿料，其中细集料较多、粗集料较少，粗集料被细集料"挤开"而悬浮于细集料中，不能形成嵌挤骨架；沥青用量较大，空隙率较小。

② 使用特点

悬浮-密实结构沥青混合料的密实度和强度高，水稳定性、低温抗裂性、耐久性等均较好；但由于沥青用量较高，易受温度影响，故高温稳定性较差。

③ 工程应用

悬浮-密实结构是我国应用最多的一种沥青混合料结构，但随着近年来沥青玛琋脂碎石混合料、多空隙沥青混合料等新型沥青混合料在工程中用量的增多，其应用比例有所下降。我国用量最大的传统 AC-I 型沥青混合料以及按连续型密级配原理设计的 DAC 型沥青混合料等均为典型的悬浮-密实结构。

2）骨架-空隙结构

① 级配特点

骨架-空隙结构沥青混合料采用连续型开级配矿料，其中粗集料较多、细集料较少，粗集料彼此相接形成骨架，细集料不足以充分填充粗集料的骨架空隙，且沥青用量较少，故空隙率较大。

② 使用特点

骨架-空隙结构沥青混合料的强度主要取决于粗集料间的内摩擦阻力，受沥青影响较小，故高温稳定性好；但由于空隙率较大，其水稳定性、抗老化性、耐久性以及低温抗裂性较差。

③ 工程应用

沥青碎石混合料（AM）属于骨架-空隙结构。近年来在我国工程中应用的开级配沥青磨耗层混合料（OGFC）属于典型的骨架-空隙结构，其空隙率较沥青碎石混合料更高，在 17%～22%之间，具有良好的排水、降噪效果。

3）骨架-密实结构

① 级配特点

骨架-密实结构沥青混合料采用间断型密级配矿料，其粗集料形成骨架，细集料和填料充分填充骨架空隙，从而形成密实的骨架嵌挤结构。

② 使用特点

骨架-密实结构沥青混合料兼具悬浮-密实结构、骨架-空隙结构两种沥青混合料的优点，因而具有较好的强度、温度稳定性、耐久性等。

③ 工程应用

骨架-密实结构是沥青混合料三种组成结构中最理想的结构。

SMA 混合料是一种以沥青胶结料与少量纤维稳定剂、细集料以及较多的矿粉填料组成的沥青玛琋脂，填充于间断级配的粗集料骨架间隙中，组成一体所形成的沥青混合料。SMA 混合料具有耐磨抗滑、密实耐久、抗高温车辙、减少低温开裂等优点，核心优点是构造深度深、抗滑性好，特别适用于高等级路面的上面层。

（5）沥青混合料的技术要求

1）沥青混合料的高温稳定性

高温稳定性是指在高温或荷载长时间作用下，路面不会产生诸如波浪、推移、车辙拥包等病害的能力。沥青混合料高温稳定性的评价试验主要包括马歇尔试验、三轴试验车辙试验等。

2）沥青混合料的低温抗裂性

沥青混合料的低温抗裂性是指沥青混合料在低温下抵抗断裂破坏的能力。

3）沥青混合料的耐久性

沥青混合料的耐久性主要指沥青混合料的抗老化性能。沥青混合料的老化取决于沥青的老化程度，与外界环境因素和压实空隙有关。其中，沥青的老化分为短期老化和长期老化两个阶段。短期老化指施工过程中的老化；长期老化指使用过程中的老化。

4）沥青混合料的疲劳特性

路面沥青混合料在车轮荷载的反复作用下长期处于应力应变交叠变化的状态，致使路面结构强度逐渐下降。当荷载重复作用超过一定次数以后，在荷载作用下路面沥青混合料内产生的应力就会超过其结构抗力，使路面结构出现裂纹，产生疲劳破坏。

5）沥青混合料的表面抗滑性

影响沥青混合料表面抗滑性的因素主要包括两方面。其一，沥青路面的微观构造，用集料抗磨光值表征。其二，沥青路面的宏观构造，用压实后路表构造深度表征。

改善沥青混合料表面抗滑性的措施主要包括：选用坚硬、耐磨（磨光值高）、抗冲击性好的碎石或破碎砾石，但由于坚硬耐磨的矿料多为酸性，为改善其与沥青的黏附性，应采取抗剥落措施；严格控制沥青含量，以免沥青表层出现滑溜现象；增加沥青混合料中的粗集料含量，以提高沥青路面宏观构造；采用开级配或半开级配沥青混合料以形成较大的宏观构造深度，但应注意其空隙率大所造成的耐久性问题等。

6）沥青混合料的水稳定性

沥青混合料的水稳定性不良易造成所铺筑沥青路面的水稳定性坑槽。目前工程中可用于评价沥青混合料水稳定性的试验主要有沥青与集料粘附性试验、浸水试验、冻融劈裂试验等。

7）沥青混合料的施工和易性

沥青混合料的施工和易性是指沥青路面在施工过程中混合料易于拌合、摊铺、碾压的性质。目前工程中尚无直接评价沥青混合料施工和易性的方法和指标，一般通过合理选择组成材料、控制施工条件等措施来保证沥青混合料的质量。

三、市政工程施工图绘制与识图

市政工程所含专业工程范围较多，各专业工程施工图内容与图示方法有所不同，但却是相互关联和相通的。本部分仅以城镇道路、城市桥梁和市政管道工程为例，介绍市政工程识图方法和制图要点。

（一）市政工程施工图的基本知识

1. 市政工程施工图特点与组成

（1）市政工程施工图的特点

市政工程包括城镇道路、城市桥梁、城市轨道交通、城市给水排水、城市燃气、城市供热、城市生活垃圾处理等专业工程，施工图内容与图示方法大致相同，由于专业工程不同也存在一些各自特点。市政工程施工图表示工程项目布局，建（构）筑物的内外布置、结构构造、材料做法及工艺设备、自控系统等要求的成套图样，具有设计内容多、施工要求具体等特点。

（2）市政工程施工图主要内容

1）设计总说明，通常包括设计内容、设计依据、设计标准、施工验收标准。

2）施工总平面图、线路图，反映拟建（构）筑物表示工程项目总体布局、外部形状、平面位置和尺寸，与城市道路、地下管道、地面建筑物的平面关系，施工环境条件等。

3）拟建（构）筑物等布置图，包括：

① 平面图：反映建（构）筑物平面形状、布置和尺寸。

② 立（剖）面图：分为立面图、侧面图；反映建（构）筑物立（断）面形状、布置和尺寸等，桥梁等结构工程统称为剖面图，反映桥（墩）台、墩柱、桥跨布置；道路和管道工程通常称为纵断面图，反映道路或管道沿线路方向的高程变化情况，与之相关的构筑物的相互关系。

4）细部构造图：反映建（构）筑物细（局）部构造组成，如变形缝、支座、出水堰口的细部构造图等。

5）大样图：反映细（局）部具体构造与连接安装要求，如钢筋大样图、预埋件大样图等。

6）专业图

市政工程施工图通常包括土建施工图、结构施工图、设备安装施工图及电气施工图等专业图纸。管道安装图还包括管件连接图、轴测图、单线图等配套图纸。

（3）市政工程施工图的作用

工程施工设计图纸是工程技术界的通用语言，是相关工程技术人员进行信息传递的载体。工程施工图是具有法律效力的正式文件，是工程建设重要的技术档案。设计人员通过施工图,表达设计意图和设计要求;施工人员通过熟悉图纸,理解设计意图,并按图施工。

市政工程施工设计图是工程施工的主要依据之一,是进行投标报价的基础,编制施工图预算和施工组织设计的依据,是进行工程结算的依据,也是进行技术管理的重要技术文件。

市政工程竣工后,承包单位必须根据工程施工图纸及设计变更文件,按档案管理规定认真绘制竣工图,交给建设方作为今后使用与维修、改建、鉴定的重要依据。建设方除自身建立竣工档案保管外,还须将一份送交当地城建档案馆长期保存。

2. 城镇道路工程施工图的组成、作用及表达的内容

道路工程施工图主要包括道路工程图、道路路面结构图、道路交叉工程图、交通工程图四类。

（1）道路工程图的组成、作用及表达的内容

道路工程图包括道路平面图、道路纵断面图、道路横断面图。

1）道路平面图

道路平面图应用正投影的方法,先根据标高投影(等高线)或地形地物图例绘制出地形图,然后将道路设计平面的结果绘制在地形图上,该图样即称为道路平面图。

道路平面图的作用是说明道路路线的平面位置、线形状况、沿线地形和地物、纵断标高和坡度、路基宽度和边坡坡度、路面结构、地质状况以及路线上的附属构筑物,如桥涵、通道、隧道、挡土墙的位置及其与路线的关系。

道路平面图主要表达地形、路线两部分内容。地形部分主要表达出工程所处现况地貌情况、周边既有建(构)筑物及自然环境等信息。路线部分主要表达出道路规划红线、里程桩号、路线的平面线形等信息。其中规划红线是道路的用地界线,常用双点画线表示。道路规划红线范围内为道路用地,一切影响设计意图实现的建筑物、构筑物、管线等需拆除。里程桩号表达了道路各段长度及总长。

2）道路纵断面图

道路纵断面图是通过道路中心线用假想的铅垂面进行剖切展平后获得的。

道路纵断面图的作用是表达路线中心纵向线形以及地面起伏、地质和沿线设置构筑物的概况。由于道路中心线通常不是一条笔直的线路,而是由直线段及曲线段组成,所以剖切的铅垂面由平面和曲面共同组成。为了直观地表达道路纵断面情况,故将断面展开再投影后,形成道路纵断面图。

道路纵断面图主要表达路线长度,路面设计高程线,道路沿线中的构筑物等内容,同时利用一系列中心桩地面高程连接而形成的原地面线,与设计高程进行对比,可以反映道路的填挖状态。

3）道路横断面图

道路横断面图是沿道路中心线垂直方向的断面图。横断图包括路线标准横断面图、路基一般设计图和特殊路基设计图。路线标准横断面图的作用是表达道路与地形、道路各组成部分间以及与构造物的横向布置关系。标准横断面图主要表达行车道、路缘带、硬路肩、路面厚度、土路肩和中央分隔带等道路各组成部分的横向布置,道路地上电力、电信

设施和地下给水管、雨水管、污水管、燃气管等公用设施的位置、高程、横坡度等。

（2）道路路面结构图

道路路面结构图根据其使用的材料和性能不同，可划分为柔性路面和刚性路面两类。路面结构图主要包括：行车道宽度、路拱、中央分隔带和路肩，以上各部分的关系一般在标准断面图上表达清楚，但是路面的结构和路拱的形式等内容均会绘制相关图样予以表达。

（3）道路交叉工程图

1）平面交叉口工程图

① 平面交叉口基本知识

平面交叉口类型分为"十字"形交叉口，"T"形交叉口，"X"形交叉口，"Y"形交叉口，如图 3-1 所示。其他类型还有错位交叉口及多路交叉口。

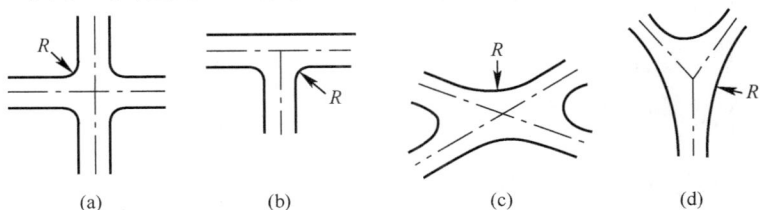

图 3-1　平面交叉路口图
（a）十字形；（b）T 形；（c）X 形；（d）Y 形

在平面交叉口处不同方向的行车往往相互干扰影响，行车路线往往在某些点位置相交、分叉或是汇集，专业上将这些点称为冲突点、分流点和交织点，如图 3-2 所示。交通组织是对各方向各类行车在时间和空间上作合理安排。从而尽量消除冲突点，提高道路的通行能力，确保道路安全性达到最佳水平。平面交叉口的组织形式分为渠化、环形和自动化交通组织等。

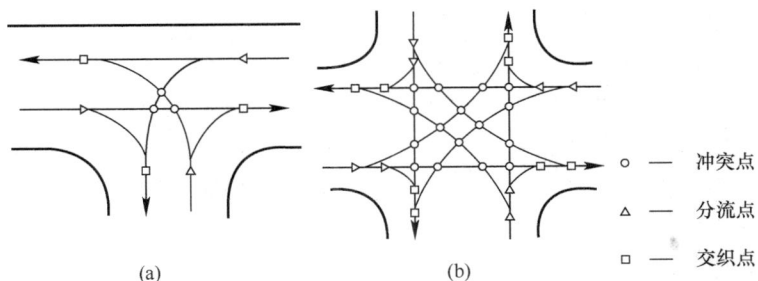

图 3-2　冲突点、分流点、交织点示意图
（a）三路交叉口；（b）四路交叉口

② 平面交叉口工程图的组成及作用

平面交叉口工程图主要包括：平面图、纵断面图、交通组织图和竖向设计图。

交叉口平面图内容包括道路、地形地物两部分。该图的作用是表达出交叉口的类型，交叉道路的长度、各路走向、各车道的宽度与隔离带的关系等信息。

交叉口纵断面图是沿相交两条道路的中线剖切而得到的断面图，其作用与内容均与道路路线纵断面基本相同。

交叉口交通组织图主要是通过不同线形的箭线，标识出机动车、非机动车和行人等在交叉口处必须遵守的行进路线。

交叉口竖向设计图表达交叉口处路面在竖向的高程变化，以保证行车平顺和排水通畅。

2）立体交叉口工程图

① 立体交叉口基本知识

立体交叉口是指交叉道路在不同标高相交时的道口，在交叉处设置跨越道路的桥梁时下穿式上行；各相交道路上的车流互不干扰，保证车辆快速安全地通过交叉口；保证道路通行能力和安全舒适性。

② 立体交叉口工程图的组成及作用

立体交叉口工程图主要包括：平面设计图、立体交叉纵断面设计图、连接部位的设计图。

立体交叉口平面设计图内容包括立体交叉口的平面设计形式、各组成部分的相互位置关系、地形地物以及建设区域内的附属构筑物等。该图的作用是表示立体交叉的方式和交通组织的类型。

立体交叉口纵断面设计图是对组成互通的主线、支线和匝道等各线进行纵向设计，利用纵断面图标示。立体交叉纵断面图与路线纵断面图的图示方法基本相同，只是增加了横断面形式这一内容，以更好地表达立体交叉的复杂情况，也使道路横向与纵向的对应关系表达的更为明朗。

立体交叉口连接部位的设计图包括连接位置图、连接部位大样图、分隔带断面图和标高数据图。连接位置图是在立体交叉平面示意图上，标出两条连接道路的连接位置。连接部位大样图是用局部放大的方法，重点独立绘制平面图上无法清楚表达的道路连接部分。分隔带横断面图是用大比例尺重点绘制出道路分隔带的构造。标高数据图是在立体交叉平面图上表示出主要控制点的设计标高。

3. 城市桥梁工程施工图的组成、作用及表达的内容

城市桥梁工程中，较为常见的是梁桥、拱桥、钢桥。近些年来悬索桥和斜拉桥的应用也日益广泛，城市桥梁由上部结构、下部结构和附属结构三部分组成。

上部结构包括承重结构和桥面系结构，是在线路中断时跨越障碍的主要承重结构。其作用是承受车辆等荷载，并通过支座、盖梁传给墩台（柱）。

下部结构包括盖梁、桥（承）台和墩台（柱）。下部结构的作用是支撑上部结构，并将结构重力和车辆荷载等传给地基；桥（墩）台还与路堤连接并抵御路堤土压力。

附属结构包括防撞装置、排水装置和桥头锥形护坡、挡土墙、隔声屏照明灯柱、绿化植树等结构物。

桥梁工程图主要由桥位平面图、桥位地质断面图、桥梁总体布置图及桥梁构件结构图组成，如图 3-3 所示。

（1）桥位平面图的作用及表达的内容

将桥梁的设计结果绘制在实地测绘出的地形图上所得到的图样称为桥位平面图，道路综合工程时表示桥梁在道路路线中的具体位置及桥梁周围的现况地貌特征。桥位平面图主

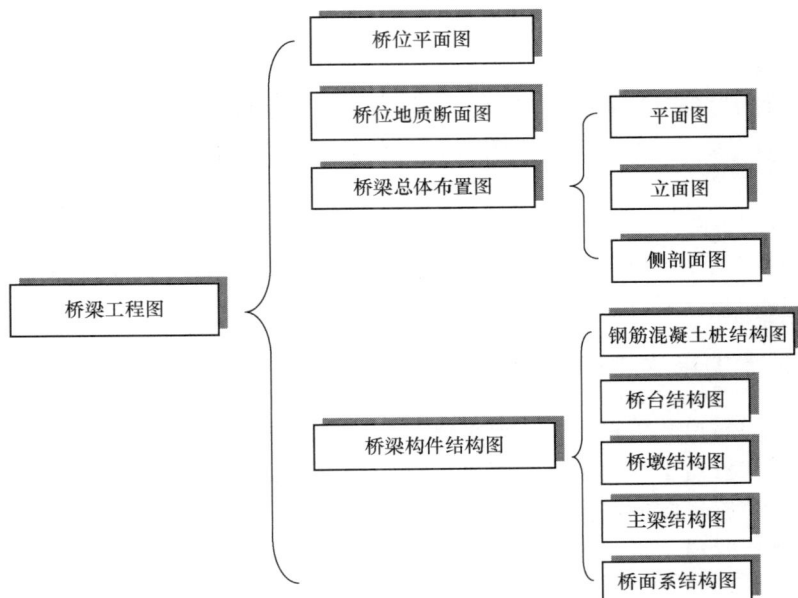

图 3-3　桥梁工程图的组成

要表示出桥梁和路线连接的平面位置关系，设计桥梁周边的道路、河流、水准点、里程及附近地形地貌，以此作为施工定位、施工场地布置及施工部署的依据。

（2）桥位地质断面图

桥位地质断面图是表明桥位所在河床位置的地质断面情况的图样，是根据水文调查和实地地质勘查钻探所得的地质水文资料绘制的。

（3）桥梁总体布置图

桥梁总体布置图由桥梁立面图、平面图和侧剖面图组成。图示出桥梁的形式、构造组成、跨径、孔数、总体尺寸、各部分结构构件的相互位置关系、桥梁各部位的标高、使用材料及必要的技术说明等。以此作为桥梁施工中墩台定位、构件安装及标高控制的重要依据。

（4）桥梁构件结构图

桥梁是由许多构件组合而成的比较复杂的构筑物。桥梁总体布置图无法充分详细地图示出各个构件的细部构造及设计要求，故需要采用大比例尺（比例尺采用1：200，细部结构为1：5～1：50）来图示细构件的大小、形状及构造组成。桥梁构件结构图中绘制出桥梁的基础结构、下部结构、上部结构及桥面系结构等细部设计图。

1）钢筋混凝土桩结构图

钢筋混凝土桩主要由桩身和桩尖组成。图示出桩基形式，尺寸及配筋情况。

2）桥台结构图

桥台作为桥梁的下部结构，一方面起到支承桥梁的作用，另一方面承受桥头路堤填土的水平推力，主要由台帽、台身、挡土墙和基础组成。桥台结构图表达出桥台内部构造的形状、尺寸和材料；同时通过钢筋结构图图示出桥台的配筋、混凝土及钢筋用量情况。

3）桥墩结构图

桥墩属于桥梁下部结构。一般采用石材砌筑、混凝土浇筑等方法构成土工桥墩（柱）。

桥墩主要由墩帽、墩（柱）身、基础等组成。

4）钢筋混凝土主梁结构图

主梁是桥梁的上部结构，架设在墩台、盖梁之上，是桥体主要受力构件。通过主梁骨架结构图及主梁隔板（横隔梁）结构图图示出梁体的配筋、混凝土用量情况及预应力筋布设要求。

5）桥面系结构图

桥面系是直接承受车辆、人群等荷载并将其传递至主要承重构件的桥面构造系统，包括桥面铺装、桥面板、栏杆、伸缩缝及人行道等。

4. 市政管道工程施工图的组成及作用

给水排水管道是市政管道工程重要组成部分。市政给水和排水管道工程施工图可大致分为：给水和排水管道工程施工图、附属构筑物施工图及工艺设备安装图。下面主要介绍给水排水管道工程施工图的组成、作用及表达的内容。

（1）给水排水管道（渠）平面图

一般采用比例尺寸 1：500～1：2000，主要表示出施工区域地形、地物、指北针、道路桥涵现有管线与设计管（渠）的位置及其始终点，管渠尺寸及材料，管线桩号及主要控制点坐标，管道中心线与道路中心线的水平距离，与其他交叉构筑物、管线的垂直间距，各种闸阀井位、井号、管线转角、交叉点等。

（2）给水排水管（渠）纵断面图

水平向比例尺 1：500～1：2000，纵向 1：100～1：200，主要表示出原地面、规划地面、桩号、管中心（或管底）设计标高，各种交叉管线断面及其底部标高，管渠长度、口径或断面尺寸、坡度、管材、接口形式，基础形式，井室底标高、井距。当地质条件复杂时，设计图左侧绘制出地质柱状图以指导施工作业。

（3）给水排水管（渠）、附属构筑物、附件布置示意图

该图主要表达出各节点的管件布置，各种附属构筑物（如闸阀井、消火栓、排气阀、泄水阀及穿越道路、桥梁、隧洞、河道等）的位置编号，各管段的管径（断面）、长度、材料的标注，附件一览表及工程量表。

（二）市政工程施工图的图示方法及内容

1. 城镇道路工程施工图的图示方法

（1）道路平面图的图示方法

1）图示比例：根据不同的地形地物特点，地形图采用不同的比例。一般常采用的比例为1：1000。由于城市规划图的比例通常为1：500，所以道路平面图图示比例多为1：5000。

2）图示方位：为了表明该地形区域的方位及道路路线的走向，地形图样中用箭头表示其方位。

3）图示线型：使用双点画线表示规划红线，细点画线表示道路中心线，以粗实线绘

制道路各条车道及分隔带。

4）地形地物图示：地形情况一般用等高线或地形线表示。由于城市道路一般比较平坦，因此多采用大量的地形点来表示地形高程。用"▼"图示测点，并在其右侧标注绝对高程数值。同时在图中注明水准点位置及编号，用于路线的高程控制。

5）桩号图示：里程桩号反映道路各段长度及总长，一般在道路中心线上。从起点到终点，沿前进方向标注里程桩号。也可向垂直道路中心线方向引一直线，注写里程桩号，如 2K＋550，即距离道路起点 2550m。

6）转点图示：在平面图中是用路线转点编号来表示的，JD_1 表示为第一个路线转点。角为路线转向的折角，它是沿路线前进方向向左或者向右偏转的角度。R 为圆曲线半径，T 为切线长，L 为曲线长，E 为外矢距。图中曲线控制点 ZH 为曲线起点，HY 为"缓圆"交点，QZ 为"曲中"点，YH 为"圆缓"交点，HZ 为"缓直"交点。当为圆曲线时，控制点为 ZY、QZ、YZ。

（2）道路纵断面图的图示方法

1）道路纵断面图布局分上下两部分，上方为图样，下方为资料列表，根据里程桩号对应图示。

2）图样部分中，水平方向表示路线长度，垂直方向表示高程。由于现况地面线和设计线的高差比路线的长度小得多，图纸规定铅垂向的比例比水平向的比例放大 10 倍。如纵断面图由不止一张图纸组成，第一张的适当位置会注明铅垂、水平向所用比例。

3）地面线：图样中不规则的细折线表示沿道路设计中心线处的现况地面线。

4）路面设计高程线：图上常用比较规则的直线与曲线相间粗实线图示出设计坡度，简称设计线，表示道路路面中心线的设计高程。

5）竖曲线：设计路面纵向坡度变更处，相邻两坡度高差的绝对值大于一定数值时，为了满足行车要求，应在坡度变更处设置圆形竖曲线。在竖曲线上标注竖曲线的半径 R，切线长 T 和外距 E。

6）构筑物：设计路线上的跨线桥、高架桥、立交桥、涵洞、通道等构筑物，在纵断面图的相应里程桩号位置以相应图例绘制出，并注明桩号及构筑物的名称和编号等信息。

7）水准点：在设计线的上方或下方，标注沿线设置的水准点所在的里程，并标注其编号及与路线的相对位置。

（3）道路横断面图的图示方法

1）线型：路面线、路肩线、边坡线、护坡线采用粗实线表示；路面厚度采用中粗实线表示；原有地面线应采用细实线表示，设计或原有道路中线采用细点画线图示。

2）管线高程：横断面图中，管涵、管线的高程根据设计要求标注。管涵管线横断面采用相应图例，如图 3-4 所示。

3）当防护工程设施标注材料名称时，可不画材料符号，其断面剖面线可以省略。

2. 城市桥梁工程施工图

（1）桥梁平面图

该图通常使用粗实线图示道路边线，用细点画线图示道路中心线。细实线图示桥梁图例和钻探孔位及编号，当选用大比例尺时，常用粗实线按比例绘制桥梁的长和宽。

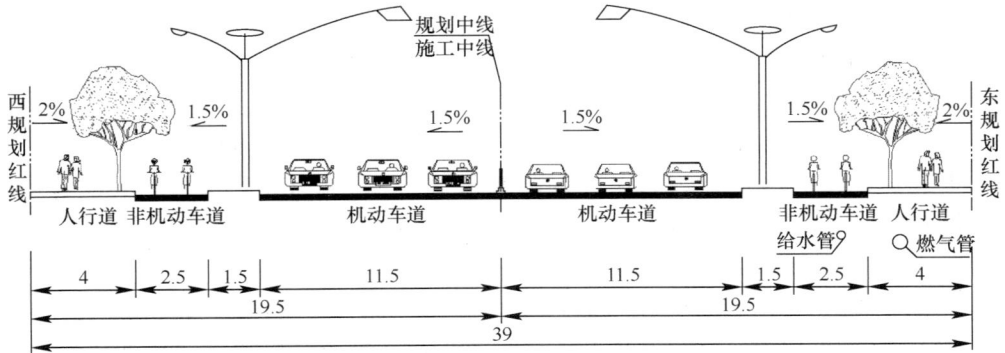

图 3-4　标准道路横断面图

（2）桥位地质断面图

为了显示地质和河床深度变化情况，标高方向的比例比水平方向的比例大。图样中根据不同的土层土质，用图例分清土层并注明土质名称，按钻孔的编号，标示符号、位置及钻探深度；在图样下方列表格，标注相关数据，标示钻孔的孔口标高、深度及间距。图样左侧使用 1∶200 的比例尺绘制高程标尺。

（3）桥梁总体布置图

按三视图图示出立面图、平面图及剖面图。纵向立面图和平面图的绘图比例相同，通常采用 1∶1000～1∶500。

1）立面的图示方法

立面图通常采用半立面和半纵剖面图结构的图示方式。两部分图样以桥梁中心线分解。采用 1∶200 的比例尺，以清晰反映桥梁结构的整体构造。通过半立面图，图示桩的形式及桩顶、桩底高程，桥墩与桥台的立面形式、标高及尺寸，桥梁主梁的形式、梁底标高及有关尺寸。通过标注，图示出控制位置如桥梁的起止点和桥墩中线的里程桩号。利用半纵剖面图表现桩的形式、桥墩与桥台的形式及盖梁、承台、桥台的剖面形式，如图 3-5 所示。用立面图表示桥梁所在位置的现况道路断面，并通过图例示意所在地层土质分层情况，标注各层的土质名称。在图左侧，绘制高程标尺，用以图示出地下水水位标高，跨河段河床中心地面标高等信息。利用剖切符号注出横剖面的位置，标注出桥梁中心桥面标高及桥梁两端的标高，标注出各部位尺寸及总体尺寸。

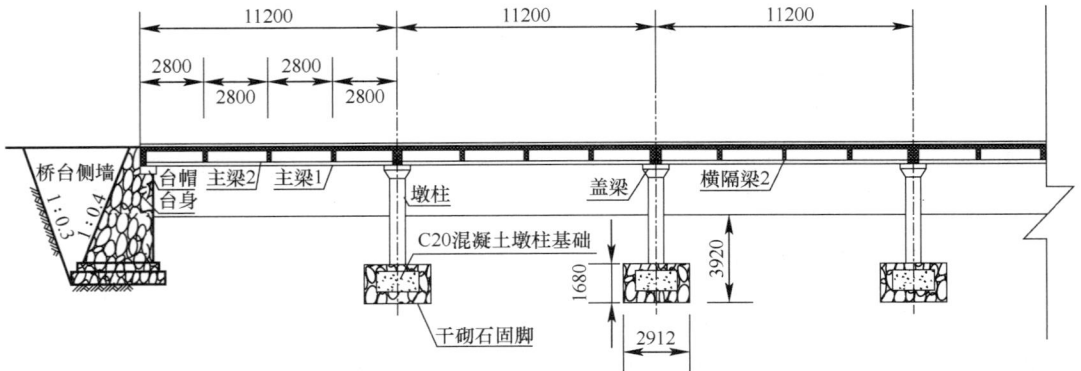

图 3-5　桥梁纵剖面图

2）平面图的图示方法

平面图通常采用半平面图和半墩台桩柱平面图的图示方法。半平面图表示桥面系的构造情况。半墩台桩柱平面图针对所需图示部位不同，且根据桥梁施工不同阶段情况进行投影图示。如当需要描述桥台及盖梁平面构造时，对未上主梁时的结构进行投影图示；当需要描述墩柱的承台平面时，取承台以上盖梁以下位置作为剖切平面，向下正投影进行图示。当需要描述桩位时，取承台以下作剖切平面，并用虚线图示承台位置。

3）剖面图的图示方法

通过对两个不同位置进行剖切，组合构成图样来进行图示。常用图示比例为1:100。通过对桥台、盖梁以上不同部位进行剖面投影，图示出边跨及中跨主梁、桥面铺装构造、人行道及栏杆构造。用材料图例表示主梁截面，剖到截面涂黑并说明为钢筋混凝土构件，中实线表示横隔梁。桥面铺装部分用阴影线图例表示。人行道截面根据使用材料用图例表示，当为钢筋混凝土人行道板时可用涂黑图例，阴影图例轮廓线用粗实线表示。主梁以下部分为桥梁墩台的侧立面图图样。左半部分以中实线图示桥台立面的构造及标注各部分尺寸；右半部分以中实线图示桥墩、承台、盖梁、桩基，用细点画线表示桩柱及桥墩中心线，标注表示各部分的尺寸及控制点高程。

（4）桥梁构件结构图

结构图分为构造图和钢筋结构图。前者表示构件的形状和尺寸，后者主要表示构件内部钢筋的配置。

1）桥台结构图

桥台构件图示比例为1:100，通过平、立、剖三视图表现。桥台内部构造的形状、尺寸和材料使用纵剖面图图示，桥台外形尺寸使用平面图图示，为了清晰反映桥台结构，利用侧立面图分别从台前和台后两个方向剖切台体结构。

钢筋结构图反映的是桥台具体配筋情况。通过钢筋用量表表示出各部位钢筋的直径、根数及长度等信息，如图3-6所示。

2）桥墩结构图

桥墩和桥台同属桥梁下部结构。其构造组成为墩帽、墩身、基础等。桥墩的图样有墩柱图、墩帽图及墩帽钢筋布置图。墩柱图是用来图示桥墩的整体情况。圆端形桥墩的正面图是为按照线路方向投射桥墩所得的视图。圆形墩的桥墩正面图是半正面与半剖面的合成视图。半剖面是为了表示桥墩各部分的材料，加注有材料说明，并用虚线表示材料分界线。半正面图上，用点画线表示斜圆柱面的轴线和顶帽上的直圆柱面的轴线。平面图画成了基顶平面，它是沿基础顶面剖切后，向下投射得到的剖面图。墩帽图一般按照较大的比例单独绘制，用虚线表示正面图和侧面图的材料分界线，用点画线表示柱面的轴线。

墩帽钢筋布置图用来图示墩帽部分的钢筋布置情况。当墩帽形状和配筋情况不太复杂时，墩帽钢筋布置图与墩帽图有时合绘在一起，不单独绘制墩帽钢筋结构图。

3）钢筋结构图

① 钢筋结构图组成

钢筋结构图包括钢筋布置图及钢筋成型图，如图3-7所示。通过识读钢筋布置图理解内部钢筋的分布情况，一般通过立面图、断面图结合对比识读。钢筋成型图中表明了钢筋的形状，以此作为施工下料的依据。仔细识读标注于钢筋成型图上钢筋各部分的实际尺

66

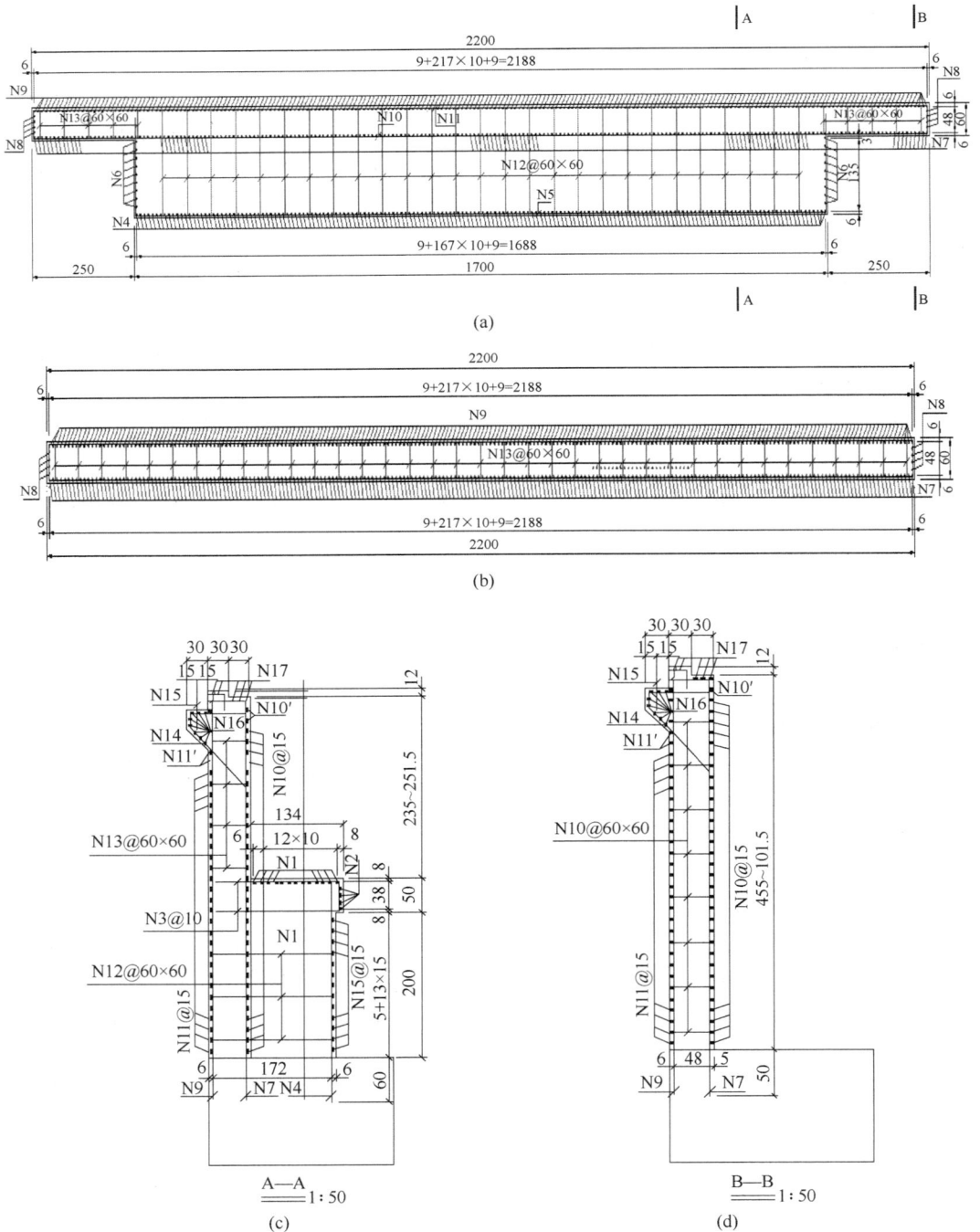

图 3-6　桥台结构图

（a）桥台台身横断面；（b）桥台背墙横断面；（c）A-A 剖面大样；（d）B-B 剖面大样

寸，钢筋编号、根数、直径及单根钢筋的断料长度。最后仔细核对图纸中的钢筋明细表，该明细表将每一种钢筋的编号、型号、规格、根数、总长度等内容详细表达，是钢筋备料、加工以及作材料预算的依据。

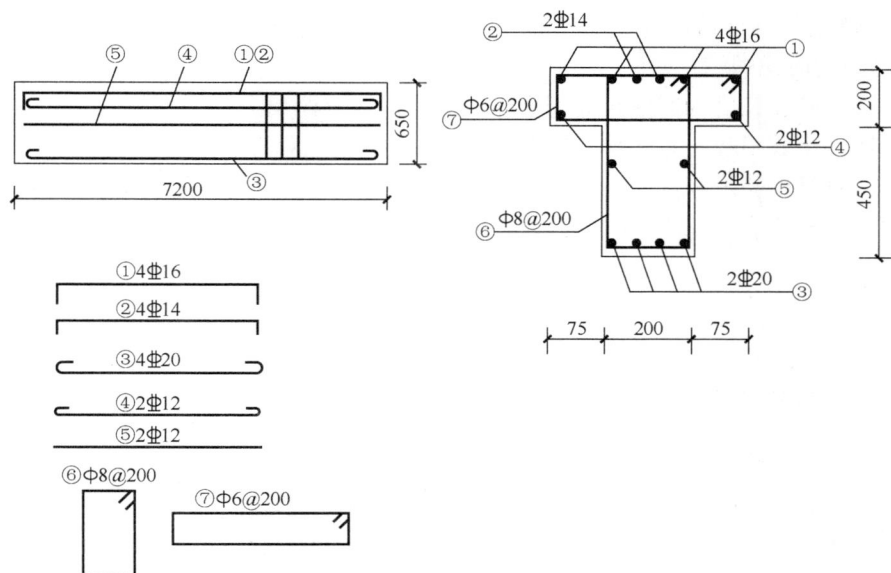

图 3-7　预制 T 梁钢筋图

② 图示与标注

为了突出表示钢筋的配置状况，在构件的立面图和断面图上，轮廓线通常用中实线或细实线画出。图内不画材料图例，而用粗实线（立面图中）和黑圆点（断面图中）表示钢筋，并对钢筋加以说明标注。

③ 钢筋的标注方法

钢筋的标注包括钢筋的编号、数量或间距、代号及所在位置，通常应沿钢筋的长度标注或标注在有关钢筋的引出线上。一般采用引出线的方法，具体有以下两种标注方法：

一种是标注钢筋的根数、直径和等级：2Φ16；其中，2 表示钢筋的根数；Φ表示钢筋等级，如图 3-8 所示。

另一种是标注钢筋的等级、直径和相邻钢筋中心距：Φ8@200；其中，Φ表示钢筋等级直径符号；8 表示钢筋直径；@表示相等中心距符号；200 表示相邻钢筋的中心距（≤200mm），如图 3-9 所示。

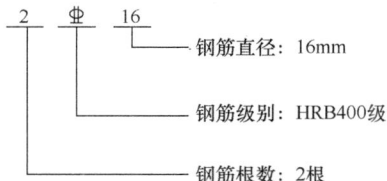

图 3-8　表示法一

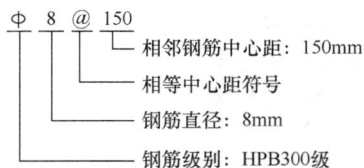

图 3-9　表示法二

梁、柱的箍筋和板的分布筋，一般注明间距，但不注明数量。对于简单的构件，不对钢筋进行编号。当构件纵横向尺寸相差悬殊时，可在同一详图中纵横向选用不同的比例。

④ 钢筋大样

钢筋大样标识，弯钩及长度。钢筋末端的标准弯钩可分为 90°、135°和 180°三种。当采用标准弯钩时，钢筋直段长的标注直接标注于钢筋的侧面。箍筋大样通常不绘制出弯钩。当为扭转或抗震箍筋时，在大样图的右上角，会增绘两条倾斜45°的斜短线。

　　⑤ 钢筋的简化图示

　　型号、直径、长度和间隔距离完全相同的钢筋，只画出第一根和最后一根的全长，用标注的方法表示其根数、直径和间隔距离，如图 3-10（a）所示。

　　型号、直径、长度相同，而间隔距离不相同的钢筋，只画出第一根和最后一根的全长，中间用粗短线表示其位置。用标注的方法表明钢筋的根数、直径和间隔距离，如图 3-10（b）所示。

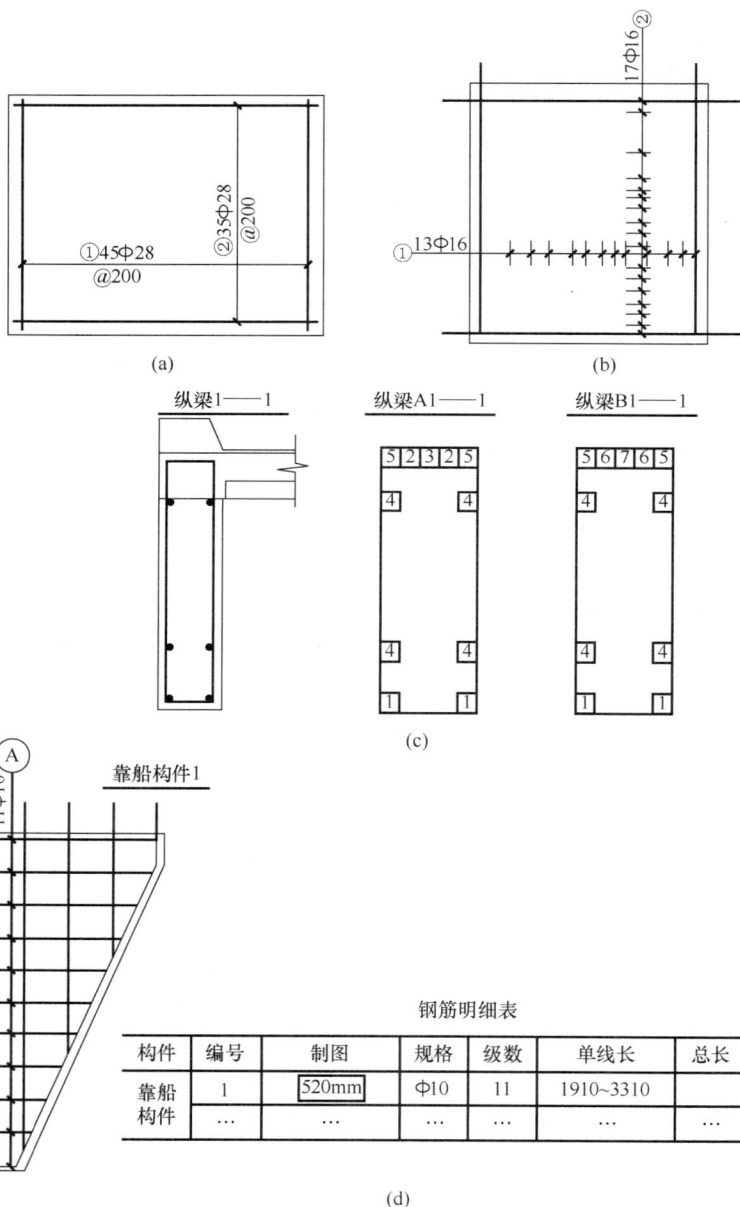

钢筋明细表

构件	编号	制图	规格	级数	单线长	总长	备注
靠船构件	1	520mm	Φ10	11	1910~3310		
	…	…	…	…	…	…	

(d)

图 3-10　钢筋的简化图示方法

当各个构件的断面形式、尺寸大小和布置均相同时，仅钢筋编号不同，可采用图 3-10（c）所示的画法。

钢筋的形式和规格相同，而其长度不同且呈有规律的变化时，这组钢筋允许只编一个号，并在钢筋表中"简图"栏内加注变化规律，如图 3-10（d）所示。

3. 市政管道工程施工图的图示方法

（1）图示方法

1）图示线型：市政管道施工图的线型通常采用粗实线或双虚线。线宽是根据图纸的类别、比例和复杂程度确定的。一般线宽为 0.7～1mm。线型及其含义见专业工程图例。

2）图示比例：市政管道工程平面图采用的比例通常为 1：200、1：150、1：100，且多与工程项目设计的主导专业一致。管道的纵断面图采用的比例通常为 1：200、1：100、1：50，横断面图采用的比例通常为 1：1000、1：500、1：300，且多与相应图样一致。习惯上，管道纵断面根据工程需要对纵向与横向采用不同的组合比例，以更加突出显示管道的埋深与覆土。

3）图示标高：沟渠和重力流管道的起讫点、连接点、转角点、变径点、交叉点及边坡点，压力流管道的标高控制点、剪力墙、管道穿墙处和构筑物底板等处应标注高程，压力流管道通常标注管道设计中心标高；重力流管道标注管底设计标高。标高单位为"m"。管径根据管材的不同区别标注，使用公称直径"DN"、外径"D×壁厚"、内径"d"等。

标高的标注方法如图 3-11～图 3-13 所示。

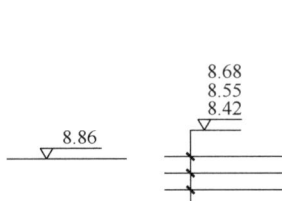

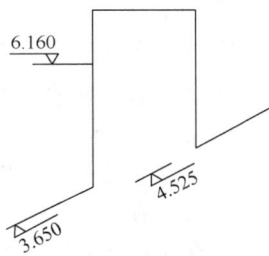

图 3-11　平面图中管道标高标注方法　　图 3-12　平面图中沟渠标高标注方法　　图 3-13　轴测图管道标高标注方法

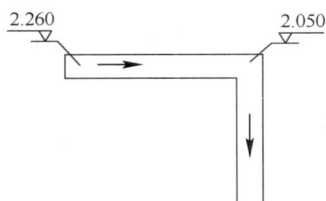

4）管径

管径以"mm"为单位。球墨铸铁管、钢管等管材，管径以公称直径 DN 表示（如 DN150、DN200）；无缝钢管、焊接钢管（直缝或螺旋缝）、不锈钢管等管材，管径宜以外径×壁厚表示（如 D300×4）。钢筋混凝土管等管径以内径 d 表示。塑料管材管径宜按产品标准的方法表示。

管径的标注方法如下：

① 单根管道，管径标注如图 3-14 所示。

② 多根管道，管径标注如图 3-15 所示。

5）井室、支墩、支架

井室、支墩等管道附属构筑物位置与编号应按行业规定顺序进行编号。

DN400
D108×4
DN300　　　　　　　　　　DN150
DN400
DN400
DN400

图 3-14　单根管道管径标注方法　　　图 3-15　多根管道管径标注方法

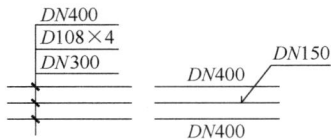

（2）图示内容

1）施工平面图

施工平面图包括总平面（示意）图和平面图，表示拟建管线平面位置，与现状道路设施和管线位置关系，与现有管线或河渠接入位置与方式，管线直径、折点位置与变化，附属构筑物（井室、支墩、泵站、调蓄水池）位置，施工用地红线和规划道路边线、中线，机动车道、人行步道、绿化带和照明灯杆等相关建筑物、构筑物及其相互位置关系。

2）施工横断面图

施工横断面图表示拟建管线某里程的（渠、隧）剖面、与相邻管线的结构间距、地面或路面情况。图左侧应有地质柱状表，图的纵横比例不同。

3）施工纵断面图

施工纵断面图主要用于表示管道埋深、坡度。包括管线里程、地面坡度线、管道坡度线、排水方向、坡度、坡长、覆土深度、检查井及沿线支管接入处的位置、管径、高程、与其他地下管线或障碍物交叉的位置、高程。图左侧应有地质柱状表，图的纵横比例不同。

4）系统图

系统图又称轴测图。常与平面图配合，表示管道系统的全貌；依据专业规定，宜采用正等轴测或正面斜轴测投影，展示水平向和垂直向管件布置。

5）节点大样图

节点大样图又称附属构筑物细部施工图或局部放大比例施工图；管道工程节点大样图包括大样图、节点图和标准图（如井室、井盖）。

6）构造图与钢筋结构图

现浇施工管道（渠）图应包括构造图和钢筋结构图。不开槽施工的管道工程还应包括工作井、管片拼装和施工工艺流程图。

（三）市政工程施工图的绘制与识读

1. 绘图的基本知识

（1）建筑制图统一标准

1）图幅、图框和标题栏

图幅是指图纸的幅面大小。对于一整套的图纸，为了便于装订、保存和合理使用，国家标准《房屋建筑制图统一标准》GB/T 50001—2017对图纸幅面进行了规定。

2）标题栏和会签栏

每张图纸都必须有标题栏，标题栏的文字方向为看图方向。需要会签的图纸应按图示的格式绘制会签栏，栏内应填写会签人员所代表的专业、姓名、日期（年、月、日）。

（2）图线

1）线宽

工程图样一般使用 3 种线宽，即粗线、中粗线、细线，三者的比例规定为 b：$0.5b$、$0.25b$，如图 3-16 所示。绘图时，应根据图样的复杂程度及比例大小，依据《建筑制图标准》GB/T 50104—2010 规定进行选择。

市政给水排水工程制图还应满足《建筑给水排水制图标准》GB/T 50106—2010 的有关规定。

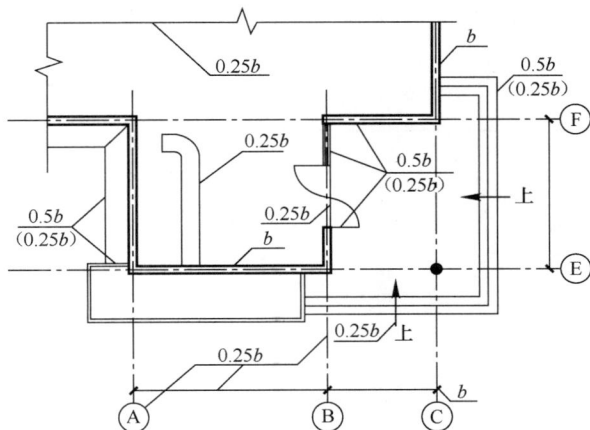

图 3-16　平面图线宽示例

2）线型

工程图是由不同种类的线型所构成，这些图线可表达图样的不同内容，以及分清图中的主次。图样中常用的图线线型有六种：实线——主要的可见轮廓线；虚线——不可见轮廓线；单点长画线——中心线、对称线；双点长画线——假想轮廓线、成型前原始轮廓线；折断线——断开界线；波浪线——断开界线。工程图的图线线型、线宽和用途见表 3-1。

工程图的图线线型、线宽和用途　　　　　　　　　　　表 3-1

名称		线型	线宽	一般用途
实线	粗		b	主要可见轮廓线
	中		$0.5b$	可见轮廓线
	细		$0.25b$	可见轮廓线、图例线
虚线	粗		b	见各有关专业制图标准
	中		$0.5b$	不可见轮廓线
	细		$0.25b$	不可见轮廓线、图例线
单点长画线	粗		b	见各有关专业制图标准
	中		$0.5b$	见各有关专业制图标准
	细		$0.25b$	中心线、对称线等
双点长画线	粗		b	见各有关专业制图标准
	中		$0.5b$	见各有关专业制图标准
	细		$0.25b$	假想轮廓线、成型前原始轮廓线
折断线			$0.25b$	断开界线
波浪线			$0.25b$	断开界线

3）比例

比例是指图样中图形与实物相应线性尺寸之比（见表 3-2）。比例的大小，是指其比值的大小。比例宜注写在图名的右侧,字的基准线应取平;比例的字高宜比图名的字高小一号或二号。

表 3-2

常用比例

名称	比例	备注
区域规划图 区域位置图	1:5000、1:25000、1:10000 1:5000、1:2000	宜与总图专业一致
总平面图	1:1000、1:500、1:300	宜与总图专业一致
管道纵断面图	纵向:1:200、1:100、1:50 横向:1:100、1:500、1:300	
水处理厂(站)平面图	1:500、1:200、1:100	
水处理构筑物、设备间、卫生间、泵房平、剖面图	1:100、1:50、1:40、1:30	
建筑给水排水平面图	1:200、1:150、1:100	宜与建筑专业一致
建筑给水排水轴测图	1:150、1:100、1:50	宜与相应图纸一致
详图	1:50、1:30、1:20、1:10、1:5、1:2、1:1、2:1	

绘图过程中,一般应遵循布图合理、均匀、美观的原则以及以图形大小和图面复杂程度来选择相应的比例,从表 3-2 中选用,并优先选用表中常用比例。特殊情况下也可自选比例,这时除应注出绘图比例外,还必须在适当位置绘制出相应的比例尺。一般情况下,一个图样应选用一种比例,可在图标中的比例栏注明,也可以在图纸的适当位置标注。根据专业制图需要,同一图样可选用两种比例,当同一张图纸中各图比例不同时,则应分别标注,其位置应在图名的右侧。

(3)尺寸标注

图形只能表示物体的形状,其大小及各组成部分的相对位置是通过尺寸标注来确定的。因此,尺寸标注是工程图必不可少的组成部分。

(4)工程制图的基本规定

1)定位轴线、附加轴线及编号

定位轴线是用来确定建筑物主要结构及构件位置的尺寸基准线,是房屋施工时砌筑墙身、浇筑柱梁、安装构件等施工定位的重要依据。

定位轴线用细的单点长画线表示,端部画细实线圆,直径 8~10mm。定位轴线圆的圆心应在定位轴线的延长线上或延长线的折线上,圆内注明编号。

2)标高标注法

标高是标注建筑物高度方向的一种尺寸形式,可分为绝对标高和相对标高,均以 m 为单位。绝对标高是以青岛市黄海平均海平面为基准而引出的标高。相对标高是根据工程需要自行选定基准面,由此引出的标高。标高标注形式如图 3-17 所示。

图 3-17　标高标注形式

(a)标高符号;(b)标高标注形式一;(c)标高标注形式二

3）索引符号与索引图表示

索引符号是由直径 10mm 的细实线圆和细实线的水平直径组成，如图 3-18 所示。

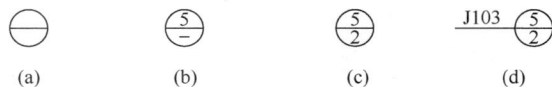

图 3-18　索引符号与索引图表示

（a）索引符号的组成；（b）索引图在同一张图纸上；
（c）索引图不在同一张图纸上；（d）索引图在标准图上

4）引出线与多层构造说明

① 引出线

图样中某些部位的具体内容或要求无法标注时，常采用引出线注出文字说明。引出线应以细实线绘制，宜采用水平方向的直线与水平方向成 30°、45°、60°、90°的直线，或经过上述角度再折为水平线。文字说明宜注写在水平线的上方；也可注写在水平线的端部。

② 多层构造说明

多层构造或多层管道共用引出线，应通过被引出的各层。文字说明宜注写在水平线的上方，或注写在水平线的端部，说明的顺序应由上至下，并应与被说明的层次相互一致。

5）其他符号

① 指北针

指北针的形状如图 3-19 所示。其圆的直径为 24mm，用细实线绘制；指针尾部的宽度为 3mm，指针头部应注"北"或"N"字。如需用较大直径绘制指北针时，指针尾部宽度宜为直径的 1/8。

② 对称符号

对称符号由对称线和两端的两对平行线组成。对称线用细点画线绘制，对称符号用两条垂直于对称轴线、平行等长的细实线绘制，其长度为 6～10mm，间距为 2～3mm，画在对称轴线两端，且平行线在对称线两侧长度相等，对称轴线两端的平行线到投影图的距离也应相等。双称画法如图 3-20 所示。

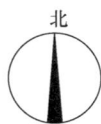

图 3-19　指北针

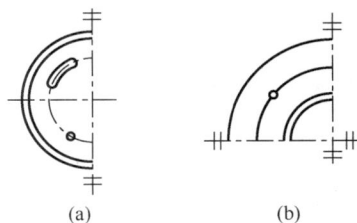

图 3-20　对称画法

（a）左右对称画法；（b）左右、上下对称画法

③ 连接符号

连接符号应以折断线表示需连接的部位。两部位相距过远时，折断线两端靠图样一侧应标注大写拉丁字母表示连接编号。两个被连接的图样必须用相同的字母编号。

（5）图样画法

1）平面图

各种平面图应按正投影法绘制。平面图的方向宜与总图方向一致。平面图的长边宜与横式幅面图纸的长边一致。在同一张图纸上绘制多于一层的平面图时，各层平面图宜按层数由低向高的顺序从左至右或从下至上布置。

2）立面图

各种立面图应按正投影法绘制。构筑物立面图应包括投影方向可见的构筑物外轮廓线和墙壁面线脚、构配件、墙壁做法及必要的尺寸和标高等。

平面形状曲折的构筑物，可绘制展开立面图、展开池内立面图。圆形或多边形平面的构筑物，可分段展开绘制立面图、池内立面图，但均应在图名后加注"展开"二字。

较简单的对称式构筑物或对称的构配件等，在不影响构造处理和施工的情况下，立面图可绘制一半，并应在对称轴线处画对称符号。在构筑物立面图上，相同的构造做法等可在局部重点表示，绘出其完整图形，其余部分可只画轮廓线。

在构筑物立面图上，外墙表面分格线应表示清楚。应用文字说明各部位所用面材及色彩。有定位轴线的构筑物，宜根据两端定位轴线号编注立面图名称。无定位轴线的构筑物可按平面图各面的朝向确定名称。构筑物室内立面图的名称，应根据平面图中内视符号的编号或字母确定。

3）剖面图

各种剖面图应按正投影法绘制。剖面图的剖切部位（图 3-21），应根据图纸的用途或设计深度，在平面图上选择能反映全貌、构造特征以及有代表性的部位剖切。构筑物剖面图内应包括剖切面和投影方向可见的结构构造、构配件以及必要的尺寸、标高等。

图 3-21 表示控制室内立面时，相应部位的墙体、地面的剖切面宜绘出。必要时，占空间较大的设备、管线、灯具等的剖切面也应在图纸

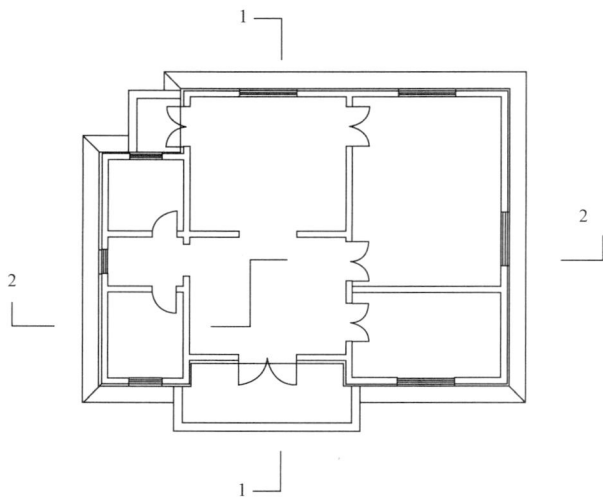

图 3-21　剖切面表示

上绘出。

2. 施工图绘制的步骤与方法

（1）道路施工图绘制的步骤与方法

1）道路平面图绘制的步骤与方法

① 绘制地形图，将地形地物按照规定图例及选定比例描绘在图纸上，必要时用文字或符号注明。

② 绘制等高线。等高线要求线条顺滑，并注明等高线高程和已知水准点的位置及编号。

③ 绘制路线中心线。路线中心线按先曲线、后直线的顺序画出。

④ 绘制里程排桩、机动车道、人行道、非机动车道、分隔带、规划红线等，并注明各部分设计尺寸。

⑤ 绘制路线中的构筑物，注明构筑物名称或编号、里程桩号等。

⑥ 道路路线的控制点坐标、桩号，平曲线要素标注及相关数据的标注。

⑦ 画出图纸的拼接位置及符号，注明该图样名称、图号顺序、道路名称等。

2）道路纵断面图的绘制步骤与方法

① 选定适当的比例，绘制表格及高程坐标，列出工程需要的各项内容。如地质情况、现况地面标高、设计路面标高、坡度与坡长、里程桩号等资料。

② 绘制原地面标高线。根据测量结果，用细直线连接各桩号位置的原地面高程点。

③ 绘制设计路面标高线。依据设计纵坡及各桩号位置的路面设计高程点，绘制出设计路面标高线。

④ 标注水准点位置、编号及高程。注明沿线构筑物的编号、类型等数据，竖曲线的图例等数据。

⑤ 同时注写图名、图标、比例及图纸编号。特别注意路线的起止桩号，以确保多张路线纵断面图的衔接。

3）道路横断面图的绘制步骤与方法

① 绘制现况地面线、设计道路中线。

② 绘制路面线、路肩线、边坡线、护坡线。

③ 根据设计要求，绘制市政管线。管线横断面应采用规范图例。

④ 当防护工程设施标注材料名称时，可不画材料符号，其断面剖面线可省略。

4）道路路面结构图的绘制步骤与方法

① 选择车道边缘处，即侧石位置一定宽度范围作为路面结构图图示的范围（图 3-22），这样既可绘制出路面结构情况又可绘制出侧石位置的细部构造及尺寸。

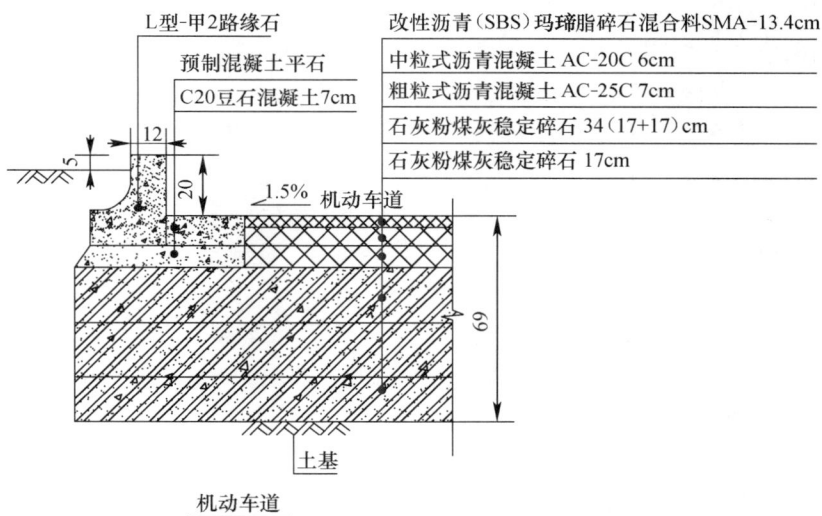

图 3-22　道路路面结构图

② 绘制路面结构图图样，每层结构应用图例表示清楚。

③ 分层标注每层结构的厚度、性质、标准等，并将必要的尺寸注全。

④ 当不同车道结构不同时，分别绘制路面结构图，注明图名、比例及文字说明等。

（2）桥梁施工图绘制的步骤与方法

1) 桥梁总体布置图的绘制步骤与方法

桥梁总体布置图应按照三视图绘制纵向立面图与横向剖面图，并加纵向平面图。其中纵向立面图与平面图的比例尺应相同，可采用 1:1000~1:500；为了能够清晰表现剖面图，比例尺可以适当取得大一些，如 1:200~1:150，视图幅地位而定。

2) 桥梁立面图的绘制步骤与方法

① 根据选定的比例首先将桥台前后、桥墩中线等控制点里程桩画出，并分别将各控制部位画出，如桩底、承台底、主梁底、桥面等高程线画出。地面以下一定范围可用折断线省略，缩小竖向图的显示范围。

② 将桥梁中心线左半部分画成立面图：依照立面图正投影原理将主梁、桥台、桥墩、桩、各部位构件按比例用实线图示出来，并注明各控制部位的标高。用坡面图例图示出桥梁引路边坡及锥形护坡。

③ 宜将桥梁中心线右半部分绘制成半纵剖面图：纵剖位置为路线中心线处。按剖面图的绘制原理，将主梁、桥台、桥墩、桩等各部位构件按比例用中实线图示出来，并将剖切平面剖切到的构件截面用图例表示。标注各控制点高程及各部分的相关尺寸。用剖切符号标示出侧剖面图的剖切位置。

④ 标注出桥跨部位如河床标高、各水位标高、土层图例、各部位尺寸及总尺寸；必要的文字标注及技术说明。

3) 桥梁平面图的绘制步骤与方法

① 平面图一般采用半平面图和半墩台（桩柱）平面图。半墩台（桩柱）平面图部分，可根据所需图示的内容不同，而进行正投影得到图样。

② 平面图应与立面图上下对应，用细点画线绘制衔接的道路路线（桥梁）中心线；依据立面图的控制点桩号绘制平面图的控制线。

③ 半平面图部分，绘制出桥面边线、车行道边线。绘制边坡及锥形护坡图例线。用双实线绘制桥端线、变形缝。用细实线绘制栏杆及栏杆柱，标注栏杆尺寸。

④ 用中实线绘制未上主梁及桥台未回填土情况下的桥台、盖梁平面图，并标注相关尺寸。

⑤ 绘制承台平面及盖梁平面图样，注明桩柱间距、数量、位置等。注明各细部尺寸及总尺寸、图名及使用比例等。

4) 桥梁侧剖面图的绘制步骤与方法

① 侧剖面图是由两个不同位置剖面组合构成的图样，反映桥台及桥墩两个不同剖面位置。在立面图中标注剖切符号，以明确剖切位置。

② 左半部分图样反映桥台位置横剖面，右半部分反映桥墩位置横剖面。

③ 放大绘制比例到 1:100，以突出显示侧剖面的桥梁构造情况。

④ 绘制桥梁主梁布置，绘制桥面系铺装层构造、人行道和栏杆构造、桥面尺寸布置、横坡度、人行道和栏杆的高度尺寸、中线标高等。

⑤ 左半部分图示出桥台立面图样、尺寸构造等。

⑥ 右半部分图示出桥墩及桩柱立面图样、尺寸构造，桩柱位置、深度、间距及该剖切位置的主梁情况；并标注出桩柱中心线及各控制部位高程。

(3) 市政管道工程施工图绘制的步骤与方法

1) 施工图绘制基本规定

市政管道工程制图中，常用的图纸幅面为 A0、A1、A2、A3、A4。有时因为特殊需要，会采用一些加长图和其他的非标准图。

图面编排要求达到布置紧凑、比例恰当、工程内容表达清楚的目的。应选择合适的图幅，能够用 2 号图表达清楚的，就不用 1 号图。在图面编排上，应力求避免图与图之间，图与文字说明之间、图后表格之间空隙过大和过分拥挤的现象。

涉及厂站区的平面图需有表示地形、构筑物、风玫瑰、坐标轴线、厂站区围墙、绿地、道路等图示。要注明厂站界转角坐标或厂界与定位坐标的相对距离、构筑物的主要尺寸、构筑物间的距离及扩建预留地等。涉及工艺流程的，工艺流程图一般布置在图的上方。如布置有困难，可另绘一张图。

2）总平面图绘制步骤与方法

市政管道工程图绘制步骤与方法如下：

① 绘制出拟建工程和现有的建（构）筑物相对位置及等高线、坐标控制点及指北针等。

② 建（构）筑物及各种管道的位置应与总平面图、管线综合图一致。

③ 图上应注明管道类别、坐标、控制尺寸、节点编号及各建（构）筑物的管道进出口位置；将管道的管径、坡度、管道长度、标高等标注清楚。

④ 分别绘制给水管道、污水管道和雨水管道于同一张平面图内，分别以符号 J、W、Y 加以标注。

⑤ 使用不同代号标注同一张图上的不同类附属构筑物。同类附属构筑物多于一个时，使用其代号加阿拉伯数字进行编号。

⑥ 绘制时，遇污水管与雨水管交叉时，宜断开污水管。遇给水管与污水管、雨水管交叉时，宜断开污水管和雨水管。

⑦ 标注建（构）筑物角坐标。通常标注其 3 个角坐标，当建（构）筑物与施工坐标轴线平行时，可标注其对角坐标。

⑧ 标注附属构筑物（阀门井、检查井）的中心坐标。

⑨ 标注管道中心坐标。如不便于标注坐标时，可标注其控制尺寸。

⑩ 绘制图例符号（见专业图示）。

3）纵断面图绘制步骤与方法

① 根据总平面图，沿干管轴线铅垂剖切绘制断面图。压力流管道用单粗实线绘制，重力流管道用双粗点画线和粗虚线绘制，地面、检查井和其他管道的横断面用细实线绘制。

② 在其他管线的横断面处，标注其管道类型和代号、定位尺寸和标高。在断面图下方建立列表，分项列出该干管的各项设计数据，例如：设计地面标高、设计管内底标高、管径、水平距离、井位编号、管道基础等内容。

③ 在图的最下方画出管道的平面图，与管道纵断面图相对应，便可表达干管附近的管道、设施和建筑物等情况，除了在纵断面图中已表达的井室外，平面图还应绘制出相关管道，并标注管道的管径，同时标注其与街道中心线及人行道之间的水平距离。城镇道路范围内管道的支管和井室以及街道两侧的雨水井（口）；街道两侧的人行道，建筑物和支管道口等。

4）节点详图绘制步骤与方法

压力管网绘制时，须先在管网图上确定阀门、消火栓、排气阀等主要附件的位置，布置必须合理，然后选定节点上的管配件。

在施工图上宜绘制节点详图或标准图号。图中用标准符号绘出节点上的配件和管件，如消火栓、弯管、渐缩管、阀门等。特殊的配件应在图中注明，便于加工。设在阀门井内的阀门和地下消火栓应在图上表示。阀门的大小和形状应尽量统一，形式不宜过多。

节点详图可不按比例绘制，但管线方向和相对位置必须与管网总图一致，图案的大小根据节点构造的复杂程度而定。

5）标注

① 尺寸界线与尺寸线

尺寸接线应用细实线绘制，与被注长度垂直，其一端应离开图样不小于 2mm，另一端宜超出尺寸线 2～3mm。一般不用图样轮廓线作尺寸界线。必要时，图样轮廓线才可作尺寸界线。

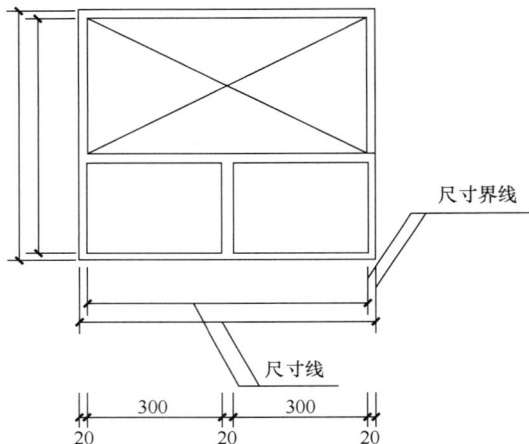

尺寸线可用细实线绘制，应与被注长度平行，且不宜超出尺寸界线。任何图线均不得用作尺寸线。如图 3-23 所示。

尺寸起止符号用中粗斜短线绘制，倾斜方向与尺寸界线成倍顺时针 45°角，长度 2～3mm。半径、直径、角度与弧长的尺寸起止符号用箭头表示。

图样上的尺寸单位，除标高及总平面图用"m"外，其余的必须以"mm"作单位。

② 标高

一律以"m"为单位，标注到小数点后三位。零点的标高应表示为 ±0.000，

图 3-23 尺寸线和尺寸界线

在一个详图上表示几个不同标高时，构筑物一般用"标高"名称，管道（网）图可用"高程"名称。

③ 索引标志

索引标志表示图上某一部分或某一构件另有详图（或标准图）时，用单圆圈表示，圆圈直径一般 8～10mm 为宜。具体标识方法如下：

索引的详图如在该张图纸上，表示方法如图 3-24 所示；索引的详图如不在该张图纸上，表示方法如图 3-25 所示；索引的详图，如采用标准详图时，表示方法如图 3-26 所示。

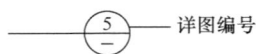

图 3-24 详图编号（一）　　　图 3-25 详图编号（二）　　　图 3-26 标准详图编号

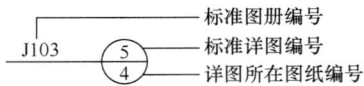

④ 详图的标志

详图标志的编号，用双圆圈表示，外细内粗，内圈直径一般为 14mm，外圈直径一般

为 16mm。局部剖面的详图索引标志表示某一局部剖面另有详图表示，圆圈直径为 8～10mm。其表示方法如下。

索引的局部剖面详图在该张图纸上时，表示方法如图 3-27 所示；索引的局部剖面详图如不在该张图纸上，表示方法如图 3-28 所示。

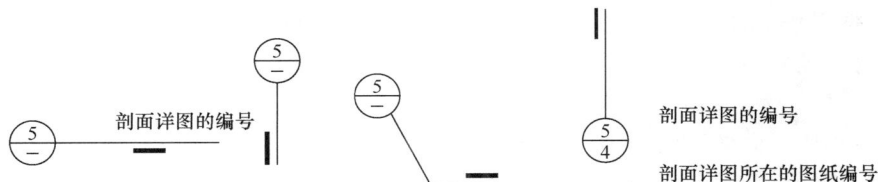

图 3-27　剖面详图的编号（一）　　　　图3-28　剖面详图的编号（二）

粗线表示剖视方向，必须贯穿所剖切面的全部。如粗线在引出线之上，即表示该剖面的剖视方向是向上，其余类推。

3. 道路施工图识读的步骤与方法

对于整套施工图识读时，应按照"总体了解、顺序识读、前后对照、重点细读"的方法。识读单张图纸时，应按"由外向里、由大到小、由粗到细、图样与说明交替、有关图纸对照看"的方法，重点看轴线及各种尺寸关系。根据不同的施工图，识读过程中应有所侧重。

（1）道路平面图识读的步骤与方法

1）仔细阅读设计说明，确定图工程范围、设计标准和施工难度、重点。先整体，后局部的观察图纸内容，根据图例说明及等高线的特点，了解平面图所反映的现况地貌特征、地面各控制点高程、道路周边现况建（构）筑物的位置及层高等信息、已知水准点的位置及编号、控制网参数或地形点方位等。

2）结合里程位置，依次阅读道路中心线、规划红线、机动车道、非机动车道、人行道、分隔带、交叉口及道路中心线设置情况等。

3）识读图纸中的道路方位及走向，路线控制点坐标、里程桩号等信息。

4）根据图纸所给道路规划红线确定道路用地范围，以此了解需要拆除的现况建筑物及构筑物范围，以及拆除部分的数量、性质及所占园林绿地、农田、果园等的性质及数量等。

5）结合图纸中道路纵断面图，计算道路的填挖方工程量。

6）查出图中所标注水准点位置及编号，根据其编号到有关部门查出该水准点的绝对高程，以备施工中控制道路高程。

（2）道路纵断面图识读的步骤与方法

道路纵断面图应根据图样部分、测设部分结合识读，并与城市道路平面图对照，得出图样所表示的确切内容，主要内容如下：

1）根据图示的横、竖比例识读道路沿线的高程变化，并与图下部资料表相对照，掌握地面、路面等高程变化。

2）竖曲线的起止点均对应里程桩号，图中竖曲线的符号长、短与竖曲线的长、短对应。读懂图样中注明的各项曲线几何要素,如切线长、曲线半径、外矢距、转角等。

3)道路路线中的构筑物图例、编号、所在位置的桩号都是道路纵断面示意构筑物的基本方式,据此可查出相应构筑物的图纸。

4)找出沿线设置的已知水准点,并根据编号、位置查出已知高程,供施工放样使用。

5)根据里程桩号、路面设计高程和原地面高程,识读道路路线的填挖方情况。

6)根据资料表中坡度、坡长、平曲线示意图及相关数据,读懂道路的线形的空间变化。

(3)道路横断面图识读的步骤与方法

1)城镇道路横断面的设计结果是采用标准横断面设计图表示。图中表示机动车道、非机动车道、人行道、分隔带及绿化带等部分布置情况。

2)城镇道路地上有电力、电信等设施。地下有给水管、污水管、雨水管、燃气管、电信管等市政综合公用设施。识读出管线的埋深、位置与设计道路结构的位置关系。

3)道路横断面图的比例,视路基范围及道路等级而定。常采用1∶100、1∶200的比例,很少采用1∶1000、1∶2000的比例。

4)识读道路中心线及规划红线位置,确认车行道、人行道、分隔带宽度及位置。识读排水横坡度。

5)结合图样内容,仔细阅读标注的文字说明。

(4)道路路面结构图识读步骤与方法

1)典型的道路路面结构形式为:磨耗层、中面层、下面层,联结层,上基层、下基层和垫层,按由上向下的顺序。

2)识读路面的结构组成、细部构造。

3)通过标注尺寸,识读路面各结构层的厚度、分块尺寸、切缝深度等信息。

4. 桥梁施工图识读的步骤与方法

(1)识读设计总说明

识读设计图的总说明部分,以此了解设计意图、设计依据、设计标准、技术指标、桥(涵)位置处的自然、气候、水文、地质等情况;桥(涵)的总体布置情况,结构形式、施工方法及工艺特点要求等。

(2)识读工程量表格

识读图纸中的工程量表格,表中列出了桥(涵)的中心桩号、桥名、交角、孔数及孔径、长度和结构类型。以及采用标准图时所采用的标准图编号,并分别按照桥面系、上部结构、下部结构、基础结构列出所用材料用量。作为施工单位,应重点符合工程量料表中各结构部位工程量的准确性,以此作为编制造价的重要依据。

(3)识读桥位平面图

桥位平面图中图示了现况地形地貌、桥梁位置、里程桩号、桥长、桥宽、墩台形式、位置和尺寸、锥坡护坡。该图可以为施工人员提供一个对该桥较深的总体概念。

(4)识读桥型布置图

对比识读桥型布置图中的立面图、平面图和侧剖面图。识读工程地质、水文地质情况、桩位及编号、墩台高度及基础埋置深度、桥面纵坡及各部位尺寸和高程;弯桥和斜桥还应识读桥轴线半径和斜交角；识读过程还应结合里程桩号、设计高程、坡度、坡长、竖曲线及横曲线要素。桥型布置的读图和熟悉过程中，要重点读懂桥梁的结构形式、组成、结构细部组成情况、工程量的计算情况等。

（5）识读桥梁细部结构图

在桥梁上部结构、下部结构、基础结构和桥面系等部位结构设计图中，详细绘制各部结构的组成、构造形式和尺寸。部分细部结构的设计图采用标准图，则在图纸中对其细部结构可能没有具体绘制，可参考在桥型布置图中注明标准图的名称及编号进行查阅。在阅读和熟悉这部分图纸时，重点应该读懂并弄清其结构的细部组成和尺寸。同时核对前后图纸之间细部结构的尺寸及工程量。

（6）识读调治构筑物设计图

水中桥梁工程应仔细识读调治构筑物平面、横断面、构造图及细部图。

（7）识读附属构筑物设计图

附属构筑物包括引桥与涵洞应仔细识读其工程数量表、平面布置图、结构设计图。

5. 钢筋混凝土结构施工图识读的步骤与方法

（1）钢筋的基本知识

① 钢筋的级别与符号

根据钢筋混凝土设计规范的分类，按钢筋机械性能、加工条件与生产工艺的不同，一般可分为热轧钢筋、冷拉钢筋、热处理钢筋和冷拔钢丝四大类型。

② 钢筋的分类与作用

根据在构件中所起作用的不同，钢筋应分为普通钢筋和预应力筋。普通钢筋可分为受力钢筋、架立钢筋、分布钢筋、箍筋和其他钢筋。

受力钢筋：用来承受主要压力，有时也承担剪力。

架立钢筋：一般用来固定钢筋位置，用于钢筋混凝土梁中。

分布钢筋：常用在钢筋混凝土板结构中，垂直于受力钢筋布置。外力可通过分布筋均匀地传递到受力钢筋上。同时分布钢筋也起到固定受力筋位置的作用，使受力钢筋与分布筋共同组成钢筋网。

箍筋：常用在钢筋混凝土结构中的梁、柱部位，用其固定受力钢筋的位置，同时承担部分剪力。

其他钢筋：为了起吊安装或构造要求设置的预埋或锚固钢筋。为后期吊装作业提前预设，部分预埋于永久结构中，部分裸露于结构外。

预应力钢筋可分为钢筋和钢绞线。

（2）钢筋混凝结构图的识读

① 钢筋混凝土结构图图样

钢筋混凝土结构的构造图用来表示构件的形状和尺寸，不涉及内部钢筋的布置情况。而钢筋结构图用来表示构件内部钢筋和预应力筋的配置情况。

② 钢筋结构图图样

钢筋结构图包括钢筋布置图及钢筋成型图。通过识读钢筋布置图理解内部钢筋的分布情况，一般通过立面图、断面图结合对比识读。钢筋成型图中表明了钢筋的形状，以此作为施工下料的依据。仔细识读标注于钢筋成型图上钢筋各部分的实际尺寸，钢筋编号、根数、直径及单根钢筋的断料长度。最后仔细核对图纸中的钢筋明细表。预应力钢筋结构图应仔细识别锚具及连接件细部、编号等。

6. 市政管道工程施工图识读的步骤与方法

（1）市政管道平面图识读的步骤与方法

1）先仔细阅读土建设计及施工说明，了解工程设计标准、管线起始点、平面位置和施工环境等要点。

2）确定图纸方位，了解平面图所反映的现况地形特征，现况或新建道路情况，周边现有建（构）筑物的位置、性质、面积及服务面积、人数等信息。

3）应掌握现状管线资料，管网上下游位置、高程、连接方式等信息。

4）着重掌握设计管线敷设位置及走向，与道路永中的关系，管线长度，坡度，管道连接形式，井室的选择，管线交叉的位置及高程关系，控制点的坐标及桩号。

5）结合设计说明书和管线纵断面图，确定施工方法与方案，并计算管线的施工工程量。

（2）市政管道纵断面图识读的步骤与方法

1）市政管道纵断面图布局一般分上下两部分，上方为图样，下方为资料列表，根据高程桩号对应识读。

2）图样部分中，水平方向表示管线长度，垂直方向表示高程。道路综合改扩建工程应特别注意：市政管道纵断面图同道路纵断面图相同，铅垂向与水平方向采用不同的绘制比例，以清晰反映垂直方向的高差。图纸规定铅垂向的比例比水平向的比例放大 10 倍，一般图纸图签栏中标明图纸铅垂向和水平向的比例。

3）图样中以粗直线表示设计市政管道，以细线表示现况地面线和设计地面线。通过纵断面图，可以清楚地看出设计市政管道与地面线的位置关系，管道覆土深度，埋设深度。通过管道的坡降，可以看出管线的走向，坡度的大小。

4）设计管线上的桥梁、立交桥、涵洞、河道等构筑物，与设计管线相交的其他管线，在纵断面图的相应高程桩号位置以相应图例绘制出，并注明桩号及构筑物的名称和高程等信息，可以清晰地看出管线间或与建（构）筑物间的位置关系。

5）在纵断面图的下方资料列表里面，以数据的形式表示出现况地面、设计地面、管线高程、埋设深度、基础形式、接口形式等设计要点。

6）结合设计说明书和市政管道平面图，通过纵断面图的信息可以计算管线施工工程量。

7. 其他工程设计文件识读

其他设计文件包括勘察测量文件、设计咨询、方案论证和施工变更等文件。识读时，应注意与施工设计图和设计说明对比验证，以便掌握工程水文地质情况、工程环境条件及技术要点、质量与安全要求。

市政工程采用不开槽施工时，还必须识读设计咨询报告，工前检测报告和地下管线检测调查报告，以指导施工方案和施工监测方案编制，保证工程顺利实施。

四、市政施工技术

（一）地基与基础工程施工技术

1. 地基与基础工程基本知识

（1）工程用土的分类

依据《土的工程分类标准》GB/T 50145—2007，工程用土系指工程勘察、建筑物地基、堤坝填料和地基处理等所涉及的土类，有机土指土料中大部分成分为有机物质的土。土的分类和土颗粒粒径关系如图 4-1 所示。

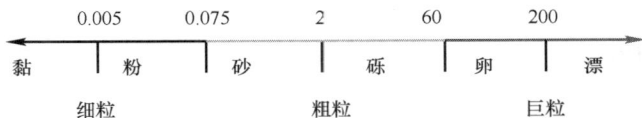

图 4-1　土的分类和土颗粒粒径关系（单位：mm）

工程用土的类别根据下列土的指标确定：

1）土颗粒组成及其特征；土的分类和土颗粒粒径关系见图 4-1。

2）土的塑性指标：液限（W_L）、塑限（W_p）和塑性指数（I_p）。

3）土中有机质存在情况。

（2）土的坚实系数分类

1）一类土，松软土

主要包括砂土、粉土、冲积砂土层、疏松种植土、淤泥（泥炭）等，坚实系数为 0.5～0.6。

2）二类土，普通土

主要包括粉质黏土，潮湿的黄土，夹有碎石、卵石的砂，粉土混卵（碎）石；种植土、填土等，坚实系数为 0.6～0.8。

3）三类土，坚土

主要包括软及中等密实黏土，重粉质黏土，砾石土，干黄土、含有碎石卵石的黄土、粉质黏土；压实的填土等；坚实系数为 0.8～1.0。

4）四类土，砂砾坚土

主要包括坚硬密实的黏性土或黄土，含有碎石卵石的中等密实的黏性土或黄土，粗卵石；天然级配砂石，软泥灰岩等；坚实系数为 1.0～1.5。

5）五类土，软石

主要包括硬质黏土，中密的页岩、泥灰岩、白垩土；胶结不紧的砾岩，软石灰及贝壳石灰石等；坚实系数为 1.5～4.0。

（3）土的工程性质

1）土的强度性质

土的工程性质除表现为坚实系数外，还表现在土的强度性质。土的强度性质与其颗粒粒径级配有关外，还与土的三相（固相、水相和气相）组成部分之间的比例有关。固相是以颗粒形式的散体状态存在。固、液、气三相间相互作用对土的工程性质有很大的影响。

2）土体应力应变

土体应力应变关系的复杂性从根本上讲都与土颗粒相互作用有关，土的密实状态决定其力学性质。通过土中固、液、气相的相互作用研究，有助于促进非饱和土力学理论的发展，还有助于进一步了解各类非饱和土的工程性质。

（4）路用工程（土）主要性能参数

含水量 W：土中水的质量与干土粒质量之比，即 $W = W_w / W_s$，%。

天然密度 ρ：土的质量与其体积之比，即 $\rho = W/V$（g/cm^3，t/m^3）。

孔隙比 e：土的孔隙体积与土粒体积之比，即 $e = V_v / V_s$。

塑限 W_p：土由可塑状态转为半固体状态时的界限含水量为塑性下限，称为塑性界限，简称塑限。

塑性指数 I_p：土的液限与塑限之差值，$I_p = W_L - W_p$，即土处于塑性状态的含水量变化范围，表征土的塑性大小。

液性指数 I_L：土的天然含水量与塑限之差值对塑性指数之比值，$I_L = (W - W_p)/I_p$，I_L 可用以判别土的软硬程度；$I_L < 0$ 坚硬、半坚硬状态，$0 \leqslant I_L < 0.5$ 硬塑状态，$0.5 \leqslant I_L < 1.0$ 软塑状态，$I_L \geqslant 1.0$ 流塑状态。

孔隙率 n：土的孔隙体积与土的体积（三相）之比，即 $n = V_v / V$，%。

土的压缩性指标 E_s：$E_s = 1 + e_c / a$，e_c 为土的天然孔隙比，a 为从土的自重应力至土的自重加附加应力段的压缩系数。

（5）土的强度性质

土的强度性质通常是指土体的抗剪强度，即土体抵抗剪切破坏的能力。土体会因受拉而开裂，也可因受剪而破坏。土体中各点的力学性质会因其物理状态的不均而不同，因此土体的剪切破坏可能是局部的，也可能是整体的。

2. 土基施工与砂石地基

（1）天然地基与人工地基

经过压实加固、改良等技术处理后满足使用要求的称为人工地基，不加处理就可以满足使用要求的原状土层则称为天然地基。市政工程中不良土质路基需解决的主要问题是提高地基承载力、土坡（层）稳定性等，处理方法选择应经技术经济比较，因地制宜确定。

（2）施工要点

施工前应消除表层杂草、树根等杂物以及表层土。

有地下水时应进行降排水施工，通常地下水位应保持在地基下不少于 500mm 以下，以保证施工操作。

机械开挖至设计标高前，应保留200～300mm厚土层，由人工开挖清理至设计标高，避免基底扰动。

为防止地表水和地下水渗流入地基与基础施工区，应做好地面和施工区内降排水措施。

施工中应保持坑壁、边坡稳定，防止边坡坍塌。施工中设专人进行质量检查验收，分层进行密实度试验，合格后方可进行下层施工。密实度一般采用环刀法、灌砂法等方法检验。对粉质黏土、灰土、粉煤灰等的密实度检验一般采用环刀法、灌砂法；对砂石、高炉干渣等的密实度检验一般采用灌砂法。

（3）不良地基处理

1）软土地基

淤泥、淤泥质土及天然强度低、压缩性高、透水性小的黏土统称为软土。由淤泥、淤泥质土、水下沉积的饱和软黏土为主组成的软土在我国南方有广泛分布，这些土都具有天然含水量较高、孔隙比大、透水性差、压缩性高、强度低等特点。软土地区路基的主要破坏形式是沉降过大，引起路基开裂。在较大荷载作用下，地基易发生整体剪切、局部剪切或刺入破坏，造成路面沉降和路基失稳；孔隙水压力过载（来不及消散）、剪切变形过大，会造成路基边坡失稳。软土地基处理可根据工程具体情况采取换填法、掺入生石灰法、抛石挤淤法、强夯法、挤密法、化学加固法、碎石桩复合地基等方法因地制宜进行处理。

2）湿陷性黄土地基

湿陷性黄土土质较均匀、结构疏松、孔隙发育。在未受水浸湿时，一般强度较高，压缩性较小。但在一定压力下受水浸湿，土结构会迅速破坏，产生较大附加下沉，强度迅速降低。由于存在大量节理和裂隙，故黄土的抗剪强度表现出明显的相异性。可能产生的主要病害有路基变形、凹陷、开裂，边坡崩塌、剥落，道路等结构内部易被水冲蚀成土洞和暗河。为保证土基稳定，在湿陷性黄土地区施工应注意采取特殊的加固措施，减轻或消除其湿陷性。

湿陷性黄土地基处理除采用防止地表水下渗的措施外，可根据工程具体情况采取换土法、强夯法、挤密法、预浸法、化学加固法等因地制宜进行处理，并采取防冲、截排、防渗等防护措施。加筋土挡土墙是湿陷性黄土地区得到迅速推广的有效防护措施。

3）膨胀土地基

具有吸水膨胀或失水收缩特性的高液限黏土称为膨胀土。该类土具有较大的塑性指数，在坚硬状态下工程性质较好。但其显著的胀缩特性可使路基发生变形、位移、开裂、隆起等严重破坏。

膨胀土土地基主要应解决的问题是减轻和消除胀缩性对土基的危害。可采取的措施包括：用灰土桩、水泥桩或用其他无机结合料对膨胀土土基进行加固和改良；换填法或堆载预压对土基进行加固；同时应对土基采取防水和保湿措施，如设置排水沟，设置不透水面层结构；在路基中设不透水层，在路基裸露的边坡等部位植草、植树等；调节路基内干湿循环，减少坡面径流，并增强坡面的防冲刷、防变形、防溜塌和滑坡能力。

4）冻土地基

冻土分为季节性冻土和多年性冻土两大类。冻土在冻结状态强度较高、压缩性较低。融化后承载力急剧下降，压缩性提高，地基容易产生融沉。冻胀也对地基产生不利影响。一般土颗粒越细，含水量越大，土的冻胀和融沉性越大，反之越小。在城市道路中，土基冻胀量与冻土层厚度成正比。土质不同于压实度不均匀也容易发生不均匀融沉。冻土地基可采用换填法、物理化学法、保温法和排水、隔水法进行处理。

3. 常用的土基处理技术

（1）换填法

换填法是挖除地基软弱土层或不均匀土层，按照设计要求的材料进行回填，并压实，形成垫层的地基处理方法。换填法适用于淤泥、淤泥质土、素填土、杂填土和冲填土等浅层软弱土层的地基处理。

1）材料基本要求

换填处理所用材料包括砂或砂石、碎石、粉质黏土、灰土、高炉干渣、粉煤灰、土工合成材料和聚苯乙烯板块（EPS）等。换填材料应选符合设计要求和规范规定。不得直接使用泥炭、淤泥、淤泥质土和有机质土进行换填，土中易溶盐不得超过允许值，不得使用液限大于50%、塑性指数大于26的细粒土。

2）施工要点

施工前应清除表层杂草、树根等杂物以及表层耕土，清除河塘、水槽、水田范围的淤泥及腐殖土。

开挖时保留100～200mm厚土层不挖。在换填开始前，由人工清理至设计标高，避免基底扰动；并排除坑底积水，不得在浸水条件下换填。当坑底为软土时，先铺细砂或土工织物进行反滤处理，其上按其设计厚度铺设垫层。

严格控制换填材料的含水量在最佳含水量±2%范围内，保证压实效果。最佳含水量宜通过击实试验确定，也可根据经验取用。

换填应分层摊铺、分层压实进行，分层厚度、虚铺系数、机械组合及压实遍数等技术参数应通过现场试验确定。

分段施工时，不得在基础、墙角下接缝。上下两层的接缝间距应不小于500mm，接缝处应夯压密实。灰土应拌合均匀，当日铺填、当日碾压密实，压实后3d内不得受水浸泡。

应根据不同的换填材料和设计要求的压实度选择适宜的压实机具，必要时应经现场试验确定。

（2）抛石（灰）挤淤法

1）软黏土掺加生石灰法。对于含水量较大的黏性土质地基，在路基压实施工中经常出现"弹簧土"现象。有条件时，可对土进行翻晒处理即挖土、晒干，敲碎、回填的方法，无条件时可视现场具体情况采用掺入一定重量比的生石灰，或在路段内挖出直径（边长）约0.5m，深约1m的土坑，清除坑内的渗水（最好挖好坑后，第二天清除渗水），放入生石灰为坑深1/3，即可回填碾压。坑的行距和坑距在轻度弹簧路段为5～6m，在严重弹簧路段为3～4m。

2）抛石挤淤法。适用于湖塘或河流等积水洼地，常年积水且不易抽干，表层无硬壳，软土液性指数大，厚度薄，片石能沉至下卧硬层的情况。一般用于软土厚度为3～4m，石块的大小视软土稠度而定，一般不宜小于0.3m。抛填片石时，应自中部开始渐次向两侧展开，使淤泥向两边挤出，待抛石露出水面后用重型压路机碾压，其上铺设反滤层，再进行填土。当下卧层层面具有明显横向坡度时，片石抛填应从高向低的一侧进行，并在低的一侧多填一些，以求稳定。

（3）预压法

预压法分为堆载预压法、真空预压法和真空—堆载联合预压法等三类。堆载预压法是对地基进行预先加载，使地基土加速固结的地基处理方法。真空预压法是在地基表面覆盖不透气薄膜，通过抽取膜内空气，形成真空，使地基土加速固结的地基处理方法。真空—堆载联合预压法一般用于承载力要求高和沉降控制严格的工程，预压时，先进行抽真空，当真空压力达到设计要求并稳定后再进行堆载，并继续抽真空。

预压法适用于淤泥质土、淤泥、冲填土、素填土等软土地基。

1）堆载预压法

预压法应设置竖向排水体，竖向排水体一般有普通砂井、袋装砂井和塑料排水带。普通砂井直径不宜小于200mm，袋装砂井直径不宜小于70mm，塑料排水带的宽度不宜小于100mm，厚度不宜小于3.5mm。竖向排水体的孔位可采用等边三角形或正方形布置，间距和深度应由设计根据工程对地基的稳定和变形的要求确定。

堆载预压法施工要点：

① 塑料排水带和袋装砂井施工时，宜配置能检测其深度的设备。

② 袋装砂井和塑料排水带施工所用钢管内径宜略大于两者尺寸。袋装砂井或塑料排水带施工时，平面间距偏差应不大于井径，垂直度偏差宜小于1.5%，拔管后带上砂袋或塑料排水带的长度不宜超过500mm，回带的根数不宜超过总根数的5%。

③ 砂井宜用中砂或粗砂，渗透系数宜大于 1×10^{-1} mm/s，含泥量应小于3%；砂井的灌砂量一般按井孔的体积和砂石在中密时的干密度计算，其实际灌砂量不得小于计算值的95%。

井孔宜采用干砂并灌制密实。砂袋或塑料排水带应高出砂垫层不少于100mm。

④ 塑料排水带的性能指标必须符合设计要求，具有良好的透水性、强度和纵向通水量。整个排水带应反复对折5次不断裂才认为合格。插入地基中的排水带，应保证不扭曲。排水带接长时，应采用滤膜内芯板平搭接的连接方法，搭接长度宜大于200mm。

⑤ 在地表铺设的排水砂垫层材料、厚度应符合设计要求，能保证地基固结过程中垫层排水的有效性。垫层宜用中粗砂，含泥量应小于5%，干密度应大于 1.5×10^3 kg/m³，其渗透系数宜大于 1×10^{-1} mm/s。预压区中心部位的砂垫层底标高应高于周边的砂垫层底标高，以利于排水。在预压区内宜设置与砂垫层相连的排水盲沟，并把地基中排出的水引出预压区。

⑥ 地基预压的范围、堆载材料、预压区范围、预压荷载大小、荷载分级、加载速率、预压时间和卸载标准应由设计计算确定。

⑦ 堆载预压施工，应根据设计要求分级逐渐加载，在加载过程中应每天进行竖向变形量、水平位移及孔隙水压力等项目的监测，且根据监测资料控制加载速率。竖向变形量每天不宜超过10~15mm，水平位移每天不宜超过4~7mm，孔隙水压力系数 $\Delta u / \Delta p$ 不宜大于0.6，并且应根据上述监测资料综合分析、判断地基的稳定性。

2）真空预压法

真空预压法在竖向排水体和砂垫层设置上与堆载预压法相同。施工前，应根据场地大小、形状及施工能力，将加固场地分成若干区，各区之间根据加固要求可搭接或有一定间，每个加固区必须用整块密封薄膜覆盖。对于表层存在明显露头透气层，在处理范围内有充足水源补给的透水层，应采取有效措施切断透气层及透水层。

真空预压的施工顺序一般为：铺设排水垫层→设置竖向排水体→埋设滤管→开挖边沟→铺膜、填沟、安装射流泵等→试抽→抽真空、预压。

施工要点如下：

① 水平向分布滤水管可采用条状、梳齿状、羽字状或目字状等形式，滤水管布置宜形成回路。滤水管可采用钢管或塑料管，外包尼龙纱、土工织物或棕皮等滤水材料，滤水管之间的连接宜用柔性接头。真空管路的连接点应严格进行密封、在真空管路中应设置止回阀和闸阀。膜下真空滤管间距宜为 6~9m，离薄膜边缘宜为 1.5~3.0m，滤管应埋在砂垫层中部。

② 真空预压区在铺密封膜前，应认真清理平整砂垫层、清除带光角的石子或硬物，填平打设机袋装砂井或塑料排水带时留下的孔洞。铺膜应选择在无风无雨的天气一次铺完。铺设好的薄膜应及时用重物压好。每层膜铺好后，应认真检查及时补洞，符合要求后再铺下一层。

密封膜采用抗老化性能好、韧性好、抗穿刺能力强的塑料薄膜，厚度 0.12~0.16mm，铺设二层或三层。密封膜粘结时一般采用热合粘结缝平搭接，搭接宽度不小于 15mm。

密封膜周边采用挖边沟拆铺、平铺并用黏土压边，围堰沟内覆水以及膜上全面覆水等方法进行密封。

③ 真空预压的抽气设备一般采用射流真空泵，抽空时应达到 95kPa 以上的真空吸力，其数量应根据加固面积确定，每个加固场地至少应设置 2 台射流真空泵，膜下真空度应稳定在 600mmHg 柱以上（相当于 80kPa 以上的等效压力）。抽真空设备的数量应根据加固面积和土层性能确定。一套设备有效控制的面积一般为 1000~1500m²。如加固区透气性较大时应增加设备，一般 600~800m² 即需要配备一套设备。

④ 真空预压施工期间应进行真空度、地面沉降，深层竖向变形，孔隙水压力等项目的监测。真空预压加固区周边有建筑物时，还应进行深层侧向位移和地表边桩位移监测。当堆载较大，出现向加固区外位移和正孔隙水压力时，必须控制堆载速率。真空度可一次抽真空至最大，当连续 5d 测沉降速率不大于 2mm/d，或取得数据满足工程要求时，可停止抽真空。

对沉降要求控制严格、地基承载力和稳定性要求较高的工程，或为加快预压进度，可采用超载预压法加固。对以沉降控制为主的工程，当地基经预压所完成的变形量和平均固结度符合设计要求时，方可卸载。对以地基承载力或抗滑稳定性控制为主的工程，当地基土经预压而增长的强度满足设计地基承载力或稳定性要求时，方可卸载。

预压后消除的竖向变形和平均固结度应满足设计要求，对预压的地基土应进行原位十字板剪切试验、静力触探试验和室内土工试验。必要时进行现场荷载试验。

（4）强夯法

1）强夯法就是将重锤提升到高处自由落下，给地基以冲击和振动能量、将地基土夯实的地基处理方法。

强夯置换法适用于处理砂土、素填土、杂填土、粉性土、黏性土和湿陷性黄土。对于饱和夹砂的黏性土地层，可采用降水联合低能级强夯法。

施工前必须对代表性的场地进行现场试验施工，确定强夯工艺参数、机械组合和适用性，确认加固效果。强夯法施工所采用的主夯能级、夯点间距及布置、单点夯击数、夯击遍数、前后两遍夯击间歇时间和夯击范围等由设计计算，并经现场试验确定。

强夯置换法宜采用级配良好的块石、碎石、矿渣、建筑垃圾等粗颗粒材料，质地坚硬、性能稳定、无腐蚀性和无放射性危害，粒径大于 300mm 的颗粒含量不宜超过全重的 30%。

降水联合低能级强夯法处理地基时必须设置合理的降排水体系，包括降水系统和排水系统。降水系统宜采用真空井点系统，根据土性和加固深度布置井点管间距和埋设深度，在加固区以外 3～4m 处设置外围封管并在施工期间不间断抽水；排水系统可采用施工区域四周挖明沟、并设置集水井。低能级强夯应采用"少击多遍，先轻后重"的原则进行施工。

2）施工步骤

强夯施工一般工艺流程为：场地清整、排水→试夯→夯点布置→首次夯击、平坑→重复夯击、平坑→满夯→检测。

3）施工要点

当地下水位距地表 2m 以下且表层为非饱和土时，可直接进行夯去；当地下水位较高不利于施工或表层为饱和土时，宜采用人工降低地下水位或铺填 0.5～2.0m 的松散性材料（如中砂、粗砂、砂砾或煤碴、建筑垃圾及性能稳定的工业废渣等）后进行夯击。坑内或场地内如遇积水应及时排除。

施工前应查明施工影响范围内建（构）筑物、地下管线等的位置，强夯振动的安全距离一般为 10～15m，对强夯振动影响范围的邻近建（构）筑物、设备等采取保护措施，设置监测点，采取隔振或防振措施，如挖隔振沟等。施工时距邻近建筑物由近向远夯击。

强夯置换法施工应逐击记录夯坑深度。当夯坑过深而发生起锤困难时停夯，向坑内填料至坑顶平，记录填料数量，如此重复直至满足规定的夯击次数及控制标准而完成一个墩体的夯击。强夯置换施工按由内而外、隔行跳打的原则完成全部夯点的施工。

降水联合低能级强夯法施工应在平整场地后即安装设置降排水系统、并预埋水位观测管，进行第一遍降水；当达到设计水位并稳定至少两天后，拆除场区内的降水设备，然后标准夯点位置进行第一遍强夯；一遍夯完后即可安装设置降水设备进行第二遍降水，如此按照设计工艺进行第二遍强夯施工，直至达到设计的强夯遍数，夯击结束后进行推平碾压。

（5）注浆法

注浆法就是利用液压、气压或电化学原理，把固化的浆液注入土体孔隙中，将原来松散的土粒或裂隙胶结成一个整体的处理方法。

注浆法所采用的注浆工艺、注浆有效范围、注浆材料的选择和浆液配合比、初凝和终凝时间、注浆量、注浆流量和压力、注浆孔布置和注浆程序等由设计确定。注浆孔的布置原则，应能使被加固土体在平面和深度范围内连成一个整体。它适用于砂土、粉土、黏性土和一般填土层。

4. 常用复合地基施工技术

(1) 碎（砂）石桩复合地基

1）碎（砂）石桩法

碎（砂）石桩包括碎石桩和砂桩，碎石桩可采用振冲法或沉管法，适用于砂土、粉性土、黏性土、人工填土等地基处理及处理液化地基。

碎（砂）石桩法是指采用振动、冲击或水冲等方法成孔，将碎石、砂或砂石挤入钻孔中，形成密实的砂石桩体，和桩间土组成复合地基的地基处理方法。

桩体材料可用碎石、卵石、角砾、圆砾、粗砂、中砂或石屑等硬质材料，含泥量不得大于 5%。振冲法成桩时，填料粒径 20～50mm，最大粒径不大于 80mm。砂桩可采用沉管法，填料粒径不宜大于 5mm。

碎（砂）石桩的桩位布置、桩径、桩长、桩距、处理范围，灌碎（砂）石量等由设计验算确定。碎（砂）石桩桩位布置时，应大面积加固，桩位宜采用等边三角形布置；对独立或条形基础，宜用正方形、矩形或等腰三角形布置。

2）施工要点

① 施工前应进行成桩工艺试验，试桩数量不应少于 2 根。

② 粉细砂、中砂、粗砂地基的施工顺序一般从外向内、从两侧向中间进行，也可采用"一边向另一边"的顺序逐排成桩；黏性土地基宜从中间向外围或间隔跳打进行；当加固区附近已建有建筑物时，应从邻近建筑物一边开始，逐步向外施工；在路堤或岸坡上施工应背离岸坡和向坡顶方向进行。

③ 碎（砂）石桩桩孔内的填料量应通过现场试验确定，估算时可按设计桩孔体积乘以充盈系数（可取 1.2～1.5）确定。如施工中地面有下沉或隆起现象，则填料量应根据现场具体情况予以增减。

④ 碎（砂）石桩施工后，应将基底标高下的松散层挖除或碾压密实，并在其上铺设一层 300～500mm 厚的碎石垫层。

沉管施工分为振动沉管成桩法和锤击沉管成桩法，锤击沉管成桩法分为单管法和双管法。当用于消除粉细砂及粉土液化时，宜用振动沉管成桩法。

施工时应根据设计桩径、桩长及桩身密实度要求，通过试桩确定碎（砂）石填充量、套管升降幅度和速度、套管往复挤压振动次数、振动器振动时间、电动机工作电流等施工参数，保证桩身连续和密度均匀。

应选用适宜的桩尖结构，保证顺利出料和有效挤压桩孔内碎（砂）石料，当采用活瓣桩靴时，砂土和粉土地基宜选用尖锥型；黏性土地基宜用选用平底型；一次性桩尖可采用混凝土锥形桩尖。

施工时桩位水平偏差应不大于 0.2 倍套管外径；套管垂直度偏差应不大于 1%；成桩直径应不小于设计桩径 5%，并不宜大于设计桩径 10%；成桩长度不小于设计桩长 100mm。

(2) 水泥粉煤灰碎石桩（CFG 桩）

水泥粉煤灰碎石桩法一般采用长螺旋钻机成孔，钻孔内泵送混凝土灌注成桩施工方法。该法适用于处理软弱黏性土、粉土、砂土和固结的素填土地基。

一般施工工艺流程为：桩位测量→桩机就位→钻进成孔→混凝土浇筑→移机→检测→褥垫层施工。

① 桩位测量：施工场地按高程进行平整、压实，场地高程高出 CFG 桩桩顶不小于 60cm，测设 CFG 桩的轴线定位点。

② 桩机就位：桩机就位，调整钻杆与地面垂直，偏差不大于 1.0%；使钻杆对准桩位中心，偏差不大于 50mm。

③ 钻进成孔：一般采用长螺旋钻机杆成孔。钻孔开始时，关闭钻头阀门，操纵下移钻杆，钻头触及地面时，启动电机钻进。

在成孔过程中，发现钻杆摇晃或难钻时，应放慢进尺，防止桩孔偏斜、位移及钻杆、钻具损害。

④ 混凝土浇筑：钻孔至设计高程后或嵌入硬层深度后，停止钻进，开始泵送混凝土，当钻杆芯管充满混凝土后开始拔管。钻杆提升过程中，严格控制钻杆上升速度和混凝土泵的泵送量，保证桩体连续、均匀、密实。桩顶高程一般高出设计高程 50cm。

⑤ 移机：浇筑完成，严格按工艺设计的顺序移动钻机，进行下一根桩的施工，机械移动需注意对桩身造成的影响。

⑥ 检测：主要进行复合地基承载力和桩身完整性检测，一般在成桩 28d 后进行，试验数量宜为总桩数的 0.2%，且每检验批不少于 3 根。

⑦ 褥垫层施工：褥垫层一般采用砂石材料，人工配合机械铺设，12t 压路机静力碾压密实。

（3）高压喷射注浆法

1）适用性

高压喷射注浆法是用高压水泥浆（或高压水）通过钻杆由水平方向的喷嘴喷出，形成喷射流，以此切割土体并使水泥与土拌合形成水泥土加固体的地基处理方法。该法适用于处理淤泥、淤泥质土、黏性土、粉土、砂土、素填土等地基，但对于砾石直径过大、含量过多的地层及腐殖土等，应通过试验确定其适用性。

高压喷射注浆法的注浆形式分旋喷、定喷和摆喷三种类型。根据工程需要和机具设备条件，可采用单管、二管和三管等多种方法。旋喷桩的强度、桩径、桩长、加固范围等应由设计确定。

2）施工要点

① 施工工序为：机具就位→钻孔→置入喷射管→喷射注浆→拔管→冲洗等。也可直接使用喷射管成孔和喷射注浆。

② 施工前进行试桩，确定施工工艺和技术参数，作为施工控制依据。试桩数量一般不少于 2 根。

③ 水泥浆液的水灰比按要求确定，可取 0.8～1.5，常用为 1.0。可根据需要掺入速凝剂等外加剂和掺合料。

④ 单管法、二重管法的高压水泥浆液流和三重管法高压水射流压力一般大于 20MPa，低压泥浆液流压力一般不小于 1.0MPa，气流压力一般为 0.7MPa，提升速度可取 0.05～0.25m/min，具体参数应根据工程实际情况确定。钻机与高压泵的距离不宜大于 50m。

⑤ 注浆管置入钻孔，喷嘴达到设计标高时即可喷射注浆。在喷射注浆参数达到规定值后，即分别按旋喷、定喷或摆喷的工艺要求，提升注浆管，由下向上喷射注浆。注浆管分段提升的搭接长度一般大于 100mm。当需要扩大加固范围或提高强度时，可采用复喷措施。

高压喷射注浆完毕，可在原孔位采用冒浆回灌或第二次注浆等措施。

⑥ 在高压喷射注浆过程中出现压力骤然下降、上升或冒浆异常等情况时，应查明产生的原因并及时采取措施。要保护相邻管线、建筑物、地铁等设施，严格做好变形观测，必要时采取有效措施，减少施工中引起的变形。

⑦ 高压喷射注浆施工质量可采用开挖检查、取芯、标准贯入试验、载荷试验或局部开挖注水试验等方法进行检验，并结合工程测试、观测资料及实际效果综合评价加固效果。

（4）深层搅拌水泥桩

1）适用性

深层搅拌法是以水泥浆作为固化剂的主剂，通过深层搅拌机械，将固化剂和地基土强制搅拌，使软土硬结成具有整体性、水稳定性和一定强度桩体的地基处理方法。

深层搅拌法适用于处理正常固结的淤泥与淤泥质土、粉土、素填土、黏性土以及无流动地下水的饱和松散砂土等地基。

固化剂宜选用强度等级为 42.5 级及以上的水泥。单、双轴深层搅拌桩水泥掺量可取 13%～15%，三轴深层搅拌桩水泥掺量可取 20%～22%。块状加固时，水泥掺量可用被加固湿土质量的 7%～12%。水泥浆水灰比应保证施工时的可喷性，宜取 0.45～0.70。

深层搅拌桩的置换率、桩长、桩径、水泥掺入量和桩位平面布置形式由设计计算确定。

2）施工要点

① 深层搅拌法施工流程为：搅拌机械就位→预搅下沉→搅拌提升→重复搅拌下沉→搅拌提升→关闭搅拌机械。

② 施工前根据设计进行试桩，确定搅拌施工工艺参数，如确定搅拌机械的灰浆泵输浆量、灰浆经输浆管到达搅拌机喷浆口的时间和起吊设备提升速度等施工参数。试桩数量一般不少于 2 根。

③ 成桩一般采用重复搅拌工艺，确保全桩长在喷浆后上下至少再重复搅拌一次。

④ 设计停浆面一般高出基础底面 300～500mm，基坑开挖时人工挖除。

⑤ 施工中应保持搅拌桩机底盘的水平和导向架的竖直，搅拌桩的垂直偏差不得超过 1%；成桩直径和桩长不得小于设计值。一般采用流量泵控制输浆速度，使注浆泵出口压力保持在 0.4～0.6MPa，并应使搅拌提升速度与输浆速度同步。

当浆液达到出浆口后，应座底喷浆搅拌 30s，在浆液与桩端土充分搅拌后，再开始提升搅拌头。

⑥ 施工时如因故停浆，宜将搅拌机下沉至停浆点以下 0.5m 处，待恢复供浆时再喷浆搅拌提升，若停机超过 3h，为防止浆液硬结堵管，宜先拆卸输浆管路，再清洗。

壁状加固时，桩与桩的搭接长度一般大于 200mm，相邻桩的施工时间间隔不宜大于 24h，如因特殊原因超过上述时间，应对最后一根桩先进行空钻留出榫头以待下一批桩搭接；如间歇时间太长（如停电等）与下一根无法搭接时，应在设计和建设单位认可后，采取局部补桩或注浆措施。

⑦ 深层搅拌桩的质量控制应贯穿在施工的全过程,检查重点是水泥用量、桩长、搅拌头转数和提升速度、复搅次数和复搅深度、停浆处理方法等。深层搅拌喷浆量和深度采用仪器自动监测记录,作为施工质量评定的依据。

深层搅拌桩成桩 7d 后,采用浅部开挖桩头(深度宜超过停浆面下 0.5m),目测检查搅拌的均匀性,量测成桩直径。检查量为总桩数的 5%;成桩 28d 后,用双管单动取样器钻取芯样作抗压强度检验和桩身标准灌入检验,检验数量为施工总桩数的 2%,且不少于 3 根;成桩 28d 后,可用单桩载荷试验进行检验,检验数量为施工总桩数的 1%,且不少于 3 根。

5. 基础施工技术

(1)刚性扩大基础

刚性基础为承受压应力的基础,一般用抗压性能好,抗拉、抗剪性能较差的材料。如钢筋混凝土排水管道的地基承载力满足不了设计要求时,通常需要浇筑混凝土条形基础。

扩大基础是将上部结构传来的荷载,通过向侧边扩展成一定底面积,使作用在地基的压应力等于或小于地基的允许承载力,而基础内部的应力同时应满足材料本身的强度要求。这种起到压力扩散作用的基础常用作城市桥梁的基础,以代替桩基础。

(2)桩基础

1)桩基础分类

市政工程常用的桩基础通常分为预制沉入桩基础和钻孔注桩基础,按成桩施工方法又可分为沉入桩、钻孔灌注桩、人工挖孔桩。按照桩的承载性质不同,可分为摩擦桩和端承桩。按照桩身材料可分为混凝土桩、钢管桩、SMW 桩。常用的沉入桩有钢筋混凝土桩、预应力混凝土桩和钢管桩。

2)预制沉入桩

预制桩采用沉入法施工。根据沉入土中的方法又可分为锤击法、静力压桩法、振动法、水冲法和钻孔埋入法等。

① 沉桩方式及设备选择

锤击沉桩宜用于砂类土、黏性土。桩锤的选用应根据地质条件、桩型、桩的密集程度、单桩竖向承载力及现有施工条件等因素确定。振动沉桩宜用于锤击沉桩效果较差的密实的黏性土、砾石、风化岩。在密实的砂土、碎石土、砂砾的土层中用锤击法、振动沉桩法有困难时,可采用射水作为辅助手段进行沉桩施工。在黏性土中应慎用射水沉桩;在重要建筑物附近不宜采用射水沉桩。静力压桩宜用于软黏土(标准贯入度 $N<20$)、淤泥质土。钻孔埋桩宜用于黏土、砂土、碎石土,且河床覆土较厚的情况。

② 沉入桩的施工要点

水泥混凝土预制桩要达到 100% 设计强度并具有 28d 龄期方可沉入。桩身不得有裂缝。现场堆放桩的场地必须平整、坚实;不同规格的桩应分别堆放;钢筋混凝土方桩堆放不宜超过 4 层,钢管桩堆放不超过 3 层。桩在沉入前应在桩的侧面画上标尺,以便于沉桩时显示桩的入土深度。配备适宜的桩帽与弹性垫层,及时更换垫层材料。预制钢筋混凝土桩在起吊时,吊点应符合设计要求,设计若无要求时,则应符合表 4-1 规定。

预制桩吊点示意位置 表 4-1

序号	适用桩长（m）	吊点数目	图 示
1	5～6	一点起吊	l　0.293l
2	16～25	二点起吊	0.207l　l　0.207l
3	>25	三点起吊 四点起吊	0.153l　0.347l　0.347l　0.153l　l 0.104l　0.292l　0.208l　0.292l　0.104l

打桩顺序：桩群施工时，桩会把土挤紧或使土上拱。因此，应由一端向另一端打，先深后浅，先坡顶后坡脚；密集群桩由中心向四边打；靠近建筑的桩先打，然后往外打。

打桩方法：一般采用重锤低击，打入过程中，应始终保持锤、桩帽和桩身在同一轴线上。采用预埋钢板电焊焊接接桩时，必须周边满焊、焊缝饱满。打桩和接桩均须连续作业，中间不应有较长时间的停歇。在一个基础中，同一水平面内的接桩数不得超过桩基总数的 50%，相邻桩的接桩位置应错开 1.0m 以上。

承受轴向荷载为主的摩擦桩沉桩时，入土深度控制以桩尖设计标高为主，最后以贯入度作参考；端承桩的入土深度控制以最后贯入度为主，桩尖设计标高为参考。

沉桩过程中，若遇到贯入度剧变，桩身突然发生倾斜、位移或有严重回弹，桩顶或桩身出现严重裂缝、破碎等情况时，应暂停沉桩，分析原因，采取有效措施。

在硬塑黏土或松散的砂土地层下沉群桩时，如在桩的影响区内有建筑物，应防止地面隆起或下沉对建筑物的破坏。

应详细、准确地填写打桩记录；特别是最后 50cm 桩长的锤击高度及桩的贯入度。

3）钻孔灌注桩

① 成孔方式与机械

钻孔灌注桩是指在工程现场采用机械钻孔、钢管挤土或人工挖掘等手段在地基土中形成桩孔，并在其内放置钢筋笼、灌注混凝土而形成的桩，依照成孔方法不同，灌注桩又可分泥浆护壁成孔、干作业成孔、护筒（沉管）灌注桩及爆破成孔等几类。

常用的钻孔机械有：正循环回转钻机、反循环回转钻机、旋挖钻机、螺旋钻机、潜水钻机、冲抓钻机、冲击钻机等。

钻孔灌注桩依据成桩方式可分为泥浆护壁成孔、干作业成孔、沉管成孔及爆破成孔。施工机具及使用条件见表 4-2。

成桩方式与使用条件表

表 4-2

序号	成桩方式与设备		土质适用条件
1	泥浆护壁成孔桩	冲抓钻	黏性土、粉土、砂土、填土、碎石土及风化岩层
2		冲击钻	
3		旋挖钻	
4		潜水钻	黏性土、淤泥、淤泥质土及砂土
5	干作业成孔桩	长螺旋钻	地下水位以上的黏性土、砂土及人工填土、非密实的碎石土、强风化岩
6		钻孔扩底	地下水位以上的坚硬、硬塑的黏性土及中密以上的砂土及风化岩层
7		人工挖孔	地下水位以上的黏性土、黄土及人工填土
8		全套管钻机	砂卵石、砾石、漂石
9	沉管成孔桩	夯扩	桩端持力层埋深不超过 20m 的中、低压缩性黏性土、粉土、砂土、碎石类土
10		振动	黏性土、砂土、粉土
11	爆破成孔桩	爆破成孔	地下水位以上的黏性土、黄土碎石土及风化岩

② 施工准备

施工前应掌握工程地质资料、水文地质资料，完成专项施工方案编制、桩位测设、材料设备等进场检测。

场地要求平整坚实。浅水区施工采用黏土或粉质黏土围堰筑岛；深水区施工可搭设施工平台或岛，平台应高出施工最高水位 0.5m 以上。

③ 护筒埋设

护筒种类有木护筒、砖砌护筒、钢护筒（图 4-2a）、钢筋混凝土护筒等，常用的是钢护筒。按现场条件采用下埋式、上埋式和下沉式等埋设方法。下埋式适于旱地，上埋式适于旱地或水中，下沉式适于深水作业。

护筒底必须埋在稳定的黏土层中，要求坚固耐用，有足够的强度和刚度，接缝和接头

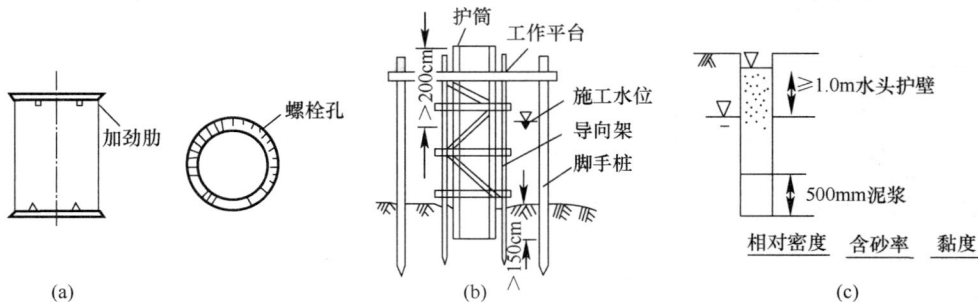

图 4-2　泥浆护壁与护筒示意图
（a）钢制护筒；（b）护筒安装埋设；（c）泥浆护壁原理图

紧密不漏水。护筒内径比桩径应大 20~40cm，长度根据施工水位决定，正、反循环成孔施工期间护筒内的泥浆面应高出地下水位 1.0m 以上，旋挖钻机护筒应高于地下水位 3.0m，保证钻孔内有高于地下水位 1.5~2.0m 的水头，防止钻孔坍塌。

在陆地或河滩埋设护筒（图 4-2b）时，可采用挖埋法。护筒应超过杂填土埋藏深度，且护筒底口埋进原土深度不应小于 200mm。在浅水区埋设护筒时，应采用机械振动或加压等方式将护筒穿过软弱土层沉入河底稳定的土层。沉入淤泥质黏土层不宜小于 3m，如为砂性土，则不宜小于 2m。在深水区埋设护筒时，应采用机械振动或加压等方式，但应有导向装置，导向架应有一定的长度和刚度，并与钻机平台的基桩临时固定，防止位移。下沉护筒宜选择平潮位时，一次下沉到预定深度。当流速较大时，护筒之间宜用型钢连接，以保持整体稳定。

④ 泥浆护壁成孔

泥浆护壁原理如图 4-2（c）所示。泥浆由水、黏土（膨润土）和添加剂组成，具有浮悬钻渣、冷却钻头、润滑钻具，增大静水压力，并在孔壁形成泥皮护壁，隔断孔内外渗流，防止塌孔的作用。

通常采用塑性指数大于 25、粒径小于 0.005mm 的黏土颗粒含量大于 50% 的黏土（即高塑性黏性土）或膨润土。

外观特征为：黏土自然风干后不易用手掰开、捏碎；干土破碎后断面应有坚硬的尖锐棱角；用刀切开润湿后的黏土时，切面应光滑、颜色较深；水浸后有黏滑感，容易搓成直径 1mm 的细长泥条，用手捻感觉砂粒不多，泡在水中能大量膨胀。

理化指标：胶体率≥95%，含砂率≤4%，制浆能力≥2.5L/kg，塑性指数≥17，小于 0.005mm 的黏性土含量＞50%，不含石膏、石灰等钙盐。

冲击钻可直接把黏土投入钻孔中，依靠钻头的冲击作用成浆；回转钻需采用泥浆搅拌机或人工调和成浆，储存在泥浆池内，再用泥浆泵输入钻孔内。

钻孔泥浆的性能指标参见表 4-3。

钻孔泥浆性能指标　　　　　　　　　　　　　表 4-3

钻孔方法	地层情况	泥浆性能指标						
		相对密度	黏度（s）	静切力（Pa）	含砂率（%）	胶体率（%）	失水率（mL/30min）	酸碱度 pH
正循环回转、冲击	黏性土	1.05~1.20	16~22	1.0~2.5	<8~4	>90~95	<25	8~10
	砂土碎石土卵石漂石	1.20~1.45	19~28	3~5	<8~4	>90~95	<15	8~10
推钻冲抓	黏性土	1.10~1.20	18~24	1~2.5	<4	>95	<30	8~11
	砂土碎石土	1.20~1.40	22~30	3~5	<4	>95	<20	8~11
反循环回转	黏性土	1.02~1.06	16~24	1~2.5	<4	>95	<30	8~10
	砂土	1.06~1.10	19~28	1~2.5	<4	>95	<20	8~10
	碎石土	1.10~1.15	20~35	1~2.5	<4	>95	<20	8~10

⑤ 钢筋笼骨架制作与吊装

钢筋笼的成型宜采用加强箍筋成型法，加强箍筋应与全部主筋焊接并在下端主筋端部焊加强箍筋一道。钢筋笼可分段制作，主筋应采用焊接或套筒压接接头。如采用焊接接头，则同一截面内钢筋接头数不得多于主筋总数的 50%；如采用套筒压接接头，则不受限制。在钢筋笼的顶端可焊挂环、挂环高度应使骨架在孔内的标高符合设计要求，并牢固定位。可采用设置元宝形撑筋或混凝土垫块的方式来控制混凝土保护层的厚度。现场制作时应在固定胎架上进行，以保证钢筋笼的顺直。

如需进行超声波检测桩身，则应在钢筋笼内按规定埋设检测管，其材料和位置应符合设计要求，检测管的接头必须牢固不渗漏。

钢筋笼沉放时不得碰撞孔壁，在沉放过程中，要观察孔内水位变化，如下沉困难，应查明原因，不得强行下沉。分段钢筋笼安装时，应在孔口设操作平台，将分段钢筋笼进行连接，连接方式可采用机械连接或焊接。钢筋笼就位后应固定在孔口平台上，防止移动。

⑥ 灌注水下混凝土

水下混凝土初凝时间不宜小于 2.5h，水泥的强度等级不宜低于 42.5 级，骨料最大粒径不应大于导管内径的 1/6～1/8 和钢筋最小净距的 1/4，同时不应大于 40mm。宜采用级配良好的中粗砂。

桩身混凝土试配强度应比设计强度提高 15%～25%，水胶比采用 0.5～0.6，坍落度 16～22cm，砂率 40%～45%，最小胶凝材料用量不小于 350kg/m³。混凝土应有良好的和易性、流动性，混凝土初凝时间宜为正常灌注时间的 2 倍。

水下混凝土应采用内径为 200～350mm 钢导管灌注。导管使用前进行水密性和接头抗拉试验。灌注前导管底端与孔底的距离宜为 300～500mm。

在灌注过程中，特别是潮汐地区和有承压水地区，应注意保持孔内水头。应将孔内溢出的水或泥浆引流至适当地点处理，不得随意排放，污染环境及河流。

每根灌注桩在现场应制作混凝土抗压强度试件不少于 2 组；混凝土灌注过程应按规定指派专人做好记录。

6. 基坑（槽）施工技术

（1）降排水施工

1）降排水方法选择

为了保证工程质量和施工安全，在基坑和沟槽开挖前和开挖过程中要做好排水、降水工作，降水方法与适用条件见表 4-4。常用的基坑排水降水方法有明沟排水、轻型井点降水和管井降水等方法。通过降水、排水，可以达到在无水的条件下进行施工，保证工程施工质量及安全。

2）明沟排水

明沟排水又称为集水井排水法，是在基坑或沟槽开挖过程中，沿坑（槽）底周围开挖排水沟，在排水沟最低处设置集水井，基坑底、排水沟底与集水井底应保持一定的水流坡度，使水流入集水井，然后用水泵抽走。

基坑或沟槽顶缘四周适当距离处也应设阻水墙和截水沟，及时排除地表水，防止地表水冲刷坑壁，影响坑壁稳定性。

降水方法与适用条件一览表

表 4-4

降水方法		适合地层	渗透系数（m/d）	降水深度（m）
明沟排水		黏质土、砂土	＜0.5	＜2
降水	真空井点	粉质土、砂土	0.1～20.0	单级＜6　多级＜20
	喷射井点	粉质土、砂土	0.1～20.0	＜6
	引渗井	黏质土、砂土	0.1～20.0	由下伏含水层的埋藏和水头条件确定
	管井	砂土、碎石土	1.0～200.0	＜20
	辐射井	黏质土、砂土、砾砂	0.1～20.0	＜20

施工注意事项：

① 开挖地下水水位以下的土方前应先修建集水井。

集水井一般布置在基坑或沟槽一侧，井的间距、深度与含水层的渗透系数、出水量的大小有关，一般为 50～80m。

② 水井井底一般低于坑（槽）底不小于 1.2m。集水井井壁可用木板密撑或直径 600～1000mm 的混凝土管，混凝土管竖直放置；井底一般采用木盘或卵石、碎石封底，防止井底涌砂。

③ 当坑（槽）开挖至接近地下水位时，视坑底面积或槽底宽度及土质情况，在坑（槽）底中心或两侧挖出排水沟，使水流向集水井。排水沟断面尺寸一般为 30cm×30cm，深度不小于 30cm，坡度为 3‰～5‰。配合坑（槽）的开挖，排水沟及时开挖并降低深度。坑（槽）开挖至设计高程后宜采用盲沟排水。

3）轻型井点降水

轻型井点适用于含水层为砂性土；渗透系数在 2～50m/d 的土层，降低水位为 3～7m，是目前施工中使用比较广泛的降水措施。

① 井点设置

井点降水系统在基坑开挖前就应先行运行。常用的井点系统为轻型井点。轻型井点系统主要由井点管、连接管、集水总管和抽水设备等组成。

井点管是用直径 25～38mm 的无缝钢管制成，长 5～7m，管下端装有 1.0～1.2m 长的滤管。总管一般用直径 127～150mm 的无缝钢管，每节长 4m，每隔 0.8～1.0m 设一个连接管的接头以便和井点管接通。连接管可用胶皮管、塑料管制成。

根据施工降低地下水位的需要，井管埋设深度 H（不包括滤管）应满足下式要求：

$$H \geqslant H_1 + h + iL + 0.2$$

H_1——井管埋设面至坑（槽）底的距离（m）；

h——降低后的地下水位至坑（槽）底的最小距离，一般应大于 50cm；

i——地下水降落坡度，环状或双排井点为 1/10，单排线状井点为 1/3～1/4；

L——井管至需要降低地下水位的水平距离，当环状或双排井点时，应为井管至坑（槽）中心线的距离；采用单排井点时，应为井管至沟槽对侧底的距离，如图 4-3 所示。

H 值小于 6m 可用单层井点，达到 6m 时可采用单层井点并适当降低抽水设备和进水总管的中心标高；单层井点达不到降水深度要求时，可采用双层井点。

轻型井点的集水总管底面及抽水设备的高程宜尽量降低。

井点降水应使地下水水位降至沟槽底面以下，并距沟槽底面不应小于0.5m。井点降水应在基坑或沟槽开挖前提前3～5d运转。

在井点降水范围内可设置水位观测井，观测井的埋设深度应与井管在同一深度上。

抽水设备：在干式真空泵井点系统中由真空泵、离心泵和气水分离器组成抽水机组，在射流泵井点系统中由离心泵、喷射器和循环水箱组成。

② 基坑降水

轻型井点降水系统是沿基坑四周以一定间距埋入井点管至地下含水层内，井点管的上端通过连接管与总管相连接、利用抽水设备将地下水从井点管内不断抽出，使原有地下水位降至坑底以下不小于500mm。在施工过程中要不断地抽水、保持降水效果，直至基础施工完毕并回填土为止。

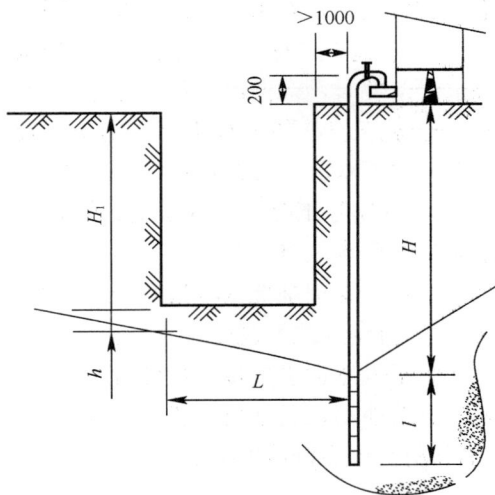

图4-3　单排井点降水示意图

轻型井点布置应根据基坑平面的大小与深度、土质、地下水位高低与流向、降水深度等要求确定，一般有单排、双排和环形布置等方式。井点管的间距一般选用0.8m、1.2m和1.6m三种，井点管距离基坑边缘应大于1.0m，以防漏气，影响降水效果。

一套干式真空泵井点系统可接总管长度为60～80m，一套射流泵井点系统可接总管长度在30～40m。

③ 沟槽降水

当采用横撑的沟槽宽度小于4m，砂性土层中竖撑及钢板桩沟槽宽度小于3.5m，且降水深度为3～6m时，可采用单排线状井点平面布置。当采用横撑的沟槽宽度大于等于4m，竖撑及钢板桩沟槽宽度大于等于3.5m时，一般采用双排线状井点平面布置。井管距离坑槽壁一般应大于1m，以防砂井漏气。井管的间距一般选用0.8m、1.2m和1.6m三种。

4) 管井降水

管井可用混凝土泥砂管、钢管或铸铁管。管井孔径宜为300～600mm，管径宜为200～400mm。

管井可根据地层条件选用冲击钻、螺旋钻、回转钻成孔。钻孔深度宜比设计深0.3～0.5m。成孔后应用大泵量冲洗泥浆，减少沉淀，并应立即下管。当注入清水稀释泥浆，比相对密度近1.05时，方可投入滤料，其量不少于计算量的95%；滤料应填至含水层顶部以上3～5m。封孔用黏土回填，其厚度不少于2m。

滤料填完后，应及时进行洗井，不得搁置时间过长。洗井后，应进行单井试验性抽水。抽水设备应根据出水量、水深和设备性能选定。管井降水可采用潜水泵、离心泵、深井泵。遇有泥浆时应使用泥浆泵。

排降水施工注意事项如下：

① 施工排降水系统排出的水，应输送至抽水影响半径范围以外，不得影响交通，且

不得破坏道路、农田、河岸及其他构筑物。

② 在施工过程中不得间断排、降水，并应对排水系统经常检查和维护。当管道未具备抗浮条件时，沟槽严禁停止排水。

③ 施工排水终止抽水后，集水井及拔除井点管所留的孔洞，应立即用砂、石等材料填实；地下水静水位以上部分，可采用黏土填实。

④ 冬期施工时，排水系统的管路应采取防冻措施；停止抽水后应立即将泵体及进出水管内的存水放空。

（2）无支护基坑（沟槽）施工

1）直壁与放坡规定

对于天然含水量接近最佳含水量、地质构造均匀，不致发生坍滑、移动、松散或不均匀下沉的地基，且基坑顶部无活荷载，可采用垂直坑（槽）壁的形式。不同土类垂直坑（槽）壁基坑容许深度见表4-5。

无支护垂直坑（槽）壁基坑容许深度 表4-5

土的类别	容许深度（m）
密实、中密的砂类土和砾类土（充填物为砂类土）	1.00
硬塑、软塑的低液限粉土、低液限黏土	1.25
硬塑、软塑的高液限黏土、高液限黏质土夹砂砾土	1.50
坚硬的高液限黏土	2.00

深度在5m以内时，当土具有天然湿度，构造均匀，水文地质条件好且无地下水，不加支撑的沟槽或基坑，必须放坡，见表4-6。

深度小于5m的基坑（沟槽）不加支撑的边坡最陡坡度 表4-6

土的类别	边坡坡度（高：宽）		
	坡顶无荷载	坡顶有静载	坡顶有动载
中密的砂土	1：1.00	1：1.25	1：1.50
中密的碎石类土（填充物为砂土）、砾类土	1：0.75	1：1.00	1：1.25
硬塑的黏质粉土、粉质土、粉土质砂	1：0.67	1：0.75	1：1.00
中密的碎石类土（填充物为黏性土）	1：0.50	1：0.67	1：0.75
硬塑的粉质黏土、黏土、黏质土	1：0.33	1：0.50	1：0.67
极软岩	1：0.25	1：0.33	1：0.67
老黄土	1：0.10	1：0.25	1：0.33
软质岩	1：0	1：0.1	1：0.25
硬质岩	1：0	1：0	1：0
软土（轻型井点降水后）	1：1.00	—	—

当土质变差时，应按实际情况加大边坡。

基坑（沟槽）深度大于5m时，坑壁坡度适当放缓，或加做平台，开挖深度超过5.0m时，应进行边坡稳定性计算，制订边坡支护专项施工方案。

当基坑（沟槽）开挖经过不同类别土层或深度超过10m时，坑壁边坡可按各层土质采用不同坡度。其边坡可做成折线形或台阶形。基坑（沟槽）开挖因邻近建筑物限制，应采用边坡支护措施。在坑壁坡度变换处，应设置宽度不小于 0.5m 的平台。

2）开挖的基本要求

开挖应从上到下分层分段进行，人工开挖的深度超过 3.0m 时，分层开挖的每层深度不宜超过 2.0m。机械开挖时，分层深度应按机械性能确定。如采用机械开挖时，应合理确定开挖顺序、路线及开挖深度。挖土机沿挖方边缘移动时，机械距离边坡上缘的宽度不得小于沟槽或基坑深度的 1/2。

在开挖过程中，应随时检查槽壁和边坡的状态。深度大于 1.5m 时，根据土质变化情况，应做好基坑和沟槽的支撑准备，以防塌陷。坑槽的直壁和坡度，在开挖过程和敞露期间应防止塌方，必要时应加以保护。

在开挖坑槽边弃土时，应保证边坡和直壁的稳定。一般情况下，当土质良好时，抛于坑槽边的土方应距槽边缘 1.0m 以外，高度不宜超过 1.5m；在 1.0m 以内也不准堆放材料和机具。特定情况下，槽边堆土应考虑土质、降水影响等不利因素进行安全性验算并制订相应措施。

管道沟槽地基，应按规范规定进行验槽。基坑槽开挖完成，原状地基土不得扰动、受水浸泡或受冻。地基承载力必须达到设计要求，并经有关方面签认。

3）基底处理

基底应按设计要求处理。设计无要求时，应按下列要求处理：

① 岩石：清除风化层，松碎石块及污泥等，如岩石倾斜度大于 15° 时，应挖成台阶，使承重面与受力方向垂直，砌筑前应将岩石表面冲洗干净。

② 砂砾层：整平夯实，砌筑前铺一层 20mm 的浓稠砂浆。

③ 黏土层：铲平坑底，尽量不扰动土的天然结构；不得用回填土的方法来整平基坑，必要时，加铺一层厚 100mm 的碎石层，层面不得高出基底设计高程；基坑挖好后，要尽快处理，防止暴露过久或被雨水淋湿而变质。

④ 软硬不均匀地层：如半边岩石、半边土质时，应将土质部分挖除，使基底全部落在岩石上。

⑤ 溶洞：暴露的溶洞，应用浆砌片石或混凝土填灌堵满。

⑥ 淤泥、淤泥质土和垃圾土：淤泥、淤泥质土一般位于河道、池塘，垃圾填土一般位于垃圾坑。对于此类土，一般按要求进行挖除，清理干净，回填砂砾材料或碎石，分层整平夯实到基底标高。

（3）土钉墙支护基坑（沟槽）施工

1）适用条件

不具备自然放坡条件的（沟槽）基坑，通常采用土钉墙支护结构（图4-4）。土钉墙是通过钻孔、插筋、注浆来设置的，也可以直接打入角钢、粗钢筋形成土钉。注浆材料宜采用水泥浆或水泥砂浆，其强度等级不宜低于 12MPa；喷射混凝土强度等级一般为 C20；钢筋网片的钢筋直径宜为 6～10mm，间距宜为 150～300mm。

土钉墙支护适用于可塑硬塑或坚硬的黏性土、胶结或弱胶结包括毛细水粘结的粉土砂土和角砾填土、风化岩层等；基坑直立开挖或陡坡深度不大于 10m、无水条件的临时性支护，基坑安全等级为二级、三级。

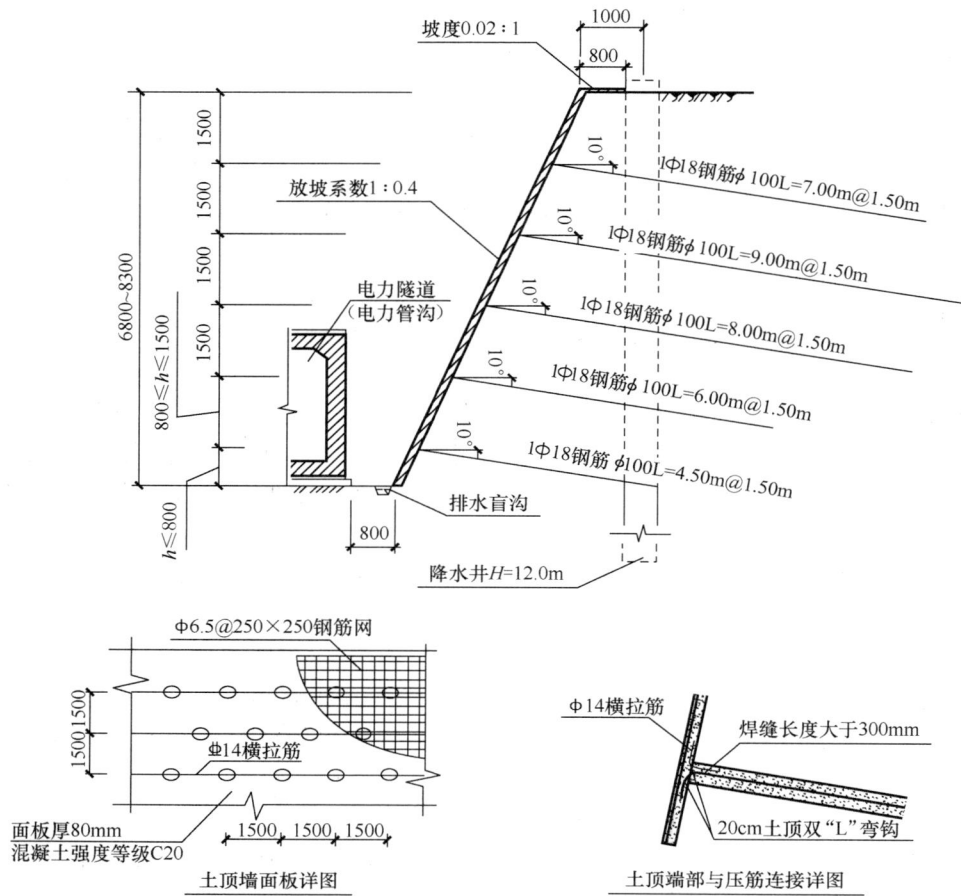

图 4-4　土钉墙支护结构示意图

2）施工流程与工序

工艺流程为：开挖工作面→土钉施工→铺设固定钢筋网→喷射混凝土面层。

① 土方开挖

一般采用施工机械，根据分层厚度和作业顺序开挖，一般每层开挖深度控制在100～150cm。分段进行开挖时，10～20m 为一段。对于易塌的土体，应采取的措施主要包括：

对修整后的边壁立即喷上一层薄的砂浆或混凝土待凝结后再进行钻孔；在作业面上先构筑钢筋网喷混凝土面层而后进行钻孔并设置土钉；在水平方向上分小段间隔开挖；先将作业深度上的边壁做成斜坡待钻孔并设置土钉后再清坡；在开挖前沿开挖面垂直击入钢筋或钢管或注浆加固土体；在支护面层设置长度为 400～600mm，外径为 30～40mm 的排水滤管，将土中积水排出。

② 土钉施工

土钉可选用冲击钻机、螺旋钻机、回转钻机、洛阳铲等成孔。钻孔前应按设计要求定出孔位并作出标记和编号，并按土钉支护设计要求进行。

钻孔后应进行清孔检查对孔中出现的局部渗水塌孔或掉落松土应立即处理。土钉全长设置金属或塑料定位支架，间距 2～3m，保证钢筋处于钻孔的中心部位。

土钉可采用重力、低压（0.4～0.6MPa）或高压（1～2MPa）方法注浆填孔。

水平孔应采用低压或高压方法注浆，压力注浆时应在钻孔口部设置止浆塞（如为分段注浆止浆塞置于钻孔内规定的中间位置），注满后保持压力重力 3～5min，注浆以满孔为止，但在初凝前需补浆 1～2 次。

对于下倾的斜孔一般采用底部重力、低压注浆方式。注浆导管先插入孔底，随注浆导管随着撤出，出浆口始终处在孔内浆液的表面以下，保证孔中气体能全部逸出。

注浆浆液水胶比一般控制在 0.4～0.5。孔内浆体的充盈系数必须大于1。每次向孔内注浆时，宜预先计算所需的浆体体积，确认实际注浆量超过孔的体积。

③ 铺设固定钢筋网

在喷射混凝土前，面层内的钢筋网片应牢固固定在边壁上，并符合规定的保护层厚度要求。钢筋网片可用插入土中的钢筋固定，在混凝土喷射下应不出现振动。

钢筋网片可用焊接或绑扎而成。钢筋网搭接长度不小于 1 个网格。

④ 喷射混凝土

喷射混凝土粗骨料最大粒径不宜大于 12mm，水胶比不宜大于 0.45，并掺加速凝剂。

喷射混凝土一般自下而上进行，射流方向垂直指向喷射面，喷头与受喷面距离宜 0.8～1.5m 范围内。每次喷射厚度宜为 50～70mm。当面层厚度超过 100mm 时，应分二次喷射完成。喷射混凝土作业前，应用高压气（水）清除施工缝上的尘土和松散碎屑，保证结合良好。在边壁面上设置钢筋标志进行厚度控制。喷射混凝土终凝后 2h，应根据当地条件采取连续喷水养护 5～7d 或喷涂养护剂。

3）冬、雨期施工措施

① 雨期施工时，应在基坑周围修建排水沟和挡水墙，以免降水影响施工。由于降水土质含水量大时，应在槽壁上插入引水管，将水排出后再进行作业。

② 冬期施工时应合理安排施工周期，缩短支护成形时间，为下一步工序创造条件。

③ 冬期进行喷射混凝土，作业温度不得低于 5℃，混合料进入喷射机的温度和水温不得低于 5℃；在结冰的面层上不得喷射混凝土。混凝土强度未达到 6MPa 时不得受冻。

④ 喷射混凝土原材料如砂子、石子的含水量必须严格控制，以在最低温度下施工不结块为准，现场砂石用岩棉被、帆布覆盖保温。

（二）城镇道路工程施工技术

城镇道路工程是重要的城市基础设施工程。按照路面结构可分为路基、垫层、基层和面层等部分，按照路面类型分为沥青路面、水泥混凝土路面和砌块路面。

1. 路（床）基施工

（1）路堤填筑施工

1）填方准备工作

路堤填方的路基主要由机械分段进行施工，每段"挖、填、压"应连续完成。主要施工工艺流程为：现场清理、填前碾压→填筑→碾压→质量检验。

填方材料宜选用级配和水稳定性较好的砾类土、砂类土或土石混合料。最大粒径不得大于 100mm。

填料的强度（CBR）值应符合设计要求，其最小强度值应符合表 4-7 的规定。

路基填料强度（CBR）最小值　　　　　　　　表 4-7

填方类型	路床顶面以下深度（cm）	最小强度（%）	
		城市快速路、主干路	其他等级道路
路床	0～30	8.0	6.0
路床	30～80	5.0	4.0
路基	80～150	4.0	3.0
路基	>150	3.0	2.0

清除填方基底上的树根、杂草、垃圾、淤泥、杂物、拆迁物、旧路面，清理坑穴中的积水，并将原地面大致找平，并进行填前碾压，使基底达到规定的压实度标准。

2）填筑

填土应采用同类土分层进行，视工程情况可采用人工填土、推土机填土、铲运机铺填土、自卸汽车填土等方式。

施工前进行全幅路基试验段填筑，确定设备类型、数量、组合、压实遍数、厚度、松铺系数等参数，试验长度一般不少于 200m。

3）碾压

碾压应在填土含水量接近最佳含水量时进行，按先轻后重、自路基边缘向中央的原则压实。压路机轮重叠 15～20cm，碾压 5～8 遍，至表面无显著轮迹，且达到要求压实度为止。路基两侧宽度增加 30～50cm，碾压成活后修整到设计宽度，保证边坡填土密实。

填石路堤宜选用 12t 以上的振动压路机、25t 以上的轮胎压路机或 2.5t 以上的夯锤压（夯）实。

4）质量检验

路堤质量检验分层进行。填土路基施工质量要求：路床平整、坚实，无显著轮迹、翻浆、波浪、起皮等现象，路堤边坡密实、稳定、平顺等。填方路基弯沉值不应大于设计要求，压实度应符合表 4-8 的规定。

路基土方压实度（重型击实标准）　　　　　　表 4-8

填挖类型	路床顶面以下深度（cm）	道路类别	压实度（%）（重型击实）	检查频率		检验方法
				范围	点数	
填方	0～80	快速路和主干路	≥95	1000m²	每层 3 点	环刀法、灌水法或灌砂法
		次干路	≥93			
		支路及其他小路	≥90			
	80～150	快速路和主干路	≥95			
		次干路	≥93			
		支路及其他小路	≥90			
	>150	快速路和主干路	≥95			
		次干路	≥93			
		支路及其他小路	≥87			

填石路基施工质量要求：路床顶面嵌缝牢固，表面均匀、平整、稳定，无推移、浮

石；边坡稳定、平顺，无松石，允许偏差应符合表 4-9 的规定；沉降差符合试验确定的工艺要求。

填土（石）路基允许偏差   表 4-9

项目	允许偏差	检验频率		检验方法
		范围（m）	点数	
路床纵段高程（mm）	−20　+10	20	1	用水准仪测量
路床中线偏位（mm）	≤30	100	2	用经纬仪、钢尺量，取最大值
路床平整度（mm）	≤15（20）	20	路宽（m）　<9　1 9~15　2 >15　3	用 3m 直尺和塞尺连续量两尺，取较大值
路床宽度（mm）	不小于设计值+B	40	1	用钢尺量
路床横坡	±0.3%且不反坡	20	路宽（m）　<9　2 9~15　4 >15　6	用水准仪测量
边坡	不陡于设计值	20	2	用坡度尺量，每侧 1 点

（2）路堑开挖施工

城镇路堑主要分为土质路基和石质路基，一般以机械开挖为主，石质路基中可能会用到爆破法。一般机械开挖路堑施工工艺流程为：路堑开挖→边坡施工→路床碾压→质量检验。

1）土方开挖

根据开挖深度的不同，以及土方的弃、用情况，路堑开挖分别采取横向台阶或纵向逐步顺坡开挖，开挖时采用挖机挖土，自卸车运土，部分地段采用铲运机挖运，人工配合机械刷坡。有防护的地段，采取边防护，分段施工，及时防护。

雨期施工要做好开挖面的排水，防洪工作。开挖面要小，防护工程紧随其后，防止坡面坍塌。

2）石方挖

石方开挖应根据不同地质，不同开挖断面，不同部位，选择不同的开挖方式。石方开挖前，应进行爆破试验，以便选择爆破最佳参数。

石质路堑开挖应沿路堑纵向从一端或两端开始分段、分幅进行，爆破开挖应从上向下，从中间向两侧分层作业。分层作业的要求与土质路堑开挖相同。

清坡、修整应从开挖面向下分级进行，每开挖 2~3m，对新开挖的边坡进行清坡及修整，松石、危石必须清除干净，边坡不应陡于设计边坡。凸出部分超过 20cm 凿除，凹进部分超过 20cm 的小坑采用喷射混凝土填平。

3）边坡施工

配合挖土及时进行挖方边坡的修整与加固。机械开挖路堑时，边坡施工配以挖掘机或人工分层修刮平整。

地质条件较好、无地下水、深度在 5.0m 以内的路基，其边坡坡度应符合设计要求。边坡土质变差，原设计不能保持边坡稳定时，施工中根据边坡不稳定的具体原因和严重程度采取植物防护（种草皮）、工程防护（干砌护坡、浆砌片石护坡）、支挡结构防护、修建边坡渗沟等措施加固。

4)路床碾压

路床碾压应"先轻后重"碾压,碾压遍数应按压实度、压实工具和含水量要求,经现场试验确定。碾压后采用环刀法或灌砂法检测压实度。

填石路堤通常选用12t以上的振动压路机、25t以上的轮胎压路机或2.5t以上的夯锤压(夯)实。路床土方压实度应符合表4-10的规定。其他见路堤施工的质量检验内容。

路床土方压实度(重型击实标准)　　　　表4-10

填挖类型	路床顶面以下深度(cm)	道路类别	压实度(%)(重型击实)	检查频率		检验方法
				范围	点数	
挖方	0～30	快速路和主干路	≥95	1000m²	每层3点	环刀法、灌水法或灌砂法
		次干路	≥93			
		支路及其他小路	≥90			

2. 垫层施工

(1)砂石垫层施工

在温度和湿度状况不良的环境下城市道路,在基层和路基间增加砂石垫层。砂石垫层施工工艺流程为:砂砾铺筑→夯实、碾压→找平验收。

1)砂石铺筑

砂石铺筑分层、分段进行。每层厚度,一般为15～20cm,最大不超过30cm。

砂和砂石地基底面宜铺设在同一标高上,如深度不同时,基土面应挖成踏步和斜坡形,搭槎处应注意压(夯)实。施工应按先深后浅的顺序进行。

砂石铺筑应均匀,发现砂窝或石子成堆现象,应将该处砂子或石子挖出,分别填入级配好的砂石。

2)夯实、碾压

可选用夯实或压实的方法。大面积的砂石垫层,一般采用6～10t的压路机碾压。在夯实、碾压前合过程中,应根据其干湿程度和气候条件,适当地洒水以保持砂石的最佳含水量,一般为8%～12%。

分段施工时,接槎处应做成斜坡,每层接槎处的水平距离应错开0.5～1.0m,并应充分压(夯)实。

(2)水泥稳定粒料类垫层

其适用于城市道路温度和湿度状况不良的环境下,提高路基抗冻性能,以改善路面结构的使用性能。施工详见水泥稳定土施工。

(3)石灰稳定粒料类垫层

其适用于城市道路温度和湿度状况不良的环境下,提高路基抗冻性能,以改善路面结构的使用性能。施工详见石灰稳定土施工。

3. 基层施工

(1)石灰稳定土基层

石灰稳定土可分为:石灰土、石灰碎石土和石灰砂砾土。

石灰稳定土具有较高的抗压强度、一定的抗弯强度和抗冻性，稳定性较好，但干缩和温缩较大。石灰稳定土适用于各种交通类别的底基层，可作次干路和支路的基层，但石灰土不应作高级路面的基层。在冰冻地区的潮湿路段以及其他地区过分潮湿路段，不宜用石灰土作基层。如必须用石灰土作基层，应采取隔水措施，防止水分浸入石灰土层。

1）材料要求

宜采用塑性指数 10～15 的粉质黏土、黏土，原材料应进行检验，符合要求方可使用。材料配合比应符合设计要求或规范规定。

2）拌合方法

石灰土基层分路拌法和厂拌法两种方法，工艺流程分别为：

路拌法工艺流程：土料摊铺→整平、轻压→石灰摊铺→拌合→整形→碾压成型→养护。

厂拌法工艺流程：石灰土拌合、运输→摊铺→粗平整形→稳压→精平整形→碾压成型→养护。

路拌法在城镇区域内，应尽量不要采用。如需采用，应制定环境保护和文明施工具体措施。

用专用机械粉碎黏性土，或用旋转耕作机、圆盘耙粉碎塑性指数不大的土。对摊铺的土层进行机械整平，用 6～8t 双轮压路机碾压 1～2 遍，使其表面平整，并有一定的压实度。

3）运输与摊铺

石灰土采用有覆盖装置的车辆进行运输，防止水分蒸发和扬尘。合理配置运输车辆的数量，运输车按既定的路线进出现场。

摊铺前人工按虚铺厚度设置高程控制点，用推土机、平地机进行摊铺作业，装载机配合。松铺系数一般取 1.65～1.70，每层摊铺虚厚不宜超过 200mm。

石灰土摊铺长度约 50m 时宜在最佳含水量时进行试碾压，试碾压后及时进行高程复核。碾压原则上以"先慢后快""先轻后重""先低后高"为宜。

（2）石灰粉煤灰稳定砂砾基层

石灰粉煤灰稳定砂砾又称为二灰稳定粒料，具有良好的力学性能、板体性、水稳性和一定的抗冻性，其抗冻性能比石灰土高很多。适用于城镇道路的基层和底基层，也可用于高等级路面的基层与底基层。

石灰粉煤灰稳定砂砾一般采用厂拌混合料，机械铺筑为主，人工配合，条件较好时，可采用摊铺机摊铺。其工艺流程为：拌合、运输→摊铺与整形→碾压成型→养护。

1）拌合、运输

混合料所用石灰、粉煤灰等原材料应经质量检验合格，按规范要求进行混合料配合比设计，使其符合设计与检验标准的要求。

采用厂拌（异地集中拌合）方式，宜采用强制式拌合机拌制，配料应准确，拌合应均匀。混合料含水量宜略大于最佳含水量，使运到施工现场的混合料含水量接近最佳含水量。

运输中一般采用有覆盖装置的车辆，做好防止水分蒸发和防扬尘措施。计算好每车混合料的铺筑面积，用白灰线标出卸料方格网，运料车到现场按方格网卸料。

2）摊铺与整形

摊铺前进行 100～200m 试验段施工,以确定机械设备组合效果、虚铺系数和施工方法。厂拌法拌合混合料的松铺系数一般取 1.2～1.4。

推土机按照虚铺厚度、控制高程点进行摊平料堆,人工拉线配合找平。推土机推出 20～30m 后,采用 6～8t 压路机由低到高、全幅静压一遍。测量人员应检测高程,挂线指示平地机作业。平地机按规定坡度和路拱初步整平。

应采用摊铺机进行上基层作业,以取得较好的平整度。路幅较宽时,可采用多台摊铺机多机作业。其高程控制与沥青混凝土摊铺高程控制相同。

3) 碾压

碾压分初压、复压和终压,一般采用 12t 以上三轮压路机、轮胎压路机或重型振动压路机压实。基层厚度≤150mm 时,用 12～15t 三轮压路机;150mm<基层厚度≤200mm 时,可用 18～20t 三轮压路机和振动压路机。

基层混合料施工时由摊铺时根据试验确定的松铺系数控制虚铺厚度,混合料每层最大压实厚度为 200mm,且不宜小于 100mm。

碾压时应采用先轻型后重型压路机组合。直线段由两侧向中心碾压,超高段由内侧向外侧碾压。压路机应逐次倒轴碾压,两轮压路机每次重叠 1/3 轮宽,三轮压路机每次重叠后轮宽度的 1/2。每层碾压完成后,质控人员应及时检测压实度,测量人员测量高程,并做好记录。如高程不符合要求时,应根据实际情况进行机械或人工整平,使之达到要求。应在混合料处等于或略大于最佳含水量时碾压,直至达到按重型击实试验法确定的压实度要求,碾压过程中,混合料的表面应始终保持湿润。如分层连续施工应在 24h 内完成。

4) 养护

混合料的养护采用湿养,始终保持表面潮湿,也可采用沥青乳液和沥青下封层进行养护,养护期为 7～14d。

（3）水泥稳定土基层施工

水泥稳定土适用于高级沥青路面的基层,只能用于底基层。在快速路和主干路的水泥混凝土面板下,水泥土也不宜用于基层。

水泥稳定土基层施工工艺流程为:水泥土混合料拌合、运输→摊铺→碾压→养护。

混合料拌合在厂内机械强制拌合。运输途中应对混合料进行苫盖,减少水分损失。

应采用摊铺机进行,摊铺应均匀,松铺系数一般取 1.3～1.5。正式摊铺施工前进行 100～200m 试验段施工,确定适宜的机械组合、压实虚铺系数和施工方法。

摊铺必须采用流水作业法,使各工序紧密衔接;混合料自搅拌至摊铺完成,不应超过 3h。应按当班施工长度计算用料量。一般情况下,每一作业段以 200m 为宜。

碾压应在混合料处于最佳含水量+(1～2)％时进行碾压,直到满足按重型击实试验标准确定的压实度要求。宜在水泥初凝前碾压成型。一般采用 12～18t 压路机作初步稳定碾压,混合料初步稳定后用大于 18t 的压路机继续碾压,压至表面平整、无明显轮迹,且达到要求的压实度。

摊铺混合料不宜中断,如因故较长时间中断,应设置横向接缝。通常应尽量避免纵向接缝。城镇快速路和主干路的基层宜采用多台摊铺机整幅摊铺、碾压,步距 5～8m。

水泥土基层必须保湿养护,防止忽干忽湿。常温下成型后应经 7d 养护,方可在其上铺筑上层。养护期内应封闭交通。

（4）级配砂砾（碎石、碎砾石）基层施工

级配砂砾（碎石、碎砾石）基层可分为级配砂砾、级配碎石和级配碎砾石。其中级配砂砾是天然集料，碎石、碎砾石是经加工的集料。适用于城镇各类道路基层和底基层。

工程施工前应进行 $100\sim200m$ 铺筑试验，以确定在不同压实条件下达到设计压实度时的松铺厚度、压实系数、压实机械设备组合、最少压实遍数和施工工艺流程等。施工工艺流程为：拌合→运输→摊铺→碾压→养护。

施工时按试验确定的松铺系数（通常约为 $1.25\sim1.35$）摊铺均匀，表面应力求平整，并具有规定的路拱，检查摊铺厚度，设专人消除粗细集料离析现象，对于粗集料窝或粗集料带应铲除，并用细级配碎石填补或补充细级配碎石并拌合均匀。

用 12t 以上压路机进行碾压成型，一般需碾压 $6\sim8$ 遍，碾压至缝隙嵌挤密实、稳定，表面平整，轮迹小于 5mm。压路机的碾压速度，初压以 $1.5\sim1.7km/h$ 为宜，复压、终压以 $2.0\sim2.5km/h$ 为宜。两轮压路机每次重叠 1/3 轮宽，三轮压路机每次重叠后轮宽度的 1/2。

压实成型中应适量洒水，并视压实碎石的缝隙情况撒布嵌缝料。碾压成型后，发现粗细集料集中的部位，应挖出，换填合格材料重新碾压成型。

4. 沥青混合料面层施工

（1）透层、粘层施工

沥青混合料面层应在基层表面喷撒透层油，在透层油完全渗入基层后方可铺筑面层。施工中应根据基层类型选择渗透性好的液体沥青、乳化沥青做透层油，喷撒后应保证渗入基层 5mm。

双层式或多层式热拌热铺沥青混合料面层之间应喷撒粘层油。在水泥混凝土路面、沥青稳定碎石基层、旧沥青路面上加铺沥青混合料时，应在既有结构、路缘石和检查井等构筑物与沥青混合料层连接面喷撒粘层油。一般采用快裂或中裂乳化沥青、改性乳化沥青，也可采用快凝或中凝液体石油作粘层油。透层油、粘层油材料的规格、用量和撒布养护应符合《城镇道路工程施工与质量验收规范》CJJ 1—2008 的有关规定。

基本施工工艺流程为：撒布车撒布→人工补撒→撒布石屑→养护。

粘层施工应在沥青混合料摊铺施工当天进行，透层油在铺筑沥青层前 $1\sim2d$ 撒布。透层油在基层碾压成型后表面稍变干燥、但尚未硬化的情况下喷撒。基层表面过分干燥时，需要在基面表层适量撒水，达到轻微湿润效果，待表面干燥后立即进行透层沥青喷撒工作，以保证透层沥青顺利下渗。

喷撒透层油、粘层油前应清扫路面，遮盖路缘石及人工构筑物，避免污染，喷撒均匀。

撒布石屑在撒布透层油后及时进行，要求撒布均匀。小型货车、装载机运输，人工配合撒布石屑，使用量控制在 $2.0\sim3.0m^3/1000m^2$，石屑粒径 $5\sim10mm$。撒布后，使用 $8\sim10t$ 压路机碾压 2 遍。

透层油、粘层油施工完成后，立即由专人封闭并看守撒布段落，严禁各种车辆及非施工人员进入。撒布后的养护时间随透层油的品种和气候条件由试验确定，确保液体沥青中的稀释剂全部挥发，乳化沥青渗透且水分蒸发。

（2）热拌沥青混合料面层施工

1）热拌沥青混合料主要类型

热拌沥青混合料（HMA）适用于各种等级道路的沥青路面，其种类按集料公称最大粒径、矿料级配、空隙率划分，通常分为普通沥青混合料和改性沥青混合料。

普通沥青混合料即 AC 型沥青混合料，适用于城市次干路、辅路或人行道等场所。

改性沥青混合料 SMA 是指掺加橡胶、树脂、高分子聚合物、磨细的橡胶粉或其他填料等外掺剂（改性剂），使沥青或沥青混合料的性能得以改善制成的沥青混合料。适用城市主干道和城镇快速路。

降噪排水路面，即 OGFC 沥青混合料类沥青面层。

热拌热铺密级配沥青混合料，沥青层每层的压实厚度不宜小于集料公称最大粒径的2.5～3 倍，对 SMA 和 OGFC 等嵌挤型混合料不宜小于公称最大粒径的 2～2.5 倍，以减少离析，便于压实。

2）施工准备

① 施工前应对各种材料调查试验，经选择确定的材料在施工过程中应保持稳定，不得随意变更。

② 做好配合比设计报送有关方面审批，对各种原材料进行符合性检验。

③ 施工前对各种施工机具应做全面检查，应经调试并使其处于良好的性能状态。应有足够的机械，施工能力应配套，重要机械宜有备用设备。

④ 铺筑沥青层前，应检查基层或下卧沥青层的质量，不符要求的不得铺筑沥青面层。旧沥青路面或下卧层已被污染时，必须清洗或经铣刨处理后方可铺筑沥青混合料。

⑤ 在验收合格的基层上恢复中线（底面层施工时）在边线外侧 0.3～0.5m 处每隔5～10m 钉边桩进行水平测量，拉好基准线，画好边线。

⑥ 对下承层进行清扫，底面层施工前两天在基层上撒透层油。在中底面层上喷撒粘层油。

⑦ 正式铺筑沥青混凝土面层前宜进行试验段铺筑，以确定松铺系数、施工工艺、机械配备、人员组织、压实遍数，并检查压实度、沥青含量、矿料级配、沥青混合料马歇尔各项技术指标等。

3）沥青混合料生产

沥青混合料的矿料级配应符合工程设计要求的级配范围。设计配合比应经过现场试验确定沥青混凝土混合料的施工配比，以便具有良好的施工性能。确定的标准配合比在施工过程中不得随意变更。生产过程中应加强跟踪检测，严格控制进场材料的质量，如遇材料发生变化并经检测如沥青混合料的矿料级配、马歇尔技术指标不符合要求时，应及时调整配合比，使沥青混合料的质量符合要求并保持相对稳定，必要时重新进行配合比设计。沥青混合料必须在沥青拌合厂采用间歇式或连续式拌合机拌制，城市快速路、主干路一般采用间歇式拌合机拌合。

4）沥青混合料施工

沥青混合料进场时应验收出厂运料单，检测记录沥青混合料温度，记录进场时间。热拌沥青混合料施工温度见表 4-11。

热拌沥青混合料的施工温度（℃）　　　　　　　　表 4-11

施工工序		石油沥青的标号			
		50 号	70 号	90 号	110 号
沥青加热温度		160～170	155～165	150～160	145～155
矿料加热温度	间隙式拌合机	集料加热温度比沥青温度高 10～30			
	连续式拌合机	矿料加热温度比沥青温度高 5～10			
沥青混合料出料温度		150～170	145～165	140～160	135～155
混合料贮料仓贮存温度		贮料过程中温度降低不超过 10			
混合料废弃温度，高于		200	195	190	185
运输到现场温度，不低于		150	145	140	135
混合料摊铺温度，不低于	正常施工	140	135	130	125
	低温施工	160	150	140	135
开始碾压的混合料内部温度，不低于	正常施工	135	130	125	120
	低温施工	150	145	135	130
碾压终了的表面温度，不低于	钢轮压路机	80	70	65	60
	轮胎压路机	85	80	75	70
	振动压路机	75	70	60	55
开放交通的路表温度，不高于		50	50	50	45

热拌沥青混合料应采用机械摊铺。摊铺机的受料斗应涂刷薄层隔离剂或防胶粘剂。城市快速路、主干路宜采用两台以上摊铺机联合摊铺，其表面层宜采用多台摊铺机联合摊铺，以减少施工接缝。摊铺机必须缓慢、均匀、连续不间断地摊铺，不得随意变换速度或中途停顿，以提高平整度，减少沥青混合料的离析。初压宜采用钢轮压路机静压 1～2 遍。碾压时应将压路机的驱动轮面向摊铺机，从外侧向中心碾压，在超高路段和坡道上则由低处向高处碾压。复压应紧跟在初压后开始。碾压路段总长度不超过 80m。热拌沥青混合料路面应待摊铺层自然降温至表面温度低于 50℃后，方可开放交通。

5. 水泥混凝土路面板施工

（1）模板

宜使用钢模板，钢模板应顺直、平整，每 1m 设置 1 处支撑装置。如采用木模板，应质地坚实，变形小，无腐朽、扭曲、裂纹，使用前须浸泡，木模板直线部分板厚不宜小于 50mm，每 0.8～1m 设 1 处支撑装置；弯道部分板厚宜为 15～30mm，每 0.5～0.8m 设 1 处支撑装置，模板与混凝土接触面及模板顶面应刨光。模板制作偏差应符合规范规定要求。

模板安装要求：支模前应核对路面标高、面板分块、胀缝和构造物位置；模板应安装稳固、顺直、平整，无扭曲，相邻模板连接应紧密平顺，不得错位；严禁在基层上挖槽嵌入模板；使用轨道摊铺机应采用专用钢制轨模；模板安装完毕，应进行检验合格方可使用；模板安装检验合格后表面应涂隔离剂，接头应粘贴胶带或塑料薄膜等密封。

（2）钢筋设置

钢筋安装前应检查其原材料品种、规格与加工质量，确认符合设计要求与规范规定；

钢筋网、角隅钢筋等安装应牢固、位置准确。钢筋安装后应进行检查,合格后方可使用;传力杆安装应牢固、位置准确。

(3)浇筑混凝土

1)三辊轴机组铺筑混凝土面层时,辊轴直径应与摊铺层厚度匹配,且必须同时配备一台安装插入式振捣器组的排式振捣机;当面层铺装厚度小于150mm时,可采用振捣梁;当一次摊铺双车道面层时应配备纵缝拉杆插入机,并配有插入深度控制和拉杆间距调整装置。

铺筑时卸料应均匀,布料应与摊铺速度相适应;设有纵缝、缩缝拉杆的混凝土面层,应在面层施工中及时安设拉杆;三辊轴整平机分段整平的作业单元长度宜为20～30m,振捣机振实与三辊轴整平工序之间的时间间隔不宜超过15min;在一个作业单元长度内,应采用前进振动、后退静滚方式作业,最佳滚压遍数应经过试铺段确定。

2)采用轨道摊铺机铺筑时,最小摊铺宽度不宜小于3.75m,并选择适宜的摊铺机;坍落度宜控制在20～40mm,根据不同坍落度时的松铺系数计算出松铺高度;轨道摊铺机应配备振捣器组,当面板厚度超过150mm,坍落度小于30mm时,必须插入振捣;轨道摊铺机应配备振动梁或振动板对混凝土表面进行振捣和修整,使用振动板振动提浆饰面时,提浆厚度宜控制在4±1mm;面层表面整平时,应及时清除余料,用抹平板完成表面整修。

3)采用滑模摊铺机摊铺时应布设基准线,清扫湿润基层,在拟设置胀缝处牢固安装胀缝支架,支撑点间距为40～60cm。

调整滑模摊铺机各项工作参数达到最佳状态,根据前方卸料位置,及时旋转布料器,横向均匀地两侧布料。振动仓内料位高度一般应高出路面10cm。混凝土坍落度小,应用高频振动。低速度摊铺;混凝土坍落度大,应用低频振动,高速度摊铺。

在摊铺过程中要做到:起步缓慢、机械运行平稳、速度均匀、机组人员配合默契,摊铺机行走速度为1～3m/min,振捣频率8000～9000r/min。

4)人工摊铺混凝土施工时,松铺系数宜控制在1.10～1.25;摊铺厚度达到混凝土板厚的2/3时,应拔出模内钢钎,并填实钎洞;混凝土面层分两次摊铺时,上层混凝土的摊铺应在下层混凝土初凝前完成,且下层厚度宜为总厚的3/5;混凝土摊铺应与钢筋网、传力杆及边缘角隅钢筋的安放相配合;一块混凝土板应一次连续浇筑完毕。

(4)接缝

1)普通混凝土路面的膨胀缝应设置膨胀缝补强钢筋支架、膨胀缝板和传力杆。膨胀缝应与路面中心线垂直;缝壁必须垂直;缝宽必须一致,缝中不得连浆。缝上部灌填缝料,下部填充缝板和安装传力杆。

2)传力杆的固定安装方法有两种。一种是端头木模固定传力杆安装方法,宜用于混凝土板不连续浇筑时设置的胀缝。传力杆长度的一半应穿过端头挡板,固定于外侧定位模板中。混凝土拌合物浇筑前应检查传力杆位置;浇筑时,应先摊铺下层混凝土拌合物用插入式振捣器振实,并应在校正传力杆位置后,再浇筑上层混凝土拌合物。浇筑邻板时应拆除端头木模,并应设置胀缝板、木制嵌条和传力杆套管。胀缝宽20～25mm,使用沥青或塑料薄膜滑动封闭层时,胀缝板及填缝宽度宜加宽到25～30mm。传力杆一半以上长度的表面应涂防黏涂层。另一种是支架固定传力杆安装方法,宜用于混凝土板连续浇筑时设置的胀缝。传力杆长度的一半应穿过胀缝板和端头挡板，并应采用钢筋支架固定就位。浇筑时应先检查传力杆位置，再在胀缝两侧前置摊铺混凝土拌合物至板面，振捣密实后，抽出端头挡板，空隙部分填补混凝土拌合物，并用插入式振捣器振实。宜在混凝土未硬化时，剔除胀缝板上的混凝土，嵌入（20～25）mm×20mm 的木条，整平表面。胀缝板应连续贯通整个路面板宽度。

3）横向缩缝采用切缝机施工，切缝方式有全部硬切缝、软硬结合切缝和全部软切缝三种。应由施工期间混凝土面板摊铺完毕到切缝时的昼夜温差确定切缝方式。如温差小于10℃，最长时间不得超过 24h，硬切缝 1/5～1/4 板厚。温差 10～15℃ 时，软硬结合切缝，软切深度不应小于 60mm；不足者应硬切补深到 1/3 板厚。温差大于 15℃ 时，宜全部软切缝，抗压强度等级为 1～1.5MPa，人可行走。软切缝不宜超过 6h。软切深度应大于等于60mm，未断开的切缝，应硬切补深到不小于 1/4 板厚。对已插入拉杆的纵向缩缝，切缝深度不应小于 1/4～1/3 板厚，最浅切缝深度不应小于 70mm，纵横缩缝宜同时切缝。缩缝切缝宽度控制在 4～6mm，填缝槽深度宜为 25～30mm，宽度宜为 7～10mm。纵缝施工缝有平缝、企口缝等形式。混凝土板养护期满后应及时灌缝。

4）灌填缝料前，缝中清除砂石、凝结的泥浆、杂物等，冲洗干净。缝壁必须干燥、清洁。缝料灌注深度宜为 15～20mm，热天施工时缝料宜与板面平，冷天缝料应填为凹液面，中心宜低于板面 1～2mm。填缝必须饱满均匀、厚度一致、连续贯通，填缝料不得缺失、开裂、渗水。填缝料养护期间应封闭交通。

（5）养护

混凝土浇筑完成后应及时进行养护，可采取喷撒养护剂或保湿覆盖等方式；在雨天或养护用水充足的情况下，可采用保湿膜、土工毡、麻袋、草袋、草帘等覆盖物洒水湿养护方式，不宜使用围水养护；昼夜温差大于 10℃ 以上的地区或日均温度低于 5℃ 施工的混凝土板应采用保温养护措施。养护时间应根据混凝土弯拉强度增长情况而定，不宜小于设计弯拉强度的 80%，一般宜为 14～21d。应特别注重前 7d 的保湿（温）养护。

（6）开放交通

在混凝土达到设计弯拉强度 40% 以后，可允许行人通过。混凝土完全达到设计弯拉强度后，方可开放交通。

（三）城市桥梁工程施工技术

1. 桥梁基础施工

（1）城市桥梁基础组成

城市桥梁基础多采用桩基础和扩大基础。桩基础通常由沉入桩或灌注桩和承接上部结构的承台组成（图 4-5）。与扩大基础相比，桩基础具有承载力高，沉降速度缓慢、沉降量小而均匀，并能承受水平力、上拔力、振动力，抗振性能较好等特点。

根据承台与地面的相对位置不同，一般有低承台与高承台桩基之分。低桩承台的承台底面位于地面以下，高桩承台的承台底面则高出地面以上，且其上部常处于水下。一般来说，采用高桩承台主要是为了减少水下施工作业和节省基础材料。而低桩承台承受荷载的

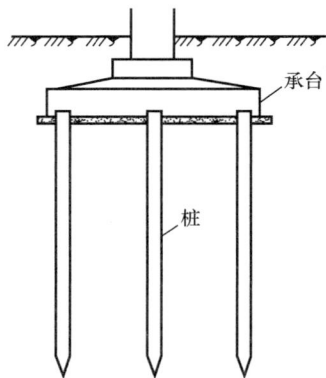

图 4-5 陆上承台与桩基示意图

条件比高桩承台好，特别是在水平荷载作用下，承台周围的土体可以发挥一定的作用。

承台又分为陆上承台和水中承台。陆上承台施工采用明挖基坑施工方法。水中承台施工一般采用围堰施工技术。

（2）围堰施工

1）基本要求

围堰高度应高出施工期内可能出现的最高水位（包括浪高）0.5～0.7m。这里指的施工期是：自排除堰内积水，边排水边挖除堰内基坑土（石）方，砌筑墩台基础及墩身（高出施工水位或堰顶高程），到可以撤除围堰时为止。基础应尽量安排在枯水期施工，这样，围堰高度可降低，断面可减小，基坑排水量也可减少。

围堰外形设计应考虑水深及河底断面被压缩后，流速增大而引起水流对围堰、河床的集中冲刷及航道影响等因素。围堰应经常检查，做好维修养护，尤其在汛期，更应加强检查，以保证施工安全。

2）土围堰施工

水深在 1.5m 以内，流速 0.5m/s 以内，河床土质渗水性较小时可筑土围堰。堰顶宽度一般为 1～2m，堰外边坡一般为 1:2～1:3，堰内边坡一般为 1:1～1:1.5；内坡脚与基坑边缘距离根据河床土质及基坑深度而定，但不得小于 1.0m。筑堰宜用松散的黏性土或砂夹黏土，塑性指数应大于 12，不得含有树根、草皮和有机物质，填出水面后应进行夯实。填土应自上游开始至下游合龙。

3）土袋围堰

水深在 3m 以内，流速小于 1.5m/s，河床土渗水性较小时，可筑土袋围堰。土袋围堰的堰顶宽度一般为 1～2m，有黏土心墙时为 2.0～2.5m；堰外边坡视水深及流速而定，一般为 1:0.75～1:1.5；堰内边坡一般为 1:0.5～1:0.75。坡脚与基坑边缘的距离根据河床土质及基坑深度而定，但不得小于 1m。

填筑应自上游开始至下游合龙。土袋上下层之间应填一层薄土，上下层与内外层搭接应相互错缝，搭接长度为 1/3～1/2，堆码尽量密实平整，必要时可由潜水员配合施工，并整理坡脚。

4）间隔有桩围堰

水深在 3.0～4.5m，流速为 1.5～2.0m/s 时可筑间隔有桩围堰。间隔有桩围堰常用在靠岸边的月牙形或∩形围堰，桩可采用桐木或槽型钢板桩。间隔有桩围堰的堰顶宽度一般不应小于 2.5m。桩的间距应根据桩的材质与规格、入土深度、堰身高度、土质条件等因素而定，一般桩与桩之间净距不大于 0.75m，桩的入土深度与出土部分桩长相当。

排桩之间应设置水平拉结，水平拉结可采用槽钢和木板，内外排桩应用钢拉条连成一体，以增加堰身稳定，拉条间距宜为 2.0～2.5m。为防止堰身外倾，宜在岸上设置锚拉措施。

5）钢板桩围堰

钢板桩围堰适用于水深在 3.0～5.0m，流速 2.0m/s 的各类土质（包括强风化岩）河床的深水基础。当围堰高度超过 5.0m 时，应采用锁口型钢板桩或按照设计规定。堰顶宽度应根据水深、水流速度及围堰的长宽比来决定，一般为 2.5～3.0m。

板桩施打顺序一般由上游分两头向下游合龙，宜先将钢板桩逐根或逐组施打到稳定深度，然后依次施打至设计深度。在垂直度有保证的条件下，也可一次打到设计深度。插打好的钢板桩应设置水平连系拉结，内外两排钢板桩应用螺栓对拉，使钢板桩连成一个整体。

拔除钢板桩前，宜先向围堰内灌水，使堰内外水位相平。拔桩时应从下游附近易于拔除的一根或一组钢板桩开始。宜采取射水或锤击等松动措施，并尽可能采用振动拔桩方法。

6）套箱围堰

套箱围堰适用于埋置不深的水中基础或高桩承台。套箱围堰必须经过设计方可使用。

套箱分有底和无底两种，有底套箱一般用于水中桩基承台；无底套箱用于水中基础。套箱可用木材、钢材、钢丝网水泥或钢筋混凝土制成，内部可设置木、钢料作临时或固定支撑，使用套箱法修建承台时，宜在基桩沉入完毕后，整平河底下沉套箱，清除桩顶覆盖土至要求标高，灌注水下混凝土封底，抽干水后建筑承台。

套箱下沉应根据河道水位高低、流速大小以及套箱自重、制作位置和移动设备能力而定；可采用起重机直接吊装就位，也可采用卷扬机配索具浮运、定位、下沉、固定，或套箱就安排在承台上方工作平台上制作，然后直接下沉等方式。

2. 桥梁下部结构施工

桥梁下部结构包括桥墩、桥台、墩台帽（盖梁）等。柱式桥墩由承台、柱墩和盖梁组成。

（1）桥墩与桥（墩）台

桥墩一般系指跨桥梁的中间支承结构物，它除承受结构的荷重外，还承受流水压力，水面以上的风力以及可能出现的流水压力、船只或漂浮物或汽车的撞击作用。桥台设置在桥梁两端，除了支承桥梁结构外，还是衔接两岸路堤的构造物，既要能挡土护岸，又要能承受台背填土压力及填土上车辆荷载所产生的附加土侧压力。

1）桥墩

① 重力式桥墩

实体重力式桥墩主要靠自身的重量（包括桥跨结构重力）平衡外力保证桥墩的强度和稳定。实体重力式桥墩采用混凝土、浆砌块石或钢筋混凝土材料施工。

② 柱式桥墩

柱式桥墩通称为墩柱，是目前城市桥梁中广泛采用的桥墩形式。柱式桥墩一般可分为独柱、双柱和多柱等形式，可以根据桥宽的需要以及地物地貌条件任意组合。上部结构为大悬臂箱形截面时，墩身可以直接与梁相接。

2）桥（墩）台

① 重力式桥台

重力式桥台（图 4-6a）也称实体式桥台，桥台台身多数由石砌、钢筋混凝土或混凝土等圬工材料建造，并采用现场施工方法。U 形桥台较为常见。

② 框架式桥台

框架式桥台是一种在横桥向呈框架式结构的桩基础轻型桥台，埋置土中，所承受的土压力较小，适用于地基承载力较低、台身较高、跨径较大的梁桥。其构造型式有双柱式、多柱式、墙式、半重力式和双排架式、板凳式等（图 4-6b）。

③ 轻型桥台

钢筋混凝土轻型桥台，其构造特点是利用钢筋混凝土结构的抗弯能力来减少圬工体积而使桥台轻型化。常见的有薄壁轻型桥台（图 4-6c）、支承梁型桥台。

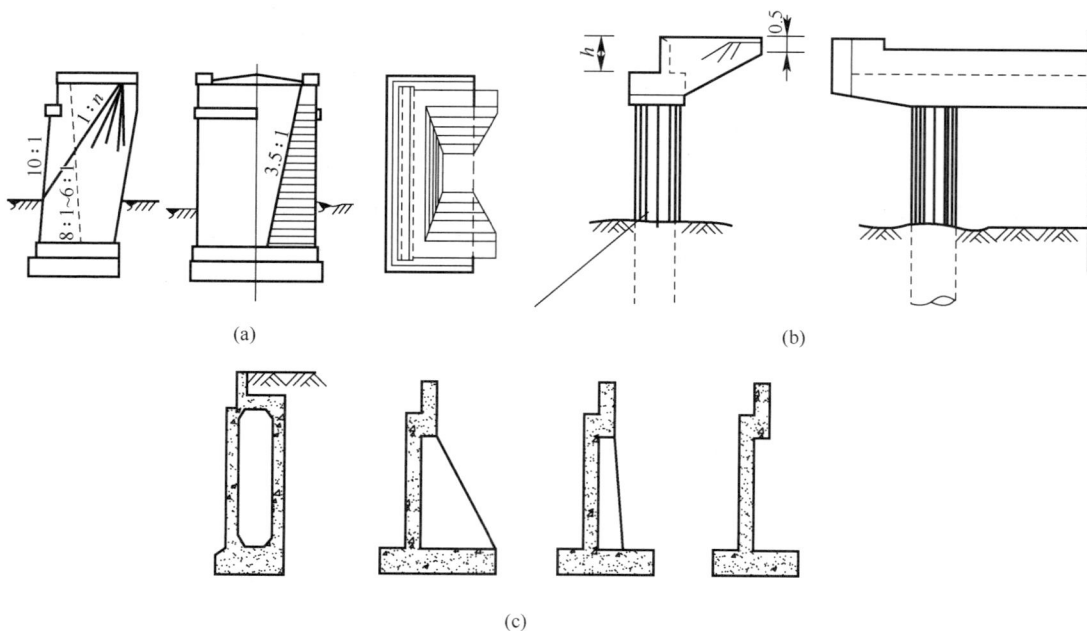

(a)

(b)

(c)

图 4-6 常用桥台构造示意图
（a）重力式桥台；（b）框架式桥台；（c）薄壁轻型桥台

④ 组合式桥（墩）台

⑤ 承拉桥（墩）台

（2）重力式砌体桥（墩）台施工

砌筑石料和混凝土预制块应符合设计要求，使用前浇水湿润，泥土、水锈清洗干净。砌筑墩台的第一层砌块时，若底面为岩层或混凝土基础、应先将底面清洗、湿润，再坐浆砌筑；若底面为土质，可直接坐浆砌筑。

砌筑斜面墩、台时，斜面应逐层收坡，以保证规定坡度。若用块石或料石砌筑，应分层放样加工，石料应分层分块编号，砌筑时对号入座。

墩台应分段分层砌筑，两相邻工作段的砌筑高差不超过 1.2m。分段位置宜尽量留置在沉降缝或伸缩缝处，各段水平砌缝应一致。应先砌外圈定位行列，然后砌筑里层，外圈砌块应与里层砌块交错连成一体。砌体外露面镶面种类应符合设计规定。位于流冰或有大量漂流物的河流中的墩台，宜选用较坚硬的石料进行镶砌。砌体里层应砌筑整齐，分层应与外围一致，应先铺一层适当厚度的砂浆再安放砌块和填塞砌缝。

砌块砌缝砂浆应饱满。上层石块应在下层石块上铺满砂浆后砌筑。竖缝可在先砌好的砌块侧面抹上砂浆。不得采取先堆积石块、后以稀浆灌缝的方法砌筑。

同层石料的水平灰缝厚度要均匀一致，每层按水平砌筑，丁顺相间，砌石灰缝互相垂直。砌石顺序为先角石，再镶面，后填腹。填腹石的分层高度应与镶面相同。

砌体外露面均应进行勾缝，并应在砌筑时靠外露面预留深约 2cm 的空缝备作勾缝之用；砌体隐蔽面的砌缝可随砌随刮平，不另勾缝。

（3）现浇钢筋混凝土桥（墩）台施工

1）模板

宜采用拼装式模板，按照墩台形状设计加工模板。要求模板板面平整、尺寸准确、拆装容易、运输方便。拼装模板可用钢材或木材加工制作。钢模板用 2.5～4mm 厚的薄钢板并以型钢为骨架，可重复使用，装拆方便，节约材料，成本较低。但钢模板需机械加工制作。

对于柱式墩台（方形或圆形），可将模板制作成多节，分成两半，预先拼装好后整体吊装就位，然后进行校正固定。柱式墩台施工时，模板、支架除应满足强度与刚度外，稳定计算中应考虑风力影响。

2）钢筋

钢筋应按设计图纸下料加工，运至工地现场绑扎成型。在配置垂直方向的钢筋时应使其有不同的长度，以便同一截面上的钢筋接头能相互错开，满足施工规范的要求。水平钢筋的接头也应内外、上下互相错开。钢筋保护层的净厚度应符合设计规范要求。条件许可时，可事先将钢筋加工成骨架或成型后整体吊装焊接就位。

3）混凝土浇筑

浇筑前应对承台（基础）混凝土顶面做凿毛处理，并清除模板内的垃圾、杂物。

墩台混凝土宜水平分层浇筑，每层浇筑高度一般为 1.5～2m，逐层振捣密实，控制混凝土下落高度，防止混凝土拌合料离析。第一层混凝土浇筑前，承台（基础）顶面应浇水湿润并坐浆。墩台柱的混凝土应一次连续浇筑整体完成，有系梁时，系梁应与柱同步浇筑。V 形墩柱混凝土应对称浇筑。混凝土浇筑过程中必须随时检查模板、支撑位移和变形情况，发现问题及时采取补救加固措施。

大体积墩台混凝土应编制施工专项方案。

（4）墩柱帽（盖梁）现浇施工

1）支架

支架一般采用满堂布置的工具式钢管支架。但当墩台身与立柱较高、需搭设较高的支架或支架承受的荷载较大时，必须验算支架的强度、刚度和稳定性。

无支架施工条件时，可利用立柱作为竖向承重结构，在立柱适当高度处用两个半圆形夹具将立柱夹紧，在半圆夹具上探出牛腿，在牛腿上架设纵梁。也可在立柱适当高度处预留水平贯穿的孔洞，在孔洞内穿入型钢作为牛腿，在牛腿上架设纵梁。纵梁一般采用型钢，以纵梁作为搭设盖梁模板的施工平台。

2）模板

支架搭设完成后，以支架作为施工平台铺设墩台帽、盖梁底模板，在底模板上测设墩台帽与盖梁的纵横轴线与平面尺寸位置，弹上墨线作为安装钢筋与模板的基准。

3）钢筋

钢筋安装可采用预先加工、现场绑扎和预先绑扎成型整体吊装焊接两种方法。具体要求可参见墩台部分内容。

4）混凝土浇筑

墩柱帽（盖梁）混凝土浇筑可参见墩台内容。

（5）预制混凝土柱和盖梁安装

1）预制柱安装

基础杯口的混凝土强度必须达到设计要求，方可进行预制柱安装。杯口在安装前应校核长、宽、高，确认合格。杯口与预制件接触面均应凿毛处理，埋件应除锈并应校核位置，合格后方可安装。

预制柱安装就位后应采用硬木楔或钢楔固定，并加斜撑保持柱体稳定，在确保稳定后方可摘去吊钩。

安装后应及时浇筑杯口混凝土，待混凝土硬化后拆除硬楔，浇筑二次混凝土，待杯口混凝土达到设计强度75%后方可拆除斜撑。

2）预制钢筋混凝土盖梁安装

预制盖梁安装前，应对接头混凝土面凿毛处理，预埋件应除锈。在墩台柱上安装预制盖梁时，应对墩台柱进行固定和支撑，确保稳定。盖梁就位时，应检查轴线和各部尺寸，确认合格后方可固定，并浇筑接头混凝土。接头混凝土达到设计强度后，方可卸除临时固定设施。

3. 支座安装施工

支座设在桥梁上部结构与墩台（柱）之间，按功能分为固定支座和活动支座。

1）板式橡胶支座安装

板式橡胶支座包括滑板式支座、四氟板支座、坡型板式橡胶支座等。一般工艺流程主要包括：支座垫石凿毛清理、测量放线、找平修补、环氧砂浆拌制、支座安装等。

垫石顶凿毛清理、人工用铁錾凿毛，将墩台垫石处清理干净。

根据设计图上标明的支座中心位置，分别在支座及垫石上画出纵横轴线，在墩台上放出支座控制标高。

支座安装前应将垫石顶面清理干净，用于硬性水泥砂浆将支承面缺陷修补找平，并使其顶面标高符合设计要求。

环氧砂浆的配制严格按配合比进行，强度不低于设计规定，设计无规定时不低于40MPa。在粘结支座前将乙二胺投入砂浆中并搅拌均匀，乙二胺为固化剂，不得放得太早或过多，以免砂浆过早固化而影响粘结质量。

支座安装在找平层砂浆硬化后进行；粘结时，宜先粘结桥台和墩柱盖梁两端的支座，经复核平整度和高程无误后，挂基准小线进行其他支座的安装。严格控制支座平整度，每块支座都必须用铁水平尺测其对角线，误差超标应及时予以调整。

支座与支承面接触应不空鼓，如支承面上放置钢垫板时，钢垫板应在桥台和墩柱盖梁施工时预埋，并在钢板上设排气孔，保证钢垫板底混凝土浇筑密实。

2）螺栓锚固盆式橡胶支座安装

先将墩台顶清理干净。在支座及墩台顶分别画出纵横轴线，在墩台上放出支座控制标高。配制环氧砂浆，配制方法见板式支座安装的有关内容。进行锚固螺栓安装，安装前按纵横轴线检查螺栓预留孔位置及尺寸，无误后将螺栓放入预留孔内，调整好标高及垂直度后灌注环氧砂浆并用环氧砂浆将顶面找平。

在螺栓预埋砂浆固化后找平层环氧砂浆固化前进行支座安装；找平层要略高于设计高程，支座就位后，在自重及外力作用下将其调至设计高程；随即对高程及四角高差进行检验，误差超标及时予以调整，直至合格。

3）球形支座安装

墩台顶凿毛清理。当采用补偿收缩砂浆固定支座时，应用铁錾对支座支承面进行凿毛，并将顶面清理干净；当采用环氧砂浆固定支座时，将顶面清理干净并保证支座支承面干燥。

安装锚固螺栓及支座。吊装支座平稳就位，在支座四角用钢楔将支座底板与墩台面支垫找平，支座底板底面宜高出墩台顶20～50mm，然后校核安装中心线及高程。

灌注砂浆。用环氧砂浆或补偿收缩砂浆把螺栓孔和支座底板与墩台面间隙灌满，灌注时从一端灌入从另一端流出并排气，保证无空鼓。砂浆达到设计强度后撤除四角钢楔并用环氧砂浆填缝。安装支座与上部结构的锚固螺栓。

4）焊接连接球形支座

焊接连接球形支座安装采用焊接连接时，应用对称、间断焊接方法，焊接时应采取防止烧伤支座和混凝土的措施。

4. 预制装配式梁桥上部结构

梁式城市桥梁上部结构可分为简支梁、连续梁和悬臂梁，此部分仅介绍梁式桥的钢筋混凝土和预应力混凝土施工技术。梁式桥体系中，上部结构主要是承受弯拉应力的梁体。按照梁体受力特点可分为简支梁桥、连续梁桥、悬索桥、斜拉桥、吊桥等。常见有混凝土简支板桥、空心梁板桥、T形梁桥、箱梁桥、连续箱梁桥、钢箱梁桥、桁架简支梁桥、钢-钢筋混凝土叠合梁桥、钢管混凝土梁桥等。

装配式梁板桥可分为装配式钢筋混凝土和预应力混凝土梁板桥，简称为装配式桥。

（1）预制场地、台座

根据预制梁板的需要，平整修筑场地，场地宜用水泥混凝土硬化，完善排水排污系统。

根据梁的尺寸、数量、工期确定预制台座的长度、数量、尺寸，台座的长度、数量、尺寸，台座应坚固、平整、不沉陷，表面压光。

张拉台座由混凝土筑成，应具有足够的强度和刚度，其抗倾覆安全系数不得小于1.5，抗滑移安全系数不得小于1.3。张拉横梁应有足够的刚度，受力后的最大挠度不得大于2mm。锚板受力中心应与预应力筋合力中心一致。在台座上注明每片梁的具体位置、方向和编号。

（2）预制要点

宜采用钢模板，且根据跨度设置预拱度。

浇筑混凝土时，应先浇筑底板、顺序、分层并振实，振捣时注意不得触及预应力筋。管道安装就位，用定位箍筋上下左右加以固定，防止上浮。同时绑扎面板钢筋。然后对称、均匀地浇筑管道两侧混凝土，最后浇筑面板混凝土，振平后表面作拉毛处理。

构件在脱底模、移运、堆放、吊装时，混凝土的强度不应低于设计所要求的吊装强度，一般不得低于设计强度的75%。先张预应力混凝土构件在混凝土强度达到设计要求后应采用砂箱或千斤顶整体放张。

对孔道已压浆的后张有粘结预应力混凝土构件，其孔道水泥浆的强度不应低于设计要求，如设计无要求时，一般不低于30MPa。当日平均气温不低于20℃时，龄期不小于

5d；当日平均气温低于 20℃时，龄期不小于 7d。放张应分阶段、对称、均匀、分次完成，不得骤然放松。

（3）先张法预应力筋张拉施工要点

先张法是指先张拉预应力筋、后浇筑混凝土的预应力混凝土施工工艺。该工艺需要用于临时固定预应力筋的专用台座，预应力筋和混凝土之间通过一定传递长度的握裹力进行锚固。优点是不需要专门锚具，缺点是预应力筋只能设置为直线束，且必须通常设置，所以适用于中小跨径的桥梁预制件。

预应力张拉时，应先调整到初应力，初应力宜为张拉控制应力（σ_{con}）的 10%～15%，伸长值应从初应力时开始量测。

同时张拉多根预应力筋时，应预先调整其初应力，使相互之间的应力一致，再正式分级整体张拉到控制应力。张拉过程中，应使活动横梁与固定横梁始终保持平行，并应抽查预应力值，其偏差的绝对值不得超过按一个构件全部钢筋预应力总值的 5%。

张拉时，张拉方向与预应力钢材在一条直线上。同一构件内预应力钢丝、钢绞线的断丝数量不得超过 1%，否则，在浇筑混凝土前发生断裂或滑脱的预应力钢丝、钢绞线必须予以更换。对于预应力钢筋不允许断筋。预应力筋张拉完毕，与设计位置的偏差不大于 5mm，同时不大于构件最短边长的 4%。

（4）后张法预应力筋张拉要点

后张法是指先浇筑混凝土、后张拉预应力筋的预应力混凝土施工工艺。可分为有粘结预应力和无粘结预应力两种不同的预应力体系。有粘结预应力是在将预应力筋安装在管道或孔道中，预应力张拉锚固后，将孔道与之间灌注混凝土砂浆进行封闭保护，恢复预应力筋与混凝土的粘结力。无粘结预应力是在预应力筋包裹在塑料护套中浇筑在混凝土结构中后进行张拉锚固形成预应力混凝土结构体系。后张法工艺需要夹具和专用锚具。优点是预应力筋布置适应结构承载需要：预应力筋可设置为直线、环形、抛物线形，既可设置为体内束，又可设置为体外束，所以被广泛应用。

预应力筋的张拉顺序和张拉程序应符合设计要求。设计无具体要求时可采取分批、分阶段对称张拉，先中间、后上下或两侧。后张法预应力筋的张拉程序应符合表 4-12 的规定。

后张法预应力筋张拉程序　　　　　　　　　　　　　　　　　表 4-12

预应力筋种类		张拉程序	
钢绞线束	对夹片式等有自锚性能的锚具	普通松弛力筋	0→初应力→1.03σ_{con}（锚固）
		低松弛力筋	0→初应力→σ_{con}（持荷 2min 锚固）
	其他锚具	0→初应力→1.05σ_{con}（持荷 2min）→σ_{con}（锚固）	
钢丝束	对夹片式等有自锚性能的锚具	普通松弛力筋	0→初应力→1.03σ_{con}（锚固）
		低松弛力筋	0→初应力→σ_{con}（持荷 2min 锚固）
	其他锚具	0→初应力→1.05σ_{con}（持荷 2min）→0→σ_{con}（锚固）	
精轧螺纹钢筋	直线配筋时	0→初应力→σ_{con}（持荷 2min 锚固）	
	曲线配筋时	0→σ_{con}（持荷 2min）→0→初应力→σ_{con}（持荷 2min 锚固）	

注：1. σ_{con} 为张拉时的控制应力值，包括预应力损失值；
　　2. 梁的竖向预应力筋可一次张拉到控制应力，持荷 5min 锚固。

预应力张拉采用应力控制，伸长值进行校核，实际伸长值与理论伸长值的差值应控制在 6％ 之内。张拉时，应先调整到初应力，初应力宜为张拉控制应力（σ_{con}）的 10％～15％，伸长值应从初应力时开始量测。预应力筋在张拉控制应力达到稳定后方可锚固，锚固阶段预应力筋的内缩量不得超过设计规定。预应力筋锚固后的外露长度不宜小于 30cm，锚具应采用封端混凝土保护。锚固完毕并经检验合格后，即可切割端头多余的预应力筋。切割宜用砂轮机，严禁使用电弧焊切割。

（5）预制梁板安装技术要点

应依据现场条件，选择安装机具，如自行式起重机、架桥机和跨墩龙门吊车等。安装构件时，支承结构（墩台、盖梁）的强度应符合设计要求。构件正确就位后采取有效的临时固定措施。

分层、分段安装的构件继续安装时，必须在先安装的构件固定和受力较大的接头混凝土达到设计要求的强度后方可进行。

分段拼装梁的接头混凝土或砂浆，其强度不应低于构件的设计强度。不承受内力的构件的接缝砂浆，其强度不应低于 M10。

5. 整体现浇钢筋混凝土梁板桥

（1）模板支架设计与施工

1）模板、支架和拱架应结构简单、制造与装拆方便，应具有足够的承载能力、刚度和稳定性，并应根据工程结构形式、跨径、荷载、地基类别、施工方法、施工设备和材料供应等条件及有关的设计、施工规范进行施工设计。

模板、拱架和支架的设计应符合国家现行标准《钢结构设计标准》GB 50017、《木结构设计标准》GB 50005、《组合钢模板技术规范》GB/T 50214 和《公路钢结构桥梁设计规范》JTG D64 的有关规定。设计模板、支架和拱架时应按表 4-13 进行荷载组合。

计算模板、支架和拱架的荷载组合表 表 4-13

模板构件名称	荷载组合	
	计算强度用	验算刚度用
梁、板和拱的底模及支承板、拱架、支架等	①+②+③+④+⑦	①+②+⑦
缘石、人行道、栏杆、柱、梁板、拱等的侧模板	④+⑤	⑤
基础、墩台等厚大建筑物的侧模板	⑤+⑥	⑤

注：①模板、拱架和支架自重；②新浇筑混凝土、钢筋混凝土或坂工、砌体的自重力；③施工人员及施工材料机具等行走运输或堆放的荷载；④振捣混凝土时的荷载；⑤新浇筑混凝土对侧面模板的压力；⑥倾倒混凝土时产生的荷载；⑦其他可能产生的荷载，如风雪荷载、冬季保温设施荷载等。

① 验算模板、支架和拱架的抗倾覆稳定时，各施工阶段的稳定系数均不得小于 1.3。验算模板、支架和拱架的刚度时，其变形值不得超过下列规定：

结构表面外露的模板挠度为模板构件跨度的 1/400；

结构表面隐蔽的模板挠度为模板构件跨度的 1/250；

拱架和支架受载后挠曲的杆件，其弹性挠度为相应结构跨度的 1/400；

钢模板的面板变形值为 1.5mm;

钢模板的钢楞、柱箍变形值为 $L/500$ 及 $B/500$(L—计算跨度,B—柱宽度)。

② 模板、支架和拱架的设计中应设施工预拱度。预拱度应考虑下列因素:

设计文件规定的结构预拱度;支架和拱架承受全部施工荷载引起的弹性变形;

受载后由于杆件接头处的挤压和卸落设备压缩而产生的非弹性变形;支架、拱架基础受载后的沉降。超静定结构由于混凝土收缩、徐变及温度变化而引起的变形。

设计预应力混凝土结构模板时,应考虑施加预应力后张拉件的弹性压缩、上拱及支座螺栓或预埋件的位移等。

2) 支架制作与安装

承重支架宜选择盘扣式或轮扣式支架等支架体系,不得使用门式钢管与撑架,立柱必须落在有足够承载力的地基础上,立柱底端必须放置垫块。支架地基严禁被水浸泡,冬期施工必须采取防止冻胀的措施。

安装拱架前,应对立柱支承面标高进行检查和调整,确认合格后方可安装。在风力较大的地区,应设置风缆。安设支架、拱架过程中,应随安装随架设临时支撑。采用多层支架时,支架的横垫板应水平,立柱应铅直,上下层立柱应在同一中心线上模板与混凝土接触面应平整、接缝严密。支架安装,支架的横垫板应水平,立柱铅直,上下层立柱在同一中心线上。随安装随架设临时支撑。支架的构件连接应紧固,以减少支架变形和沉降。支架立柱在排架平面内应设水平横撑,立柱高度在 5m 以内时,水平撑不得少于两道;立柱高于 5m 时,水平撑间距不大于 2m,并应在两横撑之间加双向剪刀撑,每隔两道水平撑应设一道水平剪刀撑作为加强层。在排架平面外应设斜撑,斜撑与水平交角宜为 45°。架体的高宽比宜小于或等于 2;当高宽比大于 2 时,宜扩大下部架体尺寸或采取其他构造措施。

船只或汽车通行孔的两侧支架应加设护桩,夜间设警示灯,标明行驶方向。受漂流物冲撞的河中支架应设置坚固防护设备。布置满堂钢管支架搭设完毕应按现行标准《钢管满堂支架预压技术规程》JGJ/T 194 要求,进行预压试验。必须通过预压的方式,消除支架地基的不均匀沉降和支架的非弹性变形,检验支架的安全性,获取弹性变形参数。预压荷载一般为支架需承受荷载的 1.05~1.10 倍,预压荷载的分布应模拟结构荷载及施工荷载。

3) 模板制作与安装

组合钢模板的制作、安装应符合现行国家标准《组合钢模板技术规范》GB/T 50214 的规定。采用其他材料作模板时,钢框胶合板模板的组配面板宜采用错缝布置;高分子合成材料面板、硬塑料或玻璃钢模板,应与边肋及加强肋连接牢固。采用滑模施工应符合现行国家标准《滑动模板工程技术标准》GB/T 50113 的规定。

支架、拱架安装完毕,经检验合格后方可安装横板。安装横板应与钢筋工序配合进行了,妨碍绑扎钢筋的模板,应待钢筋工序结束后再安装。安装墩、台模板时,其底部应与基础预埋件连接牢固,上部应采用拉杆固定。模板在安装过程中,必须设置防倾覆设施。模板板面应平整,接缝严密不漏浆,如有缝隙必须采取措施密封。重复使用的模板应始终保持其表面平整、形状准确、不漏浆、有足够的强度与刚度。模板与混凝土接触面应涂刷隔离剂,外露面混凝土模板的隔离剂应采用同一品种,不得使用易粘在混凝土上或使混凝土变色的隔离剂。

模板安装完毕后,应对其平面位置、顶部标高、节点联系及纵横向稳定性进行检查,验收合格后方能浇筑混凝土。

（2）钢筋加工与安装

1）一般规定

钢筋在运输、储存、加工过程中应防止锈蚀、污染和变形。

钢筋混凝土结构所用钢筋的品种、规格、性能等均应符合设计要求和现行国家标准《钢筋混凝土用钢 第 1 部分：热轧光圆钢筋》GB/T 1499.1、《钢筋混凝土用钢 第 2 部分：热轧带肋钢筋》GB/T 1499.2、《冷轧带肋钢筋》GB/T 13788 和《环氧树脂涂层钢筋》JG/T 502 等的规定。钢筋应按不同钢种、等级、牌号、规格及生产厂家分批验收，确认合格后方可使用。

钢筋的级别、种类和直径应按设计要求采用。当需要代换时，应由原设计单位作变更设计。预制构件的吊环必须采用未经冷拉的热轧光圆钢筋制作，不得以其他钢筋替代，且其使用时的计算拉应力应不大于 50MPa。

在浇筑混凝土之前应对钢筋进行隐蔽工程验收，确认符合设计要求。

2）钢筋加工

钢筋弯制前应先调直。钢筋宜优先选用机械方法调直。当采用冷拉法进行调直时，HPB300 钢筋冷拉率不得大于 4%；HRB400、HRB500、HRB600 钢筋冷拉率不得大于 1%。

钢筋下料前，应核对钢筋品种、规格、等级及加工数量，并应根据设计要求和钢筋长度配料。下料后应按种类和使用部位分别挂牌标明。

受力钢筋弯制和末端弯钩均应符合设计要求或规范规定。箍筋末端弯钩形式应符合设计要求或规范规定。箍筋弯钩的弯曲直径应大于被箍主钢筋的直径，且 HPB300 不得小于箍筋直径的 2.5 倍；钢筋末端做 135°弯钩时，HRB400 的钢筋弯弧内直径不得小于箍筋直径的 4 倍；弯钩平直部分的长度，一般结构不宜小于箍筋直径的 5 倍，有抗震要求的结构构件，圆形箍筋的接头必须采用焊接，焊接长度不应小于箍筋直径的 10 倍。

钢筋宜在常温状态下弯制，不宜加热。钢筋宜从中部开始逐步向两端弯制，弯钢筋加工过程中，应采取防止油渍、泥浆等物污染和防止受损伤的措施。

3）钢筋接头

① 热轧钢筋接头

热轧钢筋接头应符合设计要求。当设计无要求时，应符合下列规定：

钢筋接头宜采用焊接接头或机械连接接头。焊接接头应优先选择闪光对焊。焊接接头应符合国家现行标准《钢筋焊接及验收规程》JGJ 18 的有关规定。

机械连接接头适用于 HRB400、HRB500 和 HRB600 带肋钢筋的连接。机械连接接头应符合国家现行标准《钢筋机械连接技术规程》JGJ 107 的有关规定。当普通混凝土中钢筋直径等于或小于 22mm 时，在无焊接条件时，可采用绑扎连接，但受拉构件中的主钢筋不得采用绑扎连接。

钢筋骨架和钢筋网片的交叉点焊接宜采用电阻点焊。钢筋与钢板的 T 形连接，宜采用埋弧压力焊或电弧焊。

② 钢筋接头设置

在同一根钢筋上宜少设接头。钢筋接头应设在受力较小区段，不宜位于构件的最大弯矩处。在任一焊接或绑扎接头长度区段内,同一根钢筋不得有两个接头,在该区段内的受力钢筋,其接头的截面面积占总截面积的百分率应符合规范规定。

接头末端至钢筋弯起点的距离不得小于钢筋直径的 10 倍。施工中钢筋受力分不清受拉、受压的,按受拉处理。钢筋接头部位横向净距不得小于钢筋直径,且不得小于 25mm。

③ 钢筋骨架焊接

施工现场可根据结构情况和现场运输起重条件,先分部预制成钢筋骨架或钢筋网片,入模就位后再焊接或绑扎成整体骨架。为确保分部钢筋骨架具有足够的刚度和稳定性,可在钢筋的部分交叉点处施焊或用辅助钢筋加固。

钢筋骨架的焊接应在坚固的工作台上进行。组装时应按设计图纸放大样,放样时应考虑骨架预拱度。简支梁钢筋骨架预拱度应符合设计和规范规定。组装时应采取控制焊接局部变形措施。骨架接长焊接时,不同直径钢筋的中心线应在同一平面上。

④ 钢筋网片电阻点焊

当焊接网片的受力钢筋为 HPB300 钢筋时,如焊接网片只有一个方向受力,受力主筋与两端的两根横向钢筋的全部交叉点必须焊接;如焊接网片为两个方向受力,则四周边缘的两根钢筋的全部交叉点必须焊接,其余交叉点可间隔焊接或绑、焊相间。当焊接网片的受力钢筋为冷拔低碳钢丝,而另一方向的钢筋间距小于 100mm 时,除受力主筋与两端的两根横向钢筋的全部交叉点必须焊接外,中间部分的焊点距离可增大至 250mm。

4) 钢筋现场绑扎

① 钢筋的交叉点用绑丝绑扎牢固,必要时可辅以点焊。钢筋网的外围两行钢筋交叉点应全部扎牢,中间部分交叉点可间隔交错扎牢,但双向受力的钢筋网,钢筋交叉点必须全部扎牢。

梁和柱的箍筋,除设计有特殊要求外,应与受力钢筋垂直设置;箍筋弯钩叠合处,应位于梁和柱角的受力钢筋处,并错开设置(同一截面上有两个以上箍筋的大截面梁和柱除外);螺旋形箍筋的起点和终点均应绑扎在纵向钢筋上,有抗扭要求的螺旋箍筋,钢筋应伸入核心混凝土中。

矩形柱角部竖向钢筋的弯钩平面与模板面的夹角应为 45°;多边形柱角部竖向钢筋弯钩平面应朝向断面中心;圆形柱所有竖向钢筋弯钩平面应朝向圆心。小型截面柱当采用插入式振捣器时,弯钩平面与模板面的夹角不得小于 15°。

绑扎接头搭接长度范围内的箍筋间距:当钢筋受拉时应小于 5d,且不得大于 100mm;当钢筋受压时应小于 10d,且不得大于 200mm。

钢筋骨架的多层钢筋之间,应用短钢筋支垫,确保位置准确。

② 钢筋的混凝土保护层厚度

钢筋的混凝土保护层厚度,必须符合设计要求。设计无要求时应符合下列规定:普通钢筋和预应力直线形钢筋的最小混凝土保护层厚度不得小于钢筋公称直径,后张法构件预应力直线形钢筋不得小于其管道直径的 1/2。当受拉区主筋的混凝土保护层厚度大于 50mm 时,应在保护层内设置直径不小于 6mm、间距不大于 100mm 的钢筋网。钢筋机械连接件的最小保护层厚度不得小于 20mm。

应在钢筋与模板之间设置垫块,确保钢筋的混凝土保护层厚度,垫块应与钢筋绑扎牢固、错开布置。

6. 支架法现浇预应力混凝土箱梁施工

（1）模板与支架

模板由底模、侧模及内模三个部分组成，一般预先分别制作成组件，在使用时再进行拼装。模板以胶合板材模板和钢模板为主，模板的楞木采用方木，钢管、方钢或槽钢组成，布置间距以 30～50cm 为宜，具体的布置需根据箱梁截面尺寸确定，并通过计算对模板支架强度、刚度和稳定性进行计算与验算。

（2）预应力筋加工与安装

在安装并调好底模及侧模后，开始底、腹板普通钢筋绑扎及预应力管道的安装。混凝土采用一次浇筑时，在底、腹板钢筋及预应力管道完成后，安装内模，再绑扎顶板钢筋及预应力管道。混凝土采用两次浇筑时，底、腹板钢筋及预应力管道完成后，浇筑第一次混凝土；混凝土终凝后，再安装内模顶板，绑扎顶板钢筋及预应力管道，进行混凝土的第二次浇筑。

1）进场检验

预应力筋必须保持清洁。在存放、搬运、施工操作过程中应避免机械损伤和有害的锈蚀。如长时间存放，必须安排定期的外观检查。预应力筋进场时，其质量证明文件、包装、标志和规格应符合设计要求和规范规定。按照规定抽取试样，进行表面质量、直径偏差和力学性能试验。检验合格后方可入库备用。

存放的仓库应干燥、防潮、通风良好、无腐蚀气体和介质。存放在室外时不得直接堆放在地面上，必须垫高、覆盖、防腐蚀、防雨露，时间不宜超过 6 个月。

2）下料加工

预应力筋下料长度应通过计算确定，计算时应考虑结构的孔道长度或台座长度、锚夹具长度、千斤顶长度、焊接接头或镦头预留量，冷拉伸长值、弹性回缩值、张拉伸长值和外露长度等因素。通常下料长度为预应力筋（孔道）设计长度和工作长度两者之和。

钢丝束的两端均采用墩头锚具时，同一束中各根钢丝下料长度的相对差值，当钢丝束长度小于或等于 20m 时，不宜大于 1/3000；当钢丝束长度大于 20m 时，不宜大于 1/5000，且不大于 5mm。预应力筋宜使用砂轮锯或切断机切断，不得采用电弧切割。

预应力筋采用镦头锚固时，高强钢丝宜采用液压冷镦；冷拔低碳钢丝可采用冷冲镦粗；钢筋宜采用电热镦粗，但Ⅳ级钢筋镦粗后应进行电热处理。冷拉钢筋端头的镦粗及热处理工作，应在钢筋冷拉之前进行，否则应对镦头逐个进行张拉检查，检查时的控制应力应不小于钢筋冷拉时的控制应力。

预应力筋由多根钢丝或钢绞线组成时，在同束预应力钢筋内，应采用强度相等的预应力钢材。编束时，应逐根梳理直顺不扭转，绑扎牢固（用火烧丝绑扎，每隔 1m 一道），不得互相缠绕。编束后的钢丝和钢绞线应按编号分类存放。钢丝和钢绞线束移运时支点距离不得大于 3m，端部悬出长度不得大于 1.5m。

（3）预应力筋管道与孔道

1）进场检验

① 管道进场时，应检查出厂合格证和质量保证书，核对其类别、型号、规格及数量，对外观、尺寸、集中荷载下的径向刚度、荷载作用后的抗渗及抗弯曲渗漏等进行检验。检

验方法应按有关规范、标准进行。

管道按批进行检验。钢管每批由同一生产厂家，同一批钢带所制作的产品组成，累计半年或 50000m 生产量为一批。塑料管每批由同配方、同工艺、同设备稳定连续生产的产品组成，每批数量不应超过 10000m。

后张有粘结预应力混凝土结构中，预应力筋的孔道一般由浇筑在混凝土中的刚性或半刚性管道构成。一般工程可由钢管抽芯、胶管抽芯或金属伸缩套管抽芯预留孔道。浇筑在混凝土中的管道应具有足够强度和刚度，不允许有漏浆现象，且能按要求传递粘结力。

常用管道为螺旋钢管或塑料（化学建材）波纹管。管道应内壁光滑，可弯曲成适当的形状而不出现卷曲或被压扁。钢螺旋管的性能应符合国家现行标准《预应力混凝土用金属波纹管》JG/T 225 的规定，塑料管性能应符合现行行业标准《预应力混凝土桥梁用塑料波纹管》JT/T 529 的规定。

② 在桥梁的某些特殊部位，设计无要求时，可采用符合要求的平滑钢管或高密度聚乙烯管，其管壁厚不得小于 2mm。

管道的内横截面积至少应是预应力筋净截面积的 2.0 倍。不足这一面积时，应通过试验验证其可否进行正常压浆作业。超长钢束的管道也应通过试验确定其面积比。

2）管道安装与穿束

① 应采用砂轮锯和手锯按设计长度切割管道，管道端头应平齐完整。

② 管道应采用定位钢筋牢固地固定于设计位置。金属管道接头应采用套管连接，连接套管宜采用大一个直径型号的同类管道，且应与金属管道封裹严密。

管道应留压浆孔和溢浆孔；曲线孔道的波峰部位应留排气孔；在最低部位宜留排水孔。

管道安装就位后应立即通孔检查，发现堵塞应及时疏通。管道经检查合格后应及时将其端面封堵。管道安装后，需在其附近进行焊接作业时，必须对管道采取保护措施。

③ 应依据现场条件，选择穿束时机与方式

先穿预应力筋束后浇混凝土时，浇筑之前，必须检查管道，并确认完好；浇筑混凝土时应定时抽动、转动预应力筋。

先浇混凝土后穿预应力筋束时，浇筑后应立即疏通管道，确保其畅通。

混凝土采用蒸汽养护时，养护期内不得装入预应力筋。

3）锚具和连接器安装

① 进场检验

a. 后张预应力锚具和连接器按照锚固方式不同，可分为夹片式（单孔和多孔夹片锚具）、支承式（镦头锚具、螺母锚具）、锥塞式（钢制锥形锚具）和握裹式（挤压锚具、压花锚具等）。

预应力锚具、夹具和连接器应具有可靠的锚固性能、足够的承载能力和良好的适用性，并应符合现行国家标准《预应力筋用锚具、夹具和连接器》GB/T 14370 和《预应力筋用锚具、夹具和连接器应用技术规程》JGJ 85 的规定。

其适用于高强度预应力筋的锚具（或连接器），也可以用于较低强度的预应力筋。仅能适用于低强度预应力筋的锚具（或连接器），不得用于高强度预应力筋。

锚具应满足分级张拉、补张拉和放松预应力的要求。锚固多根预应力筋的锚具，除应有整束张拉的性能外，尚宜具有单根张拉的可能性。

用于后张法的连接器，必须符合锚具的性能要求。

b. 锚具、夹具及连接器进场验收时，应按出厂合格证和质量证明书核查其锚固性能类别、型号、规格、数量，确认无误后进行外观检查、硬度检验和静载锚固性能试验。

对大桥、特大桥等重要工程、质量证明资料不齐全、不正确或质量有疑点锚具时，在通过外观和硬度检验的同批中抽取6套锚具（夹片或连接器），组成3个预应力筋锚具组装件，由具有相应资质的专业检测机构进行静载锚固性能试验。如有一个试件不符合要求时，则应另取双倍数量的锚具（夹具或连接器）重做试验，如仍有一个试件不符合要求时，则该批产品视为不合格品。

对用于中小桥梁的锚具（夹片或连接器）进场验收，其静载锚固性能可由锚具生产厂提供试验报告。

② 安装

当锚具下的锚垫板要求采用喇叭管时，喇叭管宜选用钢制或铸铁产品。锚垫板应设置足够的螺旋钢筋或网状分布钢筋。锚垫板与预应力筋（或孔道）在锚固区及其附近应相互垂直。后张构件锚垫板上宜设灌浆孔。

（4）混凝土浇筑

1）浇筑前的检查

浇筑混凝土前，应检查模板、支架的承载力、刚度、稳定性，检查钢筋及预埋件的位置、规格，并做好记录，符合设计要求后方可浇筑。在原混凝土面上浇筑新混凝土时，相接面应凿毛，并清洗干净，表面湿润但不得有积水。

2）混凝土浇筑

① 混凝土一次浇筑量要适应各施工环节的实际能力，以保证混凝土的连续浇筑。对于大方量混凝土浇筑，应事先制定浇筑方案。

② 混凝土浇筑应根据实际情况综合比较确定箱梁混凝土采用一次或分次浇筑，合理安排浇筑顺序。混凝土浇筑时一般采用分层或斜层浇筑，先底板、后腹板、再顶板，底板浇筑时要注意角部位必须密实，如图4-7所示。其浇筑速度要确保下层混凝土初凝前覆盖上层混凝土。

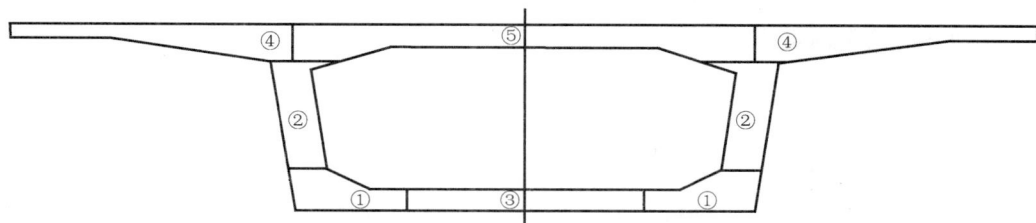

图4-7 现浇箱梁浇筑顺序图

③ 混凝土运输、浇筑及间歇的全部时间不应超过混凝土的初凝时间。同一施工段的混凝土应连续浇筑，并应在底层混凝土初凝之前将上一层混凝土浇筑完毕。

采用振捣器振捣混凝土时，每一振点的振捣延续时间，应以使混凝土表面呈现浮浆、不出现气泡和不再沉落为准。

3) 混凝土养护

① 一般混凝土浇筑完成后,应在收浆后尽快予以覆盖和洒水养护。对干硬性混凝土、炎热天气浇筑的混凝土、大面积裸露的混凝土,有条件的可在浇筑完成后立即加设棚罩,待收浆后再予以覆盖和养护。

② 洒水养护的时间,采用硅酸盐水泥、普通硅酸盐水泥或矿渣硅酸盐水泥的混凝土,不得少于 7d。掺用缓凝型外加剂或有抗渗等要求以及高强度混凝土,不少于 14d。使用真空吸水的混凝土,可在保证强度条件下适当缩短养护时间。采用涂刷薄膜养护剂养护时,养护剂应通过试验确定,并应制定操作工艺。采用塑料膜覆盖养护时,应在混凝土浇筑完成后及时覆盖严密,保证膜内有足够的凝结水。当气温低于 5℃时,应采取保温措施,不得对混凝土洒水养护。

4) 预应力张拉控制

① 混凝土强度应符合设计要求;设计未规定时,不得低于设计强度的 75%。且应将限制位移的模板拆除后,方可进行张拉。

② 预应力筋张拉端的设置,应符合设计要求,当设计未规定时,应符合下列规定:

曲线预应力筋或长度大于或等于 25m 的直线预应力筋,宜在两端张拉;长度小于 25m 的直线预应力筋,可在一端张拉。

当同一截面中有多束一端张拉的预应力筋时,张拉端宜均匀交错的设置在结构的两端。

③ 张拉前应根据设计要求对孔道的摩阻损失进行实测,以便确定张拉控制应力,并确定预应力筋的理论伸长值。

④ 预应力筋张拉的理论伸长值 ΔL（mm）可按下式计算:

$$\Delta L = P_P L / A_P E_P \tag{4-1}$$

式中　P_P——预应力筋的平均张拉力（N）,直线筋取张拉端的拉力;两端张拉的曲线筋,取张拉端的拉力与跨中扣除孔道摩阻损失后拉力的平均值;

　　　L——预应力筋的长度（mm）;

　　　E_P——预应力筋弹性模量（N/mm²）;

　　　A_P——预应力筋截面面积（mm²）。

⑤ 预应力筋平均张拉力 $\bar{P}$ 按下式计算:

$$\bar{P} = \frac{P\left[1 - e^{-(kx+\mu\theta)}\right]}{kx + \mu\theta} \tag{4-2}$$

式中　P——预应力钢材张拉端的张拉力（N）;

　　　x——从张拉端至计算截面的孔道长度（m）;

　　　θ——从张拉端至计算截面曲线孔道部分切线的夹角之和（rad）;

　　　k——孔道每米局部偏差对摩擦的影响系数参见表 4-14;

　　　μ——预应力钢筋与孔道壁的摩擦系数,参见表 4-14。

注:当预应力钢材为直线且 $k=0$ 时,$\bar{P}=P$。

系数 k 及 μ 表 4-14

孔道成型方式	k	μ 值	
		钢丝束、钢绞线	精轧螺纹钢筋
预埋铁皮管道	0.003	0.35	
抽芯成型孔道	0.0015	0.55	
预埋金属螺旋管道	0.0015	0.20～0.25	0.50

⑥ 预应力钢束实际伸长量的测量和计算（夹片式锚具）

实际总伸长量 ΔL：

$$\Delta L = \Delta L_1 + \Delta L_2 - [\Delta L_0 - (2 \sim 3mm)] \tag{4-3}$$

式中 ΔL_1——从 0 到初应力的伸长量（mm）；

      ΔL_2——从初应力至最大张拉应力间的实际伸长量（mm）；

      ΔL_0——张拉前夹片外露量（mm）；

  2～3mm——张拉完成后夹片外露量（mm）。

（5）孔道压浆、封锚

张拉完成后要尽快进行孔道压浆和封锚，压浆所用灰浆的强度、稠度、水胶比、泌水率、膨胀剂用量按施工技术规范及试验标准中的要求控制。每个孔道压浆到最大压力后，应有一定的稳定时间。压浆应使孔道另一端饱满和出浆。并使排气孔排出与规定稠度相同的水泥浓浆为止。压浆完成后，应将锚具周围冲洗干净并凿毛，设置钢筋网，浇筑封锚混凝土。

（6）模板与支架的拆除

模板、支架和拱架拆除的时间、方法应根据结构的特点、部位和混凝土的强度决定。

钢筋混凝土结构的承重模板、支架和拱架的拆除，应符合设计要求。当设计无要求时，应在混凝土强度能承受自重力及其他可能的叠加荷载时，方可拆除，底模板拆除还应符合规范规定。非承重侧模应在混凝土强度能保证其表面及棱角不致因拆模受损害时方可拆除。一般应在混凝土抗压强度达到 2.5MPa 方可拆除侧模。

预应力混凝土结构构件模板的拆除，侧模应在预应力张拉前拆除，底模应在结构构件建立预应力后方可拆除。

7. 悬臂浇筑法施工

1）悬臂浇筑法施工适用于大跨径的预应力混凝土悬臂梁桥、连续梁桥、T形刚构桥、连续刚构桥，特点是不必设置落地支架，也无需大型起重与运输机具，主要设备是一对能行走的挂篮。挂篮在已经张拉锚固并与墩身连成整体的梁段上移动。绑扎钢筋、立模、浇筑混凝土、施加预应力都在其上进行。完成本段施工后，挂篮对称向前各移动一节段，进行下一梁段施工，循序渐进，直至悬臂梁段浇筑完成。

连续梁施工需注意结构体系转化问题。以三孔连续梁悬臂施工为例，其施工程序示于图 4-8。

图 4-8（a）为平衡悬臂施工上部结构，此时结构体系如同 T 形刚构。

图 4-8（b）为锚孔不平衡部分施工（支架上浇筑或拼装）；安装端支座；拆除临时锚固，中间支点落到永久支座上，此时结构为单悬臂梁。

图 4-8（c）为浇筑中孔跨中连接段，使其连成为三跨连续梁。作为连续梁承载仅是后加荷载（桥面铺装及人行道）及活载。

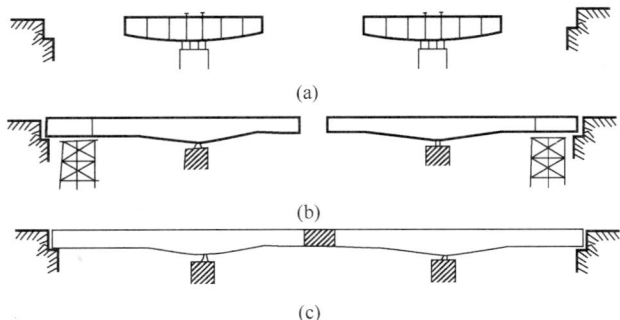

图 4-8 三孔连续梁悬臂施工工序

2）悬臂浇筑梁体一般应分四大部分浇筑：墩顶梁段（0 号块）、墩顶梁段（0 号块）两侧对称悬浇梁段、边孔支架现浇梁段、主梁跨中合龙段。其主要浇筑顺序为：

① 在墩顶托架或钢架上浇筑 0 号段并实施墩梁临时锚固，如图 4-9 所示。托架、钢架应经过设计，计算其弹性及非弹性变形。

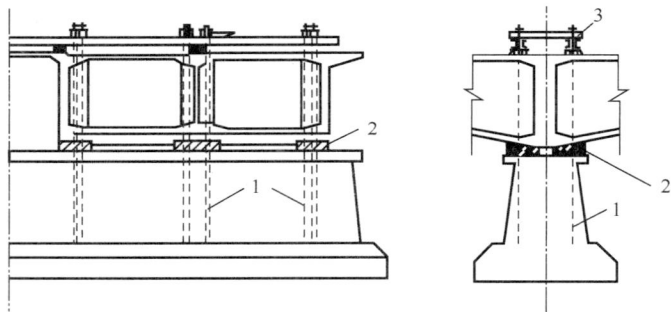

图 4-9 临时锚固构造

1—预应力锚固筋；2—混凝土楔形垫块；3—钢梁

② 在 0 号块段上安装悬臂挂篮，向两侧依次对称分段浇筑主梁至合龙前段；

③ 在支架上浇筑边跨主梁合龙段；

④ 最后浇筑中跨合龙段，形成连续梁体系。

3）预应力混凝土连续梁合龙顺序一般是先边跨、后次跨、再中跨。连续梁（T 构）的合龙、体系转换和支座反力调整应符合下列规定：

合龙段的长度宜为 2m；合龙前应按设计要求，将两悬臂端合龙口予以临时连接，并将合龙跨一侧墩的临时锚固放松或改成活动支座。合龙宜在一天中气温最低时进行。合龙段的混凝土强度宜提高一级，以尽早施加预应力。

4）确定悬臂浇筑段前段标高时应考虑：挂篮（图 4-10）前端的垂直变形值、预拱度设置、施工中已浇段的实际标高、温度影响

图 4-10 挂篮施工

等因素。施工过程中的监测项目为前三项；必要时结构物的变形、应力也应进行监测，保证结构的强度和稳定。

8. 移动模架法现浇箱梁施工

（1）移动模架法分类

移动模架法混凝土箱梁施工按照过孔方式不同，移动模架分为上行式（图 4-11）、下行式（图 4-12）和复合式（图 4-13）三种形式。主梁在特制箱梁上方，借助已成箱梁和桥墩移位的为上行式移动模架；主梁在特制箱梁下方，完全借助桥墩移位的为下行式移动模架；主梁在特制箱梁下方，借助已成箱梁和桥墩移位的为复合式移动模架，按过孔时后支撑是否在已成箱梁上滑移，复合式移动模架又分为后支撑滑移式和后支撑固定式两种形式。

图 4-11　上行式移动模架　　图 4-12　下行式移动模架　　图 4-13　复合式移动模架

（2）移动模架的构造及组装要求

移动模架的墩旁托架及落地支架，应具有足够的强度，刚度和稳定性，基础必须坚实稳固；用于整孔制架的移动模架和用于阶段拼装的移动支架每次拼装前，必须对各零部件的完好情况进行检查。拼装完毕，均应进行全面检查和试验，符合设计要求后方可投入使用。移动模架移动支架纵向前移的抗倾覆稳定系数不得小于 1.5。

移动模架和用于节段拼装的移动支架，前移时应对桥墩及临时墩主桁梁采用稳定措施，其滑道应具有足够的强度、刚度、和长度、宽度。

牛腿的组装：牛腿为钢箱梁形式，吊装牛腿时在牛腿顶面用水准仪抄平，以便使推进平车在牛腿顶面上顺利滑移。

主梁安装：主梁在桥下组装，根据现场起吊能力可采用搭设临时支架将主梁分段吊装在牛腿和支架上。组成整体后拆除临时支架。也可将全部主梁组装完成后用大吨位吊机整体吊装就位。

横梁及外模板的拼装：主梁拼装完毕后，接着拼装横梁，待横梁全部安装完成后，主梁在液压系统作用下，横桥向、顺桥向依次准确就位。在墩中心放出桥轴线，按桥轴线方向调整横梁，并用销子连接好。然后铺设底板和外腹板、肋板及翼缘板。

（3）施工工艺

移动模架施工工艺流程为：

移动模架组装→移动模架预压→预压结果评价→模板调整→绑扎钢筋→浇筑混凝土→预应力张拉、压浆→移动模架过孔。主要施工要点为：

① 支架长度必须满足施工要求。

② 支架应利用专用设备组装,在施工时能确保质量和安全。

③ 浇筑分段工作缝,必须设在弯矩零点附近。

④ 箱梁内、外模板滑动就位时,模板平面尺寸、高程、预拱度的误差必须在容许范围内。

⑤ 混凝土内预应力筋管道、钢筋、预埋件设置应符合规范规定和设计要求。

9. 桥面系施工

(1) 桥面铺装施工

桥面铺装采用沥青混凝土、水泥混凝土、高分子聚合物等材料铺筑在桥面板上的保护层,又称车道铺装。常用的桥面铺装有水泥混凝土、沥青混凝土两种铺装形式,城市桥梁以后者居多。

桥面铺装施工工艺流程:桥面防水层、排水系统验收合格→摊铺、压实设备就位→摊铺机预热→混合料运输到场→混合料温度检测→摊铺→压实→温度检测→封闭桥面→降温→开放交通。

(2) 防水卷材施工

防水卷材施工工艺流程:基面处理→涂刷基层处理→胶粘剂滚铺→辊压排气→封边压牢→检查修理→养护。

① 基面的浆皮、浮灰、油污、杂物等应彻底清除干净;基面应坚实平整粗糙,不得有尖硬接槎、空鼓、开裂、起砂和脱皮等缺陷。

基层混凝土强度应达到设计强度并符合设计要求,含水率不得大于9%。

② 将配好的基层处理剂涂刷在基层上,涂刷必须均匀,不得漏刷,不漏底,不堆积,阴阳角、泄水口部位可用毛刷均匀涂刷,做好附加层。

③ 防水卷材铺贴应按"先低后高"的顺序进行(顺水搭接方向),纵向搭接宽度为100mm,横向为150mm,铺贴双层卷材时,上下层搭接缝应错开1/3~1/2幅宽。纵向搭接缝尽量避开车行轮迹。卷材末端收头用橡胶沥青嵌缝膏嵌固填实。搭接尺寸符合设计要求,与基层粘结牢固。

(3) 涂层防水施工

涂层防水施工工艺流程:基面处理及清理→涂刷(刮涂或喷涂)第一层涂料→干燥→清扫→涂刷第二层涂料→干燥养护。

① 先将基层彻底清理干净。

② 桥面涂层防水施工采用涂刷法、刮涂法或喷涂法施工。涂刷应先做转角处、变形缝部位,后进行大面积涂刷。涂刷应多遍完成,后遍涂刷应待前遍涂层干燥成膜后方能进行。

③ 涂料防水层施工不能一次完成需留接槎时,其甩槎应注意保护,预留槎应大于30mm以上,搭接宽度应大于100mm,下次施工前需先将甩槎表面清理干净,再涂刷涂料。

④ 对缘石、地袱、变形缝、泄水管、水落口等部位按设计与防水规程要求做增强处理。

(4) 伸缩缝装置安装施工

1) 伸缩缝施工工艺流程

进场验收→预留槽施工→测量放线→切缝→清槽→安装就位→焊接固定→浇筑混凝

土→养护。

2）主要工序

① 预留槽施工

桥面混凝土铺装施工时按设计尺寸预留出伸缩缝安装槽口，锚栓钢筋、伸缩缝埋件按设计要求埋设好，并且将螺栓外露部分用塑料膜包裹，避免混凝土污染螺栓，使用水准仪和经纬仪严格控制预埋钢板高程和螺栓预埋位置，以保证伸缩缝的安装质量。

② 切缝

用路面切割机沿边缘标线匀速将沥青混凝土面层切断，切缝边缘要整齐、顺直，要与原预留槽边缘对齐。切缝过程中，要保护好切缝外侧沥青混凝土边角，防止污染破损。

③ 清槽

人工清除槽内填充物，并将槽内结合处混凝土凿毛，用洒水车高压冲洗、并用空压机吹扫干净。

④ 伸缩装置安装就位

安装前将伸缩缝内止水带取下。根据伸缩缝中心线的位置将伸缩缝顺利吊装到位。中心线与两端预留槽间隙中心线对正，其长度与桥梁宽度对正。伸缩装置与现况路面的调平采用专用门架、手拉葫芦等机具。

用填缝材料（可采用聚苯板）将梁板（或梁台）间隙填满，填缝材料要直接顶在伸缩装置橡胶带的底部。

⑤ 焊接固定

用对称点焊定位。在对称焊接作业时伸缩缝每 0.75～1m 范围内至少有一个锚固钢筋与预埋钢筋焊接。两侧完全固定后就可将其余未焊接的锚固筋完全焊接，确保锚固可靠。

⑥ 浇筑混凝土

伸缩缝混凝土坍落度宜控制在 50～70mm，采用人工对称浇筑，振捣密实，严格控制混凝土表面高度和平整度。

浇筑成型后用塑料布或无纺布等覆盖保水养护，养护期不少于 7d。待伸缩装置两侧预留槽混凝土强度满足设计要求后，清理缝内填充物，嵌入密封橡胶带，方可开放交通。

（四）市政管道工程施工技术

1. 沟埋管道开槽施工

开槽施工是市政管道最常见的敷设方式。开槽施工（沟埋）管道安装质量好、施工速度较快，工程造价较低，且施工简便。

（1）沟埋管道施工基本流程：

放线定位→施工降水→沟槽开挖→验槽→管基施工→下管、排管→管道连接

（2）沟槽断面形式选择

在市政管道开槽法施工中，常用的沟槽断面形式有直槽、梯形槽、混合槽和联合槽等；联合槽适用于两条或两条以上的管道埋设在同一沟槽内。

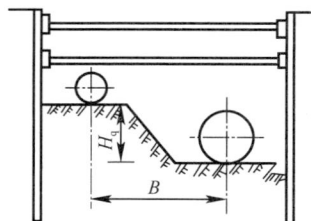

图 4-14　联合槽施工示意图

上层土质较好、下层土质松软，当环境条件许可、沟槽深度不超过 4.5m 时，可采用混合槽断面。两条管道间距较小时，可以在同一沟槽内施工，采用联合槽形式（图 4-14），以提高施工效率。

沟槽断面尺寸应根据土的种类、地下水位、管道断面尺寸、管道埋深、沟槽开挖方法、施工降、排水措施及施工环境等因素综合考虑，参考表 4-15 确定。

沟槽底部的开挖宽度应符合设计要求。当设计无要求时，可按经验公式计算确定：

$$B = D_0 + 2 \times (b_1 + b_2 + b_3) \tag{4-4}$$

式中　B——管道沟槽底部的开挖宽度（mm）；

D_0——管外径（mm）；

b_1——管道一侧的工作面宽度（mm），可按表 4-15 选取；

b_2——有支撑要求时，管道一侧的支撑厚度，可取 150~200mm；

b_3——现场浇筑混凝土或钢筋混凝土管渠一侧模板厚度（mm）。

沟槽壁放坡的坡度应符合设计要求或可参考表 4-3 选定。

管道一侧的工作面宽度（mm）　　　　　　　　　　　　　　　表 4-15

结构的外缘宽度 D_1	管道一侧的工作面宽度	
	非金属管道	金属管道
$D_1 \leqslant 500$	400	300
$500 < D_1 \leqslant 1000$	500	400
$1000 < D_1 \leqslant 1500$	600	600
$1500 < D_1 \leqslant 2000$	800	800
$2000 < D_1$	1000	1000

沟槽深度较大时中部可设置台阶，台阶宽度一般为 0.8~1m，若在台阶上布置井点时，其宽度为 1.5~2m。

（3）沟槽开挖

① 挖槽前应认真核实挖槽断面的土质、地下水位、地下及地上构筑物以及施工环境等情况，选用适宜的施工方法和施工机械。一般采用机械开挖为主，人工配合清理。机械应由专人指挥，挖掘机采取后退式分层挖土方法。当管径小、土方量少、施工现场狭窄、地下障碍物多或无法采用机械挖土时采用人工开挖。人工开挖的每层深度一般不超过 2m。

② 沟槽开挖时，先确定开挖顺序和分层开挖深度。如相邻沟槽开挖时，应遵循先深后浅的施工顺序。挖土应与支撑互相配合，挖土后及时支撑、防止槽壁失稳坍塌。

③ 土方开挖不得超挖，防止对基底土的扰动。采用机械挖土时，应使槽底留 20cm 左右厚度土层，由人工清槽底。若个别地方超挖时，应用碎石或砂石垫至标高并夯实。

④ 根据施工现场条件妥善安排堆土位置，搞好土方调配，多余土方及时外弃。沟

槽边单侧临时堆土时必须不影响施工，槽边单侧临时堆土高度不宜超过 1.5m，且距槽口边缘不小于 1.5m，保证槽壁土体稳定。堆土不得影响建筑物、各种管线和其他设施的安全；不得掩埋消火栓、管道闸阀、雨水口、测量标志以及各种地下管道的井盖等。

⑤ 沟槽开挖严禁带水作业，防止地面水、雨水流入沟槽，沟槽内的积水，及时排除。当含水层为砂性土或地下水位较高时，采取井点降水或明沟排水，提前将地下水位降至基底下 0.5~1.0m。

⑥ 已有地下管线与沟槽交叉或邻近建筑物、电杆、测量标志时，应采取相应加固措施，应会同有关权属单位协调解决。

⑦ 穿越道路时，架设施工临时便桥，设置明显标志，做好交通导行措施。

（4）沟槽支撑

1）支撑形式选择

常用支撑形式主要有横撑（图 4-15a）、竖撑（图 4-15b）和板桩撑（图 4-15c）等。

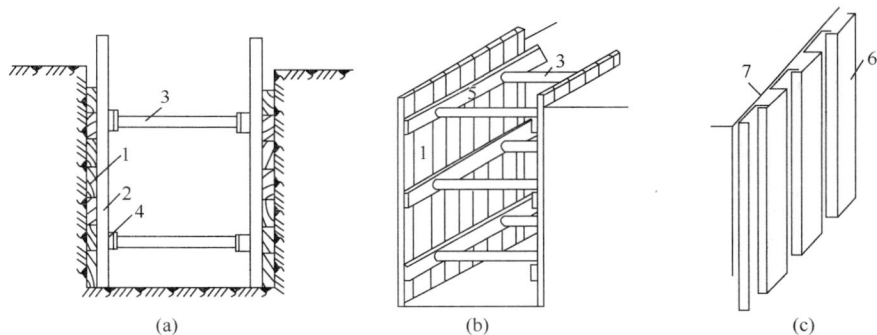

图 4-15 沟槽常用支撑形式
（a）横撑；（b）竖撑；（c）板桩撑
1—撑板；2—纵梁；3—横撑；4—木楔；5—横梁；6—钢板桩；7—槽壁

撑板分木撑板和金属撑板，横梁和纵梁通常采用槽钢，横撑可用钢管工具式撑杆或圆木横撑，工具式撑杆由撑头和圆套管组成，如图 4-16 所示，通过调整圆套管长度，以适应不同的槽宽。

2）钢板桩支撑可采用槽钢、工字钢或定型钢板桩；钢板桩支撑应通过计算确定钢板桩的入土深度和横撑的位置、数量与断面；钢板桩支撑采用槽钢作横梁时，横梁与钢板桩之间的空隙应采用木板垫实，并应将横梁和横撑与钢板桩连接牢固。

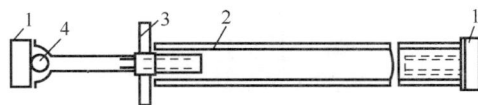

图 4-16 横撑杠
1—撑头板；2—圆套管；3—带柄螺母；4—球铰

3）支撑施工要求

① 支撑形式应根据沟槽的土质、地下水位、开槽断面、荷载条件等因素确定。

② 槽壁铲除平整，撑板均匀地紧贴槽壁，当有空隙时，应填实。横排撑板应水平，立排撑板应顺直，密排撑板的对接应严密。

撑板支撑应随挖土随安装。撑板支撑时，每根横梁或纵梁不得少于 2 根横撑，横撑的水平间距宜为 1.5～2m，横撑的垂直间距不宜大于 1.5m。

支撑结构安装时，横梁应水平，纵梁应垂直，且必须与撑板密贴，连接牢固。横撑应水平并与横梁或纵梁垂直，且应支紧，连接牢固。雨期施工不得空槽过夜。

支撑后，沟槽中心线每侧的净宽不应小于施工设计的规定，横撑不得妨碍下管和稳管，支撑安装应牢固，安全可靠。

③ 采用横排撑板支撑，当遇有地下钢管或铸铁管道横穿沟槽时，管道下面的撑板上缘应紧贴管道安装；管道上面的撑板下缘距离管顶面小于 100mm。

④ 支撑应经常检查，当发现支撑构件有弯曲、松动、移位或劈裂等迹象时，应及时处理。上下沟槽应设安全梯，不得攀登支撑。

⑤ 在软土和其他不稳定土层中采用撑板支撑时，开始支撑的开挖沟槽深度不得超过 1m。以后开挖与支撑交替进行，每次交替的深度宜为 0.4～0.8m。

4）拆撑施工要求：拆除支撑前，应对沟槽两侧的建筑物、构筑物和槽壁进行安全检查，并应制订拆除支撑的实施细则和安全措施。

支撑的拆除应与回填土的填筑密切配合，先填后拆，多层支撑的沟槽，应在下层回填完成后再拆除上层支撑；当一次拆除横撑有危险时，宜采取替换拆撑法拆除支撑。钢板桩在回填达到规定要求高度后方可拔除；拔除后可采用砂灌、注浆等方法将桩孔填实。

（5）管道基础施工

1）原状土地基

原状土地基又称天然地基。当管底地基土层承载力满足设计要求，且地下水位较低时，可采用天然地基作为管道基础，如图 4-17 所示。施工时将天然地基整平，管道铺设在未经扰动的原状土上即可。

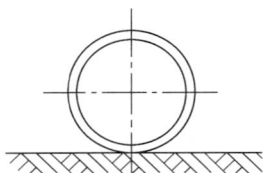

图 4-17 原状土基础

为了增大管道与土基的接触面，宜将地基做成弧状，俗称土弧，适用于敷设大口径钢筋混凝土管道、预应力混凝土管道。

非永冻土地区，管道不得铺设在冻结的地基上；管道安装过程中，应防止地基冻胀。

2）砂土管基

天然地基土质较好且管底地基土层承载力满足设计要求，设计的管道支撑角为 90°～135°，在土基挖出弧形槽难度较大，工程上多用砂土做成管道支撑槽，在原装土基上铺厚度不小于 100mm 的中粗砂垫层，以便敷设柔性管道，这种管基称为砂土管基，如图 4-18 所示。

天然地基为岩石或坚硬土层时，管道下方应铺设砂垫层，砂垫层厚度应符合表 4-16 的规定。

砂垫层厚度

表 4-16

管道种类/管径	垫层厚度（mm）		
	$D≤500$	$500<D≤1000$	$D>1000$
柔性管道	≥100	≥150	≥200
柔性接口的刚性管道	150～200		

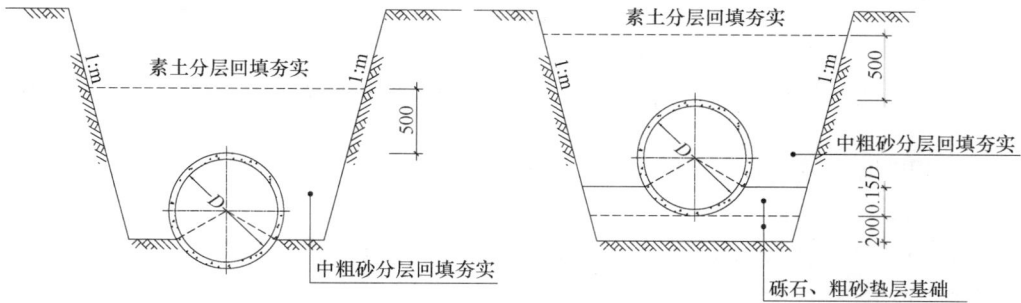

图 4-18　砂土管基

3）砂石地基

沟槽地基不能满足设计要求，或局部超挖、扰动时，应按设计要求进行处理。

设计无要求时，应换填法处理，形成砂石地（管）基。

柔性接口的刚性管道可铺设不小于 100mm 砂垫层或 25mm 以下粒径碎石，表面再铺 20mm 厚的砂垫层（中、粗砂），垫层总厚度应符合表 4-17 的规定。

柔性接口刚性管道砂石垫层总厚度　　　　　　　　表 4-17

管径 D（mm）	垫层总厚度（mm）
300～800	150
900～1200	200
1350～1500	250

管道有效支承角范围必须用中、粗砂填充插捣密实，与管底紧密接触，不得用其他材料填充。

4）混凝土基础

当管底地基土质松软、积水不易排除、承载力不能满足设计要求时，敷设大管径的钢筋混凝土管道、预应力混凝土管时，应采用 C20 混凝土基础。按照设计要求，设计采用混凝土条形基础或混凝土枕基。

混凝土条形基础是沿管道全长做成的基础，而混凝土枕基是只在管道接口处用混凝土块垫起，其他地方用中砂或粗砂填实。管座与平基分层浇筑时，应先将平基凿毛冲洗干净，并将平基与管体相接触的腋角部位，用同强度等级的水泥砂浆填满、捣实后，再浇筑混凝土，使管体与管座混凝土结合严密。

管座与平基采用垫块法一次浇筑时，必须先从一侧灌注混凝土，当对侧的混凝土高过管底、与灌注侧混凝土高度相同时，两侧再同时浇筑，并保持两侧混凝土高度一致；管道基础应按设计要求留变形缝，变形缝的位置应与柔性接口相一致；管道平基宜与井室的基础同时浇筑。

（6）下管与排管

管节、管件下沟前，必须对管节外观质量进行检查，排除缺陷，以保证接口安装的密封性。金属管道应按设计要求完成内外防腐施工和阴极保护。柔性管道应按设计要求和规范规定,在管节中做好内撑;并采用保护管道外防腐层和保温层措施。

1)下管

① 人工下管适用于管径小、重量轻、施工现场狭窄、不便于机械操作、工程量较小或机械供应有困难的条件下。人工下管常用的方法有贯绳下管法、压绳下管法和塔架下管法。

② 有条件时应尽量采用机械下管。机械下管效率高,施工安全,可以减轻工人的劳动强度。

机械下管一般采用起重机或龙门式起重机。选择起重机以起重能力、臂杆长度和工作半径为主要因素。

起重机下管时机械沿沟槽移动,一般宜单侧堆土,另一侧作为下管机械的工作面。机械距离沟槽边缘不得小于0.8m。起吊索具和起吊过程中不得损坏管端接口,机械下管应有专人指挥。

2)排(布)管

重力流管道排管从下游开始排向上游,承口向上、插口向下,并预留出井室位置;当地基坡度较大时,压力管道排管时,承口应向上、插口应向下。

(7)管道接口

1)接口形式分类

① 柔性接口:采用橡胶圈或油麻材料密封,接口能承受一定量的轴向线变位(一般3~5mm)和相对角变位,且不引起渗漏的管道接口。柔性接口用于低压管道或重力流污水管道。

② 刚性接口:采用焊接、熔接、法兰连接或水泥类材料密封的管道接口。不能承受一定量的轴向线变位和相对角变位的管道接口。刚性接口用于中高压力管道或重力流排水管道。

2)接口施工技术要点

① 采用法兰和胶圈接口时,安装应按照施工方案严格控制上、下游管道接装长度、中心位移偏差及管节接缝宽度和深度。

② 采用焊接接口时,两端管的环向焊缝处齐平,错口的允许偏差应为0.2倍壁厚,内壁错边量不宜超过管壁厚度的10%,且不得大于2mm。

③ 采用电熔连接、热熔连接接口时,应选择在当日温度较低或接近最低时进行;电熔连接、热熔连接时电热设备的温度控制、时间控制,挤出焊接时对焊接设备的操作等,必须严格按接头的技术指标和设备的操作程序进行;接头处应有沿管节圆周平滑对称的内、外翻边;接头检验合格后,内翻边宜铲平。

④ 施工过程中应经常复核管道轴线和高程,发现偏差及时纠正。

(8)沟槽回填

1)基本规定

压力管道水压试验前,除接口外,管道两侧及管顶以上回填高度不应小于0.5m;水压试验合格后,应时回填沟槽的其余部分;无压管道在闭水或闭气试验合格后应及时回填。

回填作业每层的压实遍数,按压实度要求、压实工具、虚铺厚度和含水量,应经现场试验确定，现场试验段长度应为一个井段或不少于 50m，因工程因素变化改变回填方式时，应重新进行现场试验。

2）回填施工要点

① 水压试验或闭水试验合格后进行。回填要及时进行，防止管道暴露时间过长。

② 回填时沟槽内不得有积水，严禁带水回填。回填前沟槽内的砖石，木块等杂物应清除干净，不得回填淤泥、腐殖土及有机物质，大于 5cm 的石料和混凝土块必须剔除，大的泥块应敲碎。

③ 沟槽回填时不得损伤管节及接口，在抹带接口处、防腐绝缘层周围，应用细粒土回填。

④ 采用石灰土、砂、砂砾等材料回填时，其质量要求应符合设计规定。

⑤ 回填土的含水量应控制在最佳含水量附近。

⑥ 管道两侧和管顶以上 50cm 范围内的回填材料，应由沟槽两侧对称回填，不得单侧回填或直接扔在管道上，并采用轻夯压实，管道两侧压实面的高差不应超过 30cm。回填其他部位时也应均匀回填，不得集中堆积。

⑦ 需要拌合的回填材料，应在运入槽内前拌合均匀，不得在槽内拌合。

⑧ 沟槽回填压实应分层对称进行，每层铺筑厚度一般为 30cm。采用夯实工具或机械夯实。每层回填土的虚铺厚度，应根据所采用的压实机具按表 4-18 的规定选取。

压实机具与虚铺厚度 表 4-18

压实机具	虚铺厚度（mm）
木夯、铁夯	≤200
轻型压实设备	200～250
压路机	200～300
振动压路机	≤400

⑨ 采用压实机械压实管顶 50cm 以上填土时，管道顶部以上应有一定厚度的压实回填土，其最小厚度应通过计算确定。

⑩ 沟槽有支撑时，支撑拆除与回填土应交替进行，当天拆除的支撑部位当天应回填完毕并夯实。

⑪ 板桩撑应在填土达到密度后方可拔除，拔桩时应采取措施，及时灌填桩孔并注意邻近建筑物、构筑物和地下管线的安全。

⑫ 检查井周围回填压实时应沿井室中心对称进行，且不得漏夯。回填材料压实后应与井壁紧贴。

⑬ 管道沟槽位于路基范围内时，管顶以上 50cm 范围内回填土表层的压实度不应小于 87%，柔性管道回填与压实要求。

3）柔性管道回填与压实要求

① 柔性管道回填至设计高程时应在 12～24h 内测量并记录管道变形率，变形率应符合设计要求；设计无要求时，钢管或球墨铸铁管道变形率应不超过 2%，化学建材管道变形率应不超过 3%；如超过应采取相应的处理措施，必要时应会同设计研究处理。

② 沟槽回填部位与压实度要求，如图 4-19 所示。

地面

原土分层回填	≥90%			管顶500~1000mm
符合要去的原土或中、粗砂、碎石屑,最大粒径<40mm的砂砾回填	≥90%	85±2%	≥90%	管顶以上500mm,且不小于一倍管径
分层回填密实,压实后每层厚度100~200mm	≥95%	D_1 $2\alpha+30°$	≥95%	管道两侧
中、粗砂回填	≥95%		≥95%	2α+30°范围
中、粗砂回填		≥90%		管底基础,一般大于或等于150mm

槽底,原状土或经处理回填密实的地基

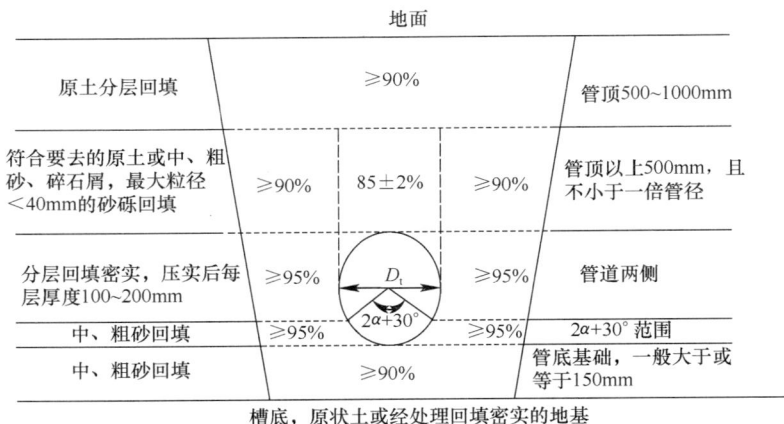

图 4-19 柔性管道沟槽回填部位与压实度示意图

2. 管道连接工艺流程及施工要点

(1)给水管道连接

1)钢管

钢管适用于中高压管道,市政给水(压力)管道中所使用的钢管多采用焊接或承插接口工艺,小管径的钢管采用卡箍、沟槽、套筒等方式连接,与其他管材和闸阀连接时采用法兰连接。

管道连接前管道内外防腐层应完好。中小口径钢管通常在专业化工厂内进行衬里(衬塑、衬玻璃钢、衬聚酯砂浆、衬水泥砂浆)和外防腐层(石油沥青、玻璃钢、热喷涂)作业。大口径钢管需要在现场进行内外防腐层施工。

为减少现场管道的固定口焊接,钢管应在沟槽外进行焊接和无损检验,管段连接长度可达百米。敷设时采用弹性敷管法,即采用数台吊车从沟槽一侧将焊接成段的管道吊入沟槽,直接在管道基础上就位。现场仅对少量固定焊口进行外防腐处理。

焊接连接工艺流程:排管→修口与清根→组对→焊接成段→无损检验→管段吊入槽→固定口焊接、补防腐层。

2)预应力混凝土管和钢筋混凝土企口管

预(自)应力混凝土管,统称为预应力混凝土管,预应力混凝土管采用O形胶圈-承插式接口,可用于低压输水管道。因其耐腐蚀性优于金属管材,代替钢管和球墨铸铁管使用,可降低工程造价。由于预应力混凝土管的自重大、需要机械运输与安装不便,多用在道路范围内低压配水工程。

钢筋混凝土企口管采用P型胶圈-企口接口,具有与预应力混凝土管同样的优点,可用于大规模的低压输水管道。

预应力混凝土管与钢筋混凝土企口管接口时要用起重机或龙门式起重机提升和移动就位;并需使用拉链、千斤顶等机具安装,通过机械产生推力或拉力,使胶圈均匀而紧密地就位。为达到密封且不漏水的目的,胶圈必须正确就位并具有一定的压缩率,因此施工有一定的技术难度。

预应力混凝土管与钢筋混凝土企口管采用胶圈密封时,一般情况下无需做封口处理,但遇到对胶圈有腐蚀性的地下水或靠近树木地段宜进行封口处理。封口材料多为水泥砂浆。

接口工艺流程：排管→清洁承插口→上胶圈→承插接口→检查合格后→锁紧。

3）球墨铸铁管

球墨铸铁管在市政压力管道中使用较为普遍，按接口形式分为推入式（T形）、机械式（K形）、自锁式（TF形）等类别，适用于中低压管道。

① 推入式柔性接口

承插式球墨铸铁管采用推入式柔性接口（适应管径小于1200mm），T形胶圈由两部分组成，硬胶部分起固定作用，软胶部分起密封作用。常用工具有锤子、手动葫芦、连杆千斤顶等，这种接口操作简便、快速，工具配套，适用于管径为80～2600mm的输水管道，在城市压力供水管道工程中广泛采用。

施工工艺流程：排管→清理承口和胶圈→上胶圈→清理插口外表面、刷润滑剂→撞口→检查。

下管后，将管道承口和胶圈清理洁净，把胶圈弯成心形或花形（大口径管）放入承口槽内就位，确保各个部位不翘不扭，仔细检查胶圈的固定是否正确。

清理插口外表面，在插口外表面和承口内胶圈的内表面上刷润滑剂。

插口对准承口找正后，上安装工具，扳动捌链（或叉子），将插口慢慢挤入承口内。

② 机械式（压兰式）柔性接口

机械式（压兰式）接口柔性接口，适应管径大于1200mm，承插式橡胶圈连接，是靠压兰作用使胶圈产生接触压力而形成密封，通过压兰、螺栓固定，外部不需要其他填料；主要优点是抗振性能好，并且安装与维修方便，缺点是配件多，造价高。

施工工艺流程：排管→清理插口、压兰和胶圈→压兰与胶圈定位→清理承口→刷润滑剂→对口→临时紧固→螺栓全方位紧固→检查螺栓扭矩。

下管后，用棉纱和毛刷将插口端外表面、压兰内外表面、胶圈表面、承口内表面彻底清洁干净。然后安装压兰并将其推送至插口端部定位，用人工把胶圈套在插口上（注意胶圈正确就位）。为便于安装，在插口及密封胶圈的外表面和承口内表面均匀涂刷润滑剂。管道吊起后，使插口对正承口，对口间隙应符合设计要求，调整好管中心和接口间隙后，在管道两侧填砂固定管身，将密封胶圈推入承口与插口的间隙，调整压兰，使其螺栓孔和承口螺栓孔对正、压兰与插口外壁间的缝隙要均匀。最后，用螺栓在上下、左右4个方位对角紧固。

③ TF形自锁式接口

TF形自锁式接口是由焊在管节插口端的焊环、外形带曲率的锁紧环和特殊的压兰及勾头螺栓组成。TF形自锁式接口适合在地基不均匀变形、转弯处无法安装支墩等情况下应用，特别是穿越河流、湖泊或丘陵地段。TF形自锁式接口可有效防止管道脱落，且可以实现一段管道的整体吊装施工。

施工工艺流程：排管→清理插口、压兰和胶圈→压兰与胶圈定位→清理承口→刷润滑剂→对口→临时紧固→螺栓全方位紧固→检查螺栓扭矩。

4）硬聚氯乙烯（UPVC）管连接

硬聚氯乙烯管可用于小口径低压的市政管网，采用胶圈接口、粘接接口、法兰连接等形式,最常用的是胶圈接口和粘接连接。橡胶圈接口适用于管外径为 $63\sim710$mm 的管道连接;粘接接口只适用管外径小于 160mm 管道的连接;法兰连接一般用于硬聚氯乙烯管与铸铁管等其他管材、阀件的连接。

胶圈接口中所用的橡胶圈不应有气孔、裂缝、重皮和接缝等缺陷,胶圈内径与管材插口外径之比宜为 $0.85\sim0.90$,胶圈断面直径压缩率一般采用 40%。

粘接施工流程:排管→清理承插口→打磨接合面→涂刷胶粘剂→承插到位→检查。

5)聚乙烯实壁管热熔连接

聚乙烯实壁管多用于低压配水管道,与 PPR、PB 管道一样,可采用热熔连接。管材、管件须经试验确定施工参数,且采用热熔对接焊机或气焊枪等专用机具。

施工工艺流程:断管→调试焊接设备→接口清理→焊口固定→分层焊接→焊缝外观检查→破坏性试验。

(2)重力流排水管道

1)排水用球墨铸铁管与灰口铸铁管

① 法兰连接

推入式(T 形)、机械式(K 形)、自锁式(TF 形)等类接口见给水管道部分。

② 承插管油麻接口

油麻接口也属于柔性接口,油麻一般使用在承插式接口的排水铸铁管上;在重力流承插铸铁管接口时,须先打油麻再打石棉水泥,防止泥水进入管道,同时油麻抗腐蚀,不容易腐烂。排水管道附属构筑物的套管与管道之间的间隙可应用石棉绳类的防火材料填充。

承插管沥青油膏接口,因沥青油膏具有粘结力强、受温度影响小、接口施工方便等优点,同时沥青油膏可自制,也可购买成品,使其在中小口径城市排水管道工程中应用较多。

油麻接口工艺流程:吊管→清理承插口→将油麻塞入承口→锤击簪子→填实承口→用水泥灰料封口→质量检查。

2)预应力混凝土管

预应力混凝土管具有刚度大、抗腐蚀性能好、工程造价较低等优点,常被用于城市排涝与排洪管道工程。预应力混凝土承插管采用 O 形橡胶圈密封,承插口连接属于柔性接口形式。管道基础可采用天然弧形地基、砂垫层基础或砂石基础。安装需要起重机械和龙门式起重机配合。

柔性接口工艺流程:吊管→清理承插口→整理胶圈→上胶圈→管口、胶圈涂润滑剂→用捯链撞口→质量检查。

3)钢筋混凝土承插口管和钢筋混凝土企口管

① 橡胶圈接口

钢筋混凝土承插口管具有刚度大、抗腐蚀性能好、工程造价较低等优点,因而在重力流排水管道工程中应用很普遍。钢筋混凝土管分为承插口和企口两种形式,承插口管和企口管均为胶圈密封的柔性连接。钢筋混凝土承插口管采用 O 形橡胶圈接口,钢筋混凝土企口管接口采用 q 形橡胶圈。钢筋混凝土 F 形钢套环接口管采用齿形止水橡胶圈,除了顶进施工外,也用于开槽施工排水管道。

② 沥青麻布（玻璃布）接口

沥青麻布（或玻璃布）接口适用于无地下水、地基不均匀沉降不太严重的企口（无胶圈）排水管道。属于柔性接口。

接口工艺流程：砂垫层→吊管入位→企口缝填充沥青油膏→连接部位涂刷沥青、包裹玻璃布→按照设计包裹层数→质量检查。

柔性接口管道基础为天然弧形地基、砂垫层基础或砂石基础。

③ 刚性接口（平基法）

在地基条件较差时，承插口管和企口管采用混凝土条形基础（平基）或管枕-浇筑基础，连接方式采用接口部位用钢丝网石灰砂浆抹带或接口填充三角水泥砂浆。

平基抹带接口工艺流程：砂垫层→浇筑平基→吊管入位→上胶圈→管口、胶圈涂润滑剂→用捯链撞口→质量检查→凿毛→抹带。

平基法铺设排水管道，这种方法适合于地质条件不良的地段或雨期施工的场合。平基法施工时，基础混凝土强度必须达到 5MPa 以上时，才能下管。基础顶面标高要满足设计要求，误差不超过 ±10mm。管道设计中心线可在基础顶面上弹线进行控制。管道对口间隙，当管径不小于 700mm 时，按 10mm 控制；当管径小于 700mm 时，可不留间隙。铺设较大的管道时，宜进入管内检查对口，以减少错口现象。稳管以管内底标高偏差在 ±10mm 内，中心线偏差不超过 10mm，相邻管内底错口不大于 3mm 为合格。稳管合格后，在管道两侧用砖石块卡牢，并立即浇筑混凝土管座。浇筑管座前，平基应进行凿毛处理，并冲洗干净。为防止挤偏管道，在浇筑混凝土管座时，应两侧同时进行。

④ 刚性接口（管枕法）

管枕法铺设钢筋混凝土管与预应力混凝土管有很大不同：在混凝土管枕上安管和稳管后，需浇筑混凝土基础和接口。这种方法可以使平基和管座同时浇筑，缩短工期，是污水管道常用的方法。

管枕法施工时，预制混凝土管枕用混凝土的强度等级应与基础混凝土相同；管枕的长度为管径的 0.7 倍，高度等于平基厚度，宽度大于或等于高度；每节管道应设两个管枕，一般放在管道两端。为了防止管道从管枕上滚下伤人，铺管时管道两侧应立保险杠；管枕应放置平稳，高程符合设计要求。稳管合格后一定要用砖块或碎石在管道两侧卡牢，并及时浇筑混凝土基础和管座。

若用 135°或 180°管座基础，模板宜分两次支设，上部模板待管道铺设合格再支设。

浇筑平基混凝土时，一般应使基础混凝土面比设计标高高 20～40mm（视管径大小而定），以便稳管时轻轻揉动管道，使管道落到略高于设计标高处，并准备安装下一节管道时微量下沉。当管径在 400mm 以下时，可将管座混凝土与平基一次浇筑。

稳管时，将管身润湿，从模板上滚至基础混凝土面，边轻轻揉动边找中心和高程，将管道揉至高于设计高程 1～2mm 处，同时保证中心线位置准确。完成稳管后，立即支设管座模板，浇筑两侧管座混凝土，捣固管座两侧三角区，补填对口砂浆，抹平管座两肩。管座混凝土浇筑完毕后，立即进行抹带，使管座混凝土与抹带砂浆结合成一体，但抹带与稳管至少要相隔 2～3 个管口，以免碰撞，影响抹带接口的质量。

水泥砂浆抹带接口是在管道接口处用 1:（2.5～3）的水泥砂浆抹成半椭圆形或其他形状的砂浆带，带宽为 120～150mm。一般适用于地基较好、具有带形基础、管径较小的雨水管道和地下水位以上的污水支管。企口管和承插管均可采用此种接口。钢丝网水泥砂浆抹带接口，是在抹带层内埋置 20 号 10mm×10mm 方格的钢丝网，两端插入基础混凝土中。这种接口的强度高于水泥砂浆抹带接口，适用于地基较好、具有带形基础的雨水管道和污水管道。

4）化工建材（塑料）管

① 聚乙烯双壁波纹管

聚乙烯双壁波纹管等塑料管近些年已大量用于重力流排水管道，由于其管节质量轻、水力性能好、耐腐蚀性强等优点，很适用于中小口径排水管道，特别是污水管道。

塑料管用于排水管道时，应采用砂垫层基础，不宜在原装土基上直接敷设管道。安装时，先将管材承口端（即扩口端）内壁清理干净，并在承口端的内壁及插口端胶圈上涂上润滑剂（首选硅油）；用尼龙绳、捯链吊住管节承口端，使其离开地面至可操作，或用 150～350mm 枕木置于承口端底部，使其离开地面至可操作；主要将插口端与管材中心轴线对齐，整理好承口端内壁与胶圈的结合处，使其没有硬结合，轻轻推入至安全线位置。

施工工艺流程：排管→清理承插口→整理胶圈→上胶圈→插口外表和胶圈上刷润滑剂→顶推管插端进入承口→质量检查。

② 硬聚氯乙烯管

硬聚氯乙烯管可以采用橡胶圈接口、粘接接口、法兰连接等形式。橡胶圈接口适用于管径为 63～315mm 管道的连接；粘接接口只适用于管外径小于 160mm 管道的连接；法兰连接一般用于硬聚氯乙烯管与铸铁管等其他管材、阀件的连接。

道路范围内应按照市政道路工程技术要求进行管道回填。

③ 玻璃钢夹砂管道施工

A. 当沟槽深度和宽度达到设计要求后，在基础相对应的管道接口位置下挖一个长约 50cm、深约 20cm 的接口工作坑。

B. 在承口内表面均匀涂上润滑剂，然后把两个 O 形橡胶圈分别套装在插口上。用纤维带吊起管道，将承口与插口对好，采用手动葫芦或顶推的方法将管道插口送入，直至限位线到达承口端为止。

C. 校核管道高程，使其达到设计要求，管道安装完毕。在试压孔上安装试压接头，进行打压试验，一般试验时间为 3～5min，压力降为零即表示合格。

D. 玻璃钢管与钢管、球墨铸铁管的连接：按照厂家提供的工艺执行。

④ 高密度聚乙烯（HDPE）管道施工

A. 砂垫层铺设：管道基础，应按设计要求铺设，基础垫层厚度应不小于设计要求，即管径 315mm 以下为 100mm，管径 600mm 以下为 150mm。

基础垫层，应夯实紧密，表面平整。管道基础的接口部位，应挖预留凹槽，以便接口操作，凹槽在接口完成后，随即用砂填实。

B. 下管铺管：DN600 以下的管材一般均可采用人工下管，槽深大于 3m 或管径大于 DN400 的管材，可用非金属绳索系住管身两侧溜管，使管材平稳地放在沟槽线位上。DN600 以上的管材一般采用机械吊管，人工配合管道就位。

C. 管道接口连接：一般采用电熔、热熔、套管或承插口连接形式。

D. 管道连接完成就位后，应采用有效方法对管道进行定位，防止管道中心、高程发生位移变化。管道连接就位后应按设计标高及设计中心线复测，管道位置偏差应控制在允许的误差范围内方可进行回填作业。

E. 管道敷设后，因意外原因发生局部破损时，必须进行修补或更换，当管外壁局部破损时，可由厂家提供专用焊枪进行补焊；当管内壁破损时，应切除破损管段，更换合格管材并做好接口。

F. 管道与附件井连接：管道与检查井连接，应根据检查井结构形式按设计要求施工。管道与检查井连接时，管道与检查井的井壁应结合良好。管材承口部位不可直接砌筑在井壁中，宜在检查井两端各设置长 2m 的短管，管材插入检查井内壁应大于 30mm。采用管件连接管道与检查井时，应使用与管道同一生产企业提供的配套管件。

3. 燃气管道安装施工要点

依据《特种设备生产和充装单位许可规则》TSG 07—2019、《特种设备安全监察条例》和《特种设备生产单位许可目录》规定公用管道为 GB 类，燃气管道为 GB1 类。

（1）燃气管道的管材

1）钢管

焊接钢管用于中高压燃气管道，直缝焊接钢管管径为 200～1000mm，螺旋焊接钢管管径为 200～700mm；最大工作压力≤2.0MPa。

2）铸铁管

铸铁管用于中低压输配管道，且需要气密性试验，抗腐蚀性强，抗拉强度、抗弯曲、抗冲击能力不如钢管。在地下水位高、地层不稳定地区应尽可能不用铸铁管。

3）塑料管

聚乙烯 PE 塑料管可用于中低压燃气管道，塑料管与钢管相比不用做外防腐，输气能力比钢管可提高 30%。

中密度聚乙烯管 SDR11，$PN≤0.4MPa$；SDR17，$PN≤0.25MPa$。塑料管的承受压力、剪切力、弯曲力性能低于钢管，适应温度能力不及钢管。接近供热管道场所，不宜采用塑料管作燃气管道；温差大的地区不宜采用聚乙烯管作燃气管道。

（2）管道连接与施工要点

燃气管道 GB1 基础和连接施工工艺流程见给水管道部分内容。

1）钢管对口焊接施工要点

① 管道坡口可采用半自动气割机或手工气割配合手提坡口机打口，坡口质量应符合设计要求或规范规定。

对口前应将管节的管口以外 100mm 范围内的清理干净；管节的对口应采用对口器固定，转管或吊管找正对圆。注意将两个管节（段）纵向焊缝错开，间距应不小于 100mm 弧长。管壁内壁应平齐，错口量应符合规范规定。

对口完成后应立即进行定位焊，定位焊完成后拆除对口器；然后采用氩弧焊打底，焊条电弧焊填充、盖面。焊接应有经过试焊确定的焊接操作指导书。

② 长距离钢管安装施工前，可在沟槽上将管道事先连接成一定长度，然后再吊装入沟槽进行连接，尽量减少固定口焊接作业。

③ 所有焊口统一编号，在焊口旁打上焊工号码，并按桩号做好排管图。

④ 现场焊接口应按照设计要求和规范规定进行外保护层的补口。

⑤ 保护好钢管的外保护层，吊运钢管采用宽软吊带、轻吊、轻放，防腐的管子不能在地上滚动，管道垫层中不得含有石块、碎砖等杂物。

2) 球墨铸铁管连接施工要点

① 用于城市燃气管道的球墨铸铁管 N1 和 S 形接口特点与用于给水排水的球墨铸铁管 K 形接口一致，其安装施工要点基本相同。

② 法兰盘连接安装前，对法兰盘密封面、密封圈、隔离圈或支撑圈应进行外观检查和清理。

③ 压兰盘就位应正确，螺孔应对中；螺栓安装方向应一致，对称紧固，紧固好的螺栓应露出螺母之外 2～3 扣。

3) 聚乙烯管热熔与电熔连接

应依据设计要求和管材类型选择热熔或电熔连接方式，当设计没有明确要求时，宜选择电熔连接方式。

4) 阀门、补偿器安装

① 注意阀体上的箭头标志与介质流动方向性一致，不得安反。

② 燃气管道一般采用金属波纹管膨胀节型，其施工按照产品说明及规范要求进行。

③ 补偿器应安装在阀门的下侧（按介质流动方向）。安装位置应便于操作与检修。

④ 与法兰连接两侧相邻的第一至第二个焊口，待法兰的螺栓紧固后方可施焊。

具体要求见供热管道相应内容。

5) 回填施工

焊口应按照设计要求和规范规定进行焊接质量检测。检测合格后管道完成后，应进行管道功能性试验。试验合格后管道应按照设计要求回填土料。回填过程中燃气管道竖向变形要严格控制，不得大于设计要求和相关规范的规定，管径较大（$DN \geqslant 800mm$）时，在回填土方时，可事先在管道内设临时支撑。

4. 城市供热管道安装施工要点

依据《特种设备生产和充装单位许可规则》TSG 07—2019、《特种设备安全监察条例》和《特种设备生产单位许可目录》规定，公用管道为 GB 类，供热管道为 GB2 类。

（1）供热管道管材

供热管道为 GB2，管材有无缝钢管、螺旋钢管；保温层多为硬质发泡聚氨酯，外保护层根据需要可采用高密度聚乙烯塑料、钢管等材料。直埋管道应采用预制保温管，埋地蒸汽管道可采用钢制外护保温管，埋地热水管道可采用高密度聚乙烯外护管硬质聚氨酯，泡沫塑料预制保温管。

（2）直埋保温管道施工

1) 管道基础

直埋供热管道通常采用天然地基、砂垫基础或砂石基础。施工流程如下：施工降水→沟槽开挖→管道基础→下管→焊接安装→井室施工→功能性试验→沟槽回填。

2) 管道焊接安装

① 直埋保温管道的施工分段按补偿段划分，当管道设计有预热伸长要求时，应以一个预热伸长段作为一个施工分段。

② 直埋保温管道和管件在工厂预制，现场施工需补口、补伤和异形件等节点应符合设计要求和有关标准规定处理。

③ 直埋管道的现场切割应采取措施，以防止外保护管脆裂；管道系统的保温端头应采取措施进行密封；保护套管不得妨碍管道伸缩，损坏保温层及外保护层；预警系统连接检验合格后进行补偿器、阀门、固定支架等管件部位的保温安装。

④ 直埋管道接头的密封应符合：一级管网的现场安装的接头密封应进行100%的气密性检验。二级管网的现场安装的接头密封应进行不少于20%的气密性检验。气密性检验的压力为0.02MPa的规定。

⑤ 直埋保温管道预警系统应按设计要求进行，安装前应对单件产品预警线进行断路、短路检测；安装过程中，首先连接预警线，并在每个接头安装完毕后进行预警线断路、短路检测。

3）管道回填

① 回填材料和压实工具应符合相关规范的规定。

② 回填压实要求。

直埋管道回填如图4-20所示。

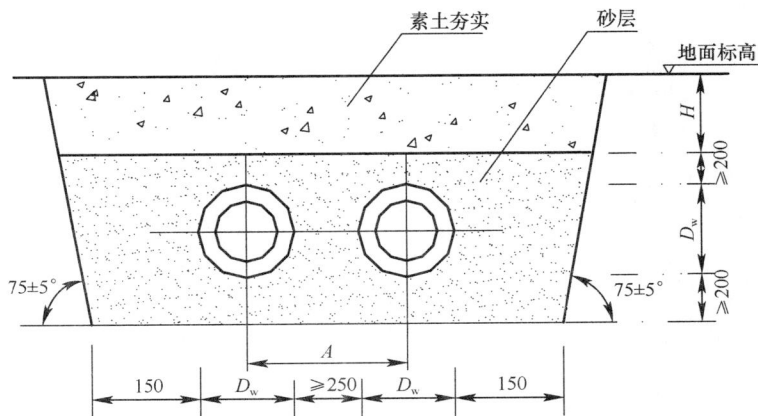

图 4-20　直埋管道回填示意图

（3）沟道内敷设

1）下管与铺管

将焊接好的管段用机械（具）或人工敷放在管沟的垫层或支架上，连接成整条的管道，按照设计要求调整间距、坡度及坡向。

2）支架安装

① 安装固定支架，支座与管道、支架应焊接牢固；安装活动支架、导向支架时，应考虑管道热伸后支架中心线与管座中心线偏差符合规范规定。

② 管道的活动支架（滑动支座）应偏心安装，偏心距宜为该处管道热位移量的1/2，安装时活动支架（支座）前进的边缘（靠近补偿器侧）与支撑板中心线距离宜为50mm。

如图 4-21 所示。

③ 活动支架（滑动支座）与管道、导向板与支架应焊接牢固。支架结构接触面应洁净、平整。活动支架应在补偿器拉伸并找正位置后方可焊接。

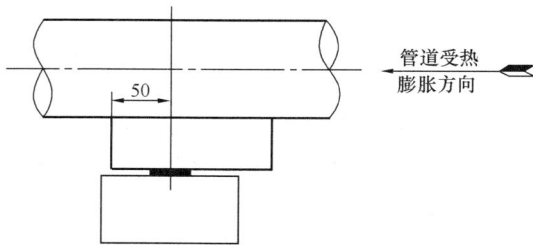

图 4-21 活动支架的安装示意图

3）法兰安装

① 法兰安装应对法兰密封面及密封垫片进行外观检查，法兰端面应保持平行，偏差不大于法兰外径的 1.5%，且不得大于 2mm；不得采用加偏垫、多层垫或加强力拧紧法兰一侧螺栓的方法来消除法兰接口端面的间隙。

② 法兰与法兰、法兰与管道应保持同轴，法兰内侧应进行封底焊；法兰与附件组装时，垂直度允许偏差为 2～3mm。

螺栓孔中心偏差不得超过孔径的 5%，使用同一规格的螺栓时，安装方向一致，并对称均匀紧固；丝扣外露长度应为 2～3 倍螺距。

③ 垫片的材质和涂料应符合设计要求；周边整齐、尺寸与法兰密封面相符；需要拼接时，采用斜口拼接或迷宫形式的对接。

4）阀门安装

① 阀门安装工程所用阀门必须有制造厂的产品合格证明及生产许可证。管网主干线及其他重要阀门经过检测部门进行强度和严密性试验。

② 阀门运输、吊装时，保护阀门密封面极其重要部件，不得使用阀门手轮作为吊装的承重点。

③ 阀门安装时，有安装方向的阀门应按要求进行；其开关手轮应放在便于操作的位置；水平安装的闸阀、截止阀的阀杆应处于上半周范围内，其阀杆及传动装置应按设计规定安装，动作应灵活；有开关程度指示标志的应准确。

④ 当阀门与管道以法兰或螺纹方式连接时，阀门应在关闭状态下安装；当阀门与管道以焊接方式连接时，阀门不得关闭。

⑤ 焊接碟阀安装中，阀板的轴应安装在水平方向上，轴与水平面的最大夹角不应大于 60°；安装在立管上时，焊接前应向已关闭的阀板上方注入 100mm 以上的水；焊接完成后，进行三次完全的开启，以检验其灵活性。

⑥ 焊接球阀安装中，焊接时要进行冷却；球阀应打开；焊接完成后应进行降温。

5）补偿器的安装

① 供热管道一般采用金属波纹管膨胀节型、填料型或球型补偿器吸收管道的热应力。在安装补偿器时一般应根据现场的实际情况，在地面预制成型，整体吊装。补偿器安装完成后，应按要求拆除运输固定装置，并按要求调整限位装置。

② 不同形式补偿器安装应按照产品说明及规范要求进行。

6）安全阀的安装

安全阀的安装应符合设计要求，并且要确保安全阀的排放点对其他操作点的安全性。安全阀的出入口的支架应牢固可靠。安全阀出口如果直接排入大气，则在出口处应加设凝液排放孔。

5．不开槽施工管道

（1）施工方法选择

不开槽管道施工是相对于开槽管道施工而言，属于埋地管道另一种形式。不开槽施工方法中，一般情况下，顶管法适用于直径800～3000mm管道施工；盾构法适用于直径3000mm以上管道施工；浅埋暗挖法适用于直径2000mm以上管道施工；水平定向钻、气动矛、夯管锤等机具适用于直径100～1000mm管道施工。不开槽施工法与适用条件见表4-19。

不开槽法施工工（方）法与适用条件 表4-19

施工工法	密闭式顶管	盾构	浅埋暗挖	定向钻	夯管
工法优点	施工精度高	施工速度快	适用性强	施工速度快	施工速度快成本较低
工法缺点	施工成本高	施工成本高	施工速度慢施工成本高	控制精度低	控制精度低，适用于钢管
适用范围	给水排水管道综合管道	给水排水管道综合管道	给水排水管道综合管道	给水管道	给水排水管道
适用管径（mm）	300～4000	3000以上	1000以上	300～1000	200～1800
施工精度	小于±50mm	取决控制技术	小于±1000mm	小于±1000mm	夯进中不可控
施工距离	较长	长	较长	较短	短
适用地质条件	各种土层	各种土层	各种土层	砂卵石及含水地层不适用	含水地层不适用，砂卵石地层困难

（2）顶管法施工

1）顶进长度与顶力计算

一次顶进长度应根据设计要求的管道穿越长度、井室位置、地面运输与开挖工作坑的条件、顶进需要的顶力、后背与管口可能承受的顶力以及支持性技术措施等因素综合确定。

顶管的顶进阻力应按以下公式计算：

$$F_P = \pi D_0 L f_K + N_F \tag{4-5}$$

式中　F_P——顶进阻力（kN）；

　　　D_0——管道的外径（m）；

　　　L——管道的设计顶进长度（m）；

　　　f_K——管道外壁与土的单位面积平均摩阻力（kN/m²），通过试验确定；对于采用触变泥浆减阻技术的宜按表4-20选用；

　　　N_F——顶进时迎面阻力（kN），不同类型顶管机的迎面阻力宜按表4-21选择计算式。

采用触变泥浆的管外壁单位面积平均摩擦阻力 f（kN/m²） 表4-20

土类 管材	黏性土	粉土	粉、细砂土	中、粗砂土
钢筋混凝土管	3.0～5.0	5.0～8.0	8.0～11.0	11.0～16.0
钢管	3.0～4.0	4.0～7.0	7.0～10.0	10.0～13.0

顶管机迎面阻力（N_F）的计算公式 表 4-21

顶进方式	迎面阻力（kN）	式中符号
敞开式	$N_F = \pi (D_g - t) tR$	e——开口率； t——工具管刃脚厚度（m）； α——网格截面参数，宜取 0.6～1.0； P_n——气压强度（kN/m²）； P——控制土压力； D_g——顶管机外径（mm）； R——挤进阻力（kN/m²），取 $R=300～500 \text{kN/m}^2$
挤压式	$N_F = \dfrac{\pi}{4} D_g^2 (1-e)k$	
网格挤压	$N_F = \dfrac{\pi}{4} D_g^2 \alpha R$	
气压平衡	$N_F = \dfrac{\pi}{4} D_g^2 (\alpha R + P_n)$	
土压平衡和泥水平衡	$N_F = \dfrac{\pi}{4} D_g^2 P$	

　　顶管宜采用工作坑壁的原土作后背。选择时应根据顶力，按有关规定对后背的安全进行核算。后背原土不能满足顶力要求时，应采取补强、加固措施或设计结构稳定可靠、拆除方便的人工后背。

　　2）工作坑设置

　　① 工作坑平面尺寸（纵向尺寸，见图 4-22），应根据工作坑类型、现场环境、土质、挖深、地下水位及支撑材料规格、管径、管长、顶管机具规格、下管及出土方法等条件确定。坑底尺寸按以下公式计算：

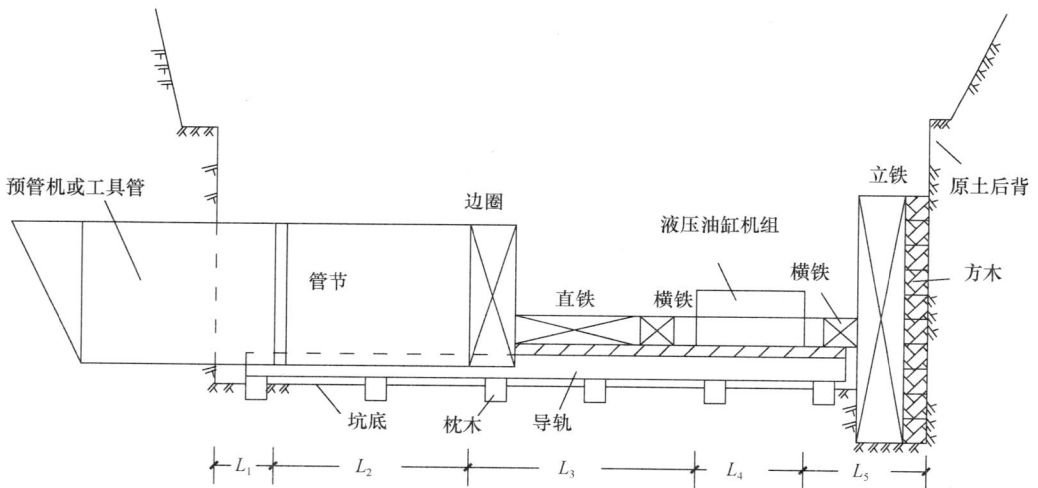

图 4-22　顶管工作坑纵断面

$$\text{底宽} = D_1 + S$$
$$\text{底长} = L_1 + L_2 + L_3 + L_4 + L_5 \tag{4-6}$$

式中　D_1——管外径（m）；

　　　S——操作宽度（m），取 2.4～3.2m；

　　　L_1——管节顶进后，尾部压在导轨上的最小长度，钢筋混凝土管取 0.3～0.5m；金属管取 0.6～0.8m；机械挖土、挤压出土及管前使用其他工具管时，工具管长度如大于上述铺轨长度的要求，L_1 应取工具管长度；

　　　L_2——管节长度；

L_3——出土工作间长度，根据出土工具而定，宜为 $1.0\sim1.8$m；

L_4——液压油缸长度（m）；

L_5——后背所占工作坑长度，包括横木、立铁、横铁，取 0.85m。

② 工作坑深度应按下列公式规定计算：

$$H_1 = h_1 + h_2 + h_3$$
$$H_2 = h_1 + h_2$$

(4-7)

式中 H_1——顶进坑地面至坑底的深度（m）；

H_2——接受坑地面至坑底的深度（m）；

h_1——地面至管道底部外缘的深度（m）；

h_2——管道外缘底部至导轨底面的高度（m）；

h_3——基础及其垫层的厚度（m）。

③ 工作坑的支撑形式应根据开挖断面、挖深、土质条件、地下水状况及总顶力确定。工作坑可采用钻孔桩、喷锚水泥混凝土、钢木支撑等支护方法，井深大于 6m 且有地下水时，宜采用地下连续墙、沉井等支护方法。支撑结构宜形成封闭式框构，框构应设斜撑加固。工作坑开挖深度达 2m 时，即应进行支撑。

管道穿越工作坑壁封门处的土体应根据封闭要求进行加固，其加固范围长度宜不小于掘进机长，其他各方向宜按掘进机直径及土体特征确定。

3）后背墙的施工

后背墙可采用原土或预制件、现浇混凝土制作。原土后背土壁应铲修平整，使壁面与管道顶进方向垂直。后背墙宜采用方木、型钢、钢板等组装，组装后的后背墙应有足够的强度和刚度，埋于坑底深度不小于 500mm，型钢、方木、预制后背等应贴紧土体横放，在其前面放置立铁，立铁前置放横铁。

后背墙采用预制件拼装时，各拼装件连接应牢固；现浇混凝土后背应振捣密实，外露工作面表面平整，强度符合设计要求。利用已完成顶进的管段作后背时，顶力中心须与现况管道中心重合，顶进顶力应确保小于已完顶进管段的阻抗力。

4）导轨安装

导轨宜根据管材质量选择型号匹配的钢轨作导轨，基础采用水泥混凝土基础、枕铁、枕木。两根导轨应直顺、平行、等高，导轨安装牢固，其纵坡与管道设计坡度一致；导轨的高程和内距允许偏差为 ±2mm；中心线允许偏差为 3mm；顶面高程允许偏差为 0～+3mm。保持置于导轨中的管材外壁与枕铁、枕木基础间 20mm 左右间隙。

5）液压顶进设备安装

① 顶铁安装

顶铁应有足够的刚度，顶铁宜有锁定装置，顶铁单块旋转时应能保持稳定。一般采用材质型号统一的型钢焊接成型。焊缝不得高出表面，且不得脱焊。顶铁长度应模数化。顶铁安装后其轴线应与管道轴线平行、对称，顶铁表面不得有泥土、油污。

② 液压油缸安装

液压油缸的着力中心宜位于管节总高的 1/4 左右处，且不小于组装后背高度的 1/3。使用一台液压油缸时，其平面中心应与管道中心线一致；使用多台液压油缸时，各液压油缸中心应与管道中心线对称。

高压油泵宜设置在液压油缸附近；油管应直顺、转角少；控制系统应布置在易于操作的部位。油泵应与液压油缸相匹配，并应有备用油泵。液压油缸的油路应并联，每台液压油缸均应有进油、退油的控制系统。

③顶进设备运行规定

A. 开始顶进时应慢速，待各接触部位密合后，再按正常顶进速度顶进。

B. 顶进中发现油压突然增高，应立即停止顶进，查明原因，排除故障后，方可继续顶进。

C. 液压油缸活塞退回时，油压不得过大，速度不得过快。

D. 顶进时，工作人员不得在顶铁上方及其侧面停留，并应随时观察顶铁有无异常迹象。

6）中继间顶进

中继间的加设及数量，应依据顶进作业总顶力的计算和顶进管材的管壁承受能力经施工设计确定。中继间的设计最大顶力不宜超过管节承压面抗压能力的70%。

中继间应具有足够刚度、卸装方便，在使用中具有良好的连接性、密封性。液压油缸应同时满足顶进与纠偏需要。中继间设备应简洁、体积小，其液压设备与工作坑顶进设备宜集中控制。中继间应在道轨上与顶进管连接牢固，顶进中不得错位。

超过3个中继间时，宜设中继间启动的联动装置，其工作顺序应自距顶管机或工具管最近的中继间开始。完成管段顶进作业后，中继间应从第一组（距顶管机最近）起逐组拆卸，并在中继间空隙将管节碰拢前安装止水材料，或在中继间空隙现浇钢筋混凝土。

7）触变泥浆减阻

顶管过程中，应在管节四周压注触变泥浆，使土体与管节间形成20～30mm厚的泥浆套，减少顶力和防止土层坍塌。前封闭外径宜比管节外径大40～60mm，可用顶管机作前封闭。触变泥浆灌注应从顶管的前端进行，待顶进数米后，再从后端及中间进行补浆。顶管终止顶进后，应向管外壁与土层间的空隙，进行充填注浆以置换触变泥浆层。注浆孔个数应根据所顶管节的管径而定，宜为4～6个，均匀布置。输浆管宜用钢管或高压胶管。

8）顶管用管材与接口

顶管施工钢筋混凝土管应符合现行《混凝土和钢筋混凝土排水管》GB/T 11836有关规定。宜优先选企口式（胶圈接口，图4-23a）、双插式（T型钢套环胶圈接口，图4-23b）和钢承口式（F型钢套环胶圈接口，图4-23c）等接口形式管材。

钢管管材应符合国家现行有关标准，并应在专业厂预制、涂塑管内、外壁的防腐层和耐磨保护层；并经现场试验和验证。

玻璃钢夹砂管应符合《玻璃纤维增强塑料夹砂管》GB/T 21238—2016中有关规定。管端应采取保护措施。

（3）盾构法施工

1）盾构类型

盾构机的种类繁多，按开挖面是否封闭划分有密闭式和敞开式两种；按平衡开挖面的土压与水压的原理不同，密闭式盾构机分为土压式（常用泥土压式）和泥水式两种。国内用于地铁或城市管道工程的盾构主要是土压式和泥水式两种。

2）密闭式盾构施工流程

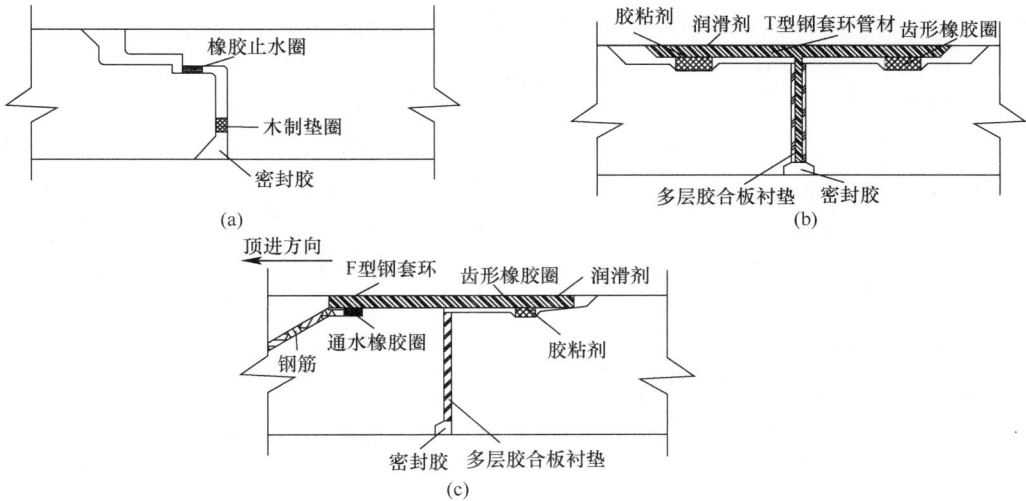

图 4-23 管材常用接口形式

（a）胶圈接口；（b）T 型钢套环胶圈接口；（c）F 形钢套环胶圈接口

① 在隧道的起始端和终止端各建一个工作井（城市地铁一般利用车站的端头）作为始发或接受工作井；

② 盾构在始发工作井内安装就位；

③ 依靠盾构千斤顶推力（作用在工作井后壁或新拼装好的衬砌上）将盾构从起始工作井的墙壁开孔处推出；

④ 盾构在地层中沿着设计轴线推进，在推进的同时不断出土（泥）和安装衬砌管片；

⑤ 及时向衬砌背后的空隙注浆，防止地层移动和固定衬砌环位置；

⑥ 盾构进入接收工作井并被拆除，如施工需要，也可穿越工作井再向前推进。

3）盾构工作井施工

工作井主要用于盾构机的拼装和拆卸，井壁上设有盾构出洞口，井内设有盾构基座和盾构推进的后座，其平面尺寸应根据盾构装拆的施工要求来确定。井的宽度一般比盾构直径大 1.6～2.0m，以满足操作的空间要求。井口长度，除了满足盾构内安装设备的要求外，还要考虑盾构推进出洞时，拆除洞门封板和在盾构后面设置后座，以及垂直运输所需的空间。

4）盾构始发与接收施工

① 洞口土体加固

盾构从始发工作井进入地层前，首先应拆除盾构掘进开挖洞体范围内的工作井围护结构，以便将盾构推入土层开始掘进；盾构到达接收工作井前，亦应先拆除盾构掘进开挖洞体范围内的工作井围护结构，以便隧道贯通、盾构进入接收工作井。由于拆除洞口围护结构会导致洞口土体失稳、地下水涌入且盾构进入始发洞口开始掘进的一段距离内或到达接收洞口前的一段距离内难以建立起土压（土压平衡盾构）或泥水压（泥水平衡盾构）以平衡开挖面的土压和水压，因此拆除洞口围护结构前必须对洞口土体进行加固。常用加固方法主要有：注浆法、高压喷射搅拌法和冻结法。

② 盾构始发施工

盾构始发是指盾构自始发工作井内盾构基座上开始推进到完成初始段（通常 50～

100m）掘进止，亦可划分为：洞口土体加固段掘进、初始掘进两个阶段。

a. 洞口土体加固段掘进

由于拼装最后一环临时管片（负一环，封闭环）前，盾构上部千斤顶一般不能使用（最后一环临时管片拼装前安装的临时管片通常为开口环），因此从盾构进入土层到通过土体加固段前，要慢速掘进，以便减小千斤顶推力，使盾构方向容易控制；盾构到达洞口土体加固区间的中间部位时，逐渐提高土压仓（泥水仓）设定压力，出加固段达到预定的设定值。

盾构基座、反力架与管片上部轴向支撑的制作与安装要具备足够的刚度，保证负载后变形量满足盾构掘进方向要求。

通常盾构机盾尾进入洞口后，拼装整环临时管片（负一环），并在开口部安装上部轴向支撑，使随后盾构掘进时全部盾构千斤顶都可使用。

盾构机盾尾进入洞口后，将洞口密封与封闭环管片贴紧，以防止泥水与注浆浆液从洞门泄漏。

b. 初始掘进

初始掘进阶段是盾构法隧道施工的重要阶段，其主要任务：收集盾构掘进数据（推力、刀盘扭矩等）及地层变形量测量数据，判断土压（泥水压）、注浆量、注浆压力等设定值是否适当，并通过测量盾构与衬砌的位置，及早把握盾构掘进方向控制特性，为正常掘进控制提供依据。

③ 盾构接收施工

盾构接收是指自掘进距接收工作井一定距离（通常 100m 左右）到盾构机落到接收工作井内接收基座上止。

当盾构正常掘进至离接收工作井一定距离（通常 50～100m）时，盾构进入到达掘进阶段。到达掘进是正常掘进的延续，是保证盾构准确贯通、安全到达的必要阶段。

进入接收井洞口加固段后，逐渐降低土压（泥水压）设定值至 0MPa，降低掘进速度，适时停止加泥、加泡沫（土压式盾构）、停止送泥与排泥（泥水式盾构）、停止注浆，并加强工作井周围地层变形观测。

盾构暂停掘进，准确测量盾构机坐标位置与姿态，确认与隧道设计中心线的偏差值。根据测量结果制订到达掘进方案。

拼装完最后一环管片，千斤顶不要立即回收，及时将洞口段数环管片纵向临时拉紧成整体，拧紧所有管片连接螺栓，防止盾构机与衬砌管片脱离时衬砌纵向应力释放。

④ 盾构掘进与管片拼装

盾构掘进过程中，施工控制内容见表 4-22。

密闭式盾构掘进控制内容　　　　　　　　　　　　　　表 4-22

控制要素		内　容	
开挖	泥水式	开挖面稳定	泥水压、泥浆性能
		排土量	排土量
	土压式	开挖面稳定	土压、塑流化改良
		排土量	排土量
		盾构参数	总推力、推进速度、刀盘扭矩、千斤顶压力等

控制要素	内　容	
线形	盾构姿态、位置	倾角、方向、旋转
		铰接角度、超挖量、蛇行量
注浆	注浆状况	注浆量、注浆压力
	注浆材料	稠度、泌水、凝胶时间、强度、配比
一次衬砌	管片拼装	椭圆度、螺栓紧固扭矩
	防水	漏水、密封条压缩量、裂缝
	隧道中心位置	蛇行量、直角度

盾构推进结束后，应迅速拼装管片成环。除特殊场合外，大多采取错缝拼装。在纠偏或急曲线施工的情况下，有时采用通缝拼装。

拼装一般从下部的标准（A 形）管片开始，依次左右两侧交替安装标准管片，然后拼装邻接（B 形）管片，最后安装楔形（K 形）管片。楔形管片安装在邻接管片之间，为了不发生管片损伤、密封条剥离，必须充分注意正确地插入楔形管片。

先紧固环向（管片之间）连接螺栓，后紧固轴向（环与环之间）连接螺栓。采用扭矩扳手紧固，紧固力取决于螺栓的直径与强度。一环管片拼装后，利用全部盾构千斤顶均匀施加压力，充分紧固轴向连接螺栓。盾构继续掘进后，在盾构千斤顶推力、脱出盾尾后土（水）压力的作用下衬砌产生变形，拼装时紧固的连接螺栓会松弛。为此，待推进到千斤顶推力影响不到的位置后，用扭矩扳手等，再一次紧固连接螺栓。

拼装管片时，各管片连接面要拼接整齐，连接螺栓要充分紧固。施工中对每环管片的盾尾间隙认真检测，并对隧道线形与盾构方向严格控制。盾构纠偏应及时连续，过大的偏斜量不能采取一次纠偏的方法，纠偏时不得损坏管片，并保证后一环管片的顺利拼装。

5）注浆要求与控制方式

注浆是向管片与围岩之间的空隙注入填充浆液，向管片外压浆的工艺，应根据所建工程对隧道变形及地层沉降的控制要求选择同步注浆或壁后注浆，一次压浆或多次压浆。

管片拼装完成后，随着盾构的推进，管片与洞体之间出现空隙。如不及时充填，地层应力得以释放，而产生变形。其结果发生地面沉降，邻近建（构）筑物沉降、变形或破坏等。注浆的主要目的就是防止地层变形、及早安定管片环和形成有效的防水层。

一次注浆分为同步注浆、即时注浆和后方注浆三种方式。

同步注浆是在空隙出现的同时进行注浆、填充空隙的方式，分为从设在盾构的注浆管注入和从管片注浆孔注入两种方式。前者，其注浆管安装在盾构外侧，存在影响盾构姿态控制的可能性，每次注入若不充分洗净注浆管，则可能发生阻塞，但能实现真正意义的同步注浆。后者，管片从盾尾脱出后才能注浆。即时注浆是一环掘进结束后从管片注浆孔注入的方式。后方注浆是掘进数环后从管片注浆孔注入的方式。

二次注浆是以弥补一次注浆缺陷为目的进行的注浆。

注浆控制分为压力控制与注浆量控制两种。压力控制是保持设定压力不变，注浆量变化的方法。注浆量控制是注浆量一定，压力变化的方法。一般应同时进行压力和注浆量控制。

（4）深基坑施工

1）基坑安全等级

深基坑的基坑侧壁安全等级应由设计提出要求，并依据表 4-23 规定确定。

基坑侧壁安全等级 表 4-23

安全等级	破坏后果
一级	支护结构破坏、土体失稳或过大变形对基坑周边环境及地下结构施工影响很严重
二级	支护结构破坏、土体失稳或过大变形对基坑周边环境及地下结构施工影响一般
三级	支护结构破坏、土体失稳或过大变形对基坑周边环境及地下结构施工影响不严重

156

2）围护结构形式

深基坑的围护结构形式很多，设计根据基坑深度、工程地质和水文地质条件、地面环境条件等，经技术经济综合比较后确定。不同类型围护结构的特点见表 4-24。

不同类型围护结构的特点 表 4-24

类 型	特 点
桩板式墙、板式桩	1. H 型钢的间距在 1.2～1.5m； 2. 造价低，施工简单，有障碍物时可改变间距； 3. 止水性差，地下水位高的地方不适用，坑壁不稳的地方不适用； 4. 开挖深度达到 6m，无支撑；基本用于开挖深度 10m 以内的基坑（有支撑）
钢板桩	1. 成品制作，可反复使用； 2. 施工简便，但施工有噪声； 3. 刚度小，变形大，与多道支撑结合，在软弱土层中也可采用； 4. 新的时候止水性尚好，如有漏水现象，需增加防水措施
板式钢管桩	1. 截面刚度大于钢板桩，在软弱土层中开挖深度可大，在日本开挖深度达 30m； 2. 需有防水措施相配合
预制混凝土板桩	1. 施工简便，但施工有噪声； 2. 需辅以止水措施； 3. 自重大，受起吊设备限制，不适合大深度基坑。国内用于 10m 以内的基坑
灌注桩、墙	1. 刚度大，可用在深大基坑； 2. 施工对周边地层、环境影响小； 3. 需降水或和止水措施配合使用，如搅拌桩、旋喷桩等
地下连续墙	1. 刚度大，开挖深度大，可适用于所有地层； 2. 强度大，变位小，隔水性好，同时可兼作主体结构的一部分； 3. 可邻近建筑物、构筑物使用，环境影响小； 4. 造价高
SMW 工法桩	1. 强度大，止水性好； 2. 内插的型钢可拔出反复使用，经济性好； 3. 具有较好发展前景，国内上海、北京等城市已有工程实践
自立式水泥土挡墙/ 水泥土搅拌桩挡墙	1. 无支撑，墙体止水性好，造价低； 2. 墙体变位大

3）支撑结构

深基坑支撑结构体系包括内支撑和外拉锚两种形式。内支撑一般由各种型钢撑、钢管撑、钢筋混凝土撑、围檩等构成支撑系统；外拉锚有拉锚和土锚两种形式。在软弱地层的基坑工程中，支撑结构承受围护墙所传递的土压力、水压力。支撑结构挡土的应力传递路径是围护（桩）墙→围檩（冠梁）→支撑，在地质条件较好、有锚固力的地层中，基坑支撑可采用外拉锚形式。

深基坑常用的内支撑系统按其材料可分为现浇钢筋混凝土支撑体系和钢支撑体系两类。现浇钢筋混凝土支撑体系由围檩（圈梁）、支撑及角撑、立柱和围檩托架或吊筋、立柱等其他附属构件组成。钢结构支撑（钢管、型钢）体系通常为装配式，由围檩、角撑、支撑、预应力设备、监测监控装置、立柱等组成。内支撑系统形式和特点表 4-25。

内支撑体系的形式和特点 表 4-25

材 料	截面形式	布置形式	特 点
现浇钢筋混凝土	可根据断面要求确定断面形状和尺寸	有对撑、边桁架、环梁结合边桁架等，形式灵活多样	混凝土结硬后刚度大，变形小，强度的安全可靠性强，施工方便，但支撑浇制和养护时间长，围护结构处于无支撑的暴露状态的时间长，软土中被动区土体位移大，如对控制变形有较高要求时，需对被动区软土加固。施工工期长，拆除困难，爆破拆除对周围环境有影响
钢结构	单钢管、双钢管、单工字钢、双工字钢、H型钢、槽钢及以上钢材的组合	竖向布置有水平撑、斜撑；平面布置形式一般为对撑、井字撑、角撑。也有与钢筋混凝土支撑结合使用，但要谨慎处理变形协调问题	装、拆除施工方便，可周转使用，支撑中可加预应力，可调整轴力而有效控制围护墙变形；施工工艺要求较高，如节点和支撑结构处理不当，或施工支撑不及时不准确，会造成失稳

支撑体系应合理选择、受力明确，充分协调发挥各杆件的力学性能，安全可靠，经济合理，稳定性和变形满足周围环境保护的要求；支撑体系布置能在安全可靠的前提下，最大限度地方便土方开挖和主体结构的快速施工。

4）基坑土方开挖

基坑开挖应根据支护结构设计、降排水要求，确定开挖方案。基坑周围地面应设排水沟，且应避免雨水、渗水等流入坑内，同时，基坑也应设置必要的排水设施，保证开挖时通过及时排出雨水。

基坑必须分层、分块、均衡地开挖，分块开挖后必须及时施工支撑，软土地区应先支后挖，严格控制围护结构变形。对于有预应力要求的钢支撑或锚杆，应按设计要求施加预应力。

基坑开挖过程中，必须采取措施防止开挖机械等碰撞支护结构、格构柱、降水井点或扰动基底原状土。严格禁止在基坑顶部设计范围堆放材料、土方和其他重物以及停置或行驶较大的施工机械。

发生围护结构变形明显加剧、支撑轴力突然增大、围护结构渗漏、边坡出现失稳征兆等异常情况时,应立即停止挖土,查清原因和及时采取措施后,方能继续挖土。

基坑土方开挖时,应按设计要求开挖土方,不得超挖,不得在坡顶随意堆放土方、材料和设备。在整个基坑开挖和地下工程施工期间,应严密监测坡顶位移,随时分析观测数据。当边坡有失稳迹象时,应及时采取削坡、坡顶卸荷、坡脚压载或其他有效措施。

6. 提升泵站沉井施工

提升(加压)泵站是给水排水管道附属构筑物。

(1)适用条件

沉井施工适用于含水、软土地层条件下地下或半地下提升泵站施工。施工流程是:先在地面制作成上、下开口钢筋混凝土井状结构,然后在沉井内挖土,借助结构自重下沉到设计标高后封底,构筑井内底板、梁、板、隔墙、盖板等构件,最终形成地下结构物。

(2)沉井形式

沉井按横截面形状可分为圆形、矩形沉井。矩形沉井可分为单孔、单排孔和多排孔。沉井按竖向剖面形状可分为柱形、阶梯形沉井。柱形沉井,上、下井壁厚度是相同的,适合于建筑物中建造深度不大的沉井。阶梯形沉井井壁平面尺寸随深度呈台阶形加大,做成变截面。越接近地面,作用在井壁上的水土压力越小,井壁逐步减薄形成多阶梯形。

(3)沉井结构与组成

沉井一般由井壁(侧壁)、刃脚、凹槽、底梁等组成。

井壁:沉井井壁不仅要有足够的强度承受施工荷载,而且还要有一定的重量,以便满足沉井下沉的要求。因此,井壁厚度主要取决于沉井大小、下沉速度、土层的物理力学性质以及沉井能在足够的自重下顺利下沉的条件来确定。井壁厚度一般为0.4~1.2m。井壁的竖向断面形状有上下等厚的直墙形井壁、阶梯井壁。

刃脚:井壁最下端一般都做成刀刃状的"刃脚",其主要功用是减少下沉阻力。刃脚还应具有一定的强度,以免在下沉过程中损坏。刃脚的式样根据沉井时所穿越土层的软硬程度和刃脚单位长度上的反力大小来决定。刃脚底的水平面称为踏面,踏面宽度一般不大于50mm,斜面高度视井壁厚度而定,刃脚内侧的倾角一般为40°~60°。当沉井湿封底时,刃脚的高度取1.5m左右,干封底时,取0.6m左右。

底梁:在大型沉井中,可在沉井底部增设底梁构成框架,以增加沉井的整体刚度。

凹槽:主要作用是在沉井封底时,使封底底板与井壁更好连接,防止渗水。

(4)沉井制作地基与垫层施工

制作沉井的地基应具有足够的承载力,地基承载力不能满足沉井制作阶段的荷载时,应按设计进行地基加固。刃脚的垫层采用砂垫层上铺垫木或素混凝土,且应满足下列要求:

① 垫层的结构厚度和宽度应根据土体地基承载力、沉井下沉结构高度和结构形式,经计算确定;素混凝土垫层的厚度还应便于沉井下沉前凿除;

② 砂垫层分布在刃脚中心线的两侧范围,应考虑方便抽除垫木;砂垫层宜采用中粗砂,并应分层铺设、分层夯实;

③ 垫木铺设应使刃脚底面在同一水平面上,并符合设计起沉标高的要求;平面布置要均匀对称,每根垫木的长度中心应与刃脚底面中心线重合,定位垫木的布置应使沉井有

对称的着力点；

采用素混凝土垫层时，其强度等级应符合设计要求，表面平整。

沉井刃脚采用砖模时，其底模和斜面部分可采用砂浆、砖砌筑；每隔适当距离砌成垂直缝。砖模表面可采用水泥砂浆抹面，并应涂一层隔离剂。

（5）沉井预制

结构的钢筋、模板、混凝土工程施工应符合钢筋混凝土结构规范和设计要求；混凝土应对称、均匀、水平连续分层浇筑，并应防止沉井偏斜。

分节制作沉井时，分节制作、分次下沉的沉井，前次下沉后进行后续接高施工。每节制作高度应符合施工方案要求，且第一节制作高度必须高于刃脚部分；井内设有底梁或支撑梁时应与刃脚部分整体浇捣。

设计无要求时，混凝土强度应达到设计强度等级 75％后，方可拆除模板或浇筑后节混凝土。

混凝土施工缝处理应采用凹凸缝或设置钢板止水带，施工缝应凿毛并清理干净；内外模板采用对拉螺栓固定时，其对拉螺栓的中间应设置防渗止水片；钢筋密集部位和预留孔底部应辅以人工振捣，保证结构密实。

沉井每次接高时各部位的轴线位置应一致、重合，及时做好沉降和位移监测；必要时应对刃脚地基承载力进行验算，并采取相应措施确保地基及结构的稳定。

（6）下沉施工

由于市政工程沉井深度较浅，沉井一般采用三种方法：人工或风动工具挖土法、抓斗挖土法、水枪冲土法。各种下沉方法，可根据具体情况单独或联合使用，以便适合各种土层下沉，其各种方法的适用条件和优缺点见表 4-26。

下沉方法的适用条件和优缺点　　　　　　　　　　表 4-26

下沉方法		适用条件	优　点	缺　点
不排水下沉	抓斗挖土法	流砂层、黏土质砂土、砂质黏土层及胶结松散的砾、卵石层	设备简单、耗电量小、将下沉与排渣两道工序合一、系统简化、能抓取大块卵石	随着沉井深度的加大，效率逐渐降低；不能抓取硬土层和刃脚斜面下土层；双绳抓斗缠绳不易处理，应使用单绳抓斗
	水枪冲土法	流砂层、黏土质砂土	设备简单、在流砂层及黏土层下沉效果较高	耗电量大；沉井较深时，不易控制水枪在工作面的准确部位，破硬土效率较低
排水下沉	人工或风动工具挖土法	涌水量不超过 30m³/h 时，流砂层厚度不超过 1.0m 左右	设备简单；电耗较小；成本低；破土均匀	体力劳动强度大；壁后泥浆和砂有流入井筒的危险

① 排水下沉

挖土应分层、均匀、对称进行；对于有底梁或支撑梁沉井，其相邻格仓高差不宜超过 0.5m；开挖顺序应根据地质条件、下沉阶段、下沉情况综合运用和灵活掌握，严禁超挖。应采取措施，确保下沉和降低地下水过程中不危及周围建（构）筑物、道路或地下管线，并保证下沉过程和终沉时的坑底稳定。

下沉过程中应进行连续排水,保证沉井范围内地层水疏干。用抓斗取土时,井内严禁站人,严禁在底梁以下任意穿越。

② 不排水下沉

沉井内水位应符合施工设计控制水位;下沉有困难时,应根据内外水位、井底开挖几何形状、下沉量及速率、地表沉降等监测资料综合分析调整井内外的水位差。

机械设备的配备应满足沉井下沉以及水中开挖、出土等要求,运行正常;废弃土方、泥浆应专门处置,不得随意排放。

水中开挖、出土方式应根据井内水深、周围环境控制要求等因素选择。

③ 沉井下沉控制

下沉应平稳、均衡、缓慢,发生偏斜应通过调整开挖顺序和方式"随挖随纠、动中纠偏"。应按施工方案规定的顺序和方式开挖。沉井下沉影响范围内的地面四周不得堆放任何东西,车辆来往要减少振动。沉井下沉监控测量应符合施工方案要求。

④ 辅助法下沉

沉井外壁采用阶梯形时,可减少下沉摩擦阻力,在井外壁与土体之间应有专人随时用黄砂均匀灌入,四周灌入黄砂的高差不应超过500mm。

采用触变泥浆套助沉时,应采用自流渗入、管路强制压注补给等方法;触变泥浆的性能应满足施工要求,泥浆补给应及时以保证泥浆液面高度;施工中应采取措施防止泥浆套损坏失效,下沉到位后应进行泥浆置换。

采用空气幕助沉时,管路和喷气孔、压气设备及系统装置的设置应满足施工要求;开气应自上而下,停气应缓慢减压,压气与挖土应交替作业;确保施工安全。

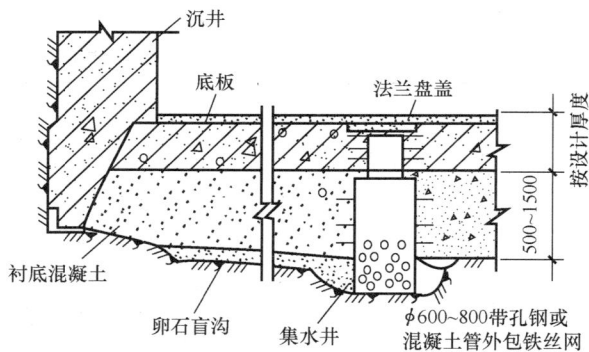

图 4-24 排水法封底

(7) 沉井封底

① 干封底

干封底保持施工降水并稳定地下水位距坑底不小于0.5m;在沉井封底前应用大石块将刃脚下垫实。封底前应整理好坑底和清除浮泥,对超挖部分应回填砂石至规定标高。因此干封底又称排水法封底(图4-24)。

采用全断面封底时,混凝土垫层应一次性连续浇筑;有底梁或支撑梁分格封底时,应对称逐格浇筑。

钢筋混凝土底板施工前,井内应无渗漏水,且新、老混凝土接触部位凿毛处理,并清理干净。

封底前应设置集水井,底板混凝土强度达到设计强度等级且满足抗浮要求时,方可封填集水井、停止降水。

② 水下封底

基底的浮泥、沉积物和风化岩块等应清除干净;软土地基应铺设碎石或卵石垫层。

混凝土凿毛部位应洗刷干净。浇筑混凝土的导管加工、设置应满足施工要求。浇筑前,每根导管应有足够的混凝土量,浇筑时能一次将导管底埋住。

水下混凝土封底的浇筑顺序，应从低处开始，逐渐向周围扩大；井内有隔墙、底梁或混凝土供应量受到限制时，应分格对称浇筑。每根导管的混凝土应连续浇筑，且导管埋入混凝土的深度不宜小于 1.0m；各导管间混凝土浇筑面的平均上升速度不应小于 0.25m/h；相邻导管间混凝土上升速度宜相近，最终浇筑成的混凝土面应略高于设计高程。

水下封底混凝土强度达到设计强度等级，沉井能满足抗浮要求时，方可将井内水抽除，并凿除表面松散混凝土进行钢筋混凝土底板施工。

7. 市政管道功能性试验

功能性试验包括水压试验和严密性试验，是工程施工质量验收主控项目，用以判断管道整体施工质量。

（1）压力管道水压试验

1）基本规定

① 水压试验合格的管道方可通水投入运行。试验合格的判定依据分为允许压力降值和允许渗水量值，按设计要求确定。设计无要求时，应根据工程实际情况，选用其中一项值或同时采用两项值作为试验合格的最终判定依据。

② 管道采用两种（或两种以上）管材时，宜按不同管材分别进行试验；不具备分别试验的条件必须组合试验，且设计无具体要求时，应采用不同管材的管段中试验控制最严的标准进行试验。

③ 除设计有要求外，水压试验的管段长度不宜大于 1.0km；对于无法分段试验的管道，应由工程有关方面根据工程具体情况确定。

2）管道试验准备工作

① 试验方案应包括：后背及堵板的设计；进水管路、排气孔及排水孔的设计；加压设备、压力计的选择及安装的设计；排水疏导措施；升压分级的划分及观测制度的规定；试验管段的稳定措施和安全措施。

② 试验管段不得采用闸阀做堵板，不得含有消火栓、水锤消除器、安全阀等附件。

③ 应从下游缓慢注入，注入时在试验管段上游的管顶及管段中的高点应设置排气阀，将管道内的气体排除。试验管段注满水后，宜在不大于工作压力条件下充分浸泡后再进行水压试验，浸泡时间应依据规范选择。

3）试验过程与合格判定

① 预试验阶段

将管道内水压缓缓地升至规定的试验压力并稳压 30min，期间如有压力下降可注水补压，补压不得高于试验压力；检查管道接口、配件等处有无漏水、损坏现象；有漏水、损坏现象时应及时停止试压，查明原因并采取相应措施后重新试压。

② 主试验阶段

停止注水补压，稳定 15min；15min 后压力下降不超过所允许压力下降数值时，将试验压力降至工作压力并保持恒压 30min，进行外观检查若无漏水现象，则水压试验合格。

（2）压力管道严密性试验

检查压力流管道的严密性通常采用漏水量试验。方法与强度试验基本相同，确定试压力,将试验管段压力升至试验压力后停止加压,记录表压降低 0.1MPa 所需的时间 T_1(min),然后再重新加压至试验压力后,从放水阀放水,并记录表压下降 0.1MPa 所需的时间 T_2(min)和放出的水量 W(L)。按以下公式计算

$$q = W/(T \times L) \tag{4-8}$$

$$T = T_1 + T_2 \tag{4-9}$$

式中 q——实测渗水量 $[\text{L}/(\text{min} \cdot \text{m})]$;

  W——补水量(L);

  T——实测渗水观测时间(min);

  L——试验管段的长度(m)。

计算渗水率:若 q 值小于规定的允许漏水率,即认为合格。

(3)压力管道气压试验

当试验管段难于用水进行强度试验时,可进行气压试验。

1)承压管道气压试验规定

管道进行气压试验时应在管外 10m 范围内设置防护区,在加压及恒压期间,任何人不得在防护区滞留;

气压试验应进行两次,即回填前的预先试气压试验应进行两次,即回填前的预先试验和回填后的最后试验。

2)气压试验方法

预先试验时,应将压力升至强度试验压力,恒压 30min,如管道、管件和接口未发生破坏,然后将压力降至 0.05MPa 并恒压 24h,进行外观检查(如气体溢出的声音、尘土飞扬和压力下降等现象),如无泄漏,则认为预先试验合格。

最后气压试验时,升压至强度试验压力,恒压 30min;再降压至 0.05MPa,恒压 24h。如管道未破坏,且实际压力下降不大于表 4-26 的规定,则认为合格。

(4)重力流管道的严密性试验

1)闭水试验法

① 污水管道、雨污合流管道及设计要求闭水的其他排水管道,回填前应采用闭水法进行严密性试验;试验管段应按井距分隔,长度不大于 500m,带井试验。雨水和与其性质相似的管道,除大孔性土及水源地区外,可不做渗水量试验。

② 闭水试验管段应符合下列规定:管道及检查井外观质量已验收合格;管道未回填,且沟槽内无积水;全部预留管(除预留进出水管外)应封堵坚固,不得渗水;管道两端堵板承载力经核算应大于水压力的合力。

③ 闭水试验应符合下列规定:试验段上游设计水头不超过管顶内壁时,试验水头应以试验段上游管顶内壁加 2m 计;当上游设计水头超过管顶内壁时,试验水头应以上游设计水头加 2m 计;当计算出的试验水头小于 10m,但已超过上游检查井井口时,试验水头应以上游检查井井口高度为准。

④ 试验方法

在试验管段内充满水,并在试验水头作用下进行泡管,泡管时间不小于 24h,然后再加水达到试验水头,观察 30min 的漏水量,观察期间应不断向试验管段补水,以保持试验水头恒定,该补水量即为漏水量。并将该漏水量转化为每千米管道每昼夜的渗水量,如

果该渗水量小于规定的允许渗水量，则表明该管道严密性符合要求。

2）内渗法

① 不开槽施工的内径大于或等于 1500mm 钢筋混凝土结构管道，设计无要求且地下水位高于管道顶部时，可采用内渗法测渗水量。

② 渗漏水量测方法按现行标准《给水排水管道工程施工及验收规范》GB 50268 附录 F 的规定进行。

③ 管壁不得有线流、滴漏现象；对有水珠、渗水部位应进行抗渗处理。

④ 管道内实测渗水量不应大于 $2L/m^2 \cdot d$ 时，管道抗渗能力满足要求，不必再进行闭水试验。

3）闭气试验法

① 闭气试验适用于混凝土类的无压管道在回填土前进行的严密性试验。闭气试验时，地下水位应低于管外底 150mm，环境温度为 $-15 \sim 50℃$。下雨时不得进行闭气试验。

② 闭气试验合格标准

规定标准闭气试验时间，管内实测气体压力 $P \geqslant 1500Pa$ 则管道闭气试验合格；规定标准闭气试验时间应符合表 4-27 的规定。

钢筋混凝土无压管道闭气检验规定标准闭气时间　　　　　表 4-27

管道 DN（mm）	管内气体压力（Pa）		规定标准闭气时间 S（″）
	起点压力	终点压力	
300	2000	≥1500	1′45″
400			2′30″
500			3′15″
600			4′45″
700			6′15″
800			7′15″
900	2000	≥1500	8′30″
1000			10′30″
1100			12′15″
1200			15′
1300			16′45″
1400			19′
1500			20′45″
1600			22′30″
1700			24′
1800			25′45″
1900			28′
2000			30′
2100			32′30″
2200			35′

被检测管道内径大于或等于 1600mm 时，应记录测试时管内气体温度（℃）的起始值 T_1 及终止值 T_2，并将达到标准闭气时间时膜盒表显示的管内压力值 P 记录，用下列公式加以修正，修正后管内气体压降值为 ΔP：

$$\Delta P = 103300 - (P + 101300)(273 + T_1)/(273 + T_2)$$

ΔP 如果小于 500Pa，管道闭气试验合格；管道闭气试验不合格时，应进行漏气检查、修补后复验。

（5）燃气管道的试验

燃气管道应进行压力试验。利用空气压缩机向燃气管道内充入压缩空气，检验管道接口和材质的强度及严密性。根据检验目的又分强度试验和气密性试验。

1）强度试验

一般情况下，试验压力为设计输气压力的 1.5 倍，但钢管不得低于 0.3MPa，塑料管不得低于 0.1MPa。当压力达到规定值后，应稳压 1h，然后用肥皂水对管道接口进行检查，全部接口均无漏气现象且管道无破坏现象即为合格。若有漏气处，应放气修理后再次试验，直至合格为止。

2）气密性试验

气密性试验需在燃气管道全部安装完成后进行，若埋地敷设，应在回填土至管顶 0.5m 以上后再进行。气密性试验压力根据管道设计输气压力而定，当设计压力 $P \leqslant 5kPa$ 时，试验压力为 20kPa；当设计压力 $P > 5kPa$ 时，试验压力应为设计压力的 1.15 倍，但不得低于 0.1MPa。气密性试验前应向管道内充气至试验压力，燃气管道气密性试验的持续时间一般不少于 24h，实际压降不超过规范允许值为合格。

3）管道通球扫线

管道及其附件组装完成并试压合格后，应进行通球扫线，并且不少于两次。每次吹扫管道长度不宜超过 3km，通球应按介质流动方向进行，以避免补偿器内套筒被破坏，扫线结果可用贴有纸或白布的板置于吹扫口检查，当球后气体无铁锈脏物时则认为合格。通球扫线后将集存在阀室放散管内的脏物排出，清扫干净。

（6）给水管道冲洗与消毒

给水管道试验合格后，竣工验收前应进行冲洗，消毒，使管道出水符合《生活饮用水卫生标准》的要求，经验收才能交付使用。

1）管道冲洗

管道冲洗主要是将管内杂物全部冲洗干净，使排出水的水质与自来水状态一致。在没有达到上述水质要求时，冲洗水要通过放水口，排至附近水体或排水管道。排水时应取得有关单位协助，确保安全、畅通排放。

安装放水口时，其冲洗管接口应严密，并设有闸阀、排气管和放水龙头，弯头处应进行临时加固。

2）管道消毒

管道消毒的目的是消灭新安装管道内的细菌，使水质不致污染。

消毒时，将漂白粉溶液注入被消毒的管段内，并将来水闸阀和出水闸阀打开少许，使清水带着漂白粉溶液流经全部管段，当从放水口中检验出高浓度的氯水时，关闭所有闸阀，浸泡管道 24h 为宜。消毒时，漂白粉溶液的氯浓度一般为 26～30mg/L。

五、施工项目管理

施工项目管理是指建筑企业运用系统的观点、理论和方法，对施工项目进行的决策、计划、组织、控制、协调等全过程的全面管理。

施工项目管理具有以下特点：

（1）施工项目管理的主体是建筑企业。其他单位都不进行施工项目管理，例如建设单位对项目的管理称为建设项目管理，设计单位对项目的管理称为设计项目管理。

（2）施工项目管理的对象是施工项目。施工项目管理周期包括工程投标、签订施工合同、施工准备、施工、竣工验收、保修等。施工项目具有多样性、固定性和体型庞大等特点，因此施工项目管理具有先有交易活动，后有"生产成品"，生产活动和交易活动很难分开等特殊性。

（3）施工项目管理的内容是按阶段变化的。由于施工项目各阶段管理内容差异大，因此要求管理者必须进行有针对性的动态管理，要使资源优化组合，以提高施工效率和效益。

（4）施工项目管理要求强化组织协调工作。由于施工项目生产活动具有独特性（单件性）、流动性、露天作业、工期长、需要资源多，且施工活动涉及的经济关系、技术关系、法律关系、行政关系和人际关系复杂等特点，因此，必须通过强化组织协调工作才能保证施工活动的顺利进行。主要强化办法是优选项目经理，建立调度机构，配备称职的调度人员，努力使调度工作科学化、信息化，建立起动态的控制体系。

（一）施工项目管理的内容及组织

1. 施工项目管理的内容

施工项目管理包括以下八方面内容：

（1）建立施工项目管理组织

根据施工项目管理组织原则，结合工程规模、特点，选择合适的组织形式，建立施工项目管理机构，明确各部门、各岗位的责任、权限和利益；在符合企业规章制度的前提下，根据施工项目管理的需要，制定施工项目经理部管理制度。

（2）编制施工项目管理规划

在工程投标前，由企业管理层编制施工项目管理大纲，对施工项目管理从投标到保修期满进行全面的纲要性规划。施工项目管理大纲可以用施工组织设计替代。

在工程开工前，由项目经理组织编制施工项目管理实施规划，对施工项目管理从开工到交工验收进行全面的指导。当承包人以施工组织设计代替项目管理规划时，施工组织设计应满足项目管理规划的要求。

（3）施工项目的目标控制

在施工项目实施的全过程中，应对项目质量、进度、成本和安全目标进行控制，以实现项目的各项约束性目标。控制的基本过程是：确定各项目标控制标准；在实施过程中，通过检查、对比，衡量目标的完成情况；将衡量结果与标准进行比较，若有偏差，分析原因，采取相应的措施以保证目标的实现。

（4）施工项目的生产要素管理

施工项目的生产要素主要包括劳动力、材料、机械设备、技术和资金。管理生产要素的内容有：分析各生产要素的特点；按一定的原则、方法，对施工项目的生产要素进行优化配置并评价；对施工项目各生产要素进行动态管理。

（5）施工项目的合同管理

为了确保施工项目管理及工程施工的技术组织效果和目标实现，从工程投标开始，就要加强工程承包合同的策划、签订、履行和管理。同时，还应做好签证与索赔工作，讲究索赔的方法和技巧。

（6）施工项目的信息管理

进行施工项目管理和施工项目目标控制、动态管理，必须在项目实施的全过程中，充分利用计算机对项目有关的各类信息进行收集、整理、储存和使用，以提高项目管理的科学性和有效性。

（7）施工现场的管理

在施工项目实施过程中，应对施工现场进行科学有效的管理，以达到文明施工、保护环境、塑造良好的企业形象、提高施工管理水平的目的。

（8）组织协调

协调和控制都是计划目标实现的保证。在施工项目实施过程中，应进行组织协调，沟通和处理好内部及外部的各种关系，排除各种干扰和障碍。

2. 施工项目管理的组织机构

（1）施工项目管理组织的主要形式

施工项目管理组织的形式是指在施工项目管理组织中处理管理层次、管理跨度、部门设置和上下级关系的组织结构的类型。主要的管理组织形式有直线式、职能式、矩阵式、事业部式等。

1）直线式

直线式项目组织是指为了完成某个特定项目，从企业各职能部门抽调专业人员组成项目经理部。项目经理部的成员与原来的职能部门暂时脱离管理关系，成为项目的全职人员。项目部各职能部门（或岗位）对工程的成本、进度、质量、安全等目标进行控制，并由项目经理组织和协调各职能部门的工作，其形式如图 5-1 所示。

直线式组织适用于大型项目，特别是工期要求紧，要求多工种、多部门密切配合的项目。图 5-2 是某施工项目采用的直线式组织结构。

2）职能式

职能式项目组织是指在各管理层之间设置职能部门，上下层次通过职能部门进行管理的一种组织结构形式。在这种组织形式中，由职能部门在所管辖的业务范围内指挥下级。这种组织形式加强了施工项目目标控制的职能化分工，能够发挥职能机构的专业化管理作

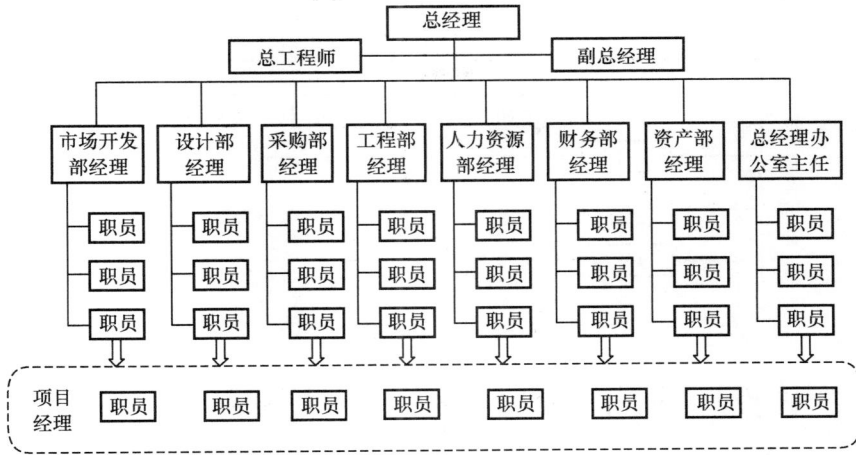

图 5-1　直线式项目组织形式

用，但由于一个工作部门有多个指令源，可能使下级在工作中无所适从，其形式如图 5-3 所示。

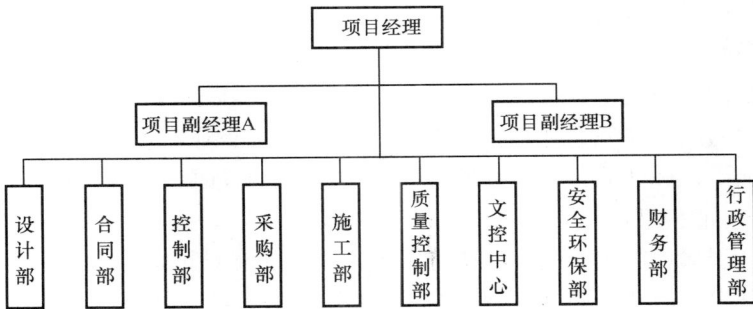

图 5-2　某施工项目采用的线性组织结构

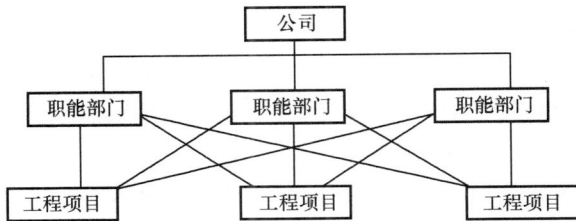

图 5-3　职能式项目组织形式

3）矩阵式

矩阵式项目组织是指结构形式呈矩阵状的组织，其项目管理人员由企业有关职能部门派出并进行业务指导，接受项目经理的直接领导，其形式如图 5-4 所示。

矩阵式项目组织适用于同时承担多个需要进行项目管理工程的企业。在这种情况下，各项目对专业技术人才和管理人员都有需求，加在一起数量较大，采用矩阵式组织可以充分利用有限的人才对多个项目进行管理，特别有利于发挥优秀人才的作用；适用于大型、

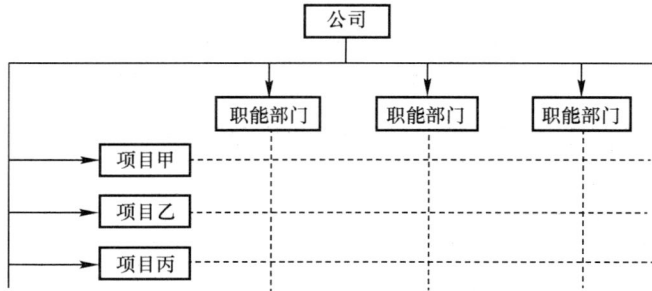

图 5-4 矩阵式项目组织形式

复杂的施工项目。因大型复杂的施工项目要求多部门、多技术、多工种配合实施，在不同阶段，对不同人员，在数量和搭配上有不同的需求。

4) 事业部式

企业成立事业部，事业部对企业来说是职能部门，对外界来说享有相对独立的经营权，是一个独立单位。事业部可以按地区设置，也可以按工程类型或经营内容设置，在事业部下边设置项目经理部。项目经理由事业部选派，一般对事业部负责，有的可以直接对业主负责，这是根据其授权程度决定的。

事业部式项目组织适用于大型经营性企业的工程承包，特别是适用于远离公司本部的工程承包。需要注意的是，一个地区只有一个项目，没有后续工程时，不宜设立地区事业部，也就是说它适用于在一个地区内有长期市场或一个企业有多种专业化施工力量时采用。在这种情况下，事业部与地区市场同寿命，地区没有项目时，该事业部应撤销。

(2) 施工项目经理部

施工项目经理部是由企业授权，在施工项目经理的领导下建立的项目管理组织机构，是施工项目的管理层，其职能是对施工项目实施阶段进行综合管理。

1) 项目经理部的性质

施工项目经理部的性质可以归纳为以下三方面：

① 相对独立性。施工项目经理部的相对独立性主要是指它与企业存在着双重关系。一方面，它作为企业的下属单位，同企业存在着行政隶属关系，要绝对服从企业的全面领导；另一方面，它又是一个施工项目独立利益的代表，存在着独立的利益，同企业形成一种经济承包或其他形式的经济责任关系。

② 综合性。施工项目经理部的综合性主要表现在以下几方面：

A. 施工项目经理部是企业所属的经济组织，主要职责是管理施工项目的各种经济活动。

B. 施工项目经理部的管理职能是综合的，包括计划、组织、控制、协调、指挥等多方面。

C. 施工项目经理部的管理业务是综合的，从横向看包括人、财、物、生产和经营活动，从纵向看包括施工项目全寿命周期的主要过程。

③ 临时性。施工项目经理部是企业一个施工项目的责任单位，随着项目的开工而成立，随着项目的竣工而解体。

2）项目经理部的作用

① 负责施工项目从开工到竣工的全过程施工生产经营的管理，对作业层负有管理与服务的双重责任；

② 为项目经理决策提供信息依据，执行项目经理的决策意图，由项目经理全面负责；

③ 项目经理部作为项目团队，应具有团队精神，完成企业所赋予的基本任务——项目管理；凝聚管理人员的力量；协调部门之间、管理人员之间的关系；影响和改变管理人员的观念和行为，沟通部门之间、项目经理部与作业队之间、与公司之间、与环境之间的关系；

④ 项目经理部是代表企业履行工程承包合同的主体，对项目产品和建设单位负责。

3）建立施工项目经理部的基本原则

① 根据所设计的项目组织形式设置。因为项目组织形式与项目的管理方式有关，与企业对项目经理部的授权有关。不同的组织形式对项目经理部的管理力量和管理职责提出了不同要求，提供了不同的管理环境。

② 根据施工项目的规模、复杂程度和专业特点设置。例如，大型项目经理部可以设职能部、处；中型项目经理部可以设处、科；小型项目经理部一般只需设职能人员即可。如果项目的专业性强，便可设置专业性强的职能部门，如水电处、安装处、打桩处等。

③ 根据施工工程任务需要调整。项目经理部是一个具有弹性的一次性管理组织，随着工程项目的开工而组建，随着工程项目的竣工而解体，不应搞成一级固定性组织。在工程施工开始前建立，在工程竣工交付使用后解体。项目经理部不应有固定的作业队伍，而是根据施工的需要，由企业（或授权给项目经理部）在社会市场吸收人员，进行优化组合和动态管理。

④ 适应现场施工的需要。项目经理部的人员配置应面向现场，满足现场的计划与调度、技术与质量、成本与核算、劳务与物资、安全与文明施工的需要。而不应设置专营经营与咨询、研究与发展、政工与人事等与项目施工关系较少的非生产性管理部门。

4）项目经理部部门设置

不同企业的项目经理部，其部门的数量、名称和职责都有较大差异，但以下5个部门是基本的：

① 经营核算部门。主要负责工程预结算、合同与索赔、资金收支、成本核算、工资分配等工作。

② 管理部门。主要负责生产调度、文明施工、劳动管理、施工组织、计划统计等工作。

③ 物资设备供应部门。主要负责材料的询价、采购、计划供应、管理、运输，工具管理，机械设备的租赁，保养维修等工作。

④ 技术质量部门。主要负责工程质量、技术管理、施工组织设计等工作。

⑤ 安全后勤部门。主要负责安全管理、消防保卫、环境保护行政管理、后勤保障等工作。

5）项目部岗位设置及职责

① 岗位设置。根据项目大小不同，人员安排不同，项目部领导层从上往下设置项目经理、项目技术负责人等；项目部设置最基本的六大岗位：施工员、质量员、安全员、资

料员、造价员、测量员,其他还有材料员、标准员、机械员、劳务员等。如图 5-5 所示。

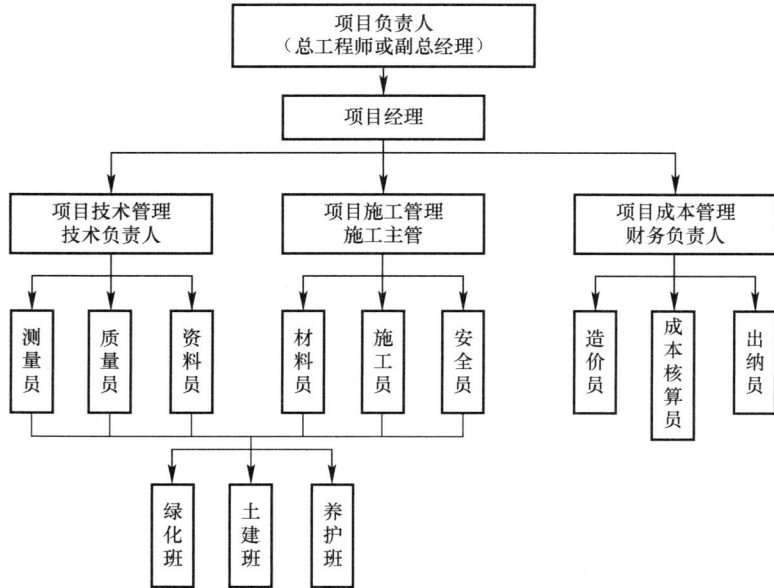

图 5-5 某项目部组织机构框图

② 岗位职责。在现代施工企业的项目管理中,施工项目经理是施工项目的最高责任人和组织者,是决定施工项目盈亏的关键性角色。一般来说,人们习惯于将项目经理定位于企业的中层管理者或中层干部,然而由于项目管理及项目环境的特殊性,在实践中的项目经理所行使的管理职权与企业职能部门的中层干部往往是有所不同的。前者体现在决策职能的增强上,着重于目标管理;而后者则主要表现为控制职能的强化,强调和讲究的是过程管理。实际上,项目经理应该是职业经理式的人物,是复合型人才,是通才。他应该懂法律、善管理、会经营、敢负责、能公关等,具有各方面的较为丰富的经验和知识,而职能部门的负责人则往往是专才,是某一技术专业领域的专家。对项目经理的素质和技能要求在实践中往往是与企业中的总经理完全相同的。

项目施工负责人(主管)是在项目部经理的领导下,负责项目部施工生产、工程质量、安全生产和机械设备管理工作。

施工员、质量员、安全员、资料员、造价员、测量员、材料员、标准员、机械员、劳务员都是项目的专业人员,是施工现场的管理者。

6)项目经理部的解体

项目经理部是一次性的具有弹性的施工现场生产组织机构,工程临近结束时,业务管理人员乃至项目经理要陆续撤走,因此,必须重视项目经理部的解体和善后工作。企业工程管理部门是项目经理部解体善后工作的主管部门,主要负责项目经理部的解体后工程项目在保修期间问题的处理,包括因质量问题造成的返(维)修、工程剩余价款的结算以及回收等。

（二）施工项目目标控制

施工项目的目标控制主要包括：施工项目进度控制、施工项目质量控制、施工项目成本控制、施工项目安全控制四个方面。

1. 施工项目目标控制的任务

（1）施工项目进度控制的任务

施工项目进度控制的总目标是确保施工项目的合同工期的实现，或者在保证施工质量和不因此而增加施工实际成本的条件下，适当缩短工期。

施工项目进度控制的任务是：在既定的工期内，编制出最优的施工进度计划；在执行该计划的施工中，经常检查施工实际进度情况，并将其与计划进度相比较；若出现偏差，便分析产生的原因和对工期的影响程度，找出必要的调整措施，修改原计划，不断地如此循环，直至工程竣工验收。

（2）施工项目质量控制的任务

施工项目质量控制的任务是：在准备阶段，编制施工技术文件，制定质量管理计划和质量控制措施，进行施工技术交底；在项目施工阶段，对实施情况进行监督、检查和测量，并将项目实施结果与事先制定的质量标准进行比较，判断其是否符合质量标准，找出存在的质量问题，分析质量问题的形成原因，采取补救措施。

（3）施工项目成本控制的任务

施工项目成本控制的任务是：先预测目标成本，然后编制成本计划；在项目实施过程中，收集实际数据，进行成本核算；对实际成本和计划成本进行比较，如果发生偏差，应及时进行分析，查明原因，并及时采取有效措施，不断降低成本。将各项生产费用控制在原来所规定的标准和预算之内，以保证实现规定的成本目标。

（4）施工项目安全控制的任务

施工项目安全管理的内容包括职业健康管理、安全生产管理和环境管理。

职业健康管理的主要任务是制定并落实职业病、传染病的预防措施；为员工配备必要的劳动保护用品，按要求购买保险；组织员工进行健康体检，建立员工健康档案等。

安全生产管理的主要任务是制定安全管理制度、编制安全管理计划和安全事故应急预案；识别现场的危险源，采取措施预防安全事故；重视安全教育培训、安全检查，提高员工的安全意识和安全生产素质。

环境管理的主要任务是规范现场的场容环境，保持作业环境的整洁卫生；预防环境污染事件，减少施工对周围居民和环境的影响等。

2. 施工项目目标控制的措施

（1）施工项目进度控制的措施

施工项目进度控制的措施主要有组织措施、技术措施、合同措施、经济措施和信息管理措施等。

组织措施主要是指落实各级进度控制的人员及其具体任务和工作责任，建立进度控制的组织系统;按照施工项目的结构、施工阶段或合同结构的层次进行项目分解,确定各分项工程进度控制的工期目标,建立进度控制的工期目标体系;建立进度控制的工作制度,如定期检查的时间、方法,召开协调会议的时间、参加人员等,并对影响施工实际进度的主要因素进行分析和预测,制订调整施工实际进度的组织措施。

技术措施主要是指应尽可能采用先进的施工技术、方法和新材料、新工艺、新技术,保证进度目标实现;落实施工方案,在发生问题时,能适时调整工作之间的逻辑关系,加快施工进度。

合同措施是指通过合同的跟踪控制保证工期进度的实现,即保持总进度控制目标与合同总工期相一致;分包合同的工期符合总包合同要求;供货、供电、运输、构件加工等合同规定的提供服务时间与有关的进度控制目标相一致。

经济措施是指要制订切实可行的实现施工计划进度所必需的资金保证措施,包括落实实现进度目标的保证资金;签订并实施关于工期和进度的经济承包责任制;建立并实施关于工期和进度的奖惩制度。

信息管理措施是指建立完善的工程统计管理体系和统计制度,详细、准确、定时地收集有关工程实际进度情况的资料和信息,并进行整理统计,得出工程施工实际进度完成情况的各项指标,将其与施工计划进度的各项指标进行比较,定期地向建设单位提供施工进度比较报告。

(2)施工项目质量控制的措施

1)提高管理、施工及操作人员自身素质

管理、施工及操作人员素质的高低对工程质量起到决定性的作用。首先,应提高所有参与工程施工人员的质量意识,让他们树立五大观念,即质量第一的观念、预控为主的观念、为用户服务的观念、用数据说话的观念以及社会效益与企业效益相结合的综合效益观念。其次,要搞好人员培训,提高员工素质。要对现场施工人员进行质量、施工技术、安全等方面的教育和培训,提高施工人员的综合素质。

2)建立完善的质量保证体系

工程项目质量保证体系是指现场施工管理组织的施工质量自控系统或管理系统,即施工单位为保证工程项目的质量管理和目标控制,以现场施工管理组织机构为基础,通过质量目标的确定和分解,管理人员和资源的配置,质量管理制度的建立和完善,形成具有质量控制和质量保证能力的工作系统。

施工项目质量保证体系的内容应根据施工管理的需要并结合工程特点进行设置,具体如下:

① 施工项目质量控制的目标体系;

② 施工项目质量控制的工作分工;

③ 施工项目质量控制的基本制度;

④ 施工项目质量控制的工作流程;

⑤ 施工项目质量计划或施工组织设计;

⑥ 施工项目质量控制点的设置和控制措施的制订;

⑦ 施工项目质量控制关系网络设置及运行措施。

3)加强原材料质量控制

一是提高采购人员的政治素质和质量鉴定水平，使那些既有一定专业知识又忠于事业的人担任该项工作。二是采购材料要广开门路，综合比较，择优进货。三是施工现场材料人员要会同工地负责人、甲方等有关人员对现场设备及进场材料进行检查验收。特殊材料要有说明书和试验报告、生产许可证，对钢材、水泥、防水材料、混凝土外加剂等必须进行复试和见证取样试验。

4）提高施工的质量管理水平

每项工程有总体施工方案，每一分项工程施工之前也要做到方案先行，并且施工方案必须实行分级审批制度，方案审完后还要做出样板，反复对样板中存在的问题进行修改，直至达到设计要求方可执行。在工程实施过程中，根据出现的新问题、新情况，及时对施工方案进行修改。

5）确保施工工序的质量

工程项目的施工过程是由一系列相互关联、相互制约的工序所构成，工序质量是构成工程质量的最基本的单元，上道工序存在质量缺陷或隐患，不仅使本工序质量达不到标准的要求，而且直接影响下道工序及后续工程的质量与安全，进而影响最终成品的质量。因此，在施工中要建立严格的交接班检查制度，在每一道工序进行中，必须坚持自检、互检。如监理人员在检查时发现质量问题，应分析产生问题的原因，要求承包人采取合适的措施进行修整或返工。处理完毕，合格后方可进行下一道工序施工。

6）加强施工项目的过程控制

施工人员的控制。施工项目管理人员由项目经理统一指挥，各自按照岗位标准进行工作，公司随时对项目管理人员的工作状态进行考核，并如实记录考察结果存入工程档案之中，依据考核结果，奖优罚劣。

施工材料的控制。施工材料的选购，必须是经过考察后合格的、信誉好的材料供应商，在材料进场前必须先报验，经检测部门合格后的材料方能使用，从而保证质量，节约成本。

施工工艺的控制。施工工艺的控制是决定工程质量好坏的关键。为了保证工艺的先进性、合理性，公司工程部针对分项分部工程编制作业指导书，并下发各基层项目部技术人员，合理安排创造良好的施工环境，保证工程质量。

加强专项检查，开展自检、专检、互检活动，及时解决问题。各工序完工后由班组长组织质检员对本工序进行自检、互检。自检时，严格执行技术交底及现行规程、规范，在自检中发现问题由班组自行处理并填写自检记录，班组自检记录填写完善，自检的问题已确实修正后，方可由项目专职质检员进行验收。

（3）施工项目安全控制的措施

1）安全制度措施

项目经理部必须执行国家、行业、地区安全法规、标准，并以此制定本项目的安全管理制度，主要包括：

① 行政管理方面：安全生产责任制度；安全生产例会制度；安全生产教育制度；安全生产检查制度；伤亡事故管理制度；劳保用品发放及使用管理制度；安全生产奖惩制度；工程开竣工的安全制度；施工现场安全管理制度；安全技术措施计划管理制度；特殊作业安全管理制度；环境保护、工业卫生工作管理制度；锅炉、压力容器安全管理制度；

场区交通安全管理制度；防火安全管理制度；意外伤害保险制度；安全检举和控告制度等。

② 技术管理方面：关于施工现场安全技术要求的规定；各专业工种安全技术操作规程；设备维护检修制度等。

2）安全组织措施

① 建立施工项目安全管理组织系统。

② 建立与项目安全组织系统相配套的各专业、各部门、各生产岗位的安全责任系统。

③ 建立项目经理的安全生产职责及项目班子成员的安全生产职责。

④ 作业人员安全纪律。现场作业人员与施工安全生产关系最为密切，他们遵守安全生产纪律和操作规程是安全控制的关键。

3）安全技术措施

施工准备阶段的安全技术措施见表 5-1，施工阶段的安全技术措施见表 5-2。

施工准备阶段的安全技术措施　　　　　　　　　　　　表 5-1

准备阶段	内　容
技术准备	① 了解工程设计对安全施工的要求； ② 调查工程的自然环境（水文、地质、气候、洪水、雷击等）和施工环境（地下设施、管道及电缆的分布与走向、粉尘、噪声等）对施工安全的影响，及施工时对周围环境安全的影响； ③ 当改、扩建工程施工与建设单位使用或生产发生交叉，可能造成双方伤害时，双方应签订安全施工协议，搞好施工与生产的协议，以明确双方责任，共同遵守安全事项； ④ 在施工组织设计中，编制切实可行、行之有效的安全技术措施，并严格履行审批手续，送安全部门备案
物资准备	① 及时供应质量合格的安全防护用品（安全帽、安全带、安全网等），满足施工需要； ② 保证特殊工种（电工、焊工、爆破工、起重工等）使用的工具器械质量合格，技术性能良好； ③ 施工机具、设备（起重机、卷扬机、电锯、平面刨、电气设备）、车辆等需经安全技术性能检测，鉴定合格、防护装置齐全、制动装置可靠，方可进场使用； ④ 施工周转材料（脚手杆、扣件、跳板等）须经认真挑选，不符合安全要求的禁止使用
施工现场准备	① 按施工总平面图要求做好现场施工准备； ② 现场各种临时设施和库房的布置，特别是炸药库、油库的布置，易燃易爆品的存放都必须符合安全规定和消防要求，并经公安消防部门批准； ③ 电气线路、配电设备应符合安全要求，有安全用电防护措施； ④ 场内道路应通畅，设交通标志，危险地带设危险信号及禁止通行标志，以保证行人和车辆通行安全； ⑤ 现场周围和陡坡及沟坑处设好围栏、防护板，现场入口处设"无关人员禁止入内"的标志及警示标志； ⑥ 塔式起重机等起重设备安置应与输电线路、永久的或临时设的工程间要有足够的安全距离，避免碰撞，以保证搭设脚手架、安全网的施工距离； ⑦ 现场设消火栓，应有足够有效的灭火器材
施工队伍准备	① 新工人、特殊工种工人须经岗位技术培训与安全教育后，持合格证上岗； ② 高险难作业工人须经身体检查合格后，方可施工作业； ③ 开工前，项目经理应对全体人员进行安全教育、安全技术交底，形成由相关人员签字的三级安全教育卡和安全技术交底记录

施工阶段的安全技术措施 表 5-2

施工阶段	内 容
一般施工	① 单项工程、单位工程均有安全技术措施，分部分项工程有安全技术具体措施，施工前由技术负责人向有关人员进行安全技术交底； ② 安全技术应与施工生产技术相统一，各项安全技术措施必须在相应的工序施工前做好； ③ 操作者严格遵守相应的操作规程，实行标准化作业； ④ 施工现场的危险地段应设有防护、保险、信号装置及危险警示标志； ⑤ 针对采用的新工艺、新技术、新设备、新结构，制订专门的施工安全技术措施； ⑥ 有预防自然灾害（防台风、雷击、防洪排水、防暑降温、防寒、防冻、防滑等）的专门安全技术措施； ⑦ 在明火作业（焊接、切割、熬沥青等）现场，应有防火、防爆安全技术措施； ⑧ 有特殊工程、特殊作业的专业安全技术措施，如土石方施工安全技术、爆破安全技术、脚手架安全技术、起重吊装安全技术、电气安全技术、高处作业及主体交叉作业安全技术、焊割安全技术、防火安全技术、交通运输安全技术、安装工程安全技术、烟囱及筒仓安全技术等
拆除工程	① 详细调查拆除工程结构特点和强度，电线线路，管道设施等现状，制定可靠的安全技术方案； ② 拆除建筑物之前，在建筑物周围划定危险警戒区域，设立安全围栏，禁止无关人员进入作业区； ③ 拆除工作开始前，先切断被拆除建筑物的电线、供水、供热、供煤气的通道； ④ 拆除工作应按自上而下顺序进行，禁止数层同时拆除，必要时要对底层或下部结构进行加固； ⑤ 栏杆、楼梯、平台应与主体拆除程度配合进行，不能先行拆除； ⑥ 拆除作业工人应站在脚手架上或稳固的结构部分操作，拆除承重梁和柱之间应先拆除其承重的全部结构，并防止其他部分坍塌； ⑦ 拆下的材料要及时清理运走，不得在旧楼板上集中堆放，以免超负荷； ⑧ 被拆除的建筑物内需要保留的部分或需保留的设备事先搭好防护棚； ⑨ 一般不采用推倒方法拆除建筑物，必须采用推倒方法的应采取特殊安全措施

175

（4）施工项目成本控制的措施

1）组织措施

组织措施是从施工成本控制的组织方面采取的措施。组织措施是其他各类措施的前提和保障，而且一般不需要增加什么费用，运用得当可以收到良好的效果。组织措施，一方面，要使施工成本控制成为全员的活动。施工成本管理不仅是专业成本管理人员的工作，各级项目管理人员都负有成本控制责任，如实行项目经理责任制，落实施工成本管理的组织机构和人员，明确各级施工成本管理人员的任务和职能分工、权利和责任。另一方面，编制施工成本控制工作计划，确定合理详细的工作流程。要做好施工采购规划，通过生产要素的优化配置、合理使用、动态管理，有效控制实际成本；加强施工定额管理和施工任务管理，控制活劳动和物化劳动的消耗；加强施工调度，避免因施工计划不周和盲目调度造成窝工损失、机械利用率降低、物料积压等而使施工成本增加。

2）技术措施

采取先进的技术措施，走技术与经济相结合的道路，确定科学合理的施工方案和工艺技术，以技术优势来取得经济效益是降低项目成本的关键。首先，制定先进合理的施工方案和施工工艺，合理布置施工现场，不断提高工程施工工业化、现代化水平，以达到缩短工期、提高质量、降低成本的目的。其次，在施工过程中大力推广各种降低消耗、提高工效的新工艺、新技术、新材料、新设备和其他能降低成本的技术革新措施，提高经济效益。最后，加强施工过程中的技术质量检验制度和力度，严把质量关，提高工程质量，杜绝返工现象和损失，减少浪费。

3）经济措施

① 控制人工费用。控制人工费用的根本途径是提高劳动生产率，改善劳动组织结构，减少窝工浪费；实行合理的奖惩制度和激励办法，提高员工的劳动积极性和工作效率；加强劳动纪律，加强技术教育和培训工作；压缩非生产用工和辅助用工，严格控制非生产人员比例。

② 控制材料费用。材料费用占工程成本的比例很大，因此，降低成本的潜力最大。降低材料费用的主要措施是制订好材料采购的计划，包括品种、数量和采购时间，减少仓储量，避免出现完料不尽，垃圾堆里有黄金的现象，节约采购费用；改进材料的采购、运输、收发、保管等方面的工作，减少各个环节的损耗；合理堆放现场材料，避免和减少二次搬运和摊销损耗；严格材料进场验收和限额领料控制制度，减少浪费；建立结构材料消耗台账，时时监控材料的使用和消耗情况，制定并贯彻节约材料的各种相应措施，合理使用材料，建立材料回收台账，注意工地余料的回收和再利用。另外，在施工过程中，要随时注意发现新产品、新材料的出现，及时向建设单位和设计院提出采用代用材料的合理建议，在保证工程质量的同时，最大限度地做好增收节支。

③ 控制机械费用。在控制机械费用方面，最主要的是加强机械设备的使用和管理力度，正确选配和合理利用机械设备，提高机械使用率和机械效率。要提高机械效率必须提高机械设备的完好率和利用率。机械利用率的提高靠人，完好率的提高在于保养和维护。因此，在机械设备的使用和维护方面要尽量做到人机固定，落实机械使用、保养责任制，实行操作员、驾驶员经培训持证上岗，保证机械设备被合理规范的使用，并保证机械设备的使用安全，同时应建立机械设备档案制度，定期对机械设备进行保养维护。另外，要注意机械设备的综合利用，尽量做到一机多用，提高利用率，从而加快施工进度、增加产量，降低机械设备的综合使用费。

④ 控制间接费及其他直接费。间接费是项目管理人员和企业的其他职能部门为该工程项目所发生的全部费用。这一项费用的控制主要应通过精简管理机构，合理确定管理幅度与管理层次，业务管理部门的费用通过实行节约承包来落实，同时对涉及管理部门的多个项目实行清晰分账，落实谁受益谁负担，多受益多负担，少受益少负担，不受益不负担的原则。其他直接费包括临时设施费、工地二次搬运费、生产工具用具使用费、检验试验费和场地清理费等，应本着合理计划、节约为主的原则进行严格监控。

4）合同措施

采用合同措施控制施工成本，应贯穿整个合同周期，包括从合同谈判开始到合同终结的全过程。由于现在的施工合同通常是一种格式合同，合同条款是发包人制定的，所以承包人的合同管理首先是分析承包合同中的潜在风险，通过对引起成本变动的风险因素的识别和分析，制定必要的风险对策，如风险回避、风险转移、风险分散、风险控制和风险自留等。其次，在合同履行期间，承包人要重视工程签证和进度款的结算工作。最后，要密切关注对方合同履行的情况，以及不同合同之间的履约衔接，寻求索赔机会；同时也要密切关注自己履行合同的情况，以防止被对方索赔。

（三）施工资源与现场管理

1. 施工资源管理的任务和内容

施工项目资源，也称施工项目生产要素，是指投入施工项目的劳动力、材料、机械设备、技术和资金等要素。施工项目生产要素是施工项目管理的基本要素，施工项目管理实际上就是根据施工项目的目标、特点和施工条件，通过对生产要素的有效和有序的组织和管理项目，并实现最终目标。施工项目的计划和控制的各项工作最终都要落实到生产要素管理上。生产要素的管理对施工项目的质量、成本、进度和安全都有重要影响。

（1）施工项目资源管理的内容

1）劳动力。当前，我国在建筑业企业中设置专业作业企业序列，施工综合企业、施工总承包企业和专业承包企业的作业人员按合同由专业作业企业提供。劳动力管理主要依靠专业作业企业，项目经理部协助管理。施工项目中的劳动力，关键在使用，使用的关键在提高效率，提高效率的关键是如何调动作业人员的积极性，调动积极性的最好办法是加强思想政治工作和利用行为科学，从劳动力个人的需要与行为的关系的观点出发，进行恰当的激励。

2）材料。建筑材料按在生产中的作用可分为主要材料、辅助材料和其他材料。其中主要材料指在施工中被直接加工，构成工程实体的各种材料，如钢材、水泥、木材、砂、石等。辅助材料指在施工中有助于产品的形成，但不构成实体的材料，如促凝剂、隔离剂、润滑物等。其他材料指不构成工程实体，但又是施工中必需的材料，如燃料、油料、砂纸、棉纱等。另外，还有周转材料（如脚手架材、模板材等）、工具、预制构配件、机械零配件等。建筑材料还可以按其自然属性分类，包括金属材料、硅酸盐材料、电气材料、化工材料等。施工项目材料管理的重点在现场、在使用、在节约和核算。

3）机械设备。施工项目的机械设备，主要是指作为大型工具使用的大、中、小型机械，既是固定资产，又是劳动手段。施工项目机械设备管理的环节包括选择、使用、保养、维修、改造、更新。其使用的关键是提高机械效率，提高机械效率必须提高利用率和完好率。

4）技术。施工项目技术管理是对各项技术工作要素和技术活动过程的管理。技术工作要素包括技术人才、技术装备、技术规程、技术资料等。技术活动过程指技术计划、技术运用、技术评价等。技术作用的发挥，除取决于技术本身的水平外，更大程度上还依赖于技术管理水平。没有完善的技术管理，先进的技术是难以发挥作用的。施工项目技术管理的任务有四项：①正确贯彻国家和行政主管部门的技术政策，贯彻上级对技术工作的指示与决定；②研究、认识和利用技术规律，科学地组织各项技术工作，充分发挥技术的作用；③确立正常的生产技术秩序，进行文明施工，以技术保证工程质量；④努力提高技术工作的经济效果，使技术与经济有机地结合。

5）资金。施工项目的资金，是一种特殊的资源，是获取其他资源的基础，是所有项目活动的基础。资金管理主要有以下环节：编制资金计划，筹集资金，投入资金（施工项目经理部收入），资金使用（支出），资金核算与分析。施工项目资金管理的重点是收入与支出问题,收支之差涉及核算、筹资、贷款、利息、利润、税收等问题。

(2)施工资源管理的任务

1)确定资源类型及数量。具体包括:①确定项目施工所需的各层次管理人员和各工种工人的数量;②确定项目施工所需的各种物资资源的品种、类型、规格和相应的数量;③确定项目施工所需的各种施工设施的定量需求;④确定项目施工所需的各种来源的资金的数量。

2)确定资源的分配计划。包括编制人员需求分配计划、编制物资需求分配计划、编制施工设备和设施需求分配计划、编制资金需求分配计划。在各项计划中,明确各种施工资源的需求在时间上的分配,以及在相应的子项目或工程部位上的分配。

3)编制资源进度计划。资源进度计划是资源按时间的供应计划,应视项目对施工资源的需用情况和施工资源的供应条件而确定编制哪种资源进度计划。编制资源进度计划能合理地考虑施工资源的运用,这将有利于提高施工质量,降低施工成本和加快施工进度。

4)施工资源进度计划的执行和动态调整。施工项目施工资源管理不能仅停留于确定和编制上述计划,在施工开始前和在施工过程中应落实和执行所编的有关资源管理的计划,并视需要对其进行动态的调整。

2. 施工现场管理的任务和内容

施工现场是指从事工程施工活动经批准占用的施工场地。它既包括红线以内占用的建筑用地和施工用地,又包括红线以外现场附近经批准占用的临时施工用地。施工现场管理就是运用科学的思想、组织、方法和手段,对施工现场的人、设备、材料、工艺、资金等生产要素,进行有计划的组织、控制、协调、激励,来保证预定目标的实现。

(1)施工现场管理的任务

建筑施工现场管理的任务,具体可以归纳为以下几点:

1)全面完成生产计划规定的任务,含产量、产值、质量、工期、资金、成本、利润和安全等。

2)按施工规律组织生产,优化生产要素的配置,实现高效率和高效益。

3)搞好劳动组织和班组建设,不断提高施工现场人员的思想和技术素质。

4)加强定额管理,降低物料和能源的消耗,减少生产储备和资金占用,不断降低生产成本。

5)优化专业管理,建立完善管理体系,有效地控制施工现场的投入和产出。

6)加强施工现场的标准化管理,使人流、物流高效有序。

7)治理施工现场环境,改变"脏、乱、差"的状况,注意保护施工环境,做到施工不扰民。

(2)施工项目现场管理的内容

1)规划及报批施工用地。根据施工项目及建筑用地的特点进行科学规划,充分、合理使用施工现场场内占地;当场内空间不足时,应同发包人按规定向城市规划部门、公安交通部门申请,经批准后,方可使用场外施工临时用地。

2)设计施工现场平面图。根据建筑总平面图、单位工程施工图、拟定的施工方案、现场地理位置和环境及政府部门的管理标准,充分考虑现场布置的科学性、合理性、可行性，设计施工总平面图、单位工程施工平面图；单位工程施工平面图应根据施工内容和分包单位的变化，设计出阶段性施工平面图，并在阶段性进度目标开始实施前，通过施工协调会议确认后实施。

3）建立施工现场管理组织。一是项目经理全面负责施工过程中的现场管理，并建立施工项目经理部体系。二是项目经理部应由主管生产的副经理、项目技术负责人，生产、技术、质量、安全、保卫、消防、材料、环保、卫生等管理人员组成。三是建立施工项目现场管理规章制度、管理标准、实施措施、监督办法和奖惩制度。四是根据工程规模、技术复杂程度和施工现场的具体情况，遵循"谁生产、谁负责"的原则，建立按专业、岗位、区片划分的施工现场管理责任制，并组织实施。五是建立现场管理例会和协调制度，通过调度工作实施的动态管理，做到经常化、制度化。

4）建立文明施工现场。一是按照国务院及地方建设行政主管部门颁布的施工现场管理法规和规章，认真管理施工现场。二是按审核批准的施工总平面图布置管理施工现场，规范场容。三是项目经理部应对施工现场场容、文明形象管理作出总体策划和部署，分包人应在项目经理部指导和协调下，按照分区划块原则做好分包人施工用地场容、文明形象管理的规划。四是经常检查施工项目现场管理的落实情况，听取社会公众、近邻单位的意见，发现问题及时处理，不留隐患，避免再度发生，并实施奖惩。五是接受住房和城乡建设行政主管部门的考评和企业对建设工程施工现场管理的定期抽查、日常检查、考评和指导。六是加强施工现场文明建设，展示和宣传企业文化，塑造企业及项目经理部的良好形象。

5）及时清场转移。施工结束后，应及时组织清场，向新工地转移。同时，组织剩余物资退场，拆除临时设施，清除建筑垃圾，按市容管理要求恢复临时占用土地。

六、力学基础知识

（一）平面力系

1. 力的基本性质

（1）力的基本概念

力是物体之间相互的机械作用，这种作用的效果是使物体的运动状态发生改变，或者使物体发生变形。力不可能脱离物体而单独存在。有受力物体，必定有施力物体。

1）力的三要素

力的三个要素是：力的大小、力的方向和力的作用点。

力是一个既有大小又有方向的物理量，所以力是矢量。力用一段带箭头的线段来表示。线段的长度表示力的大小；线段与某定直线的夹角表示力的方位，箭头表示力的指向；线段的起点或终点表示力的作用点。在国际单位制中，力的单位为牛顿（N）或千牛顿（kN）。1kN＝1000N。

2）静力学公理

① 作用力与反作用力公理：两个物体之间的作用力和反作用力，总是大小相等，方向相反，沿同一直线，并分别作用在这两个物体上。

作用力与反作用力的性质应相同。

② 二力平衡公理：作用在同一物体上的两个力，使物体平衡的必要和充分条件是，这两个力大小相等，方向相反，且作用在同一直线上。

③ 加减平衡力系公理：作用于刚体的任意力系中，加上或减去任意平衡力系，并不改变原力系的作用效应。

同时力具有可传递性。作用在刚体上的力可沿其作用线移动到刚体内的任意点，而不改变原力对刚体的作用效应。根据力的可传性原理，力对刚体的作用效应与力的作用点在作用线上的位置无关。加减平衡力系公理和力的可传性原理都只适用于刚体。

（2）约束与约束反力

1）约束与约束反力的概念

一个物体的运动受到周围物体的限制时，这些周围物体就称为该物体的约束。约束对物体运动的限制作用是通过约束对物体的作用力实现的，通常将约束对物体的作用力称为约束反力，简称反力，约束反力的方向总是与约束所能限制的运动方向相反。通常主动力是已知的，约束反力是未知的。

2）力的分类

物体受到的力一般可以分为两类：一类是使物体运动或使物体有运动趋势，称为主动力，如重力、水压力等，主动力在工程上称为荷载；另一类是对物体的运动或运动趋势起限制作用的力，称为被动力。

（3）受力分析

1）受力图

受力图的步骤如下：

① 明确分析对象，画出分析对象的分离简图；

② 在分离体上画出全部主动力；

③ 在分离体上画出全部的约束反力，并注意约束反力与约束应一一对应。

2）力的平行四边形法则

作用于物体上的同一点的两个力，可以合成为一个合力，合力的大小和方向由这两个力为边所构成的平行四边形的对角线来表示（图 6-1）。

一刚体受共面不平行的三个力作用而平衡时，这三个力的作用线必汇交于一点，即满足三力平衡汇交定理。

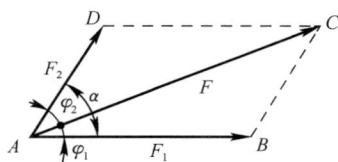

图 6-1　力平行四边形

（4）计算简图

在对实际结构进行力学分析和计算之前必须加以简化。用一个简化图形（结构计算简图）来代替实际结构，略其次要细节，重点显示其基本特点，作为力学计算的基础。简化的原则如下：

1）结构整体的简化

在多数情况下，把实际的空间结构（忽略次要的空间约束）分解为平面结构。对于延长方向结构的横截面保持不变的结构，如隧洞、水管、厂房结构，可做两相邻横截面截取平面结构（切片）计算。

2）杆件的简化

除了短杆深梁外，杆件用其轴线表示，杆件之间的连接区域用结点表示，由此组成杆件系统（杆系内部结构）。

3）杆件间连接的简化

杆件间的连接区简化为杆轴线的汇交点（称结点），杆件连接理想化为铰结点、刚结点和组合结点。杆在铰结点处互不分离，但可以相互转动在刚结点处既不能相对移动，也不能相对转动，通常承受力偶作用。

4）约束形式的简化

① 柔体约束：是指柔软的绳子、链条或胶带所构成的约束。柔体约束的约束反力必然沿柔体的中心线而背离物体，为拉力，通常用 F_T 表示，如图 6-2 所示。

② 光滑接触面约束：接触面处的摩擦力可以忽略不计，光滑接触面对物体的约束反力一定通过接触点，为压力或支持力，如图 6-3 所示。

③ 圆柱铰链约束：圆柱铰链约束是由圆柱形销钉插入两个物体的圆孔构成，销钉与圆孔的表面是完全光滑的，如图 6-4（c）所示。圆柱铰链约束只能限制物体在垂直于销钉轴线平面内的任何移动，而不能限制物体绕销钉轴线的转动，如图 6-5 所示。

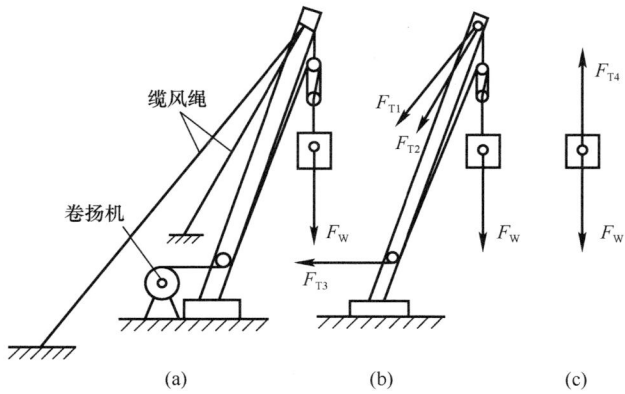

图 6-2 柔体约束及其约束反力

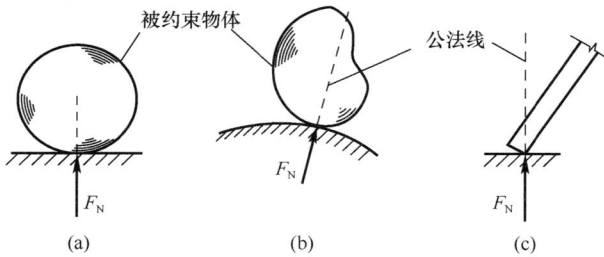

图 6-3 光滑接触面约束及其约束反力

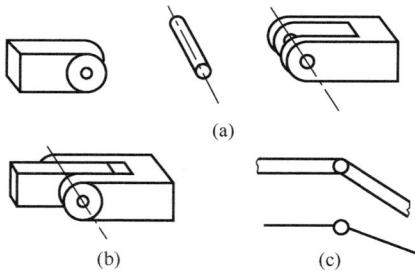

图 6-4 圆柱铰链约束

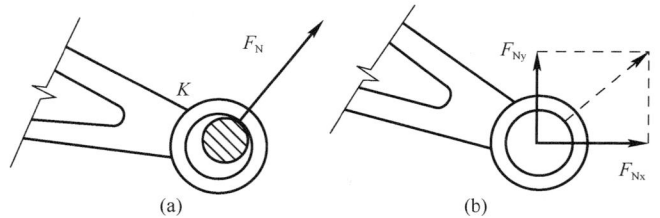

图 6-5 圆柱铰链约束的约束反力

④ 链杆约束：这种约束只能限制物体沿链杆中心线趋向或离开链杆的运动。链杆约束的约束反力沿链杆中心线，指向未定。链杆都是二力杆，只能受拉或者受压。如图 6-6 所示。

⑤ 固定铰支座：用光滑圆柱铰链将物体与支承面或固定机架连接起来的支座，如图 6-7 所示。其约束反力在垂直于铰链轴线的平面内，过销钉中心，方向不定。

⑥ 可动铰支座：在固定铰支座的座体与支承面之间加辊轴就成为可动铰支座，其简图可用图 6-8 表示，其约束反力必垂直于支承面。在房屋建筑中，梁通过混凝土垫块支承在砖柱上，不计摩擦时可视为可动铰支座。

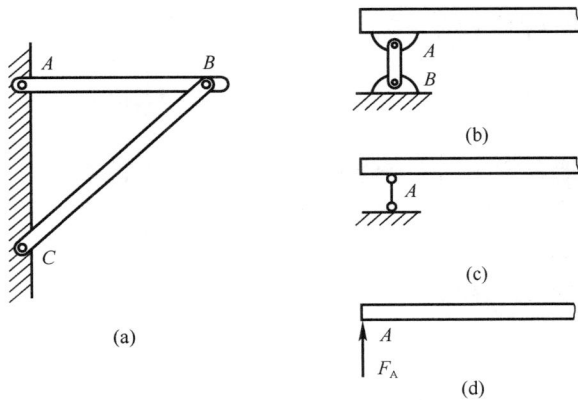

图 6-6　链杆约束及其约束反力

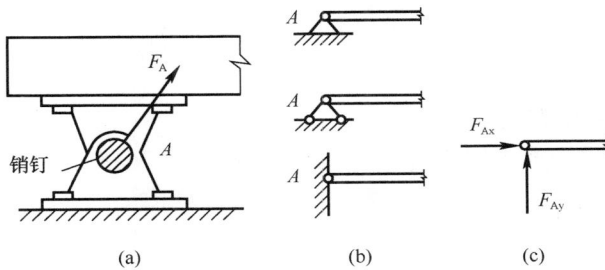

图 6-7　固定铰支座及其约束反力

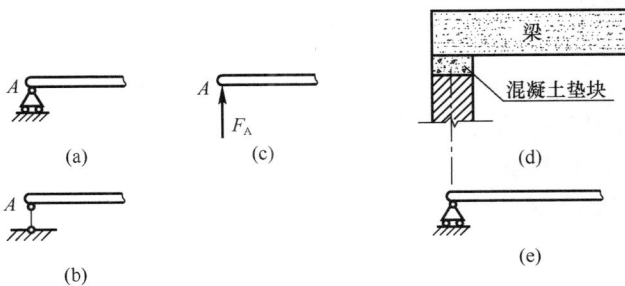

图 6-8　可动铰支座及其约束反力

⑦ 固定端支座：构件一端嵌入墙里（图 6-9a），墙对梁的约束既限制它沿任何方向移动，同时又限制它的转动，这种约束称为固定端支座。其简图可用图 6-9（b）表示。

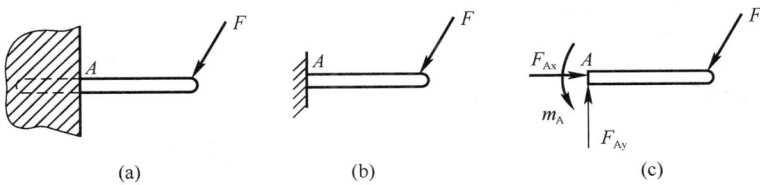

图 6-9　固定端支座及其约束反力

2. 力偶、力矩的特性及应用

（1）力偶和力偶系

1）力偶

① 力偶的概念：把作用在同一物体上大小相等、方向相反但不共线的一对平行力组成的力系称为力偶，记为（F，F'）。力偶中两个力的作用线间的距离 d 称为力偶臂。两个力所在的平面称为力偶的作用面。

② 力偶矩：用力和力偶臂的乘积再加上适当的正负号所得的物理量称之为力偶，记作 M（F，F'）或 M，即

$$M(F,F') = \pm Fd \tag{6-1}$$

力偶正负号的规定：力偶正负号表示力偶的转向，其规定与力矩相同。若力偶使物体逆时针转动，则力偶为正；反之，为负。

③ 力偶的性质：

A. 力偶无合力，不能与一个力平衡和等效，力偶只能用力偶来平衡。力偶在任意轴上的投影等于零。

B. 力偶对其平面内任意点之矩，恒等于其力偶矩，而与矩心的位置无关。

实践证明，凡是三要素相同的力偶，彼此相同，可以互相代替。如图 6-10 所示。

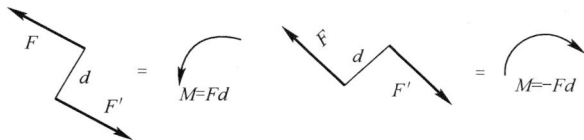

图 6-10 力偶

2）力偶系

力偶对物体的作用效应只有转动效应，而转动效应由力偶的大小和转向来度量，因此，力偶系的作用效果也只能是产生转动，其转动效应的大小等于各力偶转动效应的总和。可以证明，平面力偶系合成的结果为一合力偶，其合力偶矩等于各分力偶矩的代数和。即：

$$M = M_1 + M_2 + \cdots + M_n = \Sigma M_i \tag{6-2}$$

（2）力矩

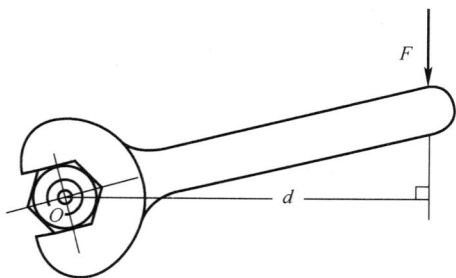

图 6-11 力矩的概念

1）力矩的概念

从实践中知道，力可使物体移动，又可使物体转动，例如当我们拧螺母时（图 6-11），在扳手上施加一力 F，扳手将绕螺母中心 O 转动，力越大或者 O 点到力 F 作用线的垂直距离 d 越大，螺母将容易被拧紧。

将 O 点到力 F 作用线的垂直距离 d 称为力臂，将力 F 与 O 点到力 F 作用线的垂直距离 d 的乘积 Fd 并加上表示转动方向的正负号称为力

F 对 O 点的力矩，用 $M_O(F)$ 表示，即

$$M_O(F) = \pm Fd \qquad (6\text{-}3)$$

O 点称为力矩中心，简称矩心。

正负号的规定：力使物体绕矩心逆时针转动时，力矩为正；反之，为负。

力矩的单位：牛·米（N·m）或者千牛·米（kN·m）。

2）合力矩定理

可以证明：合力对平面内任意一点之矩，等于所有分力对同一点之矩的代数和。即：

若

$$F = F_1 + F_2 + \cdots + F_n \qquad (6\text{-}4)$$

则

$$M_O(F) = M_O(F_1) + M_O(F_2) + \cdots + M_O(F_n) \qquad (6\text{-}5)$$

3. 平面力系的平衡方程及应用

凡各力的作用线都在同一平面内的力系称为平面力系。

（1）平面汇交力系的合成

在平面力系中，各力的作用线都汇交于一点的力系，称为平面汇交力系；各力作用线互相平行的力系，称为平面平行力系；各力的作用线既不完全平行又不完全汇交的力系，称为平面一般力系。

1）力在坐标轴上的投影

如图 6-12（a）所示，设力 F 作用在物体上的 A 点，在力 F 作用的平面内取直角坐标系 xOy，从力 F 的两端 A 和 B 分别向 x 轴作垂线，垂足分别为 a 和 b，线段 ab 称为力 F 在坐标轴 x 上的投影，用 F_x 表示。同理，从 A 和 B 分别向 y 轴作垂线，垂足分别为 a' 和 b'，线段 $a'b'$ 称为力 F 在坐标轴 y 上的投影，用 F_y 表示。

力的正负号规定如下：力的投影从开始端到末端的指向，与坐标轴正向相同为正；反之，为负。

若已知力的大小为 F，它与 x 轴的夹角为 α，则力在坐标轴的投影的绝对值为：

$$F_x = F\cos\alpha \qquad (6\text{-}6)$$
$$F_y = F\sin\alpha \qquad (6\text{-}7)$$

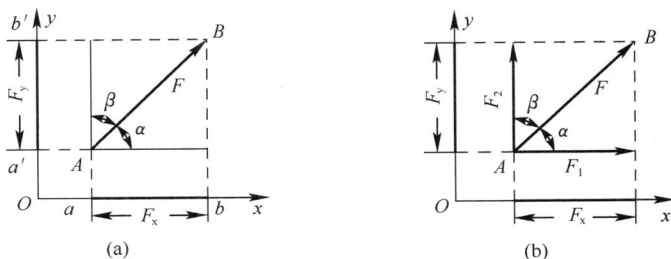

图 6-12　力在坐标轴上的投影

2）平面汇交力系合成的解析法

合力投影定理：合力在任意轴上的投影等于各分力在同一轴上投影的代数和。

数学式子表示为:

如果

$$F = F_1 + F_2 + \cdots + F_n \tag{6-8}$$

则

$$F_x = F_{1x} + F_{2x} + \cdots + F_{nx} = \Sigma F_x \tag{6-9}$$

$$F_y = F_{1y} + F_{2y} + \cdots + F_{ny} = \Sigma F_y \tag{6-10}$$

平面汇交力系的合成结果为一合力。

3)力的分解

利用四边形法则可以进行力的分解(图 6-13a)。通常情况下将力分解为相互垂直的两

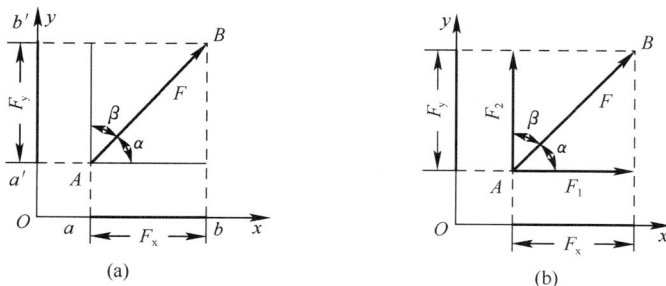

图 6-13 力在坐标轴上的投影

个分力 F_1 和 F_2,如图 6-13(b)所示,则两个分力的大小为:

$$F_1 = F\cos\alpha \tag{6-11}$$

$$F_2 = F\sin\alpha \tag{6-12}$$

力的分解和力的投影既有根本的区别又有密切联系。分力是矢量,而投影为代数量;分力 F_1 和 F_2 的大小等于该力在坐标轴上投影 F_x 和 F_y 的绝对值,投影的正负号反映了分力的指向。

(2)平面汇交力系的平衡

1)平面一般力系的平衡条件:平面一般力系中各力在两个任选的直角坐标轴上的投影的代数和分别等于零,各力对任意一点之矩的代数和也等于零。用数学公式表达为:

$$\Sigma F_x = 0$$
$$\Sigma F_y = 0$$
$$\Sigma m_O(F) = 0 \tag{6-13}$$

此外,平面一般力系的平衡方程还可以表示为二矩式和三力矩式。二矩式为:

$$\Sigma F_x = 0$$
$$\Sigma m_A(F) = 0$$
$$\Sigma m_B(F) = 0 \tag{6-14}$$

三力矩式为:

$$\Sigma m_A(F) = 0$$
$$\Sigma m_B(F) = 0$$
$$\Sigma m_C(F) = 0 \tag{6-15}$$

2)平面力系平衡的特例

① 平面汇交力系：如果平面汇交力系中的各力作用线都汇交于一点 O，则式中 $\Sigma M_O(F)=0$，即平面汇交力系的平衡条件为力系的合力为零，其平衡方程为：

$$\Sigma F_x = 0 \tag{6-16a}$$

$$\Sigma F_y = 0 \tag{6-16b}$$

平面汇交力系有两个独立的方程，可以求解两个未知数。

② 平面平行力系：力系中各力在同一平面内，且彼此平行的力系称为平面平行力系。设有作用在物体上的一个平面平行力系，取 x 轴与各力垂直，则各力在 x 轴上的投影恒等于零，即 $\Sigma F_x = 0$。因此，根据平面一般力系的平衡方程可以得出平面平行力系的平衡方程：

$$\Sigma F_y = 0 \tag{6-17a}$$

$$\Sigma M_O(F) = 0 \tag{6-17b}$$

同理，利用平面一般力系平衡的二矩式，可以得出平面平行力系平衡方程的又一种形式：

$$\Sigma M_A(F) = 0 \tag{6-18a}$$

$$\Sigma M_B(F) = 0 \tag{6-18b}$$

注意，式中 A、B 连线不能与力平行。平面平行力系有两个独立的方程，所以也只能求解两个未知数。

③ 平面力偶系：在物体的某一平面内同时作用有两个或者两个以上的力偶时，这群力偶就称为平面力偶系。由于力偶在坐标轴上的投影恒等于零，因此平面力偶系的平衡条件为：平面力偶系中各个力偶的代数和等于零，即：

$$\Sigma M = 0 \tag{6-19}$$

物体实际发生相互作用时，其作用力是连续分布作用在一定体积和面积上的，这种力称为分布力，也叫分布荷载。单位长度上分布的线荷载大小称为荷载集度，其单位为牛顿/米（N/m），如果荷载集度为常量，即称为均匀分布荷载，简称均布荷载。对于均布荷载可以进行简化计算：认为其合力的大小为 $F_q = qa$，a 为分布荷载作用的长度，合力作用于受载长度的中点。

（二）静定结构的杆件内力

1. 单跨静定梁的内力计算

（1）静定梁的受力

静定结构只在荷载作用下才产生反力、内力；反力和内力只与结构的尺寸、几何形状有关，而与构件截面尺寸、形状、材料无关，且支座沉陷、温度变化、制造误差等均不会产生内力，只产生位移。

静定结构在几何特性上无多余联系的几何不变体系。

在静力特征上仅由静力平衡条件可求全部反力内力。

1）单跨静定梁的形式

以轴线变弯为主要特征的变形形式称为弯曲变形或简称弯曲。以弯曲为主要变形的杆件称为梁。

单跨静定梁的常见形式有三种：简支（图 6-14）、伸臂（图 6-15）和悬臂（图 6-16）。

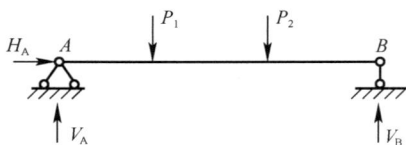

图 6-14 简支单跨静定梁   图 6-15 伸臂单跨静定梁

2）静定梁的受力

横截面上的内力：

A. 轴力：截面上应力沿杆轴切线方向的合力，使杆产生伸长变形为正，画轴力图要注明正负号（图 6-17）。

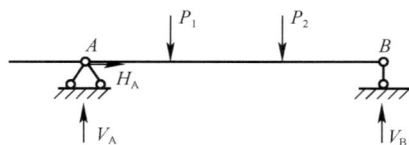

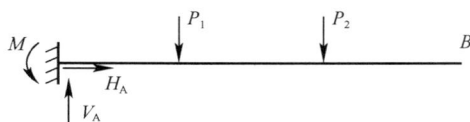

图 6-16 悬臂单跨静定梁   图 6-17 轴力的正方向

B. 剪力：截面上应力沿杆轴法线方向的合力，使杆微段有顺时针方向转动趋势的为正，画剪力图要注明正负号；由力的性质可知：在刚体内，力沿其作用线滑移，其作用效应不改变。如果将力的作用线平行移动到另一位置，其作用效应将发生改变，其原因是力的转动效应与力的位置有直接的关系（图 6-18）。

C. 弯矩：截面上应力对截面形心的力矩之和，不规定正负号。弯矩图画在杆件受拉一侧，不注符号（图 6-19）。

图 6-18 剪力的正方向   图 6-19 弯矩的正方向

（2）用截面法计算单跨静定梁

计算单跨静定梁常用截面法，即截取隔离体（一个结点、一根杆或结构的一部分），建立平衡方程求内力。

2. 多跨静定梁的内力分析

多跨静定梁是指由若干根梁用铰相连，并用若干支座与基础相连而组成的静定结构。

多跨静定梁的受力分析遵循先附属部分，后基本部分的分析计算顺序。即首先确定全部反力（包括基本部分反力及连接基本部分与附属部分的铰处的约束反力），作出层叠图；然后将多跨静定梁折成几个单跨静定梁，按先附属部分后基本部分的顺序绘内力图。

如图 6-20 所示梁，其中 AC 部分不依赖于其他部分，独立地与大地组成一个几何不变部分，称它为基本部分；而 CE 部分就需要依靠基本部分 AC 才能保证它的几何不变

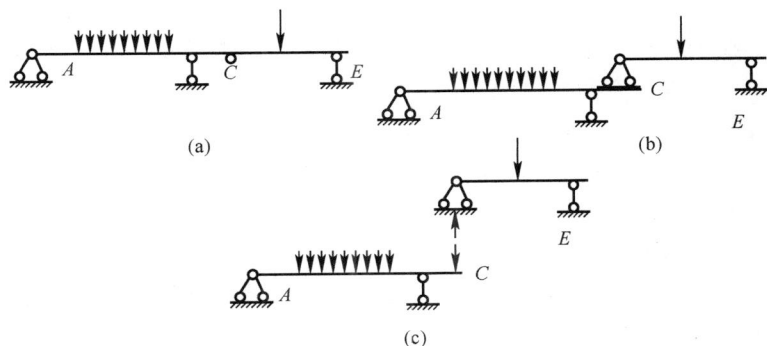

图 6-20 多跨静定梁的受力分析

性，相对于 AC 部分来说就称它为附属部分。

从受力和变形方面看：基本部分上的荷载通过支座直接传于地基，不向它支持的附属部分传递力，因此仅能在其自身上产生内力和弹性变形；而附属部分上的荷载要先传给支持它的基本部分，通过基本部分的支座传给地基，因此可使其自身和基本部分均产生内力和弹性变形。

3. 静定平面桁架的内力分析

桁架是由链杆组成的格构体系，当荷载仅作用在结点上时，杆件仅承受轴向力，截面上只有均匀分布的正应力，这是最理想的一种结构形式（图 6-21）。

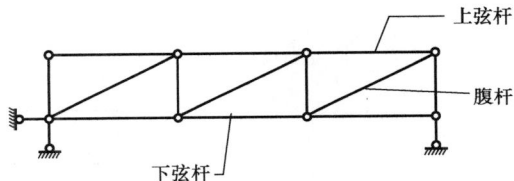

图 6-21 理想结构

（三）杆件强度、刚度和稳定性计算

1. 杆件变形的基本形式

（1）杆件

在工程实际中，构件的形状可以是各种各样的，但经过适当的简化，一般可以归纳为四类，即：杆、板、壳和块。所谓杆件，是指长度远大于其他两个方向尺寸的构件。杆件的形状和尺寸可由杆的横截面和轴线两个主要几何元素来描述。杆的各个截面的形心的连线叫轴线，垂直于轴线的截面叫横截面。

轴线为直线、横截面相同的杆称为等值杆。

（2）杆件的基本受力形式及变形

杆件受力有各种情况，相应的变形就有各种形式。在工程结构中，杆件的基本变形有以下四种：

1）轴向拉伸与压缩（图 6-22a、图 6-22b）

这种变形是在一对大小相等、方向相反、作用线与杆轴线重合的外力作用下，杆件产生长度的改变（伸长与缩短）。

189

2）剪切（图 6-22c）

这种变形是在一对相距很近、大小相等、方向相反、作用线垂直于杆轴线的外力作用下，杆件的横截面沿外力方向发生的错动。

3）扭转（图 6-22d）

这种变形是在一对大小相等、方向相反、位于垂直于杆轴线的平面内的力偶作用下，杆的任意两横截面发生的相对转动。

4）弯曲（图 6-22e）

这种变形是在横向力或一对大小相等、方向相反、位于杆的纵向平面内的力偶作用下，杆的轴线由直线弯曲成曲线。

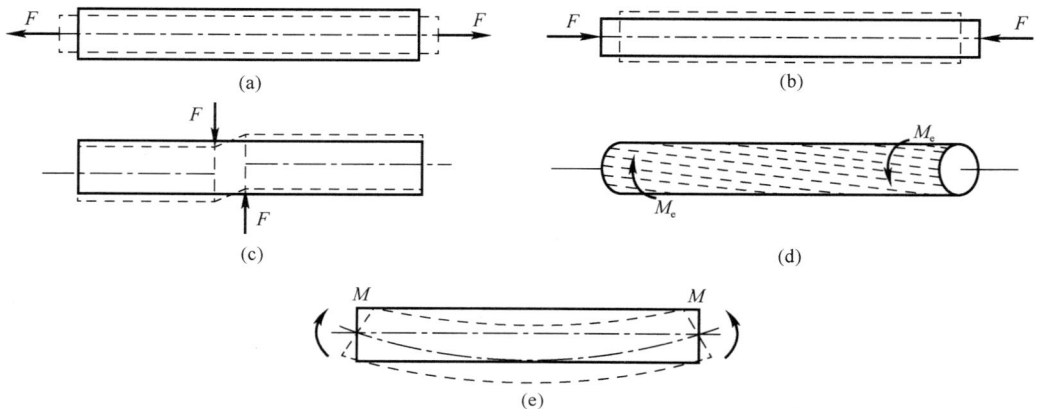

图 6-22　杆件变形的基本形式

2. 应力、应变的基本概念

（1）内力、应力的概念

1）内力的概念

构件内各粒子间都存在着相互作用力。当构件受到外力作用时，形状和尺寸将发生变化，构件内各个截面之间的相互作用力也将发生变化，这种因为杆件受力而引起的截面之间相互作用力的变化称为内力。

内力与构件的强度（破坏与否的问题）、刚度（变形大小的问题）紧密相连。要保证构件的承载必须控制构件的内力。

2）应力的概念

内力表示的是整个截面的受力情况。在不同粗细的两根绳子上分别悬挂重量相同的物体，则细绳将可能被拉断，而粗绳不会被拉断，这说明构件是否破坏不仅与内力的大小有关，而且与内力在整个截面的分布情况有关，而内力的分布通常用单位面积上的内力大小来表示，我们将单位面积上的内力称为应力。它是内力在某一点的分布集度。

应力根据其与截面之间的关系和对变形的影响，可分为正应力和切应力两种。

垂直于截面的应力称为正应力，用 σ 表示；相切于截面的应力称为切应力，用 τ 表示。在国际单位制中，应力的单位是帕斯卡，简称帕（Pa）。

$$1Pa = 1N/m^2$$

工程实际中应力的数值较大，常以千帕（kPa）、兆帕（MPa）或吉帕（GPa）为单位。

3）应变的概念

① 线应变：杆件在轴向拉力或压力作用下，沿杆轴线方向会伸长或缩短，这种变形称为纵向变形；同时，杆的横向尺寸将减小或增大，这种变形称为横向变形。如图 6-23 (a)、图 6-23(b) 所示，其纵向变形为：

$$\Delta l = l_1 - l \tag{6-20}$$

式中　l_1——受力变形后沿杆轴线方向长度；

　　　l——原长度。

为了避免杆件长度的影响，用单位长度的变形量反映变形的程度，称为线应变。纵向线应变用符号 ε 表示。

$$\varepsilon = \Delta l/l = (l_1 - l)/l \tag{6-21}$$

② 切应变：图 6-23(c) 为一矩形截面的构件，在一对剪切力的作用下，截面将产生相互错动，形状变为平行四边形，这种由于角度的变化而引起的变形称为剪切变形。直角的改变量称为切应变，用符号 γ 表示。切应变 γ 的单位为弧度。

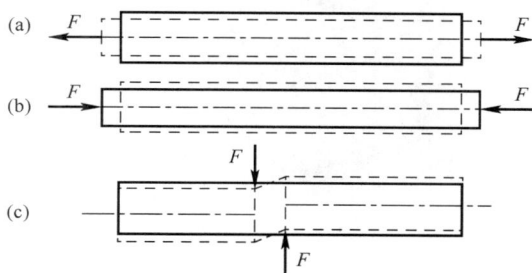

图 6-23　杆件的应变变形

（2）虎克定律

实验表明，应力和应变之间存在着一定的物理关系，在一定条件下，应力与应变成正比，这就是虎克定律。

用数学公式表达为：

$$\sigma = E\varepsilon \tag{6-22}$$

式中比例系数 E 称为材料的弹性模量，它与构件的材料有关，可以通过试验得出。

3. 杆件强度的概念

构件应有足够的强度。所谓强度，就是构件在外力作用下抵抗破坏的能力。对杆件来讲，就是结构杆件在规定的荷载作用下，保证不因材料强度发生破坏的要求，称为强度要求。即必须保证杆件内的工作应力不超过杆件的许用应力，满足公式：

$$\sigma = N/A \leqslant [\sigma] \tag{6-23}$$

4. 杆件刚度和稳定性的基本概念

（1）刚度

刚度是指构件抵抗变形的能力。

结构杆件在规定的荷载作用下，虽有足够的强度，但其变形不能过大，超过了允许的范围，也会影响正常的使用，限制过大变形的要求即为刚度要求。即必须保证杆件的工作变形不超过许用变形，满足公式：

$$f \leqslant [f] \tag{6-24}$$

拉伸和压缩的变形表现为杆件的伸长和缩短，用 ΔL 表示，单位为长度。

剪切和扭矩的变形一般较小。

弯矩的变形表现为杆件某一点的挠度和转角，挠度用 f 表示，单位为长度，转角用 θ 表示，单位为角度。当然，也可以求出整个构件的挠度曲线。

（2）稳定性

稳定性是指构件保持原有平衡状态的能力。

平衡状态一般分为稳定平衡和不稳定平衡，如图 6-24 所示。

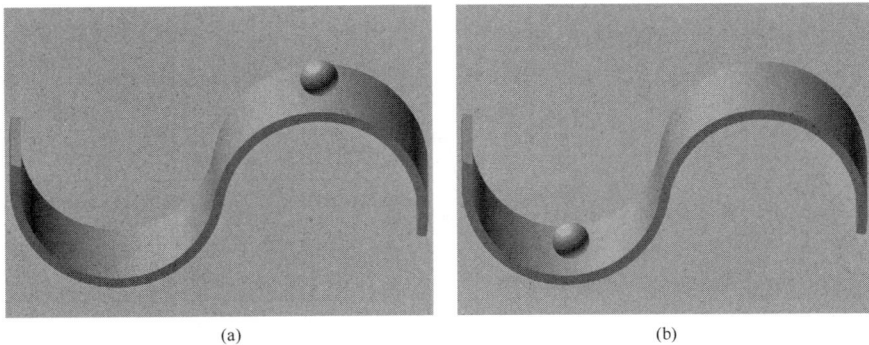

图 6-24 平衡状态分类
（a）不稳定平衡；（b）稳定平衡

对于受压杆件，要保持稳定的平衡状态，就要满足所受最大压力 F_{max} 小于临界压力 F_{cr}。临界力 F_{cr} 计算公式如下：

$$F_{cr} = \frac{\pi^2 E I_{min}}{L^2} \tag{6-25}$$

公式（6-25）的应用条件：

1）理想压杆，即材料绝对理想；轴线绝对值；压力绝对沿轴线作用。

2）线弹性范围内。

3）两端为球铰支座。

七、市政工程基本知识

（一）城镇道路工程

1. 城镇道路工程的组成和特点

（1）城镇道路工程的组成

城镇道路由机动车行道、人行道、分隔带（隔离带）、排水设施、挡土墙、交通设施和街面设施等组成。工程内容如下：

1）机动车道：供各种车辆行驶的地表（或地下隧洞内）路面部分。可分为机动车道和非机动车道。供带有动力装置的车辆（大小汽车、电车、摩托等）行驶的为机动车道，供无动力装置的车辆（自行车、三轮车等）行驶的为非机动车道。

2）人行道（非机动车道）：人群步行的道路，包括地下人行通道。

3）分隔带（隔离带）：是安全防护的隔离设施。防止越道逆行的分隔带设在道路中线位置，将左右或上下行车道分开，称为中央分隔带。

4）挡土墙：挡土墙能够承受其墙背后面的土压力、可能坍塌的覆盖层土体或破碎岩层，保护路堑和道路使用安全。

5）排水设施：包括用于收集路面雨水的平式或立式雨水口（进水口）、支管、检查井等。

6）交通辅助性设施：为组织指挥交通和保障维护交通安全而设置的辅助性设施。如：信号灯、标志牌、安全岛、道口花坛、护栏、人行横道线（斑马线）、分车道线及临时停车场和公共交通车辆停靠站等。

7）街面服务设施：为城市公用事业服务的照明灯柱、架空电线杆、消火栓、邮政信箱、清洁箱、地下通道等。

8）地下设施：为城市公用事业服务的人行地道和给水管、排水管、燃气管、供热管、通信电缆、电力电缆、地下通道等。

9）公共广场和停车场。

（2）城镇道路工程特点

城镇道路与公路比较，具有以下特点：

1）功能多样、组成复杂、艺术要求高；

2）车辆多、类型混杂、车速差异大、渠化程度高；

3）道路交叉口多、易发生交通阻滞和交通事故；

4）城镇道路需要大量附属设施和交通管理设施；

5）城镇道路规划、设计和施工的影响因素多；

6）行人交通量大，交通吸引点多，使得车辆和行人交通错综复杂，机动车、非机动车相互干涉严重；

　　7）城镇道路规划、设计应满足城市建设管理的需求。

2. 城镇道路的分类与技术标准

　　（1）城镇道路的分类

　　我国城镇道路按道路在道路交通网中的地位、交通功能以及对沿线的服务功能等，分为快速路、主干路、次干路和支路四个等级，见表 7-1。

城市道路等级路面结构与使用年限（年）　　　　　　　　表 7-1

道路等级	路面结构类型		
	沥青路面	水泥混凝土路面	砌块路面
快速路	15	30	—
主干路	15	30	—
次干路	15	20	—
支路	10	20	10（石材 20）

　　1）快速路

　　快速路一般设置在特大或大城市外环，主要为城镇间提供大流量、长距离的快速交通服务，为联系城镇各主要功能分区及为过境交通服务。快速路由于车速高、流量大，应中央分隔、全部控制出入、控制出入口间距及形式，应实现交通连续通行。单向设置不应少于两条车道，并应设有配套的交通安全与管理设施。快速路两侧不宜设置吸引大量车流、人流的公共建筑物的出入口。

　　2）主干路

　　主干路应连接城市各主要分区（如工业区、生活区、文化区等）的干路，以交通功能为主，主干路两侧不宜设置吸引大量车流、人流的公共建筑物的出入口。

　　3）次干路

　　次干路应与主干路结合组成城市干路网，是城市中数量较多的一般交通道路，应以集散交通的功能为主，兼有服务功能。

　　4）支路

　　支路宜与次干路和居住区、工业区、交通设施等内部道路相连接，是城镇交通网中数量较多的道路；其功能以解决局部地区交通，以服务功能为主。

　　（2）城镇道路分级

　　除快速路外，每类道路按照所在城市的规模、涉及交通量、地形等分为Ⅰ、Ⅱ、Ⅲ级。大城市应采用各类道路中的Ⅰ级标准；中等城市应采用Ⅱ级标准；小城市应采用Ⅲ级标准。

　　城镇道路按道路的断面形式可分为以下四类（见表 7-2）和特殊类型。

城镇道路断面形式与适用范围　　　　　　　　表 7-2

道路断面形式	车辆行驶情况	适用范围
单幅路	机动车与非机动车混合行驶	用于交通量不大的次干路、支路
双幅路	分流向，机、非机动车混合行驶	机动车交通量较大，非机动车交通量较少的主干路、次干路
三幅路	机动车与非机动车分道行驶	机动车与非机动车交通量均较大的主干路、次干路
四幅路	机动车与非机动车分流向分道行驶	机动车交通量大，车速高；非机动车多的快速路，次干路

（3）路面的分类与分级

1）路面分类

路面按力学特性通常分为柔性路面和刚性路面两种类型。

柔性路面主要包括由各种基层（水泥混凝土除外）和各类沥青面层、碎（砾）石面层、块料面层所组成的路面结构。柔性路面在荷载作用下所产生的弯沉变形较大，路面结构本身抗弯拉强度较低，车轮荷载通过各结构层向下传递到土基，使土基受到较大的单位压力，因而土基的强度、刚度和稳定性对路面结构整体强度有较大影响。

刚性路面主要指用水泥混凝土作面层或基层的路面结构。水泥混凝土的强度，比其他各种路面材料要高得多，它的弹性模量也较其他各种路面材料大，故呈现较大的刚性。水泥混凝土路面板在车轮荷载作用下的垂直变形极小，荷载通过混凝土板体的扩散分布作用，传递到地基上的单位压力要较柔性路面小得多。

2）路面面层类型及适用范围见表 7-3。

路面面层类型及适用范围　　　　　　　　表 7-3

序号	面层类型	适用范围
1	沥青混合料路面	快速路、主干路、次干路、支路、公共广场、停车场
2	水泥混凝土路面	快速路、主干路、次干路、支路、公共广场、停车场
3	沥青贯入式、沥青表面处治路面	支路、停车场、公共广场
4	砌块路面	快速路、主（次）干路、支路、公共广场、停车场、人行道

3）道路经过景观要求较高的区域或突出显示道路线形的路段，面层宜采用彩色；综合考虑雨水收集利用的道路，路面结构设计应满足透水性的要求；道路经过噪声敏感区域时，宜采用降噪路面；对环保要求较高的路段或隧道内的沥青混凝土路面，宜采用温拌沥青混凝土。

4）沥青路面层结构应根据使用要求、气候特点、交通荷载与结构层功能要求等因素，结合沥青各层厚度和当地经验选用沥青混合料类型。

5）水泥混凝土面层应满足强度和耐久性的要求，表面应抗滑、耐磨、平整。水泥混凝土面层类型可根据适用条件按表 7-4 选用。

水泥混凝土面层类型的适用条件 表 7-4

序号	面层类型	适用条件
1	连续配筋混凝土面层、预应力水泥混凝土路面	特重交通的快速路、主干路
2	沥青上面层与连续配筋混凝土或横缝设传力杆的普通水泥混凝土下面层组成的复合式路面	特重交通的快速路
3	钢纤维混凝土面层	标高受限制路段、收费站、桥面铺装
4	混凝土预制块面层	广场、步行街、停车场、支路

3. 城市道路网布局

城市道路网布局主要有四种类型：方格网式、环形放射式、自由式和混合式。

（1）方格网式道路网

方格网式道路网又称棋盘式道路系统，是道路网中最常见的一种。其干道相互平行，间距约 800～1000m，干道之间布置次要道路，将市区分为大小合适的街区。我国一些古城的道路系统，多采用轴线对称的方格网形，如北京旧城、西安、洛阳、福州、苏州等均属于方格网式道路网。

（2）环形放射式道路网

环形放射式道路网是由中心向外辐射路线，四周以环路沟通。环路分为内环和外环，设计等级不应低于主干道。

（3）自由式道路网

自由式道路系统多以结合地形为主，路线布置依据城市地形起伏而无一定的几何图形。我国山丘城市的道路选线通常沿山麓或河岸布设。

地形高差较大时，宜设人、车分行道路系统。

（4）混合式道路系统

混合式道路系统也称为综合式道路系统，是以上三种形式的组合。可以充分吸收其他各种形式的优点，组合成一种较为合理的形式。目前我国大多数大城市采用方格网式或环形放射式的混合式。如北京、上海、天津、南京、合肥等城市在保留原有旧城方格网式的基础上，为减少市中心的交通压力而设置了环路或辐射路。

4. 城市道路线形组合

（1）道路横断面

城市道路的横断面由车行道、人行道、绿化带和分车带等部分组成。根据道路功能和红线宽度的不同，可有各种不同形式的组合。

横断面反映出道路设计各组成部分的位置、宽度和相互关系，也反映出道路建设有关的地面和地下共用设施布置的情况：包括道路总宽度（红线宽度）、机动车道、非机动车道、分隔带和人行道等组成部分的位置和宽度，并表示出地面上有照明灯和地下管道布置的位置、间距、管径等基本情况。

（2）道路平面线形

道路的平面线形，通常指的是道路中线的平面投影，主要由直线和圆曲线两部分组成。对于等级较高的路线，在直线和圆曲线间还要插入缓和曲线，此时平面线形则由直线、圆曲线和缓和曲线三部分组成。这种线形比起前者，对行车更为平顺有利，对于城市主干道的弯道设计，宜尽可能设置缓和曲线。

在道路平面线形中，直线是最简单，最常用的线形。它的前进方向明确，里程最短，测设和施工最方便，行车迅速通畅。圆曲线是其次使用的线形，圆曲线在现场容易设置，可以自然地表明方向的变化。采用平缓而适当的圆曲线，既可引起驾驶员的注意，促使他们紧握方向盘，又可正面看到路侧的景观，起到诱导视线的作用。从行车的要求来说，道路线形首先要求顺直，不可弯弯曲曲，二是车辆能以平稳的车速行驶。

当道路转折时，为使相交两条折线能平滑地衔接需要设置曲线段，即平曲线，以满足车辆行驶的要求，也称为"弯道"。

道路平面设计必须遵循保证行车安全、迅速、经济以及舒适的线形设计的总原则，并符合设计规范、技术标准规定。综合考虑平、纵、横三个断面的相互关系，平面线形确定后，将会影响交通组织和沿街建筑物的布置、地上地下管线网布置以及绿化、照明灯设施的布置，所以平面定线时须综合分析有关因素的影响，做出适当的处理。

（3）道路纵断面

沿道路中心线的竖向剖面即为道路的纵断面，表示了道路在纵向的起伏变化状况。

城市道路纵断面设计线根据地形的起伏，有时上坡，有时下坡，在纵坡变化点处常用曲线把直线坡段连接起来，这就组成了道路的纵断面线形，如图7-1所示。

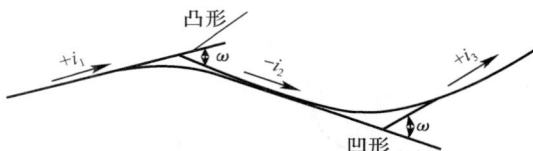

图 7-1　道路纵断面线形

道路纵断面设计是根据所设计道路的等级、性质以及水文、地质、土质和气候等自然条件下，在完成道路平面定线及野外测量的基础上进行的。

纵断面设计应与平面线形配合，特别是平曲线与竖曲线的协调。一般来说，考虑到自行车和其他非机动车的爬坡能力，最大纵坡宜取小些，一般不大于 2.5%，最小纵坡应满足纵向排水的要求，一般应不小于 0.3%～0.5%；道路纵断面设计的标高应保持管线的最小覆土深度，管顶最小覆土深度一般不小于 0.7m。

道路纵断面图如图7-2所示。

（4）城市道路交叉口

当一条道路和另一条道路相交时即成交叉口。交叉口是道路交通的咽喉，相交道路的各种车辆和行人都要在交叉口处汇集、通过，并进行转向，直接影响到整条道路的通行能力。

为了减少交叉口上的冲突点，保证交叉口的交通安全，常用来减少或消除冲突点的方法：交通管制，渠化交通和立体交叉。其中，立体交叉是两条道路在不同高程上交叉，两条道路上的车流互不干涉，各自保持原有车速通行。

平面交叉口范围内的地面水应能迅速排除，交叉口范围内的地下管线布置、交叉口范围内的雨水口布置、绿化、照明及与周围建筑物的协调等。交叉口竖向设计的目的是合理地设计交叉口的标高，以利行车和排水。常用等高线设计法，如图7-3所示。

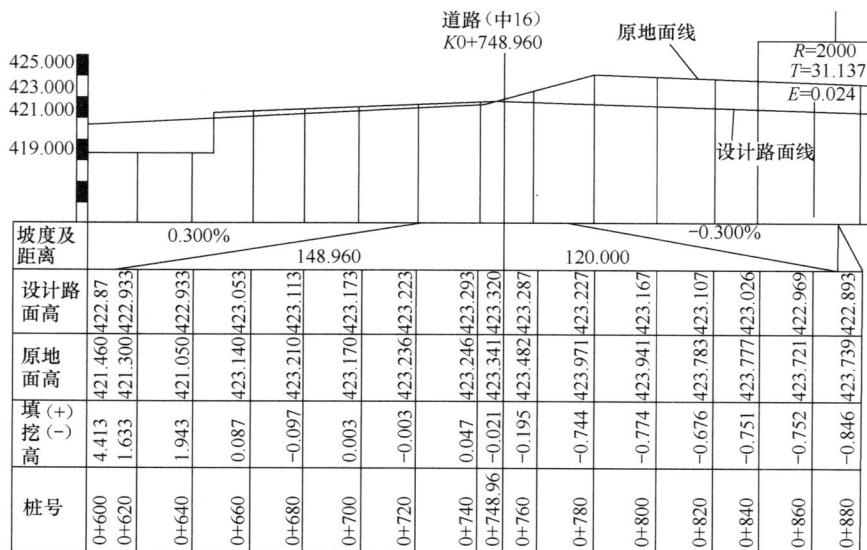

道路(中16) K0+748.960　原地面线　$R=2000$　$T=31.137$　$E=0.024$　设计路面线

坡度及距离	0.300%（148.960）								-0.300%（120.000）							
设计路面高	422.87	422.933	422.933	423.053	423.113	423.173	423.223	423.293	423.320	423.287	423.227	423.167	423.107	423.026	422.969	422.893
原地面高	421.460	421.300	421.050	423.140	423.210	423.170	423.236	423.246	423.341	423.482	423.971	423.941	423.783	423.777	423.721	423.739
填(+)挖(-)高	4.413	1.633	1.943	0.087	-0.097	0.003	-0.003	0.047	-0.021	-0.195	-0.744	-0.774	-0.676	-0.751	-0.752	-0.846
桩号	0+600	0+620	0+640	0+660	0+680	0+700	0+720	0+740	0+748.96	0+760	0+780	0+800	0+820	0+840	0+860	0+880

425.000　423.000　421.000　419.000

图 7-2　道路纵断面图

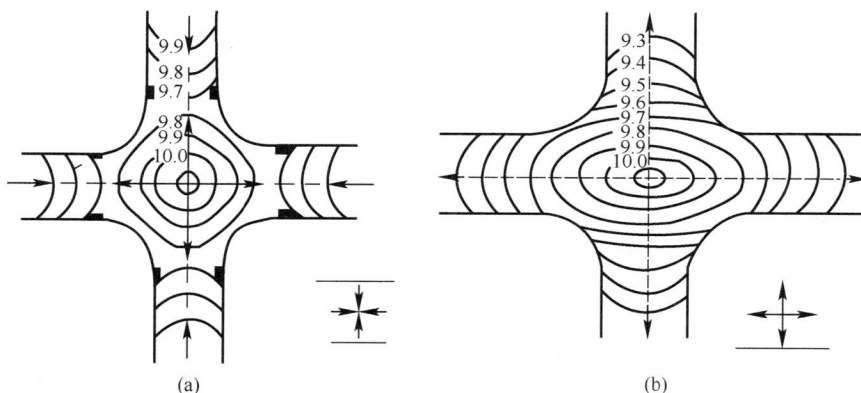

图 7-3　交叉口等高线立面图

（a）凹形地形交叉口立面设计；（b）凸形地形交叉口立面设计

5. 城镇道路路基与路面工程

（1）道路路基

1）路基基本构造

路基要素有宽度、高度和边坡坡度等。

① 路基宽度

路基宽度是指在一个横断面上两路缘之间的宽度。

行车道宽度主要取决于车道数和各车道的宽度。车道宽度一般为 3.5～3.75m。

② 路基高度

路基高度是指路基设计标高与路中线原地面标高之差，称为路基填挖高度或施工高度。路基高度是影响路基稳定的重要因素，也直接影响道路面的强度和稳定性、路面厚度和结构及工程造价。

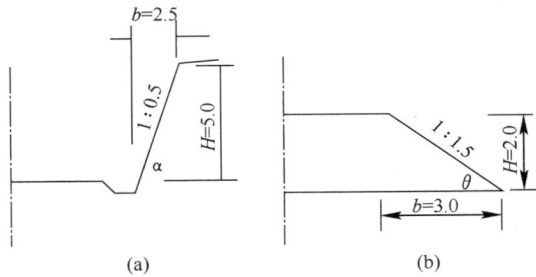

图 7-4　路基边坡坡度示意图
(a) 路堑；(b) 路堤

③ 路基边坡

路基边坡坡度是以边坡的高度 H 与宽度 b 之比来表示，如图 7-4 所示。为方便起见，习惯将高度定为 1，相应的宽度是 b/H，如 $1:0.5$。

路基边坡坡度对路基稳定起着重要的作用。m 值越大，边坡越缓，稳定性越好，但边坡过缓而暴露面积过大，易受雨、雪侵蚀。

2）路基的基本要求

道路路基位于路面结构的最下部，路基应满足下列要求：

① 路基横断面形式及尺寸应符合标准规定；

② 具有足够的整体稳定性；

③ 具有足够的强度；

④ 具有足够的抗变形能力和耐久性；

⑤ 岩石式填石路基顶面应铺设整平层。

（2）道路路面

1）路面结构层

路面是由各种材料铺筑而成的，通常由一层或几层组成。路面可分为面层、基层和垫层。路面结构层所选材料应满足强度、稳定性和耐久性的要求，由于行车荷载和自然因素对路面的作用，随着路面深度的增大而逐渐减弱，因而对路面材料的强度、刚度和稳定性的要求也随着深度而逐渐降低。

① 由于面层受行车荷载的垂直力、水平力和冲击力以及温度变化的影响最大，因此，应具备较高的结构强度、耐磨、不透水和温度稳定性，并且表面应具有良好的平整和粗糙度，同时还应满足抗滑性、耐久性、扬尘少、噪声低等要求。高等级路面的面层一般包括磨耗层、中面层和底面层等。磨耗层又称上面层，宜采用 SMA、AC-C 和 OGFC 混合料。各层结构应至少有一层为密级配混合料。

② 基层应满足强度、扩散荷载的能力以及水稳定性和抗冻性的要求。基层分上基层和下基层。基层材料分为刚性、柔性和半刚性。如贫混凝土或碾压混凝土为刚性基层；水泥稳定类、石灰稳定类和二灰稳定类基层为韧性基层；沥青稳定碎石层、级配碎（砾）石基层为柔性基层。

③ 垫层应满足强度和水稳定性的要求，直采细砂、砂砾等颗粒材料。垫层通常设在排水不良和有冰冻翻浆路段。在地下水位较高地区铺设的垫层称为隔离层，能起隔水作用；在冻深较大的地区铺设的垫层称为防冻层，能起防冻作用。

2）路面结构组合

沥青混合料路面结构图组合分为三种常见形式：三层式、双层式和单层式。单层式沥青面层应加铺封层或微表处作为磨耗层。三层式沥青混合路面结构图如图 7-5 所示。水泥混凝土路面结构图如图 7-6 所示（接缝细部）。

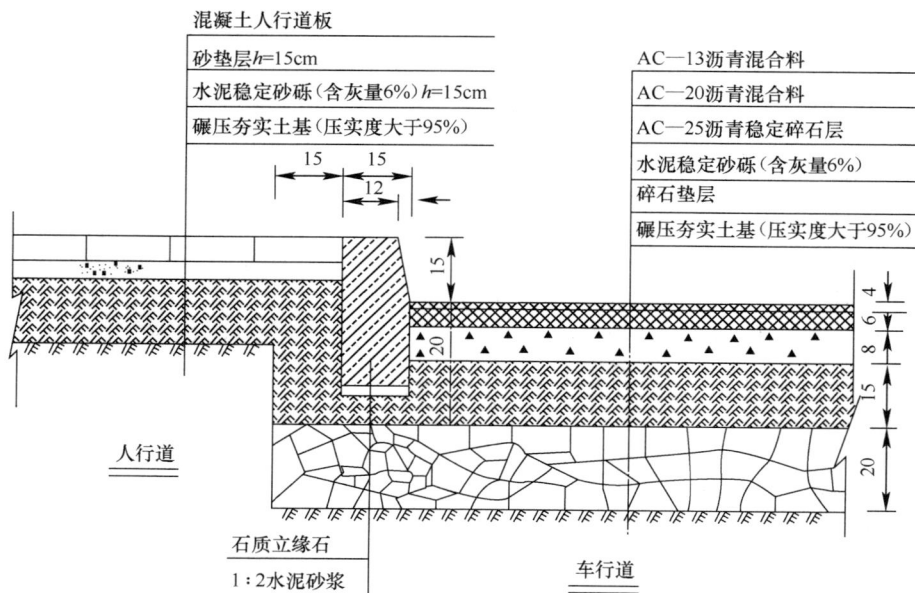

图 7-5 三层式沥青混合料路面结构图（单位：cm）

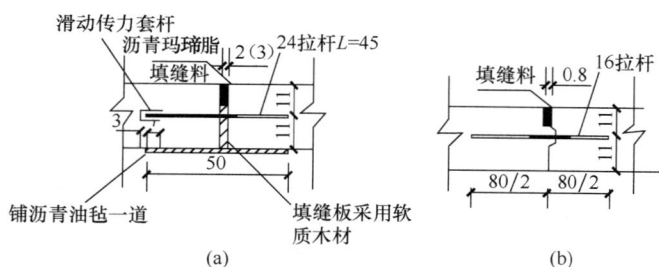

图 7-6 水泥混凝土路面结构图（单位：cm）

（a）横向缩缝细部图；（b）纵向缝细部图

6. 旧路面补强与加铺

（1）当路面的结构承载能力、平整度、抗滑能力等使用性能退化、其承载能力不能满足交通需求时，应进行结构补强或加铺面层（罩面）。

（2）旧路面的补强和加铺面层应符合下列要求：

1）当路面平整度不佳，抗滑能力不足，但路面结构强度足够，结构损坏轻微时，沥青路面宜采用稀浆封层、薄层加铺等措施，水泥混凝土路面宜采用刻槽、板底灌浆和磨平错台等措施恢复路面表面使用性能。

2）当路面结构破损较为严重或承载能力不能满足未来交通需求时，应采用加铺结构层补强。

3）当路面结构破损严重，或纵、横坡需作较大调整时，宜采用新建路面，或将旧路面作为新路面结构层的基层或下基层。

（3）旧沥青混凝土路面的加铺层宜采用沥青混合料。加铺层厚度应按补足路面结构层总承载能力要求确定，新旧路面之间必须满足粘结要求采取防止反射裂缝措施。

（4）当旧水泥混凝土路面的断板率较低、接缝传荷能力良好，且路面纵、横坡基本符合要求、板的平面尺寸和接缝布置合理时，可选用直接式水泥混凝土加铺层；否则，应采用分离式水泥混凝土加铺层。当旧水泥混凝土路面强度足够，且断板和错台病害少时，可选择直接加铺沥青面层的方案，并应根据交通荷载、环境条件和旧路面的性状等，选择经济有效的防止放射裂缝的措施。

7. 道路附属工程

（1）雨水口和雨水支管

雨水口、连接管和检查井是城镇道路收集与排放雨水的附属构筑物，路面下设雨水排放管道及其他市政管道。

雨水口分为落地和不落地两种形式，落地雨水口具有截流冲入雨水的污秽垃圾和粗重物体的作用。不落地雨水口指雨水进入雨水口后，直接流入沟管。雨水口的形式如图 7-7 所示。

雨水口的进水方式有平箅式、立式和联合式等。平箅式雨水口有缘石平箅式和地面平箅式。缘石平箅式雨水口适用于有缘石的道路，地面平箅式雨水口适用于无缘石的路面、广场、地面低洼聚水处等。立式雨水口有立孔式和立箅式。联合式雨水

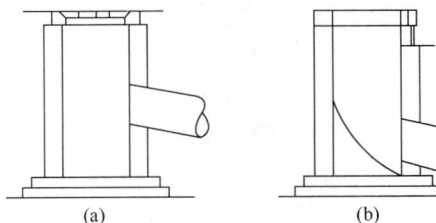

图 7-7 雨水口的形式
（a）落地雨水口；（b）不落地雨水口

口是平箅式与立式的综合形式，适用于路面较宽、有缘石、径流量较集中且有杂物处。

雨水口一般设置在下行道路汇水点、道路平面交叉口、周边单位和小区出入口、出水口等地点。雨水口的间距宜为 25～50m，位置与雨水检查井的位置协调。雨水支管管径一般为200～300mm，坡度一般不小于 10%，覆土厚度一般不小于 0.7m 且满足当地防冻要求。

（2）路缘石和步道砖

1）路缘石

路缘石可分为立缘石和平缘石两种。立缘石也称为道牙或侧石（图 7-8），是设在道路边缘，起到区分车行道、人行道、绿地、隔离带和截留路面水的作用。平缘石也称平石，是顶面与路面平齐的缘石，有标定路面范围、整齐路容、保护路面边缘的作用。平石是铺筑在路面与立缘石之间，常与侧石联合设置，有利于路面施工或使路面边缘能够被机

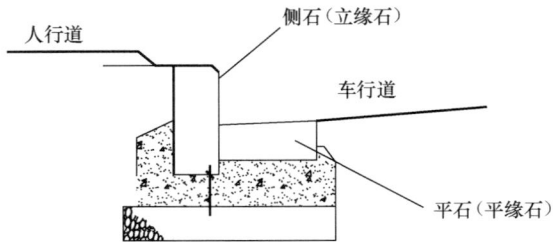

图 7-8 城市道路缘石

械充分压实,是城镇道路最常见的设置方式。

立缘石一般高出车行道 15~18cm,对人行道等起侧向支撑作用。

路缘石可用水泥混凝土、条石、块石等材料制作,混凝土强度一般不小于 30MPa。外形有直的、弯弧形和曲线形。应根据要求和条件选用。

2)步道砖

人行道设置在城镇道路的两侧,起到保障行人交通安全和保证人车分流的作用。人行道面常用预制人行道板块、石料铺筑而成,混凝土强度一般不小于 30MPa。

(3)挡土墙

挡土墙是城镇道路重要的附属构造物,挡土墙是挡墙的一种,分类如下:

1)按其所处环境条件可分为一般地区挡土墙、浸水地区挡土墙和地震地区挡土墙等。

2)根据挡土墙设置的位置不同,可分为路肩墙、路堤墙、路堑墙、山坡墙。设置于路堤边坡的挡土墙称为路堤墙;墙顶位于路肩的挡土墙称为路肩墙;设置于路堑边坡的挡土墙称为路堑墙;设置于山坡上,支承山坡上可能坍塌的覆盖层土体或破碎岩层的挡土墙称为山坡墙。

3)根据其刚度及位移方式不同,可分为刚性挡土墙、柔性挡土墙和临时支撑三类。加筋土挡土墙是填土、拉筋和面板三者的结合体,属于柔性挡土墙。根据挡土墙承受土压力与稳定的机理不同,挡土墙可分为很多形式,主要有重力式挡土墙、衡重式挡土墙、薄壁式挡土墙、锚碇板式挡土墙、加筋土挡土墙等。

4)按结构特点挡土墙可分为石砌重力式、石砌恒重式、加筋土重力式、混凝土半重力式、钢筋混凝土悬臂式和扶壁式、锚杆式和锚定板式、竖向预应力锚杆式等。钢筋混凝土扶壁式挡土墙各部分组成见图 7-9,适用于 6~12m 高填土方路段,是城市道路常用的挡土墙形式。

5)按墙体材料挡土墙可分为石砌挡土墙、混凝土挡土墙、钢筋混凝土挡土墙、钢板挡土墙等。根据受力方式,分为仰斜式挡土墙和承重式挡土墙。

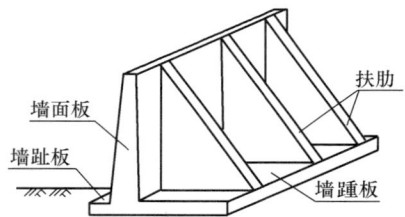

图 7-9 扶壁式挡土墙示意图

(4)交通标志和标线

1)交通标志

道路交通标志是用图案、符号和文字传递特定信息,用以对交通进行导向、限制或警告等管理的安全设施,一般设置在路侧或道路上方,主要包括色彩、形状和符号三要素。标志主要可分为下列四类:

① 警告标志。警告车辆、行人注意危险地点的标志。

② 禁令标志。禁止或限制车辆、行人交通行为的标志。

③ 指示标志。指示车辆、行人行进的标志。

④ 指路标志。传递道路前进方向、地点、距离信息的标志。

辅助标志是铺设在主标志下，起辅助说明作用的标志。按用途不同分为表示时间、车辆种类、区域或距离、警告与禁令理由及组合辅助标志五种。

2）交通标线

交通标线是由各种路面标线、箭头、文字、立面标记，突起路标和路边线轮廓标等所构成的交通安全设施。如图 7-10 所示。

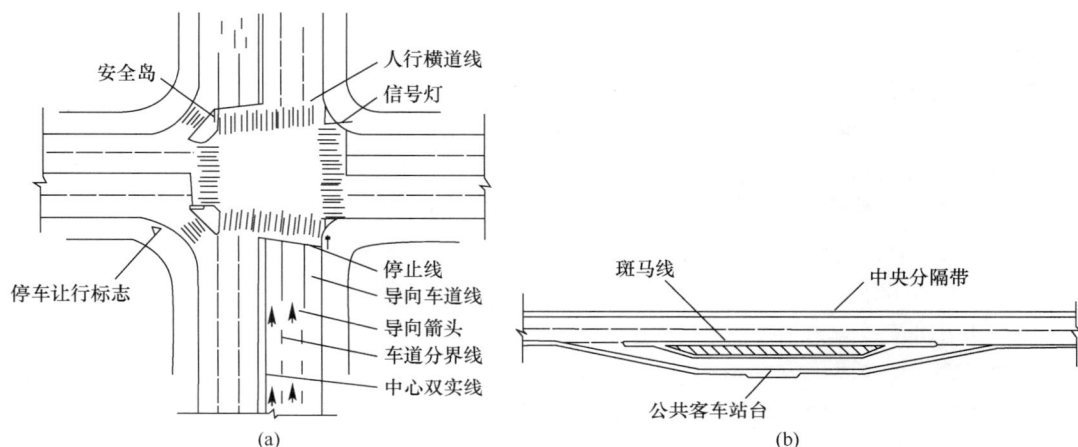

图 7-10　交通标线（单位：cm）
（a）路面标线；（b）港湾式停靠站标线

路面标线应根据道路断面形式、路宽以及交通管理的需要划定。路面标线的形式主要有车行道中心线、车行道边缘线、车道分界线、停止线、人行横道线、导向车道线、导向箭头以及路面文字或图形标记等。

突起路标是固定于路面上突起的标记块，一般应和路面标线配合使用，可起辅助和加强标线的作用，通常采用定向反射型。

（5）照明设施与绿化景观

城市道路灯杆设在道路两侧和分隔带中，立体交叉还设有独立景观灯。分隔带不宜种植乔木，树木栽植应符合规范规定。

（二）城市桥梁工程

1. 城市桥梁的基本组成

城市桥梁工程包括人行天桥、地下通道和排水涵洞。桥梁由"五大部件"与"五小部件"组成（图 7-11）。"五大部件"是指桥梁承受运输车辆和（或）其他荷载的桥跨上部结构与下部结构，它们必须通过承受荷载的计算与分析，是桥梁结构安全性的保证。"五小部件"是直接与桥梁服务功能有关的部件，过去总称为桥面系（构造）。

（1）五大部件

1）桥跨结构：线路跨越障碍（如江河、山谷或其他线路等）的结构物。

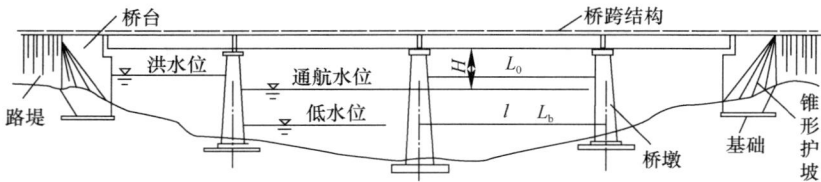

图 7-11 跨河桥的结构组成

2）支座系统：在桥跨结构与桥墩或桥台的支承处所设置的传力装置。它不仅要传递很大的荷载，并且还要保证桥跨结构能产生一定的变位。

3）桥墩：是在河中或岸上支承桥跨结构的结构物。

4）桥台：设在桥的两端；一边与路堤相接，以防止路堤滑塌；另一边则支承桥跨结构的端部。为保护桥台和路堤填土，桥台两侧常做锥形护坡、挡土墙等防护工程。

5）墩台基础：是保证桥梁墩台安全并将荷载传至地基的结构。

上述前两个部件是桥跨上部结构，后三个部件是桥跨下部结构。

（2）五小部件

1）桥面铺装（或称行车道铺装）：铺装的平整性、耐磨性、不翘曲、不渗水是保证行车舒适的关键。特别是在钢箱梁上铺设沥青路面时，其技术要求甚严。

2）排水防水系统：应能迅速排除桥面积水，并使渗水的可能性降至最小限度。城市桥梁排水系统应保证桥下无滴水和结构上无漏水现象。

3）栏杆（或防撞栏杆）：它既是保证安全的构造措施，又是有利于观赏的最佳装饰件。

4）伸缩缝：桥跨上部结构之间或桥跨上部结构与桥台端墙之间所设的缝隙，以保证结构在各种因素作用下的变位。为使行车顺适、不颠簸，桥面上要设置伸缩缝构造。

5）灯光照明：现代城市中，大跨桥梁通常是一个城市的标志性建筑，大多装置了灯光照明系统，构成了城市夜景的重要组成部分。

（3）附属设施

常见的有挡土墙、锥形护坡、护岸、河道护砌等。锥形护坡是在路堤与桥台衔接处设置的圬工构筑物，如图 7-12 所示。

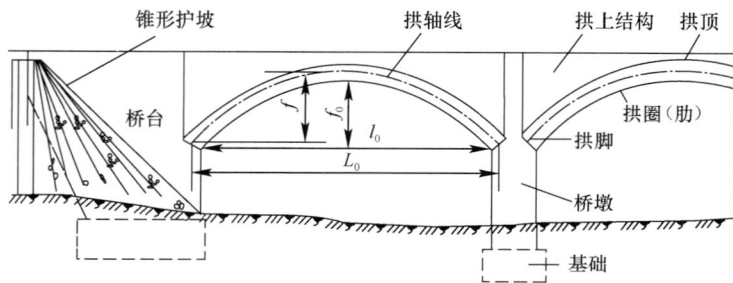

图 7-12 锥形护坡

（4）相关常用术语

1）净跨径：相邻两个桥墩（或桥台）之间的净距。对于拱式桥是每孔拱跨两个拱脚截面最低点之间的水平距离。

2）计算跨径：对于具有支座的桥梁，是指桥跨结构相邻两个支座中心之间的距离；对于拱式桥，是指两相邻拱脚截面形心点之间的水平距离，即拱轴线两端点之间的水平距离。

3）拱轴线：拱圈各截面形心点的连线。

4）桥梁高度：指桥面与低水位之间的高差，或指桥面与桥下线路路面之间的距离，简称桥高。

5）桥下净空高度：设计洪水位、计算通航水位或桥下线路路面至桥跨结构最下缘之间的距离。

6）建筑高度：桥上行车路面（或轨顶）标高至桥跨结构最下缘之间的距离。

7）允许建筑高度：公路或铁路定线中所确定的桥面或轨顶标高，对通航净空顶部标高之差。

8）净矢高：从拱顶截面下缘至相邻两拱脚截面下缘最低点之间连线的垂直距离。

9）计算矢高：从拱顶截面形心至相邻两拱脚截面形心之间连线的垂直距离。

10）矢跨比：计算矢高与计算跨径之比，也称拱矢度，它是反映拱桥受力特性的一个重要指标。

11）涵洞：用来宣泄路堤下水流的构造物。通常在建造涵洞处路堤不中断。凡是多孔跨径全长不到 8m 和单孔跨径不到 5m 的泄水结构物，均称为涵洞。

2. 城市桥梁的分类和设计荷载

（1）城市桥梁的分类

按跨越障碍物的性质分类，有跨河桥、跨海桥、跨谷桥、高架桥、立交桥和栈桥等。

按主要承重结构所用的材料分类，有木桥、圬工桥、钢筋混凝土桥、预应力混凝土桥、钢桥和钢—混凝土结合梁桥等。钢筋混凝土桥和预应力混凝土桥是目前应用最广泛的城市桥梁；钢桥的跨越能力较大，通常用于单孔跨径较大的工程。

按上部结构的行车道位置分类，可分为上承式、下承式和中承式桥梁。桥面在主要承重结构之上的为上承式，桥面在主要承重结构之下的为下承式，桥面在主要承重结构中部的为中承式，如图 7-13 所示。

按桥梁总长和跨径分类，桥可为特大桥、大桥、中桥、小桥，如表 7-5 所示。

桥梁按总长或跨径分类   表 7-5

桥梁分类	多孔跨径总长 L（m）	单孔跨径 L_k（m）
特大桥	$L>1000$	$L_k>150$
大桥	$1000 \geqslant L \geqslant 100$	$150 \geqslant L_k \geqslant 40$
中桥	$100>L>30$	$40>L_k \geqslant 20$
小桥	$30 \geqslant L \geqslant 8$	$20>L_k \geqslant 5$

注：1. 单孔跨径系指标准跨径。梁式桥、板式桥以两桥墩中线之间桥中心线长度或桥墩中线与桥台台背前缘线之间桥中心线长度为标准跨径；拱式桥以净跨径为标准跨径。

2. 梁式桥、板式桥的多孔跨径总长为多孔标准跨径的总长；拱式桥以两岸桥台起拱线间的距离；其他形式的桥梁为桥面系的行车道长度。

205

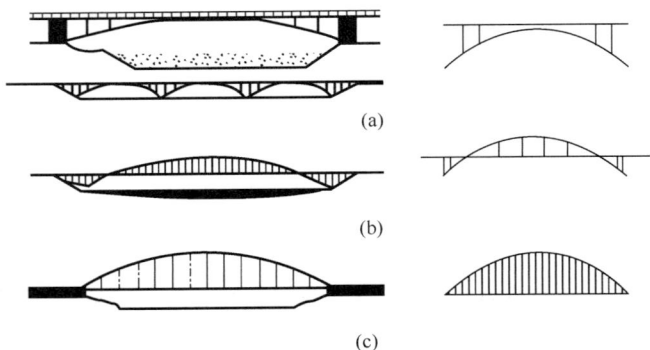

图 7-13 上(中、下)承式桥与受力示意图

(a)上承式;(b)中承式;(c)下承式

按桥梁力学体系分类,可分为梁式桥、拱式桥、刚架桥、悬索桥、斜拉桥五种基本体系及其组合体系。

1)梁式桥

梁式桥是一种在竖向荷载作用下无水平反力的结构,桥的主要承重构件是梁或板,又称梁板桥。构件受力以受弯为主,是城市桥梁中使用最广泛的桥梁形式;梁式桥可细分为简支梁桥、连续梁桥和悬臂梁桥,如图 7-14 所示。简支梁桥是指梁的两端分别为铰支(固定)端与活动端的单跨梁式桥。连续梁桥是指桥跨结构连续跨越两个以上桥孔的梁式桥。在桥墩上连续,在桥孔内中断,线路在桥孔内过渡到另一根梁上的称为悬臂梁,采用这种梁的桥称为悬臂梁桥。

2)拱式桥

拱式桥由拱上建筑、拱圈和墩台组成,如图 7-15(a)所示。拱桥在竖向荷载作用下承重构件是拱圈或拱肋,构件受力以受压为主。拱桥的支座除产生竖向反力外,在竖直荷载作用下,还产生较大的水平推力如图 7-15(b)所示,拱脚基础既要承受竖向力,又要承受水平力,因此拱式桥对基础与地基的要求比梁式桥要高。

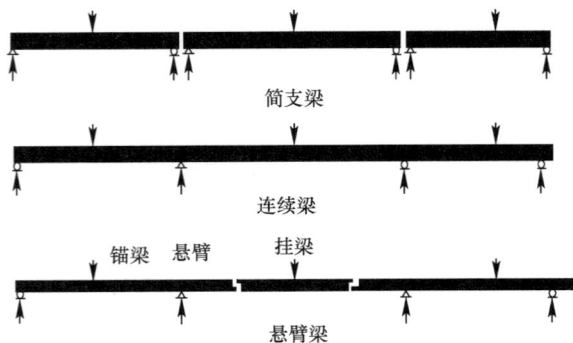

图 7-14 梁式桥示意图

3)刚构桥

刚构桥是指桥跨结构与桥墩式桥台连为一体的桥。刚构桥根据外形可分为门形刚构

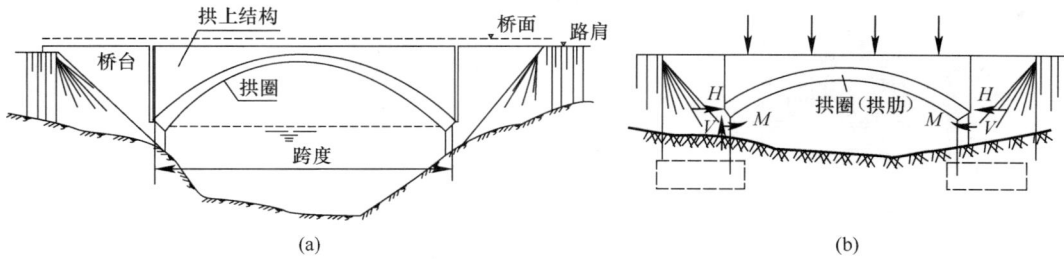

图 7-15 拱式桥
（a）拱式桥示意图；（b）拱式桥受力简图

桥、斜腿刚构桥和箱形刚构桥，如图 7-16（a）、图 7-16（b）、图 7-16（c）所示。斜腿刚构桥可应用于山谷、深河陡坡地段，避免修建高墩或深水基础。箱形桥的梁跨、腿部和底板连成整体，刚性好。

刚构桥将上部结构的梁与下部结构的立柱进行刚性连接，在竖向荷载作用下，梁部主要受弯，柱脚则要承受弯矩、轴力和水平推力，如图 7-16（d）所示，受力介于梁和拱之间。它的主要承重结构是梁和柱构成的刚构结构，梁柱连接处具有很大的刚性。

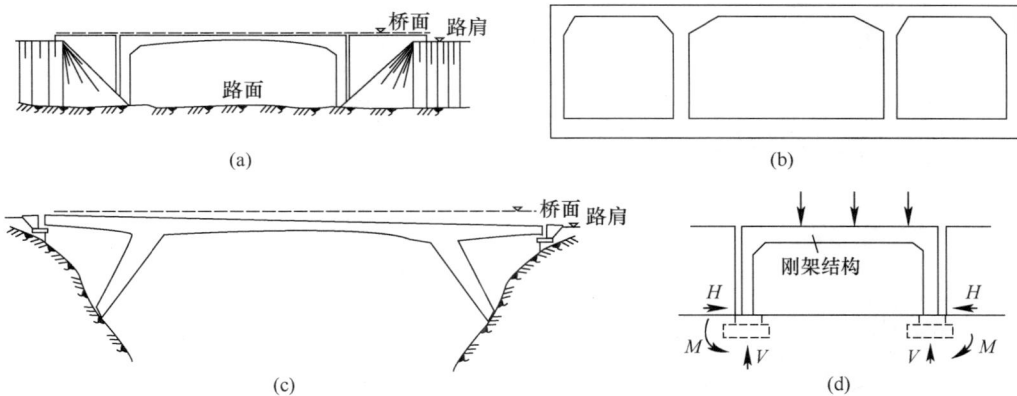

图 7-16 刚构桥与受力示意图
（a）门形刚构桥；（b）箱形刚构桥；（c）斜腿刚构桥；（d）刚构桥受力简图

4）悬索桥

悬索桥是桥面支承在悬索（也称主缆）上的桥，又称吊桥，如图 7-17（a）所示。它是以悬索跨过塔顶的鞍形支座锚固在两岸的锚锭中，作为主要承重结构。在缆索上悬挂吊杆，桥面悬挂在吊杆上。由于这种桥可充分利用悬索钢缆的高抗拉强度，具有用料省、自重轻的特点，是现在各种体系桥梁中能达到最大跨度的一种桥型。

悬索桥在竖向荷载作用下，通过吊杆使缆索承受拉力，而塔架除承受竖向力作用外，还要承受很大的水平拉力和弯矩，如图 7-17（b）所示，它的主要承重构件是主缆，以受拉为主。

5）斜拉桥

斜拉桥是将梁用若干根斜拉索拉在塔柱上的桥，由梁、斜拉索和塔柱三部分组成，如

207

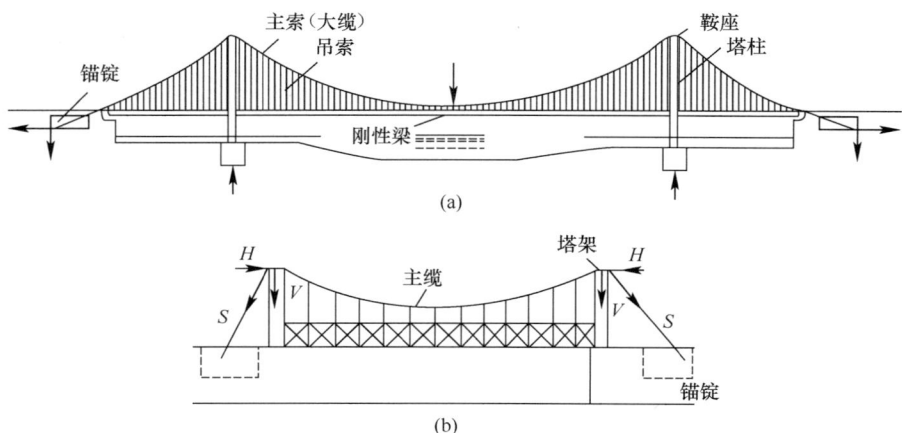

图 7-17　悬索桥与受力示意图

图 7-18 所示。斜拉桥是一种自锚式体系，斜拉索的水平力由梁承受、梁除支承在墩台上外，还支承在由塔柱引出的斜拉索上。按梁所用的材料不同可分为钢斜拉桥、结合梁斜拉桥和混凝土梁斜拉桥。

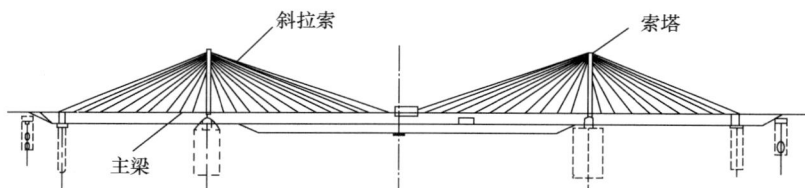

图 7-18　斜拉桥示意图

斜拉桥是由梁、塔和斜拉索组成的结构体系，在竖向荷载作用下，梁以受弯为主，塔以受压为主，斜索则承受拉力。

6）组合体系桥

组合体系桥是指由上述 5 种不同基本体系的结构组合而成的桥梁。如系杆拱桥是由梁和拱组合而成的结构体系，竖向荷载作用下，梁以受弯为主，拱以受压为主，如九江长江大桥，如图 7-19（a）所示；梁与悬吊系统的组合，如丹东鸭绿江大桥，如图 7-19（b）所示；梁与斜拉索的组合，如芜湖长江大桥，如图 7-19（c）所示。

（2）设计荷载

根据《城市桥梁设计规范》GJJ 11—2011，城市桥梁设计汽车荷载由车道荷载和车辆荷载组成，分为两个等级，即城—A 级和城—B 级。城—A 级车辆标准载重汽车应采用五轴式货车加载，总重 700kN，前后轴距为 18.0m，行车限界横向宽度为 3.0m；城—B 级标准载重汽车应采用三轴式货车加载，总重 300kN，前后轴距为 4.8m，行车限界横向宽度为 3.0m。

桥梁设计采用的作用可分为永久作用、可变作用和偶然作用三类，见表 7-6。

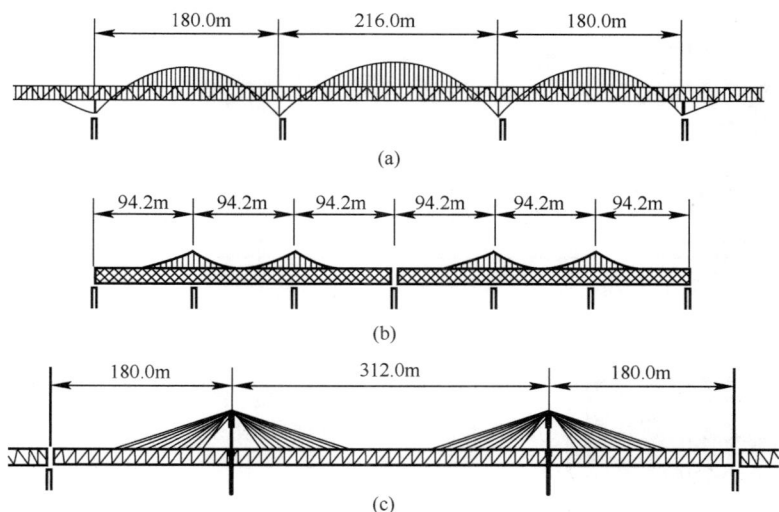

图 7-19　组合体系桥示意图
（a）九江长江大桥；（b）丹东鸭绿江大桥；（c）芜湖长江大桥

作用分类表　　　　　　　　　　　　表 7-6

编号	分　类	名　　称	编号	分　类	名　　称
1	永久作用	结构重力（包括结构附加重力）	10	可变作用	汽车荷载
2		预加应力	11		汽车冲击力
3		土的重力及土侧压力	12		汽车离心力
4		混凝土收缩及徐变影响力	13		汽车引起的土侧压力
5		基础变位作用	14		人群荷载
6		水的浮力	15		风荷载
			16		汽车制动力
			17		流水压力
7	偶然作用	地震作用	18		冰压力
8		船只或漂流物的撞击作用	19		温度（均匀、梯度）作用
9		汽车撞击作用	20		支座摩擦力

3. 城市桥梁构造组成

（1）板桥桥跨结构

1）钢筋混凝土简支板桥

① 整体现浇简支板桥

整体式现浇简支板桥一般做成等厚度的矩形截面，具有整体性好，横向刚度大，而且易于浇筑成复杂形状等优点，在 5.0～10.0m 跨径桥梁中得到广泛应用。

整体式板桥配置纵向受力钢筋和与之垂直的分布钢筋，按计算一般不需设置箍筋和斜筋，但习惯上仍在跨径的 $\frac{1}{6}$～$\frac{1}{4}$ 处部分主筋按 $30°$～$45°$ 弯起，当板宽较大时，尚应在板的顶部适当地配置横向钢筋。

②　装配式简支板桥

装配式简支板桥的板宽，一般为1.0m，预制宽度通常为0.99m，以便于构件的运输与安装。按其横截面形式主要有实心板和空心板两种，空心板截面形式如图7-20所示。

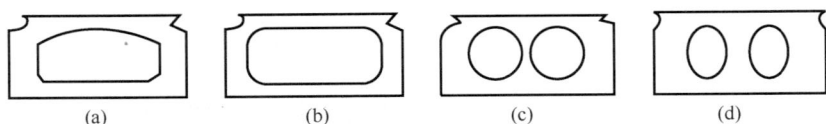

(a) (b) (c) (d)

图7-20　空心板截面形式

实心板桥一般适用跨径为4.0～8.0m，空心板较同跨径的实心板重量轻，运输安装方便，而建筑高度又较同跨径的T形梁小，因此目前使用较多。钢筋混凝土空心板桥适用于跨径为8.0～13.0m，板厚为0.4～0.8m；预应力混凝土空心板适用于跨径为8.0～16.0m，板厚为0.4～0.7m。横向连接常用的方式有企口混凝土铰连接和钢板焊接连接。

2)　现浇钢筋混凝土简支梁桥

①　整体式现浇简支梁桥

整体式钢筋混凝土简支T形梁桥多数在桥孔支架模板上现场浇筑，个别也有整体预制、整孔架设的情况。在城市立交桥中，由于平面布置形成斜桥、弯桥，使得整体式简支梁桥得到了一定应用。

②　装配式钢筋混凝土简支T形梁桥

装配式简支T形梁桥由T形主梁和垂直于主梁的横隔梁组成，主梁包括主梁梁肋和梁肋顶部的翼缘（也称行车道板）。预制主梁通过设在横隔梁顶部和下部的预埋钢板焊接连接成整体，或用就地浇筑混凝土连接而成的桥跨结构，如图7-21所示。

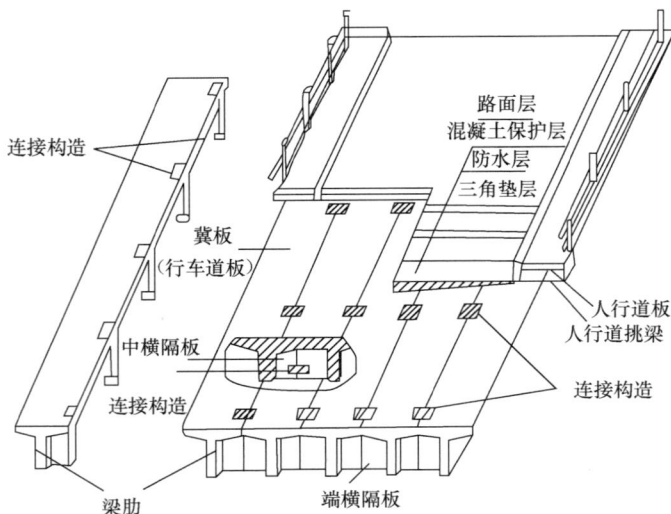

图7-21　装配式T形梁桥构造

装配式钢筋混凝土简支T形梁桥常用单跨跨径为8.0～20m，主梁间距一般采用1.8～2.2m。横隔梁在装配式T形梁桥中的作用是保证各根主梁相互连成整体共同受力，横隔梁刚度越大，梁的整体性越好，在荷载作用下各主梁就越能更好地共同受力，一般在跨内设置 3～5 道横隔梁，间距一般 5.0～6.0m 为宜。预制装配式 T 形梁桥主梁钢筋包括纵向受力钢筋（主筋）、弯起钢筋、箍筋、架立钢筋和防收缩钢筋。由于主筋的数量多，一般采用多层焊接钢筋骨架。

为保证 T 形梁的整体性，防止在使用过程中因活载反复作用而松动，应使 T 形梁的横向连接具有足够的强度和刚度，一般可采用横隔梁横向连接和桥面板横向连接方法。

装配式预应力混凝土简支 T 形梁桥常用单跨跨径为 25.0～50.0m，主梁间距一般采用 1.8～2.5m。横隔梁采用开洞形式，以减轻桥梁自重。装配式预应力混凝土 T 形梁主梁肋钢筋由预应力筋和其他非预应力筋组成，其他非预应力筋主要有受力钢筋、箍筋、防收缩钢筋、定位钢筋、架立钢筋和锚固加强钢筋等。

装配式预应力混凝土简支 I 形梁桥与 T 形梁桥类似。

③ 装配式钢筋混凝土简支箱形梁桥

装配式钢筋混凝土简支箱形梁桥由箱形主梁和垂直于主梁的横隔梁组成。预制主梁通过就地现浇混凝土横隔梁连接成整体，形成桥跨结构。

装配式预应力混凝土简支箱形梁桥常用跨径为 25.0～50.0m，主梁间距一般采用 2.5～3.5m。装配式预应力混凝土箱形梁主梁钢筋由预应力筋和其他非预应力筋组成。其他非预应力筋主要有受力钢筋、箍筋、防收缩钢筋、定位钢筋、架立钢筋和锚固加强钢筋等。

3）钢筋混凝土悬臂梁桥

悬臂梁桥可减小跨中弯矩值，因而可适用于较大跨径桥梁，悬臂梁桥分为双悬臂梁和单悬臂梁；此外，将悬臂梁桥的墩柱与梁柱固结后便形成了带挂梁和带铰结构的 T 形刚构桥。

4）预应力混凝土连续梁桥

连续梁桥是中等跨径桥梁，一般分为等截面连续梁桥、变截面连续梁桥、连续刚构桥。连续梁桥通常是将 3～5 孔做成一联，连续梁桥施工时，一般先将主梁逐孔架设成简支梁然后互相连接成为连续梁，也可以整联现浇而成，或者采用悬臂施工；采用顶推法施工，即在桥梁一端（或两端）路堤上逐段连续制作梁体逐段顶向桥孔；另外还有采用移动吊支模架和转体施工连续梁。

预应力混凝土连续梁是超静定结构，具有变形和缓、伸缩缝少、刚度大、行车平稳、超载能力大、养护简单等优点。其跨径一般在 30～150m 之间，主要用于地基条件较好、跨径较大的桥梁上。

① 跨径布置

预应力混凝土连续梁的跨径布置有等跨和不等跨两种，如图 7-21 所示。

图 7-22 中：（a）为等跨连续梁，（b）为不等跨连续梁，边跨与中跨之比值一般为 0.5～0.7。当比值小于 0.3 时，如图（c）所示，则连续梁将变为固端梁，两边端支座上将产生负的反力（拉力），支座构造要作特殊考虑。

② 截面形式

梁的横截面形式有板式、T 形截面和箱形截面等，纵截面分等截面与变截面两大类。

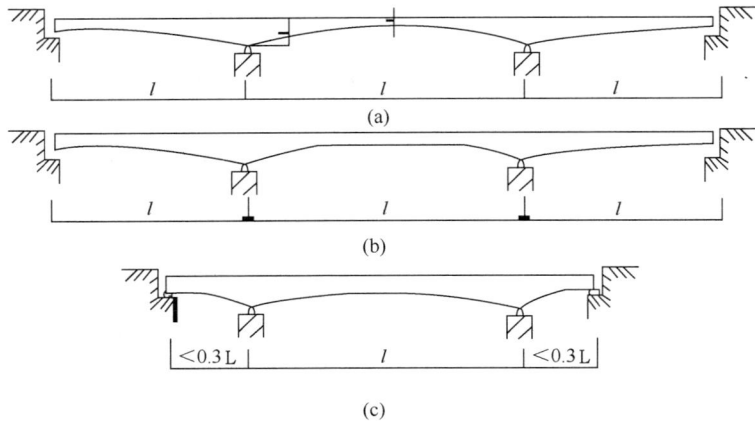

图 7-22 预应力混凝土连续梁

等截面连续梁构造简单,用于中小跨径及顶推法施工时,梁高 $h=(1/25\sim1/15)l$。采用顶推法施工时,梁高 $h=(1/16\sim1/12)l$。当跨径较大时,恒载在连续梁中占主导地位,宜采用变高度梁,跨中梁高 $h=(1/35\sim1/25)l$,支点梁高 $H=(2\sim5)h$,梁底设曲线连接。

连续板梁高 $h=(1/40\sim1/30)l$,宜用于梁高受限制场合;同时,实心板能适应任何形式的钢束布置,所以在有特殊情况要求时,如斜度很大的斜桥、弯道桥等,可用连续板桥。为了受力和构造上要求,T 形截面的下缘常加宽成马蹄形。较大跨径的连续梁一般都采用箱形截面。采用顶推法施工时,一般为单孔单箱。

③ 钢(钢筋与预应力筋)束布置

钢(钢筋与预应力筋)束布置必须分别考虑结构在使用阶段与施工阶段的受力特点,有直线与曲线布置两种。正弯矩钢筋置于梁体下部;负弯矩钢筋则置于梁体上部;正负弯矩区则上下部均需配置钢筋,如图 7-23 所示。

预应力筋可锚固于梁端通长布置,也可根据受力需要在跨径范围内弯出锚固于梁顶或梁底。

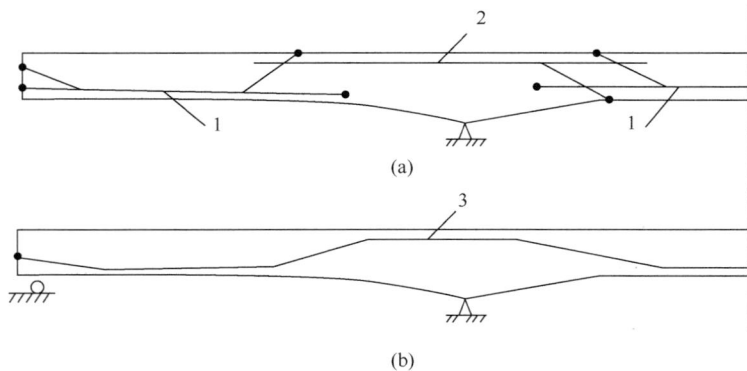

图 7-23 桥梁钢束布置图
(a) 钢筋布置;(b) 预应力筋束布置
1—正弯矩预应力钢筋;2—负弯矩预应力钢筋;3—预应力筋束

（2）支座系统

支座（图7-24）设置在桥梁上部结构与墩台之间，按照功能分为固定支座和活动支座。固定支座用于将桥跨结构固定在墩台上，可以转动，但不能移动；活动支座用来保证桥跨结构在各种因素作用下可以水平移动和转动。

常用的支座有：垫层支座、平面钢板支座、弧形钢板支座、钢筋混凝土摆柱式支座、钢筋混凝土铰支座、铸钢支座、橡胶支座、聚四氟滑板支座等。其中橡胶支座分为板式橡胶支座、盆式橡胶支座、聚四氟乙烯滑板支座、球形橡胶支座等形式。

图7-24　支座照片

板式橡胶支座由多层天然橡胶与薄钢板镶嵌、粘合、硫化而成，具有足够的竖向刚度以承受垂直荷载，且能将上部构造的压力可靠地传递给墩台；有良好的弹性以适应梁端的转动；有较大的剪切变形以满足上部构造的水平位移。

聚四氟乙烯滑板式橡胶支座是在普通板式橡胶支座的表面粘附一层1.5～3mm厚的聚四氟乙烯板，又称为四氟滑板式支座。聚四氟乙烯板与梁底不锈钢板之间的低摩擦系数，使上部构造的水平位移不受支座本身剪切变形量的限制，能满足一些桥梁的大位移量需要。

盆式橡胶支座由顶板、不锈钢滑板、聚四氟乙滑板、中间钢板、橡胶板、密封圈、底盆、支座锚栓等组成，盆式橡胶支座具有承载能力大、变形量小、水平位移量大、转动灵活等特点。

球形橡胶支座，与普通盆式橡胶支座相比，具有转角更大、转动灵活、承载力大、容许位移量大等特点，而且能更好地适应支座大转角的需要。

213

（3）桥墩

桥墩按其构造（柱）形式可分为重力式、空心式、柱式、柔性排架桩式、钢筋混凝土薄壁桥墩等。

1）重力式桥墩

重力式桥墩由墩帽、墩身、基础组成（图7-25），主要特点是靠自身重量来平衡外力而保持稳定，适用于地基良好的桥梁，可使用天然石材或片石混凝土砌筑。墩帽内一般应设置构造钢筋，墩帽的支座处设置垫石，其内设置水平钢筋网。墩帽顶部常做成一定的排水坡，四周挑出墩身5～10cm作为滴水（檐口）。墩身是桥墩的主体，一般采用料石、块石或混凝土建造。墩身平面形状通常做成圆端形、尖端形、矩形或破冰体。

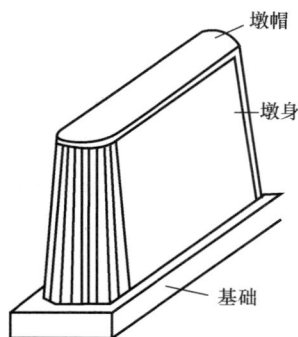

图7-25　重力式桥墩

2）空心桥墩

在一些高大的桥墩通常将墩身内部做成空腔体，在外形上与重力式桥墩无大的差别，优点是节省材料，自重较轻；但抵抗流水、含泥含砂流体或冰块冲击的能力差，不宜在有上述情况的河流中采用。

3）柱式桥墩

柱式桥墩是由基础之上的承台、分离的立柱（墩身）和盖梁组成，是城市桥梁广为应用的桥墩形式。常用的形式有单柱式、双柱式、哑铃式以及混合双柱式四种（图 7-26）。柱式桥墩的墩身沿横向常有 1～4 根立柱组成，柱身为 0.6～1.5m 的大直径圆柱或方形、六角形，当墩身高度大于 6～7m 时，可设横系梁加强柱身横向联系。

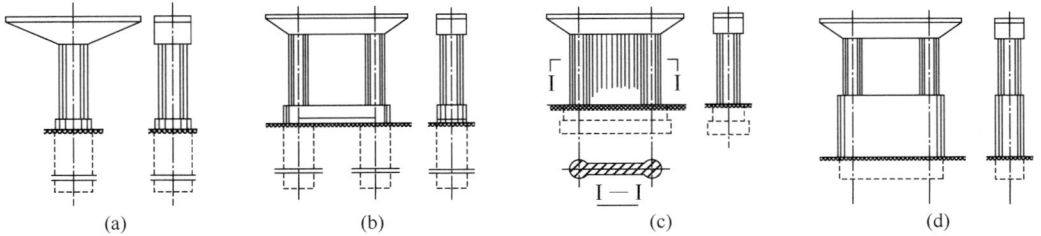

图 7-26　柱式桥墩
（a）单柱式；（b）双柱式；
（c）哑铃式；（d）混合双柱式

4）柔性排架桩墩

柔性排架桩墩是将钻孔桩基础向上延伸作为桥墩的墩身，在桩顶浇筑盖梁，由单排或双排钢筋混凝土桩与顶端的钢筋混凝土盖梁连接而成（图 7-27）。它是依靠支座摩阻力使桥梁上下部构成一个共同承受外力和变形的整体，通常采用钢筋混凝土结构。柔性排架桩墩适合平原地区建桥使用。有漂流物和流速过大的河道，桩墩易受到冲击和磨损，不宜采用。

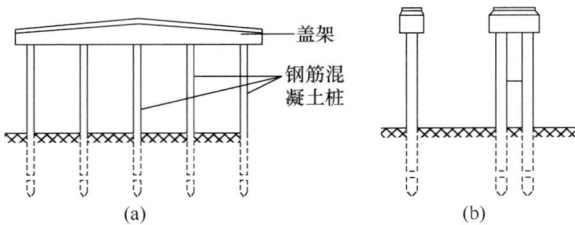

图 7-27　柔性排架桩墩
（a）横向布置；（b）纵向布置

5）钢筋混凝土薄壁墩

钢筋混凝土薄壁墩主要分为钢筋混凝土薄壁墩和双壁墩以及 V 形墩三类（图 7-28）。特点是在横桥向的长度基本和其他形式的墩相同，但是在纵桥向的长度很小。其优点是可以节省材料、减轻桥墩的自重，同时双壁墩可以增加桥墩的刚度，减少主梁支点负弯矩，增加桥梁美观；V 形墩可以间接地减小主梁的跨度，使跨中弯矩减小，同时又具有拱桥的一些特点，更适合大跨度桥的建造。

图 7-28　钢筋混凝土薄壁墩示意图

（4）桥（墩）台

梁桥桥（墩）台按构造可分为重力式、轻型、框架式、组合式和承拉桥（墩）台。

1）重力式桥（墩）台

重力式桥台也称为实体式桥台（图7-29），常用类型有U形、埋式、耳墙式。U形重力式桥台是常用的桥台形式，由于台身由前墙和两个侧墙构成的U字形结构，故而得名。

重力式桥台一般由台帽、台身（前墙、背墙和侧墙）组成。前墙设台帽以安放支座，上部设置挡土的背墙，背墙临台帽一面一般直立，另一面采用前墙背坡。侧墙与前墙结合成整体，兼有挡土墙和支撑墙的作用。侧墙外露面一般直立，其长度由锥形护坡位置确定，长度不小于0.75m，以保

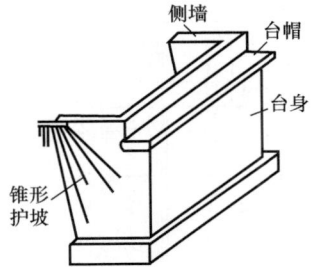

图7-29　重力式桥台

证桥台与路堤有良好的衔接，侧墙内应填透水性良好的砂土或砂砾。桥台两边需设锥形护坡，以保证路堤坡脚不受水流冲刷。为保证桥与路堤衔接顺适，城市快速路、主干路应在背墙后设搭板。

2）轻型桥（墩）台

薄壁轻型桥台是由扶壁式挡土墙和两侧的薄壁侧墙构成，挡土墙由前墙和间距为2.5～3.5m的扶壁组成。台顶由竖直小墙和扶壁上的水平板构成，用以支承桥跨结构。两侧的薄壁和前墙垂直的为U形薄壁桥台，与前墙斜交的为八字形薄壁桥台。

带支撑梁的桥台是由台身直立的薄壁墙、台身两侧的翼墙、同时在桥台下部设置钢筋混凝土支撑梁、上部结构与桥台由锚栓连接构成四铰框架结构系统，并借助两端台后的土压力来保持稳定。

3）框架式桥（墩）台

框架式桥台是一种在横桥向呈框架式结构的桩基础轻型桥台，所受的土压力较小，适用于地基承载力较低、台身较高、跨径较大的梁桥。其构造形式有双柱式、多柱式、墙式、半重力式和双排架式、板凳式等。

4）组合式桥（墩）台

为使台式轻型化，桥台本身主要承受跨结构传来的竖向力和水平力，而台背的土压力由其他结构来承受，形成组合式桥台。组合的方式很多，如桥台与锚定板组合、桥台与挡土墙组合、桥台与梁及挡土墙组合、框架式的组合、桥台与重力式后座组合等。

5）承拉桥（墩）台

承拉桥台主要在斜弯桥中使用，用来承受由于荷载的偏心作用而使支座受到的拉力。

（5）桥（墩）台基础

1）扩大基础

扩大基础是直接在墩台位置开挖基坑，在天然地基上修建的实体基础，属于刚性浅基础。对地基要求高，平面形状一般为矩形，立面形状可分为单层或多层台阶扩大形式，扩大部分最小宽度为20～50cm，台阶高度为50～100cm。常用材料有混凝土、片石混凝土、浆砌片石。

2）桩基础

桩基础是由若干根桩和承台组成，桩在平面上可为单排或多排，桩顶由承台联成一个整体；在承台上修筑桥墩、桥台等结构，如图7-30所示。桩身可全部或部分埋入地基之中，当桩身外露较高时，在桩之间应加系梁，以加强各桩的横向连系。

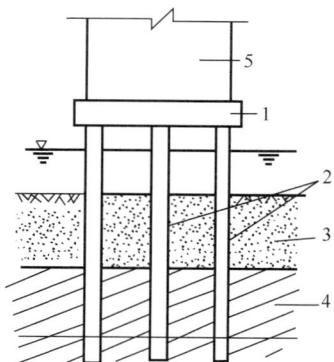

图 7-30 水中桥台与基桩
一般构造
1—承台；2—基桩；3—土层；
4—持力层；5—墩身

桥梁桩基础按传力方式有端承桩和摩擦桩。通常可分为沉入桩基础和灌注桩基础，按成桩方法可分为：沉入桩、钻孔灌注桩、人工挖孔桩。

3）管柱基础

管柱基础是一种大直径桩基础，适用于深水、有潮汐影响以及岩面起伏不平的河床。它是将预制的大直径（直径 1.5～5.8m，壁厚 10～14cm）钢筋混凝土、预应力混凝土管柱或钢管柱，用大型的振动沉桩锤沿导向结构将桩竖向振动下沉到基岩，然后以管壁作护筒，用水面上的冲击式钻机进行凿岩钻孔，再吊入钢筋笼架并灌注混凝土，将管柱与基岩牢固连接。管柱施工需要有振动沉桩锤、凿岩机、起重设备等大型机具，动力要求也高，一般用于大型桥梁基础。

4）沉井基础

由开口的井筒构成的地下承重结构物，适用于持力层较深或河床冲刷严重等水文地质条件，具有很高的承载力和抗振性能。这种基础系由井筒、封顶混凝土和井盖等组成，其平面形状可以是圆形、矩形或圆端形，立面多为垂直边，井孔为单孔或多孔，沉井一般采用钢筋混凝土结构。

5）地下连续墙基础

地下连续墙基础是用地下连续墙体作为土中支撑单元的桥梁基础。一种是采用分散的板墙，墙顶设钢筋混凝土承台；另一种是用板墙围成闭合结构，墙顶设钢筋混凝土盖板，在大型桥基中使用较多。

（6）五小部件

梁桥的桥面系由桥面铺装层、防水和排水系统、伸缩缝、安全带、人行道、栏杆、灯柱等构成。

1）桥面铺装层

梁桥桥面铺装一般采用厚度不小于 5cm 的沥青混凝土，或厚度不小于 8cm 的水泥混凝土，混凝土强度等级不应低于 C40。为使铺装层具有足够的强度和良好的整体性，一般在混凝土中铺设直径不小于 8mm 的钢筋网。

2）排水防水系统

排水是借助于桥面纵坡和横坡的作用，使桥面积水迅速汇向集水孔，并从泄水孔管排出桥外。桥面横坡一般为 1.5%～2.0%，可采用铺设混凝土三角垫层或直接形成横坡。除了通过纵横坡排水外，桥面应设有排水设施。

桥面防水系统是使将渗透过铺装层的雨水挡住并汇集到泄水孔管排出，防水层的设置可避免或减少钢筋的锈蚀，以保护桥梁结构。一般情况下在桥面上铺 8～10cm 厚的防水混凝土或铺贴防水卷材作为防水层。

3）桥梁伸缩装置

桥梁伸缩装置的作用除保证梁体在限定范围变形外，还能使车辆在接缝处平顺通过，防止雨水及垃圾泥土等渗入，同时应满足检修和清除缝中污物的要求；一般设在梁与桥台之间、梁与梁之间，伸缩缝附近的栏杆、人行道结构也应断开，以满足伸缩变形的要求。按照伸缩缝的传力方式和构造特点，伸缩缝可分成对接式伸缩缝、钢制支承式伸缩缝、橡胶组合剪切式伸缩缝、模数支承式伸缩缝和无缝式伸缩缝五大类。

4）其他附属设施

① 人行道：城市桥梁一般应在桥宽两侧设置人行道，多采用装配式人行道板。人行道顶面应做成倾向桥面 1%～1.5% 的排水横坡。

② 安全带：在快速路、主干路、次干路或行人稀少地区，可不设人行道，而改用安全带。

③ 栏杆：是桥梁的防护设备，同时城市桥梁栏杆应美观实用，高度不小于 1.1m。

④ 灯柱：城市桥梁应设照明设备，灯柱一般设在栏杆扶手的位置上，高度一般高出车道约 8～12m。

⑤ 安全护栏：在特大桥和大、中桥梁中，一般根据防撞等级在人行道与车行道之间设置桥梁护栏，常用的有金属护栏、钢筋混凝土护栏等。

特大桥、大桥还应设置检查平台、避雷设施、防火照明和导航设备等装置。

（三）市政管道工程

1. 管道分类与特点

（1）管道分类

市政管道工程，又称为城市管道工程，包括城市供（排）水、气、热、电和通信工程，是城市赖以生存和发展的基础设施，被誉为城市的生命线。

市政管道按其功能可分为给水、排水、再生水、燃气、供热、电力和电信；按敷设形式可分为埋地敷设式、综合管廊内敷设式、架空敷设式和沉管敷设式；按照管体结构受力形式，埋地管道分为刚性管道和柔性管道两大类：刚性管道是指主要依靠管体材料强度支撑外力的管道，在外荷载作用下其变形很小。管道失效由管壁强度控制，如钢筋混凝土管、预应力混凝土管等；柔性管道是指在外荷载作用下变形显著的管道，竖向荷载大部分由管道两侧土体所产生的弹性抗力所平衡，管道的失效由变形造成，而不是管壁的破坏，如钢管、化学建材管和柔性接口的球墨铸铁管。

（2）埋地式管道

埋地式管道通常敷设在城市道路范围内，各种管道位置错综复杂。为市政管道合理地组织施工和便于日后的养护管理，每种管道在城市道路上的平面位置和竖向位置应符合城市规划布置要求。市政管道应尽量布置在人行道、非机动车道和绿化带下，部分埋深大、维修次数少的污水管道和雨水管道可布置在机动车道下。

埋地式管道平面布置的次序一般是：从道路红线向中心线方向依次为电力、电信、燃气、供热、再生水、给水、雨水、污水。当市政管线交叉敷设时，自地面向地下竖向的排列顺序一般为电力、电信、供热、燃气、中水、给水、雨水、污水。

当各种管线布置发生矛盾时，通常处理的原则是："新建让现况、临时让永久、有压让无压、可弯管让不可弯管、小管让大管。"

（3）地下综合管廊

市政管道各专业管线有序地布置在同一管沟内，支干管道采用分仓敷设和支、吊架安装。进行综合管理和运营。

本教材主要介绍给水（包括给水和再生水）管道、排水管道、燃气管道和供热管道等市政管网和管道。

2. 给水管道

（1）给水管道系统构成

小城镇的市政给水管网系统多属于单水源系统，主要由一个水厂清水从不同的地点经输水管进入管网，用户的水来源于同一个水厂。大中型城市的市政给水管网系统属于多水源系统，多个水厂清水从不同的地点经输配水管进入管网，用户的用水可以来源于不同的水厂。多水源给水管网系统的特点是：水源之间可以互补，调度灵活、供水安全可靠，就近给水，动力消耗较小，管网内水压较均匀，便于分期发展；但是随着水源的增多，管网的建设与管理的难度也相应增加。

给水管网系统一般由干管（输水管）、配水管网、水压调节设施（泵站、减压阀）及水量调节设施（清水池、水塔、高位水池）等构成如图7-31所示。

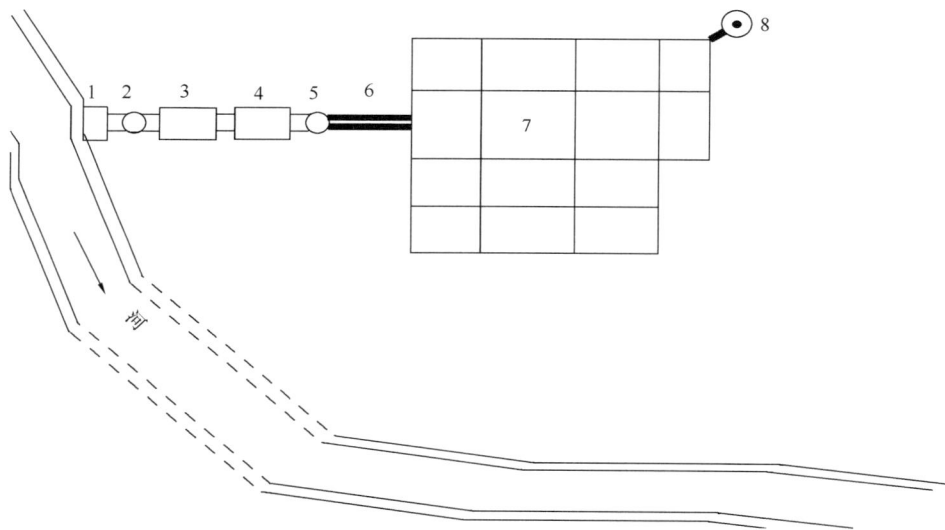

图7-31 给水系统示意图

1—取水头；2—输水泵站；3—净水厂；4—清水池；5—配水泵站；
6—输配水管道；7—管网；8—调蓄构筑物

给水管网的干管呈枝状或环状布置，如果把枝状管网的末端用水管接通，就转变为环状管网。相比较而言，环状管网的供水条件好，但是建设成本较高。通常条件下，小城镇采用枝状管网，大中型城市多采用环状管网布置。给水管网系统将符合用户要求，由给水厂提供的成品水（饮用水、再生水）输送和分配到各用户，通过泵站、输水管道、配水管网和调蓄构筑物等设施共同完成。

输水管道通常指的是从取水源向给水（净化）厂，或从给水厂向配水管网输水的管道。配水管网是用来向用户配水的管道系统，分布在整个供水区域范围内，接受输水管道输送来的水量，并将其分配到各用户的接管点上。一般配水管网由配水干管、连接管、配水支管、分配管和加压调蓄设施组成。

采用水压高差供水，适用于无高层建筑群的地区，配水管道为低中压管道，调蓄构筑物由净水厂的清水池、配水泵房、水塔等设施组成。

有高层建筑群的地区，可采用高压变频供水系统，配水管网为高压管道，调蓄构筑物由净水厂的清水池、配水泵房、气压水罐等设施组成。

给水管网应依据城市规划设计，新建或扩建供水管网系统；对老城区的现有供水管网进行升级改造。

给水管道建设工程项目通常与城市道路交通工程建设项目紧密结合。工程建设除了考虑管道的路由外，就是选择适当的管材，确定适宜的敷设方式。管材与敷设方式其实是互为条件的，考虑的因素除了工程造价与环境条件因素外，还必须考虑管道的安全运行和便于维护。

（2）给水管道敷设方式

1）埋地敷设

城市供水、再生水管道通常采用埋地敷设方式，埋地敷设管道优点很多，不利之处主要是土壤和地下水对管道的腐蚀，且维修需要开槽施工。

2）综合管廊内敷设

城市供水、再生水管道采用管廊内敷设方式，管道安装在支墩或支（吊）架上，可以避免埋地敷设方式的缺点。

3）架空敷设

当不具备埋地敷设和综合管廊敷设的特定条件下，城市供水、再生水管道可选择桥架方式或支墩方式安装敷设。

4）沉管敷设

城市供水、再生水管道通过水域时，尤其是直径较大的输配水管道，宜采用沉管敷设方式。

（3）压力与适用管材

城市供水、再生水管道常用管材有钢管、球墨铸铁管、预应力混凝土管、钢筋混凝土企口管、预应力钢筒混凝土（PCCP）管和化学建材管等。

压力管道所用的管材要有足够的强度、刚度、密闭性，具有较强的抗腐蚀能力，内壁整齐光滑，接口密封牢固可靠，且施工简便；用于饮用水的管材需符合国家相关标准的规定。

1）钢管

从有关统计数据看出，钢管仍然是给水管道的首选管材，从高压到低压，都有钢管在使用。市政管道的钢管可采用焊接、承插口、法兰接口和卡箍连接，具有自重轻、强度高、抗应变性能好等优点。但是钢管的耐腐蚀性能差，使用前应进行防腐处理，如管内喷塑防腐层或水泥砂浆内防腐层，管外采用沥青布、玻璃钢等防腐处理措施，并辅以阴极保护的腐蚀控制系统。

中小口径钢管的内防腐层在专业工厂内外防腐采用喷塑层；大口径卷焊钢管需要在现

场管道施作防腐层，水泥砂浆的内防腐层应在所敷设的管道变形稳定后进行机械或人工涂抹。

给水管道所用钢管分为普通无缝钢管和纵向焊缝或螺旋形焊缝的焊接钢管；大直径的钢管通常在加工厂用钢板卷圆焊接，称为卷焊钢管。中小口径给水钢管还有钢塑复合管、铝塑复合管、不锈钢管、不锈钢复合管等管材，多用于高压管道。

大中直径的埋地钢管施工方式首选开槽施工外，因为钢管是柔性管，需要土基和沟槽的密实填充。中小口径管道穿越道路交通设施和楼房建筑时宜选择不开槽施工方式或桥管敷设。

2）铸铁管

铸铁管主要用于埋地给水中低压管道，与钢管相比具有制造较易，价格较低，耐腐蚀性较强等优点，我国生产的铸铁管主要有球墨铸铁管和灰口铸铁管，两种管承插或平口接口。铸铁管分为给水和排水专用系列，产品的规格比较齐全，是压力流给排水管道较理想管材。与灰口铸铁管相比，球墨铸铁管承受压力、抗弯曲性能更好些；但是球墨铸铁管造价较高，这是为什么给排水工程选用灰口铸铁管原因之一。

承插口铸铁管采用胶圈—压兰密封方式；平口铸铁管采用卡箍—胶圈密封方式，承插口铸铁管接口具体可分为推入式（T形）、机械式（K形）、自锁式（TF形）等。

推入式接口的球墨铸铁管使用较为广泛，这种接口操作简便、快速、工具配套，适用于小中大管径的压力管道；但是不宜使用在稳定性较差土层条件。凡承插连接的球墨铸铁管线，必须经计算设支墩，参见国家建筑标准设计图集《柔性接口给水管道支墩》10S505。

机械式（压兰式）承插式橡胶圈连接，压兰、螺栓固定，主要优点是抗振性能好，且安装与拆修方便，缺点是配件多，造价高。自锁式（TF形）承插式橡胶圈连接多使用在软弱地层、山地敷设，可有限避免管道脱开。

铸铁管选择开埋地或架空敷设时，球墨铸铁管和灰口铸铁管都需要管内外防腐的处理措施，并辅以阴极保护的腐蚀控制和安全防护系统。

3）预应力混凝土管

预应力混凝土管适用于低压输水管道。预应力混凝土管按照生产工艺分为预应力钢筋混凝土管和自应力钢筋混凝土管两种，均采用胶圈密封承插接口。预应力钢筋混凝土管是在管身预先施加纵向与环向应力制成的双向预应力混凝土管；自应力钢筋混凝土管是通过自膨胀水泥混凝土和预应力筋产生的应力制成的预应力混凝土管。两者都适宜做长距离输水管道，统计数据表明自应力混凝土管用于压力管道更多些。

预应力混凝土管具有良好的抗变位性能，其耐土壤电化腐蚀的性能远比钢管、球墨铸铁管和PCCP管材好；主要缺点是管道的转向、分支与变径部位必须设置金属配件，连接部位防腐性能较差。

埋地式预应力混凝土管道采用开槽施工工艺，需要起重机械和龙门式起重机配合施工安装。

4）预应力钢筒混凝土（PCCP）管

预应力钢筒混凝土（PCCP）管适用于低压输水管道。预应力钢筒混凝土管是由钢板、钢丝和混凝土构成的复合管材，分为两种形式：一种是内衬式预应力钢筒混凝土管，即在钢筒内衬以混凝土，钢筒外缠绕预应力钢丝，再敷设砂浆保护层而成。另一种是埋置式预应力钢筒混凝土管，将钢筒埋置在混凝土里面，在混凝土管芯上缠绕预应力钢丝，最后在表面敷设砂浆保护层。

预应力钢筒混凝土管兼有钢管和混凝土管的性能，具有较好的抗裂、抗渗和抗腐蚀性能，通常用于净水厂的原水输送工程。

预应力钢筒混凝土管道采用开槽施工工艺，需要起重机械和龙门式起重机配合施工安装。预应力钢筒混凝土管道在管道接口部位采取防腐的处理措施，并辅以阴极保护的腐蚀控制系统。

5）化学建材管

化学建材管又称塑料管，具有良好的耐腐蚀性、输水能力强、材质轻、运输安装方便等优点；但其强度较低、刚性差，热胀冷缩性大，在日光下老化速度加快，老化后易于断裂。

目前国内用于给水管道的化学建材管有玻璃钢纤维管或玻璃钢纤维增强热固性塑料管（简称玻璃钢管）、实壁聚乙烯管（PE）、聚丙烯管（PP-R）、UPVC 管及其钢塑复合管等。

聚乙烯实壁管多用于低压区配水管道，玻璃钢管适用于低压输配水管道。塑料管材采用热熔或电熔连接，也可采取套筒或法兰连接。热熔或电熔连接管材、管件须经试验来检验接口连接质量。

（4）给水管道的附属构筑物

1）阀门井

给水管网中的闸阀等附件一般都安装在井室中，使其有良好的操作和养护环境。阀门井的常见形状有圆形和矩形两种。

阀门井位置在城镇道路交通设施范围内，应采用钢筋混凝土现场浇筑或混凝土预制件（块）拼装。

2）消火栓井

给水管网中的地下式消火栓均安装在消火栓井中。一般采用混凝土预制件（块）砌筑而成，采用带有"消"字标识的专用井盖。

3）泄水阀井

泄水阀一般设置在阀门井中构成泄水阀井，当由于地形因素排水管不能直接将水排走时，还应建造一个与阀门井相连的湿井。当需要泄水时，由排水管将水排入湿井，再用水泵将湿井中的水排走。

4）排气阀门井、测流井

与阀门井类似，井盖采用具有相应标识的专用井盖。

5）水表井

用户安装管线的一般均有水表井，井盖采用专用井盖。

6）支墩与支架

① 综合综合管廊安装管道，需要安装在支墩或支架上。

② 承插式接口的给水管道，在弯管、三通、变径管及水管末端盖板等处，由于水压的作用，都会产生向外的推力。当推力大于接口承载力时，就可能导致接头松动脱节而漏

水,因此必须设置支墩以承受此推力,防止漏水事故的发生。

③支墩多用钢筋混凝土现浇而成,也可用砖、石、砌块砌筑;可分为水平弯管支墩、垂直向下弯管支墩、垂直向上弯管支墩等。

④ 支架或吊架,多为型钢制成。

7)加压泵站:长距离输配管道需设置加压泵站。

3. 排水管道

(1)排水体制

排水体制是指污水(生活污水、工业废水、雨水等)的收集、输送和处置的系统方式,即城市和建筑群的排水系统收集、输送、处理和处置废水的方式。

1)合流制

采用一种方式对待所有废水的体制称为合流制,只有一个排水系统,称为合流系统,其排水管道称为合流管道。

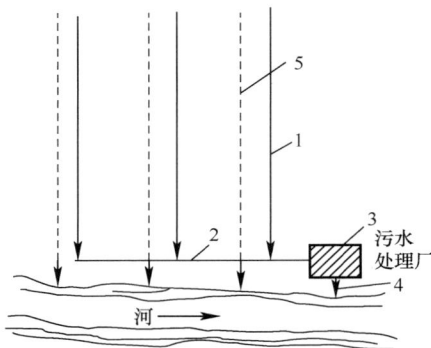

图 7-32 分流制排水管网的示意图
1—污水干管;2—污水主干管;3—污水处理厂;4—出水口;5—雨水干管

2)分流制

采用不同方式对待不同性质的废水的体制称为分流制,一般有两个排水系统,见图 7-32。

① 雨水系统

收集雨水和冷却水等污染程度很低的、不经过处理直接排放水体的工业废水,其管道称为雨水管道。

② 污水系统

收集生活污水和需要处理后才能排放的工业废水,其管道称为污水管道。城市的污水管道和合流管道中的废水统称为城市污水。

(2)排水系统

排水系统是指排水的收集、输送、水质的处理和排放等设施以一定方式组合成的总体,是用以除涝、防渍、防盐的各级排水沟(管)道及构筑物的总称。

1)排水系统主要由田间排水调节网、各级排水沟道、蓄涝湖泊、排水闸、抽排泵站和排水容泄区等组成。排水区的多余水量首先汇入田间排水调节网,然后经各级排水沟道或经湖泊滞蓄后再由排水闸或抽排站排至容泄区或水域。

2)排水系统应在全面、统一的规划建设,尽量做到:

① 排水沟道要处于汇水面积的最低处,尽可能自流排水。

② 根据地形应将排水地区划分为高、中、低地区,做到"高水高排,低水低排,自排为主,抽排为辅"。

③ 排水沟道的出口应选择在容泄区水位较低和河床比较稳定的地方。

④ 下级排水沟道的布置要为上级沟道排水创造良好的条件,干沟要尽可能布置成直线。此外,排水沟道布置要避开土质差的地带,以节省工程费用并使排水安全及时。

⑤ 在有外水入侵的排水区,应布置截流沟或撇洪沟,使外来的地面水和地下水直接

引入排水干沟或容泄区。

（3）城市污水分类

按其来源的不同城市污水可分为：生活污水、工业污水和初次降水。汇集的生活污水和部分工业废水送到污水处理厂，经处理后排放或再生利用。

1）生活污水：是指人们日常生活中用过的水。含有大量腐败性的有机物以及各种细菌、病毒等致病菌的微生物，也含有植物生长所需的氮、磷、钾等肥分。

2）工业污水：是指在工业生产中排出的废水，来自工矿企业。按照污染程度不同，可分为生产废水和生产污水两类。

① 生产废水是指在生产过程受到轻度污染的污水，或水温有所增高的水。

② 生产污水是指在生产使用过程中受到严重污染的水。

3）初次降水：是指在年度首次雨水和冰雪融化的水；这类水比较清洁，但含有一定的污染物。

（4）排水管网

城镇排水管网工程可分为污水管网和雨水管网。

① 污水管网的作用是收集、输送城市污水，主要由管道、检查井、提升泵站、出水口和小型处理设施等组成。

② 雨水管网主要用于汇集、排放雨水，主要由管道、排洪沟（河、渠）、提升泵站、出水口和蓄水池（塘）等组成。

（5）排水管道形式及技术要求

1）管道的形式

按照施工方式管道可分为成品管连接成的管道和现浇施工或砌筑施工的管道（渠）两类。

依据所用材料，用于排水管道的成品管材可分为钢筋混凝土管、预应力混凝土管、金属管、化学建材管。

2）管道的技术要求

① 管道必须具有足够的强度，以承受外部的荷载和内部的水压，保证管道在运输和施工中不至于破裂。

② 管道应具有抵抗雨污水的冲刷和磨损作用，具有抵抗腐蚀、侵蚀的性能。

③ 管道应能防止雨污水渗出或地下水渗入。

④ 管道的内壁应整齐光滑，尽量减小水流阻力。

⑤ 管道应就地取材，便于预制、快速施工和方便运输。

3）管道敷设形式

① 开槽敷设

开槽施工管道，多是采用成品管节放在管道基础上安装，连接成管道。特殊条件下，可采用现浇混凝土管道、预制拼装管渠或砌块砌筑的管渠，断面形式有矩形、拱形、上拱下墙形等异形，这类管渠具有工程造价较低、施工质量好、施工方便等优点。

② 不开槽敷设

不开槽敷设包括成品管或预制件拼装顶推、盾构、水平定向钻、夯管、暗挖施工方式，具有施工拆迁少、对周围环境干扰小等优点。

③ 架空敷设

压力排水管道跨越障碍会采用桥架或支墩等方式架空敷设。

④ 沉管敷设

跨越水域的大中直径输排管道宜采用沉管方式敷设。

(6) 排水管道附属构筑物

1) 检查井

检查井通常设在管道交汇、转弯、管道尺寸或坡度改变处、跌水处等,为便于对管渠系统定期检查和清通,每隔一定距离必须设置检查井。在直线管段上检查井的间距参见表7-9。

检查井主要有圆形、矩形和扇形三种类型。三类检查井构造基本相似,主要由基础、井身、井盖、盖座和爬梯组成。井身宜采用钢筋混凝土浇筑、预制拼装,可以用砌块砌筑。中小管道可采用预制塑料井室。

直线管道中检查井的间距见表7-7。

直线管道中检查井的间距　　　　　　　　表 7-7

管道类型	管径或管渠净高（mm）	最大间距（m）	常用间距（m）
污水管道	≤400	40	20～35
	500～900	50	35～50
	1000～1400	75	50～65
	≥1500	100	65～80
雨水管道 合流管道	≤600	50	25～40
	700～1100	65	40～55
	1200～1600	90	55～70
	≥1800	125	70～85

井底基础上部按上下游管道管径大小砌成流槽。检查井流槽与管道接入平面形式,如图7-33所示。

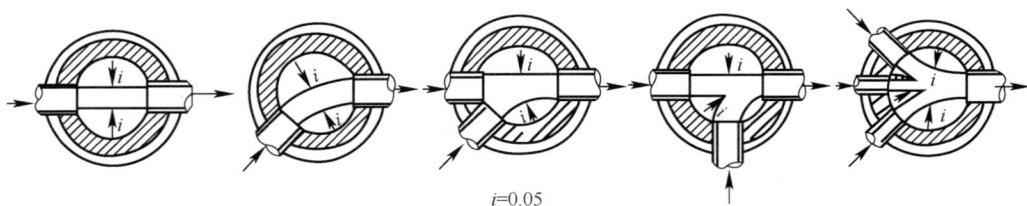

$i=0.05$

图 7-33　检查井底流槽与管道接入形式

井身在构造上分为工作室、渐缩部分和井筒三部分。工作室是管道养护人员作业时下井进行临时操作的地方,其直径不宜小于1.0m,高度一般不小于1.8m。圆形井的渐缩部分一般高度为0.6～2.8m。井筒直径一般为0.7m。

2) 特殊类型的检查井

① 带沉泥槽的检查井

检查井底做成低于进、出水管标高0.5～1.0m的沉泥槽,水中夹带泥砂可沉淀其中。

② 水封井

当废水能产生引起爆炸或火灾的气体时，其废水管道系统中必须设水封井。水封井深度一般采用0.25m。井上宜设通风管，井底宜设沉泥槽。

③ 跌水井

跌水井是指设有消能设施的检查井。当落差大于1.0m、井内地面坡度太大时，须在管线上设跌水井。跌水井主要形式有内竖管式跌水井、外竖管式跌水井、阶梯式跌水井。

④ 溢流井

在截流式合流制排水系统中设置溢流井，晴天的污水送往污水处理厂处理。在雨天，超过节流管道输水能力的部分污水不作处理，直接排入水体。

3）雨水口

雨水口是在雨水管道或合流管道上收集雨水的构筑物，一般位于道路两侧。雨水口的构造包括进水箅、井筒和连接管三部分。雨水口的主要形式有：平箅式（图7-34）、立箅式（图7-35）、联合式（图7-36）。

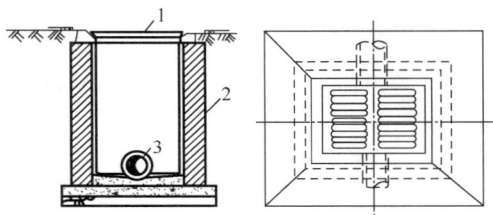

图7-34 平箅式雨水口
1—进水箅；2—井筒；3—连接管

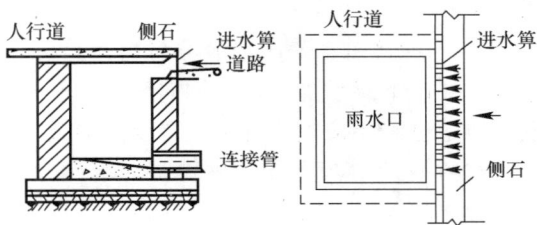

图7-35 立箅式雨水口

雨水口的箅子一般采用铸铁或钢筋混凝土、石料制成。雨水口的深度一般在1.0m左右，间距一般为25～50m。单箅雨水口一般可排泄15～20L/s的地面径流量，在道路低洼和易积水的地段，应根据需要适当增加雨水口的数量。

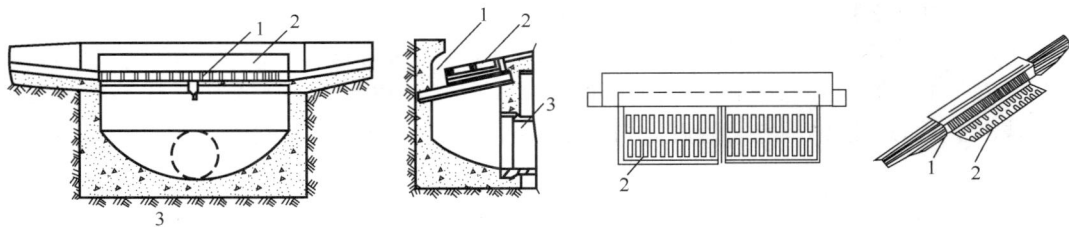

图7-36 联合式雨水口
1—边石进水箅；2—边沟进水箅；3—连接管

雨水口以连接管与雨水检查井相连。连接管的最小管径为200mm，坡度一般为1%，长度不宜超过25m。可将雨水口用同一连接管串联，串联个数一般不宜超过3个。

4）倒虹吸管

当排水管道下穿障碍物时，会采用倒虹吸管。根据过水流量大小、运用要求及经济比较，倒虹吸管可布置成单管、双管或多管。设置双管或多管，可以轮流检修，不至于影响管道运行。流量小时，还可利用部分管路过水，以增加管内流速，防止泥沙在管中淤积。

管道采用圆形、矩形及直墙上接拱形等断面形式。

5）提升泵站

长距离排放的重力流管道，常需要在一定距离设置提升泵站；城镇下凹桥区为排除积水，需设置提升泵站和储蓄水池。

6）出水口

管道和管渠的尾端无论排入江湖还是排入河渠，都要设置出水口。

出水口的形式：污水管道（渠）出水口一般采用淹没式；雨水管道（渠）出水口可采用非淹没式，管底标高一般在常水位上，高于河渠的最高水位，以免水流倒灌。

（7）排水管道接口

排水管道接口应具有足够的强度、密封性能和抗侵蚀能力，并且施工方便。主要有以下接口形式：

① 柔性接口：依靠压缩后橡胶圈的密封性能，接口能承受一定量的轴向线变位（一般 3～5mm）和相对角变位，且不引起渗漏；多用在地基条件较差、沉陷不均匀地区。

② 刚性接口：采用水泥类材料密封、化学剂粘接、电（热）熔接或用法兰等机械式连接，接口不能承受一定量轴向线变位和相对角变位；多用在压力管道或有基础要求管道上，但是也需要按规范规定设置变形缝或连接件。

③ 半刚性接口：用油麻填塞—水泥捻口的接口形式，多见于用在特殊条件下承插口铸铁管和承插口钢筋混凝土管连接。

4. 城市综合管廊与市政公用管线

城市综合管廊又称为共同沟，沟内的管道都是分舱敷设在管架和支墩上。城市范围内满足生活与生产需要的管道包括给水管、再生水管、排水管、天然气管、供热管、电力电信统称为市政公用管线都可以纳入城市综合管廊。国内外的工程实践表明：除有排洪排涝的雨水管线或合流制排水管线外，其他市政管线均可纳入综合管廊。

依据现行国家标准《城市综合管廊工程技术规范》GB 50838 规定：

城市综合管廊分为干线综合管廊和支线综合管廊；采用独立分仓方式建设。干线管廊设置在道路机动车道路绿化带下；支线管廊设置在非机动车道下、人行道和道路绿化带下；城市主干道管线纳入综合管廊，与主干道同步建设，老城区结合旧城改造与地下空间开发建设。

管廊（沟）内各种管线布置：天然气、蒸汽介质的热力不得与电力电缆同侧布置，天然气宜单舱布置；给水、再生水并排布置，与供热管、通信（电）缆可同舱布置时，供热管、通信（电）缆在上，某支线管廊断面布置如图 7-37 所示。

1）给水管道的管材：钢管、球墨铸铁管、塑料管，刚性连接，钢管可采用沟槽式连接，支撑件的间距、固定经过计算而定。符合现行国家标准《给水排水工程管道结构设计规范》GB 50332 的规定。

2）雨污水管道通气装置，防止雨水倒灌、渗漏。排水管道采用分流制，雨水采用结构本身管道排放，污水管道设置在底部。

3）天然气应采用无缝钢管，焊接，中高压管道无损检验 100％。调压装置应设在沟外，不应设在综合管廊内。

4）热力的排水管应设在沟外安全空间，管道与配件的保温材料采用难燃和不燃材料。

5）电力电缆采用难燃和不燃材料，沟内设置自动灭火装置，设置电气火灾监控系统，通信电缆采用阻燃线缆。

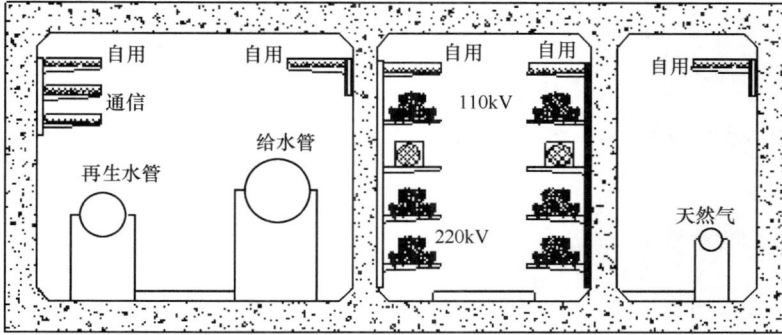

图 7-37　某支线管廊断面布置示意图

八、市政工程造价的基本知识

（一）市政工程的分部分项工程划分

1. 市政工程专业工程划分

（1）《全国统一市政工程预算定额》划分

市政工程按照有关规定，除了通用项目外，专业工程包括道路工程、桥涵工程、隧道工程、给水工程、排水工程、燃气与集中供热工程、路灯工程。

（2）《市政工程工程量计算规范》GB 50857—2013

除土石方工程外，市政专业工程有 B 道路工程、C 桥涵工程、D 隧道工程、E 管网工程、F 水处理工程、G 生活垃圾处理工程、H 路灯工程、J 钢筋工程、K 拆除工程。

（3）有关现行国家和行业标准划分

市政专业工程划分为：城镇给水排水工程、城镇道路工程、城市桥梁（通道）工程、城市防洪工程、城市燃气工程、城镇供热工程、城市轨道交通工程、公共照明工程、生活垃圾填埋场工程等，地方标准还包括电力管沟、交通信号等。

（4）专业工程定额分部分项工程划分

专业工程之间因工程建设施工水平和管理水平发展不平衡，施工定额分部分项工程划分不尽一致。特别是市政工程的自身特点，导致市政工程定额分部分项工程划分不能像其他专业工程那样清晰一致，而是确定各专业工程定额分部分项工程划分的原则，主要原则如下：

1）分部工程是单位工程（构筑物）的一部分或是某一项专业的设备（施）；分项工程是分部工程的组成部分。若干个分项工程合在一起就形成一个分部工程；若干个分部工程合在一起就形成一个单位工程。单位工程可能是分期建设的单项工程或具备使用功能的单体构筑物，依据合同约定构成一个市政工程建设项目。

2）市政工程定额的单位工程、分部工程、分项工程、检验批的划分参考表是依据专业工程施工验收规范编制的，具体应用时，应依据有关规定进行选定。

3）市政工程定额的分部工程、分项工程划分应依据行业统一定额或地方定额视建设项目具体条件进行确定。

2. 市政工程定额分部分项工程划分参考表

城镇道路工程定额分部、分项工程划分参考表见表 8-1。

城镇道路工程定额分部、分项工程划分参考表　　　　表 8-1

单位工程（子单位工程）	分部工程	子分部工程	分项工程	检验批划分
城镇道路工程	道路路基		土方路基、石方路基、路基处理、路肩	每侧流水施工段作为一个检验批为宜
	道路基层		石灰土基层、石灰粉煤灰稳定砂砾（碎石）基层、石灰粉煤灰钢渣基层、水泥稳定土类基层、级配砂砾（碎石）基层、级配碎石（碎砾石）基层、沥青碎石基层、沥青贯入式基层	每侧流水施工段作为一个检验批为宜
城镇道路工程	道路面层	沥青混合料面层	透层、粘层、封层、热拌沥青混合料面层、冷拌沥青混合料面层	每侧流水施工段作为一个检验批为宜
		沥青贯入式与沥青表面处治面层	沥青贯入式面层、沥青表面处治面层	每侧流水施工段作为一个检验批为宜
		水泥混凝土面层	水泥混凝土面层（模板、钢筋、混凝土）	每侧流水施工段作为一个检验批为宜
		铺砌式面层	料石面层、预制混凝土砌块面层	每侧流水施工段作为一个检验批为宜
	广场与停车场		料石面层、预制混凝土砌块面层、沥青混合料面层、水泥混凝土面层	每个广场或自然划分的区段
	人行道		料石人行道铺砌面层（含盲道砖）、混凝土预制块人行道铺砌面层（含盲道砖）、沥青混合料铺筑面层	每侧路段 300～500m 作为一个检验批为宜
	人行地道结构	现浇钢筋混凝土人行地道结构预制安装钢筋混凝土人行地道结构	地基、垫层、防水、基础（模板、钢筋、混凝土）、墙体与顶板（模板、钢筋、混凝土）墙板与顶部构件预制、地基、垫层、防水、基础（模板、钢筋、混凝土）、墙板安装、顶板安装	每座通道或分段

（二）工程量计算规则

1. 《建设工程工程量清单计价规范》GB 50500—2013

（1）对工程计价方式有以下规定：

1）承包造价由分部分项工程费、措施项目费、其他项目费、规费和税金组成。

其中分部分项工程费和措施项目费清单应采用综合单价计价。

2）竣工结算的工程量按照发承包双方在合同中约定应予计量且实际完成的工程量确定。项目清单中的安全文明施工费、规费和税金应按照国家或省市、行业建设主管部门的规定计价，不得作为竞争性费用。

3）暂估价中材料、设备暂估价应按照工程造价信息或参照市场价格估算。计日工应列出项目和数量。

（2）对工程计价方式有以下规定：

1）依据附录规定的项目编码、项目名称、项目特征、计量单位和工程量计算规则进行编制。

2）按照相关国家计量规范规定的工程量计算规则计算。可选择按月或按照工程形象进度分段计量，具体计量周期在合同中约定。

3）承包人实际完成的工程量是进行工程目标管理和控制进度支付的依据。

4）因承包人原因造成的工程计量超范围或返工的工程量，发包人不予计量。属于招标清单缺项、工程量偏差或变更引起的工程量增加，应按实际完成的工程量计算。

5）完成每个项目的工程量以后，发承包双方应汇总报表，核实最终结算工程量，双方在总表上签字确认。

2. 《市政工程工程量计算规范》GB 50857—2013

1）市政各专业工程项目

为便于计算市政工程工程量，在《建设工程工程量清单计价规范》GB 50500—2013 附录D基础上，项目编码如下：0401A 土石方工程、0402B 道路工程、0403C 桥涵工程、0404D 隧道工程、0405E 管网工程、0406F 水处理工程、0407G 生活垃圾处理工程、0408H 路灯工程、0409J 钢筋工程、0410K 拆除工程、0411L 措施项目。

2）计量单位规定

《市政工程工程量计算规范》GB 50857—2013 附录中有两个或两个以上计量单位的，应结合拟建工程项目的实际情况，确定其中一个为计量单位。同一工程项目的计量单位应一致。

3）计量精度规定

工程计量时每一项目汇总的有效位数应遵守下列规定：

1）以"t"为单位，应保留小数点后三位数字，第四位小数四舍五入；

2）以"m""m²""m³""kg"为单位，应保留小数点后两位数字，第三位小数四舍五入；

3）以"个""件""根""组""系统"为单位，应取整数。

3. 土石方工程的工程量计算规则

依据《建设工程工程量清单计价规范》GB 50500—2013 计算规则进行工程量计算。

（1）计算方法

1）土石方挖、运按天然密实体积（自然方）（m³）计算，夯填方按夯实后体积计算，松填方按松填后的体积计算。如需体积折算，应按表 8-2 规定选择系数计算。

土石方体积折算系数表

表 8-2

天然密实度体积	虚方体积	夯实后体积	松填体积
1.00	1.30	0.87	1.08
0.77	1.00	0.67	0.83
1.15	1.49	1.00	1.24
0.93	1.20	0.81	1.00

2）平整场地工程量按实际平整面积，以"m²"计算。

3）土方工程量按设计图示尺寸计算，修建机械上下坡时便道土方量并入土方工程量内。石方工程量：人工、机械凿石按设计图示尺寸计算，石方爆破可按设计图示尺寸加允许超挖量计算，设计无要求时允许超挖量可参考：松、次坚石 20cm，普、特坚石 15cm。

（2）市政管道沟槽工程量计算规则

1）管道沟槽长度

主干管道按管道的设计轴线长度计算，支线管道按支管沟槽的净长线计算。

2）管道沟槽的深度

管道沟槽的深度按基础的形式和埋深分别计算。带基按原地面高程减设计管道基础底面高程计算，设计有垫层的，还应加上垫层的厚度；枕基按原地面高程减设计管底高程加管壁厚度计算。

3）管道沟槽的底宽

沟槽的底宽按设计图示计算，排水管道底宽按其管道基础宽度加两侧工作面宽度计算；给水燃气管道沟槽底宽按其管道外径加两侧工作面宽度计算；支挡土板的沟槽底宽除按以上规定计算外，每边另加 0.1m。每侧工作面增加宽度按表 8-3 计算。

管沟角侧增加宽度

表 8-3

管径（mm）	混凝土管道（m）		金属管道（m）	构筑物（m）
	基础 90°	基础＞90°		
100～500	0.4	0.4	0.3	无防潮层 0.4
600～1000	0.5	0.5	0.4	有防潮层 0.6
1100～1500	0.6	0.5	0.4	
1600～2600	0.6	0.5	0.4	

4）管道沟槽的放坡

管道沟槽的放坡应根据设计图示的坡度计算，如设计图示无规定且挖土深度超过或等于 1.5m 时，可按表 8-4 规定计算。

管道沟槽的放坡

表 8-4

人工开挖		机械开挖
在沟槽坑底	在沟槽坑边	分层开挖
1：0.30	1：0.25	1：0.67

231

5) 沟槽放坡挖土边坡交接处产生的重复土方不扣除，但井位加宽、枕基基坑、集水坑挖土等不再计算。排水管道沟槽为直槽时的井位加宽按直槽挖方总量的 1.5% 计算，给水、燃气管道的井位加宽、接头坑、支墩、支座等土方，按该部分土方总量的 2.5% 计算。

6) 在充分发挥机械作用的情况下，对机械不能施工，需人工辅助开挖的部分（如死角、沟底预留厚度、修整边坡等）可按设计图示计算，设计无要求时，可按表 8-5 规定计算，其人工挖土工程量按相应定额乘以系数 1.30。

人工辅助开挖工程量 表 8-5

土方工程量（m³）	≤1 万	≤5 万	≤10 万	≤50 万	≤100 万	>100 万
人工挖土工程量（%）	8	5	3	2	1	0.6

注：表中所列的工程量系指一个独立的施工方案所规定范围的土方工程总量。

7) 人工摊座和修整边坡工程量，以设计要求需摊座和修整边坡的面积，以"m²"计算。

8) 土石方回填应扣除基础、垫层、构筑物及管径大于 500mm 的管道占位体积。

（3）土石方运输计算

应按审定的施工方案规定的运输距离及运输方式计算，注意：

1) 推土机运距：按挖填方区的中心之间的直线距离计算。

2) 铲运机运距：按循环运距的二分之一或按挖方区中心至弃土区中心之间的直线距离，另加转向运距 45m 计算。

3) 自卸汽车运距：按挖方区中心至弃土区中心之间的实际行驶距离计算，或按循环路线的二分之一距离计算。

（4）挡土板（墙）

支撑面积按两侧挡土板面积之和以"m²"计算，如一侧支挡土板时，按一侧的面积计算工程量。

4. 钢筋工程量计算

（1）采用《市政工程工程量计算规范》GB 50857—2013 附表的计算规则计算工作量，钢筋工程工程量清单项目设置、项目特征描述的内容、计量单位及工程量计算规则，应按表 8-6 的规定执行。

钢筋工程（编码：040901） 表 8-6

项目编码	项目名称	项目特征	计量单位	工程量计算规则	工作内容
040901001	现浇构件钢筋	1. 钢筋种类 2. 钢筋规格	t	按设计图示尺寸以质量计算	1. 制作 2. 运输 3. 安装
040901002	预制构件钢筋				
040901003	钢筋网片				
040901004	钢筋笼				
040901005	先张法预应力钢筋（钢丝、钢绞线）	1. 部位 2. 预应力筋种类 3. 预应力筋规格			1. 张拉台座制作、安装、拆除 2. 预应力筋制作、张拉

续表

项目编码	项目名称	项目特征	计量单位	工程量计算规则	工作内容
040901006	后张法预应力钢筋（钢丝束、钢绞线）	1. 部位 2. 预应力筋种类 3. 预应力筋规格 4. 锚具种类、规格 5. 砂浆强度等级 6. 压浆管材质、规格	t	按设计图示尺寸以质量计算	1. 预应力筋孔道制作、安装 2. 锚具安装 3. 预应力筋制作、张拉 4. 安装压浆管道 5. 孔道压浆
040901007	型钢	1. 材料种类 2. 材料规格			1. 制作 2. 运输 3. 安装、定位
040901008	植筋	1. 材料种类 2. 材料规格 3. 植入深度 4. 植筋胶品种	根	按设计图示数量计算	1. 定位、钻孔、清孔 2. 钢筋加工成型 3. 注胶、植筋 4. 抗拔试验 5. 养护
040901009	预埋铁件		t	按设计图示尺寸以质量计算	1. 制作 2. 运输 3. 安装
040901010	高强螺栓	1. 材料种类 2. 材料规格	1.1 2. 套	1. 按设计图示尺寸以质量计算 2. 按设计图示数量计算	

注：1. 现浇构件中伸出构件的锚固钢筋、预制构件的吊钩和固定位置的支撑钢筋等，应并入钢筋工程量内。除设计标明的搭接外，其他施工搭接不计算工程量，由投标人在报价中综合考虑。

    2. 钢筋工程所列"型钢"是指劲性骨架的型钢部分。

    3. 凡型钢与钢筋组合（除预埋铁件外）的钢格栅，应分别列项。

（2）依据表 8-7 钢筋工程（编码：040901）工程量计算表

工程计算表   表 8-7

序号	项目编号	项目名称	项目特征	工程内容	计量单位	计算公式	工程量

（三）工程量清单计价与支付

工程量清单计价基本知识

（1）工程量清单概述

工程量清单计价方法，是建设工程标招标投标中，招标人按照国家统一的工程量计算规则提供工程数量,由投标人依据工程量清单自主报价并按照经济评审,确立合理低价中标的工程造价计价方式。

工程量清单是载明拟建工程的分部分项工程项目、措施项目、其他项目名称和相应数量以及规费、税金项目等内容的明细清单,由招标人按照《建设工程工程量清单计价规范》GB 50500—2013 和相关工程计量规范附录中统一的项目编码、项目名称、项目特征、计量单位和工程量计算规则进行编制,应由分部分项工程量清单、措施项目清单、其他项目清单、规费和税金项目清单组成。

工程量清单计价是指投标人完成由招标人提供的工程量清单所需的全部费用,它包括分部分项工程费、措施项目费、其他项目费以及规费和税金。

工程量清单计价采用综合单价计价。综合单价是指完成一个规定清单项目所需的人工费、材料费和工程设备费、施工机具使用费、企业管理费、利润以及一定范围内的风险费用。

(2)工程量清单计价的特点

1)满足竞争的需要。招标投标过程本身就是竞争的过程,报价过高中不了标,但是报价过低企业又会面临亏损。这就要求投标单位的管理水平和技术水平要有一定的实力,才能形成企业整体的竞争实力。

2)竞争条件平等。招标单位编制好工程量清单,使各投标单位的起点是一致的。相同的工程量,由企业根据自身实力来填写不同的报价。

3)有利于工程款的拨付和工程造价的最终确定。在工程量清单报价基础上的中标价是发承包双方签订合同价款的依据,单价是拨付工程款的依据。在工程实施过程中,建设单位根据完成的实际工程量,可以进行进度款的支付。工程竣工后,根据设计变更、工程洽商等计算出增加或减少的工程量乘以相应的单价,可以很容易地确定工程的最终造价。

4)有利于实现风险的合理分担。采用工程量清单价计方式,投标单位对自身发生的成本和单价等负责,但是由于工程量的变更或工程量清单编制过程中的计算错误等则由建设单位来承担风险。

5)有利于建设单位对投资的控制。工程量清单中各分项的工程量及其变化一目了然,若需进行变更,能立刻知道对工程造价的影响,建设单位可根据投资情况决定是否变更或提出最恰当的解决方法。

(3)市政工程工程量清单计价

1)一般规定

招标工程量清单应由具有编制能力的招标人或受其委托具有相应资质的工程造价咨询人编制。招标工程量清单必须作为招标文件的组成部分,其准确性和完整性应由招标人负责。

采用工程量清单计价,建设工程分部分项工程量清单应采用综合单价计价。招标文件中的工程量清单是工程量清单计价的基础,也是投标人投标报价的共同依据之一,竣工结算的工程量按发承包双方在合同中约定应予计量且实际完成的工程量确定。

措施项目清单计价应根据拟建工程的施工组织设计,可以计算工程量的措施项目,应按分部分项工程量清单的方式采用综合单价计价;其余的措施项目可以"项"为单位的方式计价,应包括除规费、税金外的全部费用。措施项目清单中的安全文明施工费应按照国家或省级、行业建设主管部门的规定计价，不得作为竞争性费用。

发包人提供的材料和工程设备，承包人投标时应计入相应项目的综合单价中。

规费和税金应按国家、行业或省级建设主管部门的规定计算，不得作为竞争性费用。

采用工程量清单计价的工程，应在招标文件或合同中明确风险内容及其范围（幅度），不得采用无限风险、所有风险或类似语句规定风险内容及其范围（幅度）。

2）招标控制价

国有资金投资的工程建设项目应实行工程量清单招标，并且编制招标控制价。招标控制价超过批准的概算时，招标人应将其报原概算审批部门审核。招标控制价应由具有编制能力的招标人，或受其委托具有相应资质的工程造价咨询人编制。

综合单价中应包括招标文件中要求投标人承担的风险费用。招标文件提供了暂估单价的材料，按暂估的单价计入综合单价。

3）投标报价

按照建设工程工程量清单计价规范，投标人必须按招标人提供的投标工程量清单填报自主确定投标报价，但不得低于工程成本。项目编码、项目名称、项目特征、计量单位、工程量必须与招标工程量清单一致。分部分项工程和措施项目中的单价项目应依据工程量清单计价规范规定的综合单价组成内容，按招标文件中分部分项工程量清单项目的特征描述确定综合单价计算。投标人的投标报价高于招标控制价的应予废标。

综合单价中应考虑招标文件中划分的应由投标人承担的风险范围及其费用。招标文件中提供了暂估单价的材料，按暂估的单价计入综合单价。

措施项目中的总价项目应根据招标文件及投标时拟定的施工组织设计或施工方案按工程量清单计价规范的规定自主确定。其中安全文明施工费应按规范规定确定。

投标总价应与分部分项工程费、措施项目费、其他项目费和规费、税金的合计金额一致。

4）工程量清单的项目和金额计算或双方确认的调整金额计算。计日工应按发包人实际签证确认的事项计算。暂估价中的材料单价应按发承包双方最终确认价计算；专业工程暂估价应按承包人与分包人最终确认价计算。

承包人应在合同约定时间内编制完成竣工结算书，并在提交竣工验收报告的同时递交给发包人。承包人未在合同约定时间内递交竣工结算书，发包人收到承包人递交的竣工结算书后，在合同约定时间内，不核对竣工结算或未提出核对意见的，视为承包人递交的竣工结算书已经认可，发包人应向承包人支付工程结算价款。

发包人在收到承包人递交的竣工结算书后，应按合同约定时间核对。

承包人在接到发包人提出的核对意见后，在合同约定时间内，不确认也未提出异议的，视为发包人提出的核对意见已经认可，竣工结算办理完毕。

竣工结算办理完毕，发包人应将竣工结算书报送工程所在地工程造价管理机构备案。竣工结算书作为工程竣工验收备案、交付使用的必备文件。

竣工结算办理完毕，发包人应根据确认的竣工结算书在合同约定时间内向承包人支付工程竣工结算价款。

九、计算机和相关管理软件的应用知识

（一）Office 办公软件中常用的 3 个软件

Office 办公软件中常用的 3 个软件即 Word、Excel 和 PowerPoint，这 3 个软件是工程施工技术管理经常用到的。工程施工人员应能熟练应用这些软件记录施工情况，编制工程技术资料，进行施工现场的沟通与组织管理。

1. Microsoft Office Word

Microsoft Office Word 是一种文字处理软件，被认为是 Office 办公软件中的主要程序。Word 为用户提供了创建专业、文档的工具，帮助用户节省时间，获得预期的结果。

Word 作为 Office 套件的核心程序，提供了许多便于使用的文档创建工具，以及一套创建复杂文档的功能。用户只使用 Word 进行一些文本格式化或图像处理，也可以使简单文档比纯文本更具有吸引力。

2. Microsoft Office Excel

Microsoft Office Excel 是微软为装有 Windows 和 Apple Macintosh 操作系统的计算机编写和运行的一种试算平衡软件。Excel 以其直观的界面、丰富的计算功能、图表工具和成功的市场营销，成为目前流行的微机数据处理软件。

Excel 可以输入输出数据、显示数据，并用公式计算一些简单的加减法，可以帮助用户制作各种复杂的报表文档；也可以进行繁琐的数据计算，并经过统计操作后，将输入的数据显示为具有直观性和对比性的表格。

为满足用户需要，Excel 能将大量枯燥的数据转换成各种漂亮的彩色业务图表，显著提高了数据的可视性。Excel 制作的电子表格可以打印出不同形式的统计图表和报告。

3. Microsoft Office PowerPoint

Microsoft Office PowerPoint 是由微软设计的演示软件。用户不仅可以在投影仪或电脑上进行演示，还可以打印出演示文稿并制作成视频，使其应用于更广泛的领域。

PowerPoint 称为演示文稿。演示文稿中的每一页都称为幻灯片。每张幻灯片都是演示文稿中独立且相互关联的内容。

使用 PowerPoint，用户不仅可以创建文稿，用于施工方案、工艺流程和施工技术交底，还可以在远程会议或通过 Internet 向有关人员进行介绍与演示。

（二）管理软件与应用

1. 管理软件的特点

管理软件是专业软件的一种，是建立在某种工具软件平台上的，为企业管理需要研制的实用性很强的软件。目的是完成特定的设计或管理任务。管理软件具有使用方便、智能化高、与专业工作结合紧密、有利于提高工作效率、可以有效地减轻劳动强度的优点，目前在工程设计和工程施工管理领域被广泛采用。

2. 管理软件在施工中的应用

管理软件在施工中的应用越来越广泛，与一般的应用软件相比，功能更强大、专业性更强。针对企业的不同管理需求，可以将企业、子分公司、项目部等多个层次的主体集中于一个协同的管理平台上，也可以应用于单项目、多项目组合管理，达到两级管理、三级管理模式。

3. 常用的管理软件

目前管理软件的种类较多，这些管理软件通常由专业公司研发、销售，也可以根据企业的特殊需求进行定制开发。管理软件可以定期升级，软件公司通常提供技术支持及定期培训。各个品牌的管理软件的特长各有不同，但通常均可以完成系统管理、行政办公、查询、人力资源管理、财务管理、资源管理、招标投标管理、进度控制、质量控制、合同管理、安全管理等工作。

（三）BIM 软件的应用

市政工程一般建设规模大、周期长、设计专业众多，同时还有安全生产、施工环境等要求。在施工过程中，需要分析判断结构物受力体系转换和施工流程风险性最大的环节或节点；市政工程工程沿线的各种外部接口繁杂，施工空间的局限、施工工期限定给工程安全顺利实施带来了很多困难；设计及现场的接口协调消耗了大量的人力与时间，导致设备安装调试等后期时间被压缩，易产生工程质量与安全方面事故。综上，利用 BIM 软件模拟施工过程会提高人们的预测能力和准确度，给工程施工有关方提供预测和预防措施。

施工模拟的主要目的是利用 BIM 软件模拟建筑物的三维空间，通过漫游、动画的形式提供身临其境的视觉、空间感受，及时发现不易察觉的设计缺陷或问题，减少由于事先规划不周全而造成的损失，有利于设计与管理人员对设计方案进行辅助设计与方案评审，促进工程项目的规划、设计、投标、报批与管理。施工模拟过程中的施工组织模拟和施工工艺模拟宜采用 BIM 技术，各模型元素应满足《建筑信息模型施工应用标准》GB/T 51235—2017 对模型元素及信息的具体要求。

1. 施工模拟的基本要求

基于 4D(+时间) 模型,开展项目现场施工方案模拟、进度模拟和资源管理,有利于提高工程的施工效率,提高施工工序安排的合理性。实施施工模拟宜满足以下要求:

(1) 施工模拟前应制定初步实施计划或编制相关施工方案,梳理清楚各环节之间的逻辑关系及供求关系,避免模拟过程中漏缺项,形成施工顺序、进度计划、施工工艺流程及相关技术要求。

(2) 根据施工模拟需求,将施工项目的工序安排、进度计划、相关技术要求等信息附加至模型中,计划人员通过建立 WBS 层级,任务搭接关系,将进度计划与三维模型导入 BIM 软件,并将模型与任务关联,以虚拟建造为基准,在施工模拟过程中完成对进度计划的校验并细化进度,实现对施工现场的虚拟预演和对施工方案的优化调整。

(3) 对场地布置的大型设备、加工车间、材料堆放及永临道路进行模拟优化,合理划分施工区段并建立场地布置模型;

(4) 对大型设备运输吊装及资源调度进行全程路径模拟,优化吊装运输路线、墙体预留、障碍物预估,并形成可视化资料;该演示模型应当表示工程实体和现场施工环境、施工机械的运行方式、施工方法和顺序、所需临时及永久设施安装的位置等。

(5) 对复杂节点及模板、支撑等的构件尺寸、数量、位置、类型和定位信息等进行施工模拟优化,并形成可视化资料;根据阶段性成果分析,调整模型精信度、施工顺序、工艺流程,优化施工模拟方案。

2. 施工模拟的结果

将施工模拟的结果与控制目标进行对比,进行方案的完善和优化,同时在施工过程中可根据现场实际作业情况、材料储备情况、设备就位情况、人员配置情况等及时调整施工方案,通过结合施工方法、工艺流程、考虑工程机械设备需要、各工种施工阶段的合理搭接,减少机械装、拆、运的次数,优化项目组织安排,合理安排人、材、机等的资源配置,并将信息同步更新或关联到模型中。同时将施工模拟中出现的资源组织、工序交接、施工定位等问题记录形成施工模拟分析报告等优化指导文件。

根据企业特点及项目需求,对施工重难点部位、结构复杂部位、施工难度较大部位等进行施工模拟,在模拟过程中识别潜在作业次序错误和冲突问题,并及时调整计划,人员配置及设备调度,最终形成用于指导施工的可视化模型文件、漫游文件及工艺模拟文件等。

施工模拟阶段 BIM 应用交付成果如表 9-1 所示。

深化设计 BIM 应用交付成果 表 9-1

BIM 应用点	BIM 应用交付成果
施工组织模拟	施工组织模型、施工模拟动画、虚拟漫游文件、施工组织优化报告等
施工工艺模拟	施工工艺模型、施工模拟分析报告、可视化资料、必要的力学分析计算书或分析报告等

3. BIM 软件应用技术

BIM 由核心建模软件和其他基于此的建模软件组成。AutoRevit 是集建筑设计、结构设计、MEP（暖通、电气和给水排水）于一身的 BIM 建模软件，是目前使用较广泛的 BIM 建模软件。随着 BIM 技术的逐步推广，业界出现了越来越多 BIM 软件，BIM 软件分类见表 9-2。

BIM 软件分类   表 9-2

类别	软件名称		说明
建模软件	Autodesk	Revit 系列软件	为建筑、结构、设备等不同专业提供解决方案
		Civil 3D	快速道路、场地、雨水污水排放系统以及场地设计
	Bentley	Bentley Architecture	各类三维构筑物的全信息模型，应用于建筑专业建模
		Bentley Structural	各类混凝土结构、钢结构等信息结构模型的创建
		Bentley Building Mechanical Systems	通风、空调和给水排水专业建模
		Bentley Building Electrical Systems	建筑电气专业建模
		MicroStation	具有照片级渲染和专业动画制作功能
	Dassault Systemes	Digital Project	核心的管理工具，参数化建模
		CATIA	曲面设计模块被广泛地用于异形建筑
	Nemetschek Vectorworks	Graphisoft ArchiCAD	三维建筑设计，参数计算等自动生成功能
		Vectorworks	专业建筑、景观、舞台及灯光、机械设计
管理软件	Autodesk Navisworks		实时可视化、漫游三维模型，辨别模型冲突
	广联达 BIM5D		多专业模型，与进度、合同、成本、工艺、质量、安全、图纸、材料、劳动力等集成
	ITWO		集成算量、进度、造价等模块形成的"超级软件"
效率软件（插件）	Is BIM QS		基于 Revit 平台上开发的 BIM 算量和 5D 软件
	Is BIM		Revit 二次开发插件
	橄榄山快模		Revit 平台的快速建模工具
	新点比目云 5D		Revit 平台的 5D 算量软件
可视化工具	Fuzor		提供实时的虚拟现实场景
	Lumion		快速制作视频、图片和在线 360°演示
	Twinmotion		建筑、城市规划和景观可视化的 3D 渲染软件
分析工具	Autodesk Ecotect Analysis		从概念设计到详细设计环节仿真和分析功能
	Bentley STAAD Pro V8i（SELECTSeries 6）		钢、混凝土、木、铝和冷弯型钢结构设计
	Robot（autodesk robot structural analysis）		基于有限元理论的结构分析软件
	ETABS		房屋建筑结构分析与设计软件
	PKPM		建筑、结构、设备设计于一体的集成化 CAD 系统
	Autodesk Insight 360		平台具有分析引擎，优化建筑性能

239

（1）基本知识

1）Revit 工作界面

Revit 的工作界面主要由应用菜单栏、快速访问工具栏、功能区、选项栏、项目浏览器、属性对话框、状态栏、绘图区域、视图控制栏等部分组成。如图 9-1 所示。

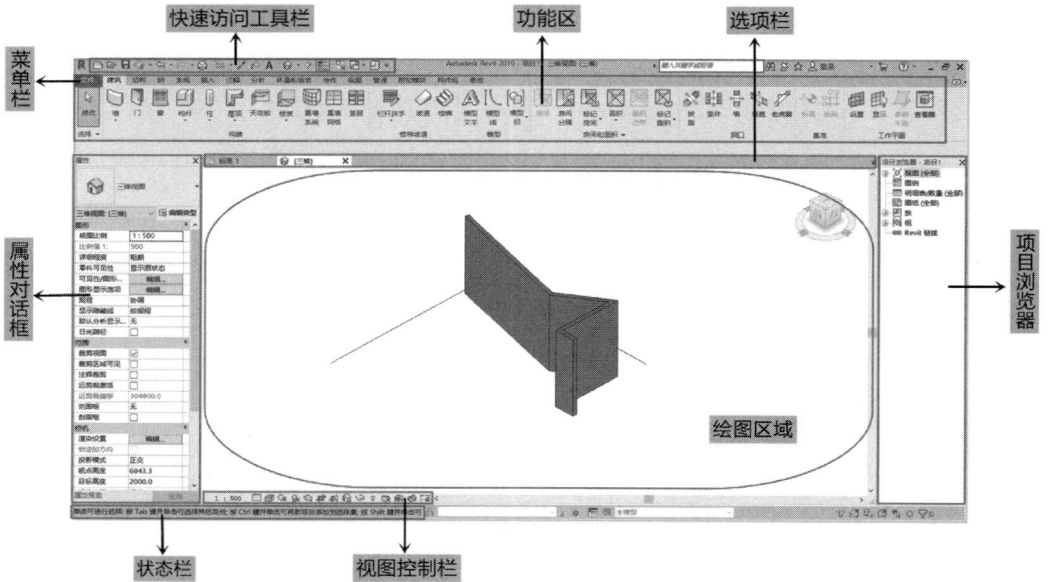

图 9-1 Revit 工作界面图

2）Revit 的启动、退出

启动：单击桌面快捷图标 R；或单击"开始"按钮，选择 Autodesk \Revit 命令。

退出：单击 Revit 主窗口右上角的 ✕ 按钮；"文件" \"退出 Revit"。

3）项目或族的新建、打开、保存和打印

新建：访问工具栏中 按钮；"文件" \"新建"；Ctrl＋N。

打开：快速访问工具栏中 按钮；"文件" \"打开"；Ctrl＋O。

保存文件：访问工具栏中 按钮；"文件" \"保存"；Ctrl＋S。另存文件："文件" \"另存为"。

打印文件：访问工具栏中 按钮；"文件" \"打印"；Ctrl＋P。

4）测量两个图元或参照之间的距离、尺寸标注和添加文字注释

测量：访问工具栏中 按钮选取图元进行测量。

尺寸标注：访问工具栏中 按钮；DI，选取需要标注的点。

文字注释：访问工具栏中 A 按钮；TX。

5）打开默认三维视图、创建剖面视图

打开默认三维视图选择工具栏中 按钮；创建剖面视图点击工具栏中 按钮。

6）放置构件

访问工具栏中 按钮；CM。

7）项目浏览器

主要查看项目的视图、图例、明细表/数量、图纸、已载入的族文件、组、Revit 连接。

8）属性对话框

查看及修改视图或图元的属性设置和它们的族参数。

9）比例

视图控制栏中 1：100 按钮（以 1：100 为例，可以是其他比例，如 1：500 按钮）进行比例选择，也可以选择自定义比例，根据需要自行设置比例。

10）详细程度

视图控制栏中 □（粗略）按钮、或 ▨（中等）按钮、或 ▨（精细）按钮，对显示详细程度进行设置。

11）视觉样式

视图控制栏中 ▱（线框）按钮、或 ▱（隐藏线）按钮、或 ▱（着色）按钮、或 ▱（一致的颜色）按钮、或 ▱（真实）按钮、或 ▱（光线追踪）按钮对视觉样式进行选择，也可选择图形显示选项卡进行"模型显示（M）""阴影（S）""勾绘线（K）""深度提示（C）""照明（L）""摄影曝光（P）""背景（B）"的进一步设置。

12）预制零件

选择"系统"选项卡"预制"面板 ▥（预制构件）；或输入 PB。显示 MEP 预制构件选项板。使用该选项板从预制部件选择预制构件放置到绘图区域，通过服务和组可过滤预制构件。

点击文件选项，创建族（选择族类型），对特殊预制构件进行单独绘制，族建立前需完。

（2）项目基本设置

1）项目信息

项目信息需要根据项目环境来进行设置。选择"管理"→"设置"→"项目信息"打开"项目信息"对话框。

在"项目信息"对话框中包含"标识数据"选项卡、"能量分析"选项卡和"其他"选项卡。常用的是"标识数据"和"其他"这两个选项卡，可对组织名称、组织描述、建筑名称、作者、项目发布日期、项目状态、客户姓名、项目地址、项目名称、项目编号等内容进行设置。

2）项目单位

项目单位用于指定度量单位的显示格式，通过选择一个规程和单位，指定用于显示项目中单位的精确度（舍入）和符号。通过"管理"→"设置"→"项目单位"命令打开"项目单位"对话框。在"项目单位"对话框中，可以设置相应规程下每一个单位所对应的格式。

3）材质设置

材质设置用于指定建筑模型中应用到图元的材质和关联特征，控制模型图元在视觉和渲染图像中的显示方式。如图 9-2 所示，通过"管理"→"设置"→"材质"命令打开"材质浏览器"。材质浏览器中可以定义材质资源集，包括外观、物理、图形和热特性，也可以将材质应用于项目的外观渲染或热能量分析。

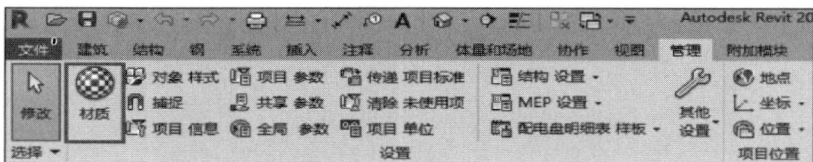

图 9-2　材质浏览器

单击"材质浏览器"中的"显示/隐藏库面板"按钮,打开 Autodesk 材质库可通过搜索栏搜索所需要的材质,将相应的材质添加到文档中。通过材质浏览器底部下拉菜单中的"新建材质"创建新材质,可通过材质浏览器右侧的材质编辑器,根据需要完成新材质的名称、信息、资源和属性的修改。

4)对象样式

对象样式为项目中不同类别和子类别的模型图元、注释图元和导入对象指定线宽、线颜色、线型图案和材质。通过"管理"→"设置"→打开"对象样式"对话框,在对象样式对话框中单击上端不同按钮,可在模型对象、注释对象、分析模型对象和导入对象之间切换。可对子类别进行新建、删除和重命名等操作,也可对线宽、线颜色、线性图案和材质按需进行设置。

5)项目参数设置

参数用于定义和修改图元,以及在标记和明细表中传达模型信息,存储和传达有关模型中所有图元的信息,为项目或者项目中的任何图元或构件类别创建自定义参数。常用的参数类型有"项目参数""共享参数""全局参数"以及在族中用到的族参数。通过"管理"→"设置"→打开"项目参数"对话框。在"项目参数"对话框中单击"添加"可新建项目参数,单击"修改"可对原有项目参数进行修改。

(3)主体结构 Revit 建模

1)新建、打开和保存项目文件

创建新的项目文件是开始设计的第一步。启动 Revit 软件,单击左上角"应用程序菜单",在弹出的下拉菜单中依次单击:"新建"→"项目"命令,也可在"新建项目"对话框中单击"浏览"按钮,选择计算机内后缀为 .rte(样板文件)或 .rvt(项目文件)文件,单击"确定"按钮,即可进行模型绘制。

单击软件界面左上角的"应用程序菜单",在弹出的下拉菜单中依次选择"另存为"→"项目"命令,将样板文件存为项目文件,后缀将由 .rte 变更为 .rvt 文件。

在 Revit 中,项目是整个建筑物设计的联合文件,所有标准视图、建筑设计图以及明细表都包含在项目文件中。只要修改模型,所有相关的标准视图、建筑设计图和明细表都会自动更新。

2)绘制标高和轴网

在 Revit 中,一般顺序是先绘制标高,再绘制轴网。

①绘制标高

在项目浏览器中展开"立面"项,在东、南、西、北立面双击选择,进入相应的立面视图,截面显示设置的标高 1、标高 2、标高 3……(可多个),点击选择相应的标高,根据需要修改标高名称和高度。

②绘制轴网

首先添加楼层平面：单击"视图"选项卡→"创建"面板→"平面视图"面板下拉菜单→"楼层平面"命令，弹出"新建楼层平面"对话框，选择"屋顶"，单击"确定"按钮完成楼层平面的创建。

创建轴网：在项目浏览器双击"楼层平面"项下的视图，打开平面视图。单击"建筑"选项卡→"基准"面板→"轴网"命令，移动光标到视图中，单击捕捉一点作为轴线起点，然后从下向上垂直移动光标，再次单击，轴线创建完成，显示轴号。

复制轴网：单击"修改｜轴网"选项卡→"修改"面板→"复制"命令，在选项栏中勾选"约束"和"多个"。移动光标在轴线上单击捕捉一点作为复制参考点，然后水平向右移动光标，输入间距值后按 Enter 键完成轴线的复制。

一般的轴网是在轴线两端都有轴号标注的，这可以在"属性"里面修改，单击任意一条轴线，在左列"属性"的"新建楼层平面"对话框栏中单击"编辑类型"弹出"类型属性"对话框，勾选选择框，单击"确定"按钮退出。此时轴线的两边都会出现轴号标注。

③编辑轴网

绘制完轴网后，需要在平面视图中手动调整轴线标头位置。单击"修改｜轴网"选项卡"基准"面板→"影响基准范围"命令，选中需要应用的楼层平面，单击轴线，拖拽调整轴线位置，完成轴网编辑。

3）绘制及编辑墙体

在绘制墙体之前，首先绘出参照平面，单击"建筑"选项卡→"构建"面板→"墙"下拉菜单命令，在墙体属性的下拉菜单中选择墙体厚度和类型，单击"编辑类型"，在弹出的"类型属性"对话框中单击"复制"按钮，输入名称，单击"编辑"将，修改墙体参数，单击"确定"完成。

4）添加门、窗

① 添加门

打开相应楼层平面，单击"建筑"选项卡→"构件"面板→"门"命令，单击"修改｜放置门"选项卡→"标记"面板→"在放置时进行标记"命令，选择门类型和尺寸，沿墙体单击插入。

② 添加窗

打开相应楼层平面，单击"建筑"选项卡→"构建"面板→"窗"命令，选择窗类型，沿墙体插入。

5）创建楼板

打开"楼层平面"，选择相应的楼层，单击"建筑"选项卡→"构建面板"→"楼板"下拉菜单→楼板"建筑"命令，单击"修改"选项卡→"绘制"面板→"线"命令，绘制楼板边缘线，单击"修改"选项卡→"模式"面板→"√"命令，完成楼板的绘制。

6）绘制楼梯和栏杆

①绘制现浇楼梯

绘制楼梯前，先绘制"参照平面"，单击"建筑"选项卡→"工作平面"面板→"参照平面"命令，绘制参照平面。选择相应的楼层，单击"建筑"选项→"楼梯坡道"面板

→ "楼梯"命令,在"属性"选项板选择楼梯类型,单击"编辑类型",修改"构造"→ "梯段类型"→"结构深度",输入数值。单击"修改|创建楼梯"选项卡→"模式"面板 →"√"命令,完成楼梯绘制。

② 绘制洞口

选择相应的楼层,单击"建筑"选项卡→"洞口"面板→"竖井"命令。修改竖井属性,单击"属性"面板→"底部偏移",输入偏移值,然后单击"√"命令,完成洞口绘制。

③绘制栏杆

选择相应的楼层,单击"建筑"选项卡→"楼梯坡道"面板→下拉"栏杆扶手"菜单 →"绘制栏杆"命令。

7)绘制屋顶

在项目浏览器中打开"楼层平面:屋顶",单击"建筑"选项卡→"构建"面板→下拉"屋顶"菜单→"迹线屋顶"命令。

单击"绘制"面板→"边界线"→"拾取墙",勾选"定义坡度","悬挑"输入悬挑宽度。按照要求定义坡度,单击选择图中屋顶线(采用"Ctrl"键加选其他线条),将"属性"栏里的"定义屋顶坡度"的勾选去除,单击"√",完成屋顶创建。

打开"楼层平面:屋顶",然后在"属性"栏里→"视图"→"视图范围"→弹出"视图范围"命令框。完成屋顶绘制。

8)创建建筑柱

单击"建筑"选项卡→"构建"面板→"柱"下拉菜单→"建筑柱"命令,在属性面板选择建筑柱的形状和尺寸,在轴线的交点处单击插入建筑柱。绘制完成建筑柱之后,选中柱子,在属性面板中检查并设置顶部标高和顶部偏移,单击"应用"按钮,完成单层建筑柱的设置。

9)完成模型绘制

打开"三维视图:3D",检查项目完成情况。

(4)给水排水管道建模

1)启动 Revit

默认将打开"最近使用的文件"页面,在列表中选择"项目"→"新建"命令,弹出"新建项目"对话框,在"新建项目"的选项中选择"机械样板",确认"新建"类型为"项目样板",单击"确定"按钮,即完成了新项目样板的创建。

2)单击"插入"→"链接 Revit"命令

将前期建立的土建模型链接到本项目样板文件中。进入"导入/链接 RVT"界面后,选择土建模型,在"定位"处选择原点,单击"打开"按钮。为了后期链接模型时统一定位。

3)创建标高

链接土建模型后,按照土建模型的标高进行给水排水专业标高的绘制。在 Revit 界面左下方"项目浏览器选项卡"中选择"立面"→在"东、南、西、北"四个立面中选择,进行标高绘制。单击界面中"标高",在左侧属性栏"标识数据"→"名称"中修改相应层的名称。

单击各层的标高，选择"修改/标高"面板→"移动"命令，将"标高"移动到相应高度。

单击"建筑"命令栏→"基准"选项卡→"标高"命令。进入标高绘制界面，绘制其他层标高。

4）创建轴网

双击项目浏览器中的"楼层平面"，进入楼层平面视图，单击"建筑"命令栏→"基准"选项卡→"轴网"命令，在"修改/放置轴网"面板中选择"拾取线"命令来绘制给水排水专业样板需要的轴网。

5）创建管道系统

单击"项目浏览器"→"管道系统"进行管道系统的创建；双击选择系统族，弹出"族"与"类型"对话框，单击"类型"选项中的"复制"。

6）创建管道类型

单击"项目浏览器"→"族"→"管道类型"进行管道系统的创建，双击"标准"系统族，弹出"管道类型"对话框。单击管道类型"类型属性"→"编辑"按钮，进入编辑器，选择管材的管道类型。

单击"布管系统配置"对话框中的"管段和尺寸"按钮，进入管段设置界面，在"管段"命令中选择使用的管材形式或者新建管材。

单击"管段"下方的下拉列表，选择管段形式，其他选项进行相应调整。

7）项目样板保存

选择"文件"→"另存为"→"样板"，在"另存为"对话框里"文件类型"下拉列表中选择保存成"样板文件"，在保存对话框中单击"选项"命令，单击"保存"，完成项目样板的创建。

十、市政工程施工测量的基本知识

（一）施工控制测量

1. 导线测量

（1）导线测量概念

1）在地面上选定一系列点连成折线，在点上设置测站，然后采用测边、测角方式来测定这些点的水平位置。导线测量是建立国家大地控制网的一种方法，也是工程测量中建立控制点的常用方法。

2）设站点连成的折线称为导线，设站点称为导线点。测量每相邻两点间距离和每一导线点上相邻边间的夹角，从一起始点坐标和方位角出发，用测得的距离和角度依次推算各导线点的水平位置。

3）导线测量布设灵活，推进迅速，受地形限制小，边长精度分布均匀。如在平坦隐蔽、交通不便、气候恶劣地区，采用导线测量法布设大地控制网是有利的。但导线测量控制面积小、检核条件少、方位传算误差大。

4）按国家大地网的精度要求实施的导线测量，称为精密导线测量，其导线应闭合成环或布设在高级控制点之间以增加检核条件。导线上每隔一定距离测定天文经纬度和方位角，以控制方位误差。

5）电磁波测距仪出现后，导线测量受到重视。电磁波测距仪测定距离，作业迅速，精度随仪器的改进而越来越高，电磁波导线测量得到广泛应用。

6）闭合导线：从高等控制点出发，最后回到原高等控制点形成一个闭合多边形。

7）附合导线：从高等控制点开始测到另一个高等控制点。

（2）导线测量方法

1）测区开始作业前，应对使用的全站仪，电子经纬仪、光学经纬仪、测距仪进行检验并记录，检验资料应装订成册。检验项目、方法和要求应符合现行国家标准《国家三角测量规范》GB/T 17942—2000 和《国家三、四等导线测量规范》GB/T 12898—2009 中的规定。各等级导线测量水平角观测技术指标应符合表 10-1 的规定。

导线测量水平角观测技术指标一览表   表 10-1

等级	测回数			方位角闭合差（"）
	DJ$_1$	DJ$_2$	DJ$_6$	
三等	8	12	—	$\pm 3\sqrt{n}$
四等	4	6	—	$\pm 5\sqrt{n}$
一级	—	2	4	$\pm 10\sqrt{n}$
二级	—	1	3	$\pm 16\sqrt{n}$
三级	—	1	2	$\pm 24\sqrt{n}$

注：n—测站数。

2）水平角观测可采用方向观测法。

方向观测法各项限差应符合表 10-2 的规定。当照准点方向的垂直角不在±3°范围内时，该方向的 2C 校差可按同一观测时间段内的相邻测回进行比较，但应在手簿中注明。

方向观测法各项限差（"）　　　　　　　　　　　　　　　表 10-2

经纬仪型号	光学测微器两次重合读数差	半测回归零差	一测回内 2C 校差	同一方向值各测回较差
DJ$_1$	1	6	9	6
DJ$_2$	3	8	13	9
DJ$_6$	—	18	—	24

3）水平角观测前的准备工作应包括下列内容：

检查并确认平面控制点标识是稳固的；整置仪器，检查视线超越或旁离障碍物的距离，并应符合规范规定；水平角观测采用方向观测法时，选择一个距离适中、通视良好、成像清晰的观测方向作为零方向。

4）水平角观测应符合下列规定：

水平角观测应在通视良好、成像清晰稳定的情况下进行。水平角观测过程中，仪器不应受日光直射，气泡中心偏离整置中心不应超过 1 格。气泡偏离接近 1 格时，应在测回间重新整置仪器。

2. 高程控制测量

（1）高程控制点布设的原则

测区的高程系统，宜采用国家级高程基准。在已有高程控制网的地区进行测量时，可沿用原高程系统。当小测区联测有困难时，亦可采用假定高程系统。高程测量的方法分为水准测量法、电磁波测距三角高程测量法。市政工程常用水准测量法。高程控制测量等级划分：依次为二、三、四、五等。各等级视需要，均可作为测区的首级高程控制。

（2）水准测量法的主要技术要求

各等级的水准点，应埋设水准标石。水准点应选在土质坚硬、便于长期保持和使用方便的地点。墙水准点应选设于稳定的建筑物上，点位应便于寻找，应符合规范规定。一个测区及其周围至少应有 3 个水准点。水准点之间的距离，应符合规范规定。水准观测应在标石埋设稳定后进行。两次观测高差较大超限时应重测。当重测结果与原测结果分别比较，其校差均不超过时限值时，应取三次结果数的平均值数。水准测量所使用的仪器，水准仪视准轴与水准管轴的夹角，应符合规范规定。水准尺上的米间隔平均长与名义长之差应符合规范规定。

（二）施工测量

1. 施工测量基本要求

市政工程测量包括定位放线、高程传递和变形观测，基本要求如下：

（1）从事施工测量的作业人员应经专业培训，考核合格，持证上岗。

（2）测量作业人员进行施工测量前，应认真学习设计文件及《工程测量规范》GB 50026—2008 标准，对勘测单位提供的基准点、基准线、高程测量控制资料和施工图规定的控制资料进行内、外业复核。

（3）在同一工程中有道路、管道、桥梁等多专业工程项目时，应建立统一的测量控制网点。当从事与其他工程相衔接的工程施工时，应做好联测工作。实行监理制度的工程测量控制网点应经监理工程师批准后方可使用。

（4）测量仪器、设备工具等使用前应经过具有相关资质的检验部门进行校核性检查，确定符合要求方可使用。

（5）施工测量的偏差应符合相应工程施工技术规范要求。

（6）内、外业资料和数据，应经测量负责人独立校核，确认无误后方可使用。各级控制点的计算宜根据需要采用严密的平差法或近似平差法，精度应满足要求，方可使用。

（7）施工测量用的控制点应按测量方案进行保护，经常校测。特别是工程施工期限长，温差变化比较大的施工现场。

（8）当工程规模较大，测量桩在施工中可能被损坏时，应设辅助平面测量极限与高程控制桩。施工中应经常校测各类控制桩的桩位。发现桩位移动或丢失应及时补测、定桩。

（9）测量记录应使用专用表格，记录字迹清晰，成果及时整理，复核签字，妥善保管。

2. 施工测量的基本工作

施工测量定位（放样）的实质，是将设计图纸的点位关系通过水平角度、水平距离和高程（"三要素"）的测设于现场实地。测量这三个基本要素以确定点的空间位置，就是施工放样的基本工作。

（1）水平距离测量

如图 10-1 所示，根据一已知点 A，沿一定方向，测量出另一点 B，使 AB 的水平距离等于设计长度，称为距离放样，其程序与丈量距离正好相反。

对于一般精度要求的距离，可用普通钢卷尺测量，测量时按给定的方向，量出所给定的长度值，即可将线段的另一端点测量出来。为了校核，对测量的距离应往返丈量，若其差值在限差内，可取其平均值作为最后结果，并对 B 点位置作适当改正。当测量精度要求较高时，则要结合现场情况，预先进行钢尺的尺长、温度、倾斜等改正。若涉及的水平距离为 D，则在实地上应放出的距离 D' 为：

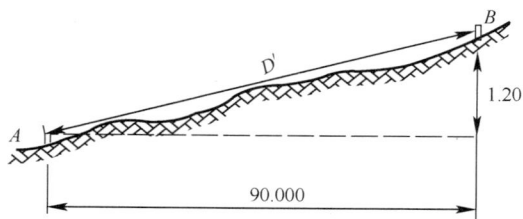

图 10-1 水平距离测量

$$D' = D - \frac{\Delta l}{l}D - \alpha(t - t_0)D + \frac{h^2}{2D} \tag{10-1}$$

式中 Δl——尺长改正；

t——测量时的温度；

α——钢尺的膨胀系数，一般取 $\alpha = 1.25 \times 10^{-5}$ m/℃；

h——线段两端点间的高差,可用水准仪测得。

当用电磁波测距仪进行已知距离的测量时,则更加方便。测量时,可在 A 点安置测距仪,指挥立镜员在 AB 方向 B 点的位置前后方向附近设置反光镜,测出距离后与已知距离比较,并将差值 ΔD 通知立镜员,由立镜员在视线方向上用小钢尺准确量出 ΔD 值,即可放出 B 点位置。然后在 B 点安置反光镜再实测 AB 的距离,若与 D 的差值在限差以内时,AB 即为测量结果。

(2)水平角测量

根据一个已知方向和已知的角值,将角度的另一个方向测量到地面上称水平角测量。对于一般精度要求的水平角,可采用盘左、盘右的方向测量,如图 10-2 所示。设在地面上已有方向线 OA,要在 O 点测量另一方向 OB,使 $\angle AOB = \beta$。为此,置经纬仪于 O 点,盘左照准点 A 并读数,然后转动照准部,使度盘读数增加 β 值,在视线方向上定出 B'。倒镜变盘右,重复上述步骤,各地面上定出 B'' 点。取 B' 和 B'' 的中点 B,$\angle AOB \approx \beta$。

当测量精度要求较高的水平角时,如图 10-3 所示,置经纬仪于 O 点,先盘左按上述方法设出 B' 点,然后用经纬仪对 $\angle AOB'$ 观测若干测回,测回数可根据精度要求而定,取平均值得 $\angle AOB = \beta_1$。设比应测量角 β 小(大)$\Delta\beta$,可根据 OB' 的长度和 $\Delta\beta$ 算出距离 $B'B$ 为:

$$B'B = OB\tan\Delta\beta \tag{10-2}$$

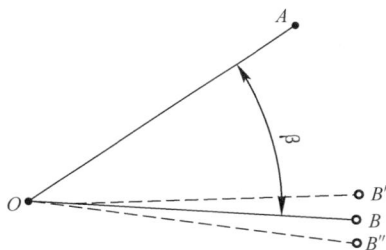

图 10-2　水平角测量　　　　　　　　　　图 10-3　高精度水平角测量

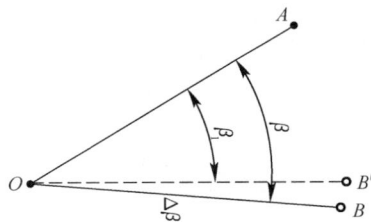

从 B' 点沿 OB' 的垂线方向向外(内)量出 $B'B$,即可定出 B 点,则 $\angle AOB = \beta$ 就是要测量的 β 角。

(3)高程测量

1)视线高法

根据某水准点的高程 H_R 测量 A 点,使其高程为设计高程 H_A,则 A 点尺上应读的前视读数为:

$$b = (H_R + a) - H_A \tag{10-3}$$

测量方法如下:

① 在水准点 R 和木桩 A 之间安置水准仪,在 R 立水准尺上,用水准仪的水平视线测得后视读数为 a_m,此时视线高程为:$H_R + a_m$。

② 计算 A 点水准尺尺底地坪高程时的前视应为读数:b_m。

③ 上下移动竖立在木桩 A 侧面的水准尺,直至水准仪的水平视线在尺上截取的读数为 b_m 时,紧靠尺底在木桩上画一水平线,其高程即为已知测量高程,如图 10-4 所示。

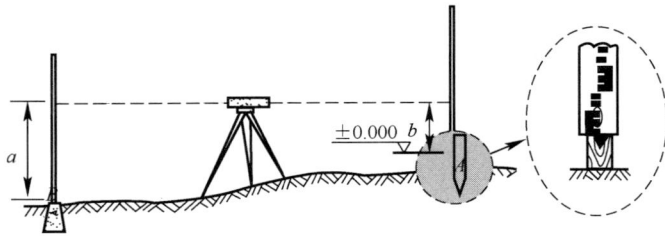

图 10-4 已知高程测设

如果地面坡度较大，无法将设计高程在木桩顶部或一侧标出时，可立尺于桩顶，读取桩顶前视，根据下式计算出桩顶改正数：

$$桩顶改正数 = 桩顶前视 - 应读前视 \tag{10-4}$$

假如应读视读数是 1.600m，桩顶前视读数是 1.150m，则桩顶改正数为 -0.450m，表示设计高程的位置在自桩顶往下量 0.450m 处，可在桩顶上标注"向下 0.450m"即可。如果改正数为正，说明桩顶低于设计高程，应自桩顶向上量改正数得设计高程，如图 10-5 所示。

测量时，先在 B 点打一木桩并在桩顶立尺读数，逐渐向下打桩，直至立桩顶上水准尺的读数为 0.784m 时，沿尺底在木桩上画一水平线或钉一小钉，即为 B 点的设计高程。

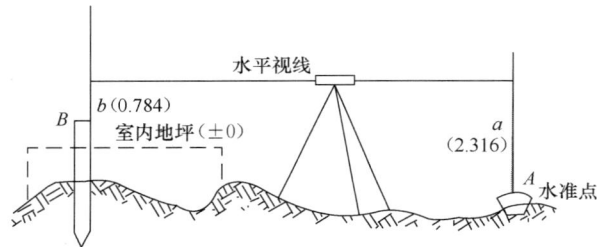

图 10-5 高程测量

2）高程传递法

当开挖深度较大的基槽（坑），将高程引测到建筑的上部时，由于测量点与水准点之间的高差很大，无法用水准尺测定点位的高程，此时应采用高程传递法。常用的钢尺传递法，即用钢尺和水准仪间地面水准点的高程传递到低处或高处上所设置的临时水准点，然后再根据临时水准点测量所需的各点高程。

如图 10-6 所示，在基坑一边架设吊杆，杆上吊一根零点向下的钢尺，尺的下端挂上 10kg 的重锤，放入油桶中。在地面安置一台水准仪，设水准仪在 R 点所立水准尺上读数为 a_1，在钢尺上读数为 b_1。在坑底安置另一台水准仪，设水准仪在钢尺上读数为 a_2。计算 B 点水准尺底高程为 H 设时，B 点处水准尺的读数应为：

$$B_{应} = (H_R + a_1) - (b_1 - a_2) - H_{设} \tag{10-5}$$

用同样的方法，可从低处向高处测量已知高程的点，如图 10-6 所示。

实际工作中，标定放样点的方法较多，可根据工程精度要求及现场条件来具体确定。土石方工程一般用木桩来标定放样点高程，数字标注在桩顶，或用记号笔画记号于木桩两

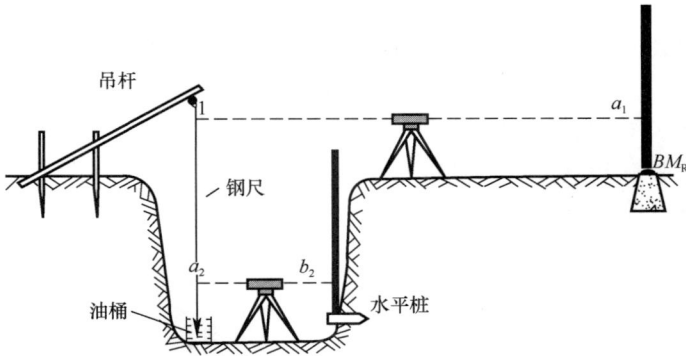

图 10-6 钢尺高程传递法

侧，并标明高程值。混凝土工程一般用红色油漆标定在混凝土墙壁或模板上；当标定精度要求较高时，宜在待放样高程处埋设高程标志。放样时可调节水准仪螺旋杆使顶端精确地升降，一直到顶面高程达到设计标高时为止。然后旋紧螺母以限制螺杆的升降；往往还要采用焊接、轻度腐蚀螺牙等办法使螺杆不能再升降。

3. 测量点平面位置的方法

测量点的平面位置可根据控制点分布的情况、地形及现场条件等，选用直角坐标法、极坐标法、角度交汇法和距离交汇法等。

当在施工场地上已布置方格网时，可用直角坐标法来测量点位。如图 10-7 所示。

根据一个极角和一段极距测量点的平面位置，称为极坐标法。如图 10-8 所示，P 点的位置可由控制点 AB 与 AP 的夹角 β 和 AP 的距离 D_{AP} 来确定。极角 β 与级距 D_{AP} 可由坐标反算求得。设 P 点的设计坐标为（x_P，y_P），则：

$$\beta = \alpha_{AP} - \alpha_{AB}$$
$$D_{AP} = \sqrt{(x_P - x_A)^2 + (y_P - y_A)^2} \tag{10-6}$$

实地测设时，可置经纬仪于控制点 A 上，后视 B 点放出 β 角，然后沿线方向测量距离 D_{AP} 即得 P 点位置。此法较灵活，当使用测距仪或全站仪放样时，应用极坐标法，其优越性是显而易见的。

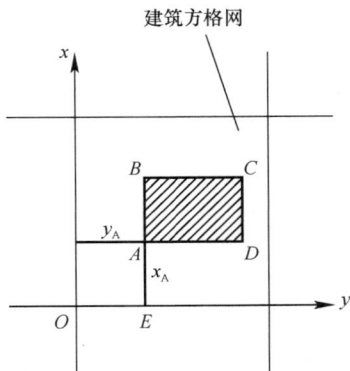

图 10-7 直角坐标法

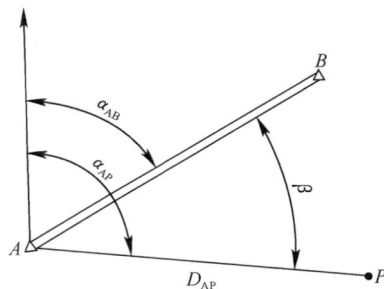

图 10-8 极坐标法

根据两个或两个以上的已知角度的方向交会出的平面位置，称为角度交会法。可分为前方交会、测方交会和后方交会。当待测点较远或不可到达时，如桥墩定位、水池定位等，常用此法。

如图 10-9 所示，P 点位待测点，坐标已知，根据控制点 A、B 的坐标可算出交会角 α_1 和 β_1，然后用两台经纬仪在 A、B 点上分别测量、交会，两方向的交点得 P 点位置。

根据两段已知距离交会出点的平面位置，称为距离交会法，如图 10-10 所示。

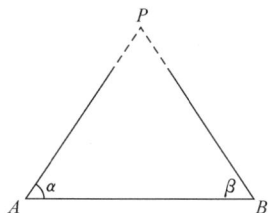

图 10-9　角度前方交会法　　　图 10-10　距离交会法

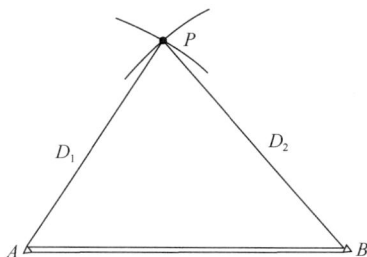

4. 已知坡度直线的测量

在道路、管道、排水工程中经常要测放预定的坡度线，又称放坡。如图 10-11 所示，要求由 A 点沿山坡测量一条坡度为 5％的坡度线时，可先算出该坡度线的倾斜角为：

$$\alpha = -0.025 \times \frac{180°}{\pi} = -1°25'57''$$

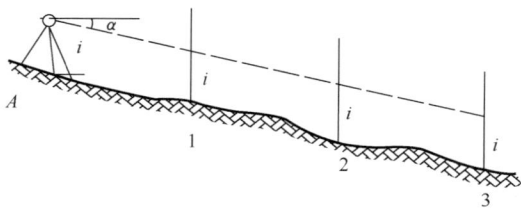

图 10-11　放坡测量

然后安置经纬仪于 A 点，设置倾斜角 α，此时视线即为要测量的坡度线。在视线方向上，按一定间距定出 1、2、3 等控制点，使各点桩顶所立标尺或标杆的读数正好为仪高 i 时，则各桩顶连线即为设计的坡度线。在坡度比较平缓时，也可以用水准仪测量。

5. 道路施工放线

市政工程工程现场条件因素变化多，工程施工过程中需要根据现场实际情况和施工进度情况及时进行建构筑物的定位放线、高程与控制线复核。主要内容包括恢复中线测量、施工控制桩、边桩、竖曲线等测量作业项目。

（1）恢复中线测量

道路勘测完成到开始施工这一阶段时间内，有一部分中线桩可能被碰动和或丢失，因此施工前应进行复核，按照定测资料配合仪器在现场寻找，若直线段上转点丢失或移位，可在交点桩上用经纬仪按原偏角值进行补桩或校正；若交点桩丢失或移位，可根据相邻直线两个以上转点放线，重新将碰动和丢失的交点桩和中线桩校正和恢复好。对于部分改线地段，应重新定线，并测绘改线段的纵断面图。

（2）施工控制桩的测量

由于中线在路基施工中都要被挖掉或推埋，为了在施工中能控制中线位置，应在不受施工干扰、便于引用、易于保存桩位的地方测设施工控制桩。测量方法主要有平行线法和延长线法两种，可根据实际情况相互配合使用。

设计单位提供给施工单位导线控制桩及其坐标。施工单位进场后，由设计单位进行交桩，而后施工单位应使用经过有关部门检测合格的全站仪或光电测距仪配合经纬仪，对导线点进行复核联测。

进行导线点坐标复测计算。根据坐标和导线长度计算导线精度，看其是否满足其导线要求的精度。如果满足精度要求，说明导线测量准确符合要求，同时应整理出导线点成果表。

A 平行线法

平行线法是在设计的路基宽度以外，测放两排平行于中线的施工控制桩。为了施工方便，控制桩的间距一般取 10~20m。平行线法多用于地势平坦、直线段较长的道路。

B 延长线法

延长线法是在道路转折处的中线延长线上，以及曲线中点至交点的延长线上测量施工控制桩。每条延长线上应设置两个以上的控制桩，量出其间距及与交点的距离，作好记录，据此恢复中线交点。延长线法多用于地势起伏较大、直线段较短的道路。

（3）主要中桩放样

根据导线点放出的中桩是否能满足路线走向的各种技术参数，从理论上讲应该是的。但是工程实践表明：不符合的情况还是存在，中桩穿线必不可少。

中桩穿线：过程与导线点复核测量方法相同，而衡量其是否合格则是路线的各种技术参数，即直线点是否在一条直线上，曲线点是否在一条曲线上。中桩穿线如有不符合的情况，应详细记录穿线过程的各种数据，进行认真分析，查找原因，根据全线测量结果进行计算。

栓桩：导线点放样的中桩如未调整，其中桩放样记录也是栓桩的一种方法。如已调整，应在导线点二次实测进行记录栓桩。其他骑马桩、三角网等也可进行栓桩。但无论哪种方法，都应考虑施工高填方或深挖方施工后其恢复中桩可能性。

（4）路基边桩的测量

路基边桩测量就是根据设计断面图和各中桩的填挖高度，把路基两旁的边坡与原地面的交点在地面上钉设木桩（称为边桩），作为路基的施工依据，如图 10-12 所示。

253

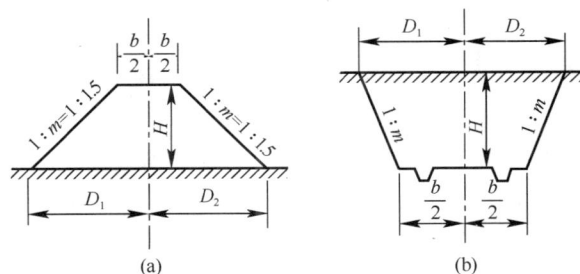

(a)　　　　(b)

图 10-12　路基边桩测量

每个断面上在中桩的左、右两边各测设一个边桩,边桩距中桩的水平距离取决于设计路基宽度、边坡坡度、埋土高度或埋土挖深以及横断面的地形情况。

(5)路面及路拱放样

① 路面放样(图 10-13)

在铺设道路路面时,应先把路槽放样出来,具体放样的方法如下:

从最近的水准点出发,用水准仪测出各桩的路基设计标高,然后在路基的中线上按施工要求每隔一定的间距设立高程桩,用放样已知高程点的方法,使各桩桩顶高程等于将来要铺设的路面标高。

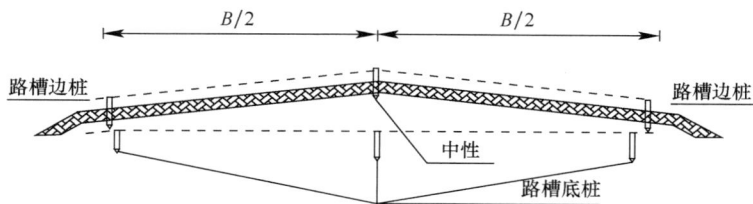

图 10-13 路面放样

② 路拱放样

所谓路拱就是在保证行车平稳的情况下,为有利于路面排水,使路中间按一定的曲线形式(抛物线、圆曲线)进行加高,并向两侧倾斜而成的拱状。城市道路路拱放样时应依据断面图测放中桩、过桩和高程控制桩。

6. 桥梁工程施工放线

目前最常见的桥梁结构形式,是采用小跨距等截面的混凝土连续或简支梁(板),如大型桥梁的引桥段、普通中小桥梁等。普通桥梁结构,仅由桥墩和等截面的平板梁或变截面的拱梁构成,虽然在桥梁设计上,为考虑美观(如城市高架桥中常见的鱼腹梁)会采用形式多样、特点各异的桥墩和梁结构,但在施工测量方法和精度上基本上大同小异。

(1)主要内容与要求

1)根据桥梁的形式、跨径、设计要求的施工精度及现场环境条件确定放线方法,确定重新布设或加密控制网点。

2)当水准路线跨越河、湖等水体时,应采用跨河水准测量方法校核。视线离水面的高度不小于 2m。

3)施工前应测桥梁工程的各类控制桩:桥梁中线和各墩台的纵轴与横轴线定位桩,作为施工控制依据。

4)桥梁基础、墩台与上部结构等各部位的平面、高程均应以桥梁中线位置及其相应的桥面高程为基准。

5)支座(垫石)和梁(板)定位应以桥梁中线和盖梁中轴线为基准,依施工图尺进行平面施工测量,支座(垫石)和梁(板)的高程以其顶部高程进行控制。

(2)施工放样基本方法与要求

① 施工测量桥梁的桩、柱、墩台一般采用极坐标法放样。

② 桥梁工程施工放样应在交桩后进行,并应依据施工设计图提供的定线资料,结合

工程施工需要，做好测量所需各项数据的内业搜集计算、复核。

③ 对原交桩进行复核测量，原测桩有遗失或变位时，应补钉校正，凡施工单位补桩，应经监理工程师认定、签字。

④ 测定桥梁的中线桩、柱、墩台一般应采用极坐标方法放样。为了防止差错，放线员和验线员不得同时进行，不得使用同一个控制点复测。做好栓桩保护工作，作出明显的标记，有利于现场查找，并画草图。

⑤ 桩中心用极坐标法放样定位后，与法线成90°十字栓桩进行施工中心控制，桩点用水泥混凝土加固保护。高程用水准仪测量，用测绳控制桩底高程；柱中心控制后用两台经纬仪控制模板垂直度，柱顶高程用水准仪测量。

⑥ 大、中桥的水中墩台、桩、柱和基础定位，用已校验过的全站仪放样，桥墩中心线在桥轴线方向上方位置中误差不应大于±15mm。

7. 管道工程施工测量

管道施工测量的主要任务，就是根据工程进度的要求，向施工人员随时提供中线方向和标高位置。暗挖施工管道测量任务是高程传递和地下位置控制。

（1）主要内容与要求

1）管道工程控制桩

根据工程进度的要求，向施工人员随时提供管道中线方向和标高位置、附属构筑物位置与控制线。各类控制桩包括：起点、终点、折点、井位中心点、变坡点等特征控制点。重力流排水管道中线桩间距宜为10m，给水等压力管道中心桩间距宜为15～20m。

2）施工控制基准

重力流排水管道工程高程应以管内底高程作为施工控制基准，检查井应以井内底高程作为控制基准。给水等压力管道高程应以管道中心线高程为控制基准。管道控制点高程测量应采用复合水准测量，应采用坡度板法控制中心与高程。

3）验槽测量

在挖槽至设计高程前、施工砂石（混凝土）基础前、管道铺设或砌筑构筑物前，应校测管道中心及高程。

4）合拢复核

分段施工时，相邻施工段间的水准点，宜布设在施工分界点附近，施工测量时应对相邻的已完成的管道进行复核。

5）井室支墩平面位置

矩形井室应以管道中心线及垂直管道中心线的井中心线为轴线进行放线；圆形井应以井底圆心为基准放线。支墩应以管道中心线及垂直管道中心线的支墩中心线为轴线进行放线。

（2）开槽施工

1）槽口放线

槽口放线时根据管径大小、埋设深度和土质情况，决定管槽开挖宽度，并在地面上钉设边桩，沿边桩拉线撒出灰线，作为开挖的边界线。

若埋设深度较小、土质坚实，管槽可垂直开挖，这时槽口宽度即等于设计槽底宽度，

若需要放坡,且地面横坡比较平坦,槽口宽度可按下式计算:

$$D_左 = D_左 = \frac{b}{2} + mh \tag{10-7}$$

式中 $D_左$、$D_左$——管道中桩至左、右边桩的距离;

b——槽底宽度;

$1:m$——边坡坡度;

h——挖土深度。

2)中线、高程和坡度测设

管槽开挖及管道的安装和埋设等施工过程中,要根据进度反复地进行设计中线、高程和坡度的测设。下列介绍两种常用的方法。

① 坡度板法

管道施工中的测量任务主要是控制管道中线设计位置和管底设计高程,因此需要设置坡度板(图10-14)。坡度板跨槽设置,间隔一般为 $10\sim20$m,编写板号。根据中线控制桩,用经纬仪把管道中心线测到坡度板上,用小钉做标记,称为中线钉,以控制管道中心的平面位置。

当槽深在2.5m以上时,应待开挖至距槽2m左右时埋设在槽内。坡度板应埋设牢固,板面要保持水平。

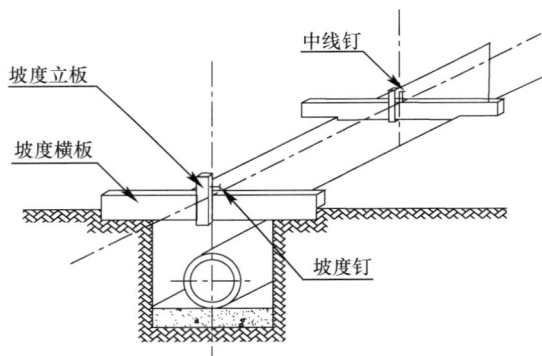

图10-14 坡度板的埋设

坡度板埋设好后,根据中线控制桩,用经纬仪把管道中线投测至坡度板上,钉上中心钉,并标上里程桩号。施工时,用中心钉的连线可方便地检查控制管道的中心线。

再用水准仪测出坡度板顶面高程,板顶高程与该处管道设计高程之差,即为板顶往下开挖的深度。为方便起见,在各坡度边上顶一坡度立板,然后从坡度板顶面高程起算,从坡度板上向上或向下测取高差调整数,定出坡度钉,使坡度钉的连线平行于管道设计线,并距设计高程一整分米,称为下返数,施工时,利用这条线可方便地检查和控制管道的高程和坡度。差调整数可按下式计算:

$$高差调整数 =(板顶高程 - 管底设计高程)- 下返数 \tag{10-8}$$

若高差调整数为正,往下量取;若高差调整数为负,往上量取。

② 平行轴腰桩法

当现场条件不便采用坡度板法,对精度要求较低的管道,可采用平行轴腰桩法来测设中线、高程及坡度控制标志。开挖前,在中线一侧(或两侧)测设一排(或两排)与中线平行的轴线桩,平行轴线桩与管道中线的间距为 a,各桩间距20m左右,各附属建筑物位置也相应设桩。

管槽开挖时至一定深度以后,为方便起见,以地面上的平行轴线桩为依据,在高于槽底约1m的槽坡上再订一排平行轴线桩,它们与管道中线的间距为 b,称为腰桩。用水准仪测出各腰桩的高程，腰桩高程与该处相对应的管底设计高程之差，即下返数。施工时，根据腰桩可检查和控制管道的中线和高程。

（3）不开槽施工

1）施工中应将地面导线测量坐标、方位、水准测量高程，通过竖井、斜井、通道等适时传递到地下，形成地下平面、高程控制网。定向测量的地下定向边不得少于两条，传递高程的地下近井高程点不得少于两个，并应对地下定向边间和高程点间的几何关系进行检核。

2）隧道中心采用激光指向，采用全站仪、光电测距仪等仪器进行断面测量，可采用极坐标法或断面支距法。

3）当贯通面一侧的隧道长度大于 1000m 时，应提高定向测量精度；一般情况下，可采取在贯通距离约 1/2 处通过钻孔投测坐标点或加测陀螺方位角等方法进行贯通测量。地面和地下的平面控制点和高程控制点应定期校测和联测。

8. 综合管廊工程施工放线

（1）利用地面等级控制点测设现场施工控制点时，应在施工控制点上按照设计图纸放样线路中线桩和开挖边线桩，并应标注里程；利用水准测量方法测设高程时，应标注中线桩的开挖深度；

（2）放样综合管廊结构物相关轴线的参考线、外廊主要轴线点，内部轴线点可由主要轴线点采用内分法放样；

（3）入廊管线测量

1）可通过量测管线与综合管廊内壁的相对位置关系进行，量测时，可使用手持测距仪、钢尺、投点尺等工具；

2）电力、通信等安放在综合管廊两侧墙壁上并利用托架固定的管线，应量测管线相对于综合管廊内底的高度，并应调查电缆尺寸、电缆条数以及走向等；

3）给水、热力等安放在固定墩上的管线，应量测相对于综合管廊内底的高度及控制阀等管点设施的位置，并应调查管线的管径、材质、走向等。

（三）竣工测量

1. 竣工测量基本要求

竣工测量是对建（构）筑物或管网等的实地平面位置、高程进行的测量工作，工作内容包括控制测量、细部测量、竣工图编绘等。竣工测量必须符合国家和省市有关测绘法律法规和行业规范，并提供合格的技术成果，并应符合下列要求：

（1）竣工测量应在道路工程、桥梁工程、管线工程等竣工后进行。

（2）竣工测量地形图宜选用 1：500 比例尺。

（3）主要建筑物构筑物点位中误差不大于 5cm，高程中误差不大于 2cm。一般建（构）筑物点位中误差不大于 7cm，高程中误差不大于 3cm。

（4）竣工测量地形图应实地测绘，测绘方法宜采用全野外数字成图法。包含建设地面建（构）筑物、道路、植被、地下管线及其附属设施等要素。

(5) 竣工总图遵循以现场测量为主，资料编绘为辅原则进行，具体要求如下：

① 施工中应根据施工情况和设计变更文件及时编绘竣工总图；

② 单项工程竣工后应立即实测并编绘竣工总图；

③ 对于设计变更部分，应按实测资料绘制；

④ 地下管道及隐蔽工程，应根据回填前的实测数据编绘。

2. 道路竣工测量要求

道路竣工测量主要内容是中线测量、高程测量、横断面测量等。

（1）中线测量

利用施工放样的护桩恢复线路施工前原有的控制桩，进行线路中线贯通测量。

1）首先定出直线方向，然后用相邻直线重新测绘交点。对曲线的切线长、控制点、直线转点间的距离应进行丈量，新丈量结果与原定测（或复测）结果的误差在 1/2000 以内时，仍采用原测结果，曲线横向闭合差应不超过±5cm。

2）竣工中线测量完成后的基桩埋设，一般规定：直线地段每 300～500m 埋设混凝土包铁芯的基桩；曲线地段的曲线始终点、缓圆点、曲线中点、圆缓点、曲线交点或副交点均应埋设混凝土包铁芯的基桩。

（2）高程测量

沿线路埋设永久性混凝土水准点间距不应大于 2km，全线高程必须统一，以作为运营维修时线路标高的依据。

（3）横断面测量

横断面测量主要是检查路基宽度，边沟、排水沟、边坡、路基加固和防护工程。横向尺寸误差均不应超过±5cm。

3. 桥梁竣工测量要求

桥梁竣工测量主要包括墩台、主梁竣工测量。

（1）墩、台的竣工测量

墩、台的竣工测量的主要内容：

1）测定各墩、台的跨度。

2）丈量墩、台各部尺寸。

3）测定支承垫石顶面高程。

墩、台各部尺寸的检查内容主要是墩顶的尺寸、支承垫石的尺寸和位置等。

（2）主梁竣工测量

内容包括：测定主梁弦杆的直线性、梁的拱度、立柱的竖直性以及各个墩上梁的支点与墩、台中心的相对位置。

4. 管线竣工测量要求

管线竣工测量主要包括管线点调查和管线点测量。含井室的管线，测量井室的尺寸。

（1）地下管线探查

地下管线探查应在现场查明各种地下管线的敷设状况，即管线在地面上的投影位置和埋深，同时应查明管线类别、材质、规格、管径或管块断面尺寸、埋深及附属设施等属性，并填写管线点调查表。地下管线的管线点间距应符合下列规定：

1）城市地下管线普查和专用管线探测，宜按相应比例尺设置管线点。管线点在地形图上的间距应小于或等于15cm。

2）厂区或住宅小区管线探测，宜按相应比例尺设置管线点，管线点在地形图上的间距应小于或等于10cm。

3）施工场地管线探测，宜在现场按小于或等于10m间距设置管线点。

4）当管线弯曲时管线点的设置应以能反映管线弯曲特征为原则。

（2）管线点测量

新建地下管线竣工测量应在覆土前进行；当不能在覆土前施测时，应在覆土前设置管线待测点并将位置准确地引到地面上，做好点标记。

测量的管线点包括各种管线的起止点、转折点、分支点、交叉点、变径点、变坡点及每隔适当距离的直线点等，采用导线串联法、极坐标法等解析法采集管线点坐标和高程。测量点位中误差不大于±5cm，高程中误差不大于±3cm。

地下管线图应包括各专业管线、管线上的建（构）筑物、地面建（构）筑物、铁路、道路、河流、桥梁以及各种主要地类要素和地形特征。

十一、抽样统计分析的基本知识

（一）数理统计与抽样检查

1. 总体、样本、统计量、抽样的概念

（1）总体与个体

在一个统计问题中，把研究对象的全体看成总体，构成总体的每个成员称为个体。若关心的是研究对象的某个数量指标，那么将每个个体具有的数量指标 x 称为个体，这样一来，总体就是某个数量指标值 X 的全体（即一堆数），这一堆数有一个分布，从而总体可用一个分布描述，简单地说，总体就是一个分布。

统计学的主要任务：

1）研究总体分布特征。

2）确定这个总体（即分布）的均值、方差等参数。

对某产品仅考察其合格与否，并计合格品为 0，不合格品为 1，那么，总体＝{该产品的全体}＝{由 0 或 1 组成的一堆数}，这一堆数的分布描述如下：

若记 1 在总体中所占比例为 p，则该总体可用如下一个两点分布 $b(1, p)$（$n=1$ 的二项分布）表示，见表 11-1。

【例 11-1】有两个工厂生产同一产品，甲厂产品的不合格率 $p=0.01$，乙厂产品的不合格率 $p=0.08$，甲乙两厂所生产的产品（即两个总体）分别用表 11-2 和表 11-3 两个分布描述。

<table>
<tr><td colspan="3">两点分布
表 11-1</td><td colspan="3">甲厂产品合格率分布表
表 11-2</td><td colspan="3">乙厂产品合格率分布表
表 11-3</td></tr>
<tr><td>X</td><td>0</td><td>1</td><td>X</td><td>0</td><td>1</td><td>X</td><td>0</td><td>1</td></tr>
<tr><td>P</td><td>1-p</td><td>p</td><td>P</td><td>0.99</td><td>0.01</td><td>P</td><td>0.92</td><td>0.08</td></tr>
</table>

由此可见，认识总体既看到总体的本质，又看到不同总体的差别。

【例 11-2】某一生产批次的混凝土，其强度可用 0 到 ∞ 上的实数表示，总体可用区间 $[0, \infty]$ 上的一个概率分布表示。目前，业内对混凝土强度有较多研究，一般认为强度值服从正态分布 $N(\mu, \sigma^2)$，该总体常称为正态总体。

统计要研究的问题是：正态均值 μ、正态方差 σ^2 是多少？对混凝土改进配料，其目的是：提高该混凝土强度的均值，减少偏差。这时要研究的问题是：技术改进前后的正态均值有多大改变，如图 11-1 所示。

（2）样本

从总体中抽取部分个体所组成的集合称为样本。样本中的个体称为样品，样品的个数

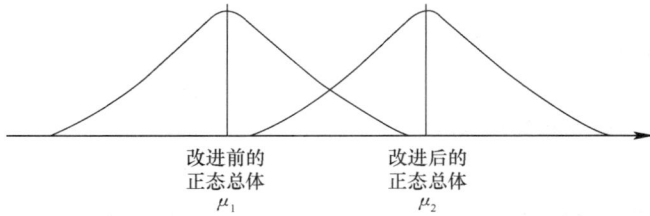

图 11-1　改进前后正态总体对比示意图

称为样本容量或样本量，常用 n 表示。

人们从总体中抽取样本是为了认识总体。即从样本推断总体，如推断总体是什么分布、推断总体均值为多少？推断总体的标准差是多少？为了使此种统计推断有所依据，推断结果有效，对样本的抽取应有所要求。

满足下面两个条件的样本称为简单随机样本，又称为样本。

1）随机性

总体中每个个体都有相同的机会入样。例如按随机性要求抽出 5 个样品，记为 X_1，X_2，$\cdots$，X_5，则其中每一个都应与总体分布相同。这只要随机抽样就可以保证此点实施。

2）独立性

从总体中抽取的每个样品对其他样本的抽取无任何影响，加入总体是无限的，独立性容易实现，若总体很大，特别与样本量 n 相比是很大的，这时即使总体是有限的，此种抽样独立性也可以得到基本保证。

综上两点，样本 X_1，X_2，$\cdots$，X_n 可以看做 n 个相互独立的，同分布的随机变量，其分布与总体分布相同。今后的样本都是指满足这些要求的简单随机样本。在实际中工作抽样时，也应按此要求从总体中进行抽样。这样获得样本能够很好地反映实际总体的状态。

图 11-2 显示两个不同的总体，图上用虚线画出的曲线是两个未知总体。若是按随机性和独立性要求进行抽样，则机会大的地方（概率密度值大）被抽出的样品就多；而机会少的地方（概率密度值小），被抽出的样品就少。分布愈分散，样本也很分散；分布愈集中，样本也相对集中些。

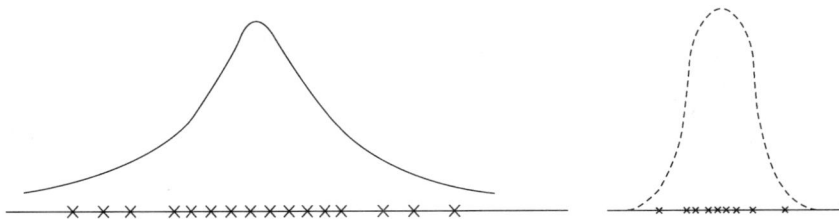

图 11-2　总体分布（虚线）与样本（用 X 表示）

抽样切忌干扰，特别是人为干扰。某些人的倾向性会使所得的样本不是简单的随机样本，从而使最后的统计推断失效。

若 X_1，X_2，$\cdots$，X_n 是从总体中获得的样本，那么 X_1，X_2，$\cdots$，X_n 是独立同分布的随机变量。样本的观测值用 x_1，x_2，$\cdots$，x_n 表示，这也是我们常说的数据。有时为方便起见，不分大写与小写，样本及其观测值都用 x_1，x_2，$\cdots$，x_n 表示，其后就将采用这一方法表示。

（3）统计量与抽样分布

样本来自总体，因此样本中包含了有关总体的丰富信息，但是这些信息是分散的，为了把这些分散的信息集中起来反映总体的特征，需要对样本进行加工，一种有效的办法就是构造样本的函数，不同的函数可以反映总体的不同特征。

不含未知参数的样本函数称为统计量。统计量的分布称为抽样分布。

【例 11-3】 从均值为 μ 方差为 σ^2 的总体中抽得一个容量为 n 的样本 X_1，X_2，$\cdots$，X_n，其中 μ 与 σ^2 均未知。

那么 $X_1 + X_2$，$\max \{X_1，X_2，\cdots，X_n\}$ 是统计量，而 $X_1 + X_2 - 2\mu$，$(X_1 - \mu)$ 都不是统计量。

（4）常用的统计量

常用统计量可分为两类，一类是用来描述样本的中心位置，另一类用来描述样本的分（离）散程度。为此先介绍有序样本的概念，引入几个常用统计量。

1）有序样本

设 x_1，x_2，$\cdots$，x_n 是从总体 X 中随机抽取的容量为 n 的样本，将它们的观测值从小到大排列为：$x_{(1)} \leqslant x_{(2)} \cdots \leqslant x_{(n)}$，这便是有序样本。其中 $x_{(1)}$ 是样本中的最小观测值，$x_{(n)}$ 是样本中最大观测值。

【例 11-4】 从某种合金强度总体中随机抽取容量为 5 的样本，可记为 x_1，x_2，$\cdots$，x_5，样本的观测值为：140，150，155，130，145，那么将它们从小到大排序后 130＜140＜145＜150＜155，这便是一个有序样本，譬如最小的观测值为 $x_{(1)} = 130$，最大的观测值为 $x_{(5)} = 155$。

2）描述样本的中心位置的统计量

总体中每一个个体的取值尽管有差异的，但是总有一个中心位置，如样本均值、样本中位数等。描述样本中心位置的统计量反映了总体的中心位置，常用的有下列几种：

① 样本的均值

$$\bar{x} = \frac{1}{n} \sum_{i=1}^{n} x_i$$

样本观测值有大有小，样本均值处于样本的中间位置，它可以反映总体分布的均值。在 ［例 11-4］ 中样本均值为：

$$\bar{x} = \frac{(140 + 150 + 155 + 130 + 145)}{5} = 144$$

对分组数据来讲，样本均值的近似值为：

$$\bar{X} = \frac{1}{n} \sum_{i=1}^{k} f_i X_i$$

$$n = \sum_{i=1}^{k} f_i$$

其中，k 是分组数，X_i 是第 i 组的组中值，f_i 是第 i 组的频数。

【例 11-5】表 11-4 显示的经过整理的分组数据表，给出了 110 个电子元件的失效试件。

分组数据表　　　　　　　　　　　　　　　　　表 11-4

组中值 X_i	200	600	1000	1400	1800	2200	1600	3000
频数 f_i	6	28	37	23	9	5	1	1

那么平均失效时间近似值为：

$$\overline{X} = \frac{1}{n}\sum_{i=1}^{k} f_i X_i = \frac{1}{110}(200 \times 6 + 600 \times 28 + \cdots + 3000 \times 1) = 1090.9$$

② 样本中位数

$$\widetilde{X} = \begin{cases} X\left(\dfrac{n+1}{2}\right) & n\text{ 为奇数} \\ \dfrac{1}{2}\left[X\left(\dfrac{n}{2}\right) + X\left(\dfrac{n}{2}+1\right)\right] & n\text{ 为偶数} \end{cases}$$

【例 11-6】现有一个数据集合（已经排序）：2，3，4，4，5，5，5，5，6，6，7，7，8，共有 13 个数据，处于中间位置的是第 7 个数据，则样本中位数为 $\widetilde{x} = x_{\langle 7 \rangle} = 5$。

③ 众数

数据中最常出现的值记为 Mod。样本的众数是样本中出现可能性最大的值，不过它不一定唯一。

【例 11-7】现有一个数据集合：2，3，3，3，3，4，4，5，6，6，6，6，6，7，7，8，其中每一个值出现次数见表 11-5，那么众数为 6。

数据集合数值出现次数　　　　　　　　　　　　表 11-5

数值	2	3	4	5	6	7	8
出现次数	1	4	2	1	5	2	1

3）描述样本数据分散程度的统计量

总体中各个个体的取值总是有差别的，因此样本的观测值也是有差异的，这种差异有大有小，反映样本数据的分散程度的统计量实际上反映了总体取值的分散程度，常用的有如下几种：

① 样本极差

$$R = X_{(n)} - X_{(1)}$$

【例 11-6】中最小值为 130，最大值有 155，因此极差 $R = 155 - 130 = 25$。

② 样本（无偏）方差

$$S^2 = \frac{1}{n-1}\sum_{i=1}^{n}(X_i - \overline{X})^2$$

同样，对分组数据来讲，样本方差的近似值为：

$$S^2 = \frac{1}{n-1}\sum_{i=1}^{n} f_i (X_i - \overline{X})^2$$

在【例 11-4】中

$$S^2 = \left[(140-144)^2 + (150-144)^2 + (155-144)^2 + (130-144)^2 + (1145-144)^2\right]/4 = 92.5$$

在【例 11-5】中

$$S^2 = \frac{1}{100-1}\left[(200-1090.9)^2 \times 6 + (600-1090.9)^2 \times 28 + \cdots + (3000-1090.9)^2 \times 1\right]$$
$$= 280834.0375$$

样本极差的计算十分简便，但对样本中的信息利用得也较少不能反映中间数据的分布和波动规律，适用于小样本。而样本方差就能充分利用样本所有的信息，因此在实际中样本方差比样本极差用的更广。

③ 样本的标准差

样本的标准差简称为标准差或均方差。

$$S = \sqrt{S^2} = \sqrt{\frac{1}{n-1}\sum_{i=1}^{n}(x_i-\bar{x})^2}$$

在【例11-4】中

$$S = \sqrt{92.5} = 9.621$$

在【例11-5】中 $\qquad S = \sqrt{280834.0375} = 529.94$

样本方差尽管对数据的利用是充分的，但是方差的量纲（即数据的单位）是原始量纲的平方，譬如样本观测值是长度，单位是"毫米"，而方差的单位是"平方毫米"，这就不一致，而采用样本标准差就消除了单位的差异。

④ 变异系数

变异 $\qquad C_v = \dfrac{S}{\bar{X}} \times 100\%$

在【例11-1】中 $C_v = 0.0668 = 6.68\%$

变异系数常用于不同数据集的分散程度的比较，譬如测得上海到北极光的平均距离为1463km，测量误差标准差为1km，而测得一张桌子的平均长度为1.0m，测量误差的标准差为0.01m，表面来看，桌子测量的误差小，但是长度长时误差稍大是可以理解的，为此比较两者的变异系数，它们分别是0.00068=0.068%与0.01=1%，所以比较起来还是前者的测量精度要高。

2. 抽样的方法

要获得总体的特征，应根据总体特点采用正确的抽样方法。一般分为全数检验和随机抽样两类。

（1）全数检验

全数检验是对总体中的全部个体逐一观察、测量、计数、登记，从而获得对总体质量水平评价结论的方法。

一般地，设一个总体含有 N 个个体，从中逐个不放回地抽取 n 个个体作为样本（ $n \leqslant N$ ），如果每次抽取式总体内的各个个体被抽到的机会都相等，就把这种抽样方法叫简单随机抽样。

该法常常用于总体个数较少时，它的主要特征是从总体中逐个抽取，具有抽样误差小的特点，但是抽样手续比较繁杂。

一般采用抽签法、随机样数表法实行，利用计算机产生的随机数进行抽样。

（2）随机抽样

抽样检验是按照随机抽样的原则，从总体中抽取部分个体组成样本，根据对样品进行检测的结果，推断总体质量水平的方法。包括：简单随机抽样、分层抽样、等距抽样、整群抽样、多阶段抽样。

1）简单随机抽样

对总体不进行任何加工，直接进行随机抽样，获取样本的方法。适用于总体差异不大，或对总体了解很少的情况。

2）分层抽样

分层抽样即类型抽样，一般地，在抽样时，将总体分成互不交叉的层，然后按照一定的比例，从各层独立地抽取一定数量的个体，将各层取出的个体合在一起作为样本。

主要特征分层按比例抽样，主要适用于总体中的个体有明显差异，但每个个体被抽到的概率都相等。

该方法具有样本的代表性比较好，抽样误差比较小等特点，但是抽样手续比简单随机抽样还要繁杂，常用于产品质量验收。

3）整群抽样

整群抽样法是将总体分成许多群，每个群由个体按一定方式结合而成，然后随机地抽取若干群并由这些群中的所有个体组成样本。这种抽样法的优点是抽样实施方便，缺点是由于样本只有自个别几个群体，而不能均匀地分布在总体，因而代表性差，抽样误差大。这种方法常用在工序控制中。

4）等距抽样

等距抽样又称为系统抽样或机械抽样，是将个体排队编号后均分为 n 组，每组有 K 个个体，然后在第一组内随机抽取第一件样品，以后每隔一定距离抽选出其余样品组成样本的方法。

5）多阶段抽样

将各种单阶段抽样方法结合使用，通过多次随机抽样来实现的抽样方法。

（3）案例

某种产品零件分装在 20 个零配件箱装，每箱各装 50 个。如果将从中抽取 100 个零件作为样本进行测试研究。

1）随机抽样：将 20 箱零件倒到一起，混合均匀，并将零件以 1～1000 编号，然后用查随机数表或抽签的办法从中抽出编号毫无规律的 100 个零件组成样本。

2）分层抽样：20 箱零件，每箱都随机抽取 5 个零件，共 100 个组成样本。

3）整体抽样：将 20 箱零件分为 5 群，每群随机抽取 20 个零件，共 100 个组成样本。

4）系统抽样：将 20 箱零件倒在一起，混合均匀，将零件从 1～1000 编号，用查随机数表或抽签的办法先决定起始编号，按相同的尾数抽取 100 个零件组成样本。

3. 质量管理与数据统计分析

（1）质量管理与数据统计分析目的

1）质量统计就是采用统计学的理论和方法，通过收集、整理质量数据，帮助生产施工进行质量管理与控制。

2）在质量管理过程中，需要有目的地收集有关质量数据，并对数据进行归纳、整理、加工、分析，从中获得有关产品质量或生产状态的信息，从而发现产品存在的质量问题以及产生问题的原因，以便对产品的设计、工艺进行改进、完善，以保证和提高产品质量。

（2）质量统计内容

质量统计的内容主要有母体、子样、母体与子样、数据的关系、随机现象、随机事件、随机事件的频率。

1）母体：又称总体、检验（收）批或批。又分为"有限母体（有一定数量表现——有一批同牌号、同规格的钢材和水泥）"和"无限母体（没有一定数量表现——如一道工序）"。

2）子样：又称为试样或样本。指从母体中取出来的部分个体。分为"随机取样（用于产品验收，即母体内各个体都有相同的机会或有肯可能被抽取）"和"系统抽样（用于工序的控制，即每隔一段时间，便连续抽取若干产品作为子样，以代表当时的生产情况）"。

3）母体与子样、数据的关系：在产品生产过程中，子样所属的一批产品（有限母体）或工序（无限母体）的质量状态和特性值，可从子样取得的数据来推测和判断。

4）随机现象：在产品生产过程中，在基本条件不变的情况下，出现一些不确定情况的现象。

例如：配置混凝土时，同样的配合比，同样的设备，同样的生产条件，混凝土抗压强度可能存在偏高，也可能偏低的现象。

5）随机事件：目的是仔细考察一个随机事件，就需要分析这个现象的各种表现。随机现象的每一种表现或结果称为随机事件。

例如，某一道工序加工产品的质量，可以表现为合格，也可以表现为不合格。"加工产品合格"和"加工产品不合格"就是随机现象中的两个随机事件。

6）随机事件的频率：是衡量随机事件发生可能性大小的一种数量标志。在试验数据中，随机事件发生的次数叫"频数"，它与数据总数的比值叫"频率"。

（3）数据统计分析方法及应用

1）在质量管理中，常常将测试的样本数据，通过整理加工，找出它们的特性，从而推断总体的变化规律、趋势和性质。一批数据的分布情况，可以用中心倾向及数据的分散程度来表示，表示中心倾向的有平均值、中位值等，表示数据分散程度的有方差、标准偏差、极差等。

2）质量因素分析

通常，工程施工质量管理采用分层法、统计图表法对生产中质量数据进行统计，采用排列图、因果分析图、直方图等方法进行分析，找出存在质量问题，以便制定纠正措施，避免质量事故发生。

（二）施工质量数据抽样和统计分析方法

1. 施工质量数据抽样检验的基本方法

（1）质量数据分类

质量数据是指由个体产品质量特性值组成的样本的质量数据集，在统计上称为变量；个体产品质量特性值成变量值。根据质量数据的特点，可以将其分为计量数据和计数数据。

1）计量数据：可以用测量工具具体测读出小数点以下数值的数据。

2）计数数据：凡是不能连续取值的，或者说即使使用测量工具也得不到小数点以下数值，而只能得到 0 或 1，2，3……等自然数的这类数据。计数数据还可细分为计件数据和计点数据。计件数据一般服从二项式分布，计点数据一般服从泊松分布。

（2）质量数据收集的主要方法

1）全数检（试）验：全数检（试）验是对总体中的全部个体逐一观察、测量、计数、登记，从而获得对总体质量水平评价结论的方法。

2）随机抽样检（试）验：抽样检（试）验是按照随机抽样的原则，从总体中抽取部分个体组成样本，根据对样品进行检测的结果，推断总体质量水平的方法。

抽样检（试）验抽取样品不受检（试）验人员主观意愿的支配，每一个体被抽中的概率都相同，从而保证了样本在总体中的分布比较均匀，有充分的代表性；同时它还具有节省人力、物力、财力、时间和准确性高的优点；它又可用于破坏性检（试）验和生产过程的质量监控，完成全数检测无法进行的检测项目，具有广泛的应用空间。

（3）质量数据收集具体规定

建设工程施工质量数据抽样检测包括工程材料、成品、半成品、设备、工程产品、结构性能等多方面内容，均需按照一定的规范要求进行取样，采用目测、量测、检测等方法获取相关质量数据。

根据《建筑工程施工质量验收统一标准》GB 50300—2013 的规定：抽样复验是指"按照规定的抽样方案，随机地从进场的材料、构配件、设备或建筑工程检（试）验项目中，按检验（收）批抽取一定数量的样本所进行的检（试）验"，抽样方案直接关系到验收结论的正确与否，是检验（收）批验收的关键，应具备一定的科学性、可操作性，符合统计学原理，必须具有足够的代表性。

抽样方案应根据统计学原理对足够大的样本群按照一定的原则或顺序、路线，通过抽取规定比例、规定数目的样本，对其验收内容进行检查、检测，并根据检查、检测结果，通过判定所抽取样本的质量状态，再根据其代表性进一步判定整个检验（收）批的施工质量是否达到合格标准。

主控项目必须全检及检（试）验比例 100%，并且是一票否决；一般项目按照相应专业施工质量验收规范规定的抽检比例，合格率满足规范要求即为合格，比如按照专业规范规定抽检比例为 10%，则应考虑现场检验（收）批分布情况，或重点抽查或随机抽取，但应遵循或认为具有代表性这一最重要的原则。

根据《建筑工程施工质量验收统一标准》GB 50300—2013 规定：抽样方案可以采取以下方式：

1）计量、计数或计量-计数方式；

2）一次、二次或多次抽样方式；

3）根据生产连续性和生产控制稳定性情况，采用调整型抽样方案；

4）对重要的检（试）验项目当可采用简易快速的检（试）验方法时，可选用全数检（试）验方案；

5）经工程实践验证有效的抽样方案。

（4）计数值与计量值

1）计量值数据

凡是可以连续取值的，或者说可以用测量工具具体测量出小数点以下数值的这类数据，叫计量值数据，如长度、重量、温度、力度等，这类数据服从正态分布；也就是说计量值是指测量某一个产品特性的连续性数据，最常用的正态分布。

2）计量值特性

设有一个对象的特性，其结果表述用在一个范围内的无穷的连续的读值表示（假如存在分辨率任意小的量测系统），如：一条钢棒的长度，直径等，一个灯泡的寿命，分析此类特性，应用连续型随机变量方法。

3）计算值数据

凡是不能连续取值的，或者说即使用测量工具也得不到小数点以下数据的，而只能以0或1、2、3等整数来描述的这类数据，叫计数值数据，如不合格品数、缺陷数等，又可细分为计点数据和计件数据，计点数据服从泊松分布，计量数据服从二项分布。

值得注意的是，当一个数据用百分率表示时，虽然表面上看百分率可以表示到小数点以下，但该数据类型取决于计算该百分率的分子，当分子是计数值时，该数据也就是计数值。

4）计数值特性

设有一个对象，其结果是分段的，不连续的，可列出的例如：把钢棒按其长度分成三个等级，叫A、B、C，则以A、B、C描述的值即为计数值；另统计每天的检测的属于A型的钢棒数量也是计数值当特性以这样的方式描述时，就是计数值特性，这很好区别的计数值：分为计件与计点。

计件：指的是在测量中以计算产品的不良个数，一般图形有不良率图、不良数图。

计点：指的是在测量中以计算产品的缺点个数，一般图形为缺点数图，单位缺点数、推移图。

（5）质量数据的分布与分析

1）质量数据分布特征与影响因素

质量数据具有个体数值的波动性和总体（样本）分布的规律性，反映了质量因素变化和控制状态。质量数据波动的原因即影响产品质量主要有以下方面因素：

人的因素：包括质量意识、技术水平、精神状态等；

材料因素：包括材料质均匀度、理化性能等；

机械因素：包括其先进性、精度、维护保养状况等；

法规因素：包括工艺流程、操作规程等；

环境因素：包括时间、季节、现场湿温度、噪声干扰等。

个体产品质量的表现形式的千差万别就是这些因素综合作用的结果，质量数据也因此具有了波动性。质量特性值的变化在质量标准允许范围内波动称之为正常波动，是由偶然性原因引起的；若是超越了质量标准允许范围的波动则称之为异常波动，是由系统性原因引起的。

2）质量特性值变化与原因分析

① 偶然性原因

在实际生产中，影响因素的微小变化具有随机发生的特点，是不可避免、难以测量和控制的，或者是在经济上不值得消除，它们大量存在但对质量的影响很小，属于允许偏差、允许位移范畴，引起的是正常波动，一般不会因此造成废品，生产过程正常稳定。通常把 4M1E 因素的这类微小变化归为影响质量的偶然性原因、不可避免原因或正常原因。

② 系统性原因

当影响质量的 4M1E 因素发生了较大变化，如工人未遵守操作规程、机械设备发生故障或过度磨损、原材料质量规格有显著差异等情况发生时，没有及时排除，生产过程则不正常，产品质量数据就会离散过大或与质量标准有较大偏离，表现为异常波动，次品、废品产生。这就是产生质量问题的系统性原因或异常原因。由于异常波动特征明显，容易识别和避免，特别是对质量的负面影响不可忽视，生产中应该随时监控，及时识别和处理。

【例 11-8】 质量特性值的变化在质量标准允许范围内波动称之为正常波动，是由（B）原因引起的。

A. 系统性　　　　　B. 偶然性　　　　　C. 特殊　　　　　D. 一般

【例 11-9】 在下列事件中，可引起质量波动的偶然性原因是（A）。

A. 设计计算允许误差　　　　　B. 材料规格品种使用错误

C. 施工方法不当　　　　　D. 机械设备出现故障

2. 数据统计分析的基本方法

（1）统计方法及用途

统计方法是指有关收集、整理、分析和解释统计数据，并对其反映问题做出一定的结论的方法，包括描述性统计方法和推断性统计方法两种。

通过详细研究样本来达到了解、推测总体状况的目的，因此它具有由局部推断整体的性质。由推断而得出的结论并不会完全正确，即可能有错误，出现风险。

1）描述性统计方法

描述性统计方法是对统计数据进行整理和描述的方法，以便展示统计数据的规律。常用曲线、表格、图形等反映统计数据和描述观测结果，以使数据更加容易理解。

统计数据可用数量值加以度量，如平均数、中位数、极差和标准差等，亦可用统计图表予以显示，如条形图、折线图、圆形图、频数直方图、频数曲线等。

2）推断性统计方法

推断性统计方法是在对统计数据描述的基础上，进一步对其所反映的问题进行分析、解释和做出推断性结论的方法。

3）统计方法的用途

① 提供表示事物特征的数据（平均值、中位数、标准偏差、方差、极差）；

② 比较两事物的差异（假设检（试）验、显著性检（试）验、方差分析、水平对比法）；

③ 分析影响事物变化的因素（因果图、调查表、散布图、分层法、树图、方差分析）；

④ 分析事物之间的相互关系（散布图、试验设计法）；

⑤ 研究取样和试验方法，确定合理的试验方案（抽样方法、抽样检（试）验、试验设计、可靠性试验）；

⑥ 发现质量问题，分析和掌握质量数据的分布状况和动态变化（频数直方图、控制图、排列图）；

⑦ 描述质量行程过程（流程图、控制图）。

（2）主要统计分析方法

1）统计调查表法

统计调查表法又称统计调查分析法，它是利用专门设计的统计表对质量数据进行收集、整理和粗略分析质量状态的一种方法。在质量控制活动中. 利用统计调查表收集数据，简便灵活，便于整理，使用有效。它没有固定的格式，可根据具体的需要和情况，设计出不同的调查表。常用的有分项工程作业质量分布调查表、不合格项目调查表、不合格原因调查表、施工质量检查评定用调查表。统计调查表一般同分层法结合起来应用，可以更好、更快地找出问题的原因，以便采取改进的措施。

2）分层法

分层法又称分类法，是将调查收集的原始数据，根据不同的目的和要求，按某一性质进行分组、整理的分析方法。分层的结果使数据各层间的差异突出地显示出来，层内的数据差异减小了，在此基础上再进行层间、层内的比较分析，可以更深入地发现和认识质量问题的原因。由于工程质量是多方面因素共同作用的结果，因而对同一批数据，可以按不同性质分层，如时间、地点、材料、方法、作业、项目、合同等方面，使人们能从不同角度来考虑、分析质量存在的问题和影响因素。分层法是质量控制统计分析方法中最基本的一种方法。其他统计方法一般都要与分层法配合使用，如排列图法、直方图法、控制图法、相关图法等，常常是首先利用分层法将原始数据分门别类，然后再进行统计分析。

例如：一个焊工班组有 A、B、C 三位工人实施焊接作业，共抽检 60 个焊接点，发现有 18 个焊接点不合格，占 30%。问题究竟在哪里？根据分层调查的统计数据表 11-6 可知，主要是作业工人 C 的焊接质量影响了总体的质量水平。

分层调查的统计数据表　　　　　　　　　　　　　　表 11-6

作业工人	抽检点数	不合格点数	个体不合格率（%）	占不合格点总数百分率（%）
A	20	2	10	11
B	20	4	20	22
C	20	12	60	67
合计	60	18		100

3）排列图法

排列图法是利用排列图寻找影响质量主次原因的一种有效方法。排列图又称帕累托图或主次因素分析图，它是由两个纵坐标、一个横坐标、几个连起来的直方形和一条曲线所组成，左侧的纵坐标表示频数，右侧的纵坐标表示累积频率，横坐标表示影响质量的各个因素或项目，按影响程度大小从左至右排列，直方形的高度示意某个因素的影响大小。

在质量管理过程中，通过抽样检查或检（试）验所得到的质量问题、偏差、缺陷、不合格等统计数据，以及造成质量问题的原因分析统计数据，均可采用排列图方法进行状况描述。它具有直观、主次分明的特点，可以形象、直接的反映主次因素。

如表 11-7 表示对某项模板施工精度进行抽样检查，得到 150 个不合格点数的统计数据。然后按照质量特性不合格点数（频数）大到小的顺序，重新整理为表 11-8，并分别计算出累计频数和累计频率。

构件尺寸抽样检查统计表 表 11-7

序号	检查项目	不合格点数	序号	检查项目	不合格点数
1	轴线位置	1	5	平面水平度	15
2	垂直度	8	6	表面平整度	75
3	标高	4	7	预埋设施中心位置	1
4	截面尺寸	45	8	预留孔洞中心位置	1

构件尺寸不合格顺序排列表 表 11-8

序号	项目	频数	频率（%）	累计频率（%）
1	表面平整度	75	50.0	50.0
2	截面尺寸	45	30.0	80.0
3	平面水平度	15	10.0	90.0
4	垂直度	8	5.3	95.3
5	标高	4	2.7	98.0
6	其他	3	2.0	100.0
合计		150	100	

根据表 11-8 的统计数据画排列图（图 11-3），并将其中累计频率 0～80% 定为 A 类问题，即主要问题，进行重点管理；将累计频率在 80%～90% 区间的问题定为 B 类问题，即次要问题，作为次重点管理；将其余累计频率在 90%～100% 区间的问题定为 C 类问题，即一般问题，按照常规适当加强管理。以上方法称为 ABC 分类管理法。

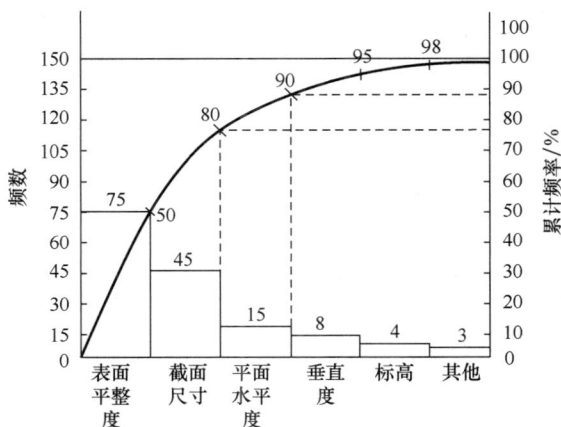

图 11-3　构件尺寸不合格点排列图

4）因果分析图法

因果分析图法是利用因果分析图来系统整理分析某个质量问题（结果）与其产生的原因之间关系的有效工具。因果分析图也称特性要因图，又因其形状常被称为树枝图或鱼刺图。它的形成是由质量特性（即质量结果指某个质量问题）、要因（产生质量问题的主要原因）、枝干（指一系列箭线表示不同层次的原因）、主干（指向质量结果的水平箭线）等

271

所组成。

图 11-4 表示混凝土强度不合格的原因分析,其中,第一层面从人、机械、材料、施工方法和施工环境进行分析;第二层面、第三层面,依此类推。

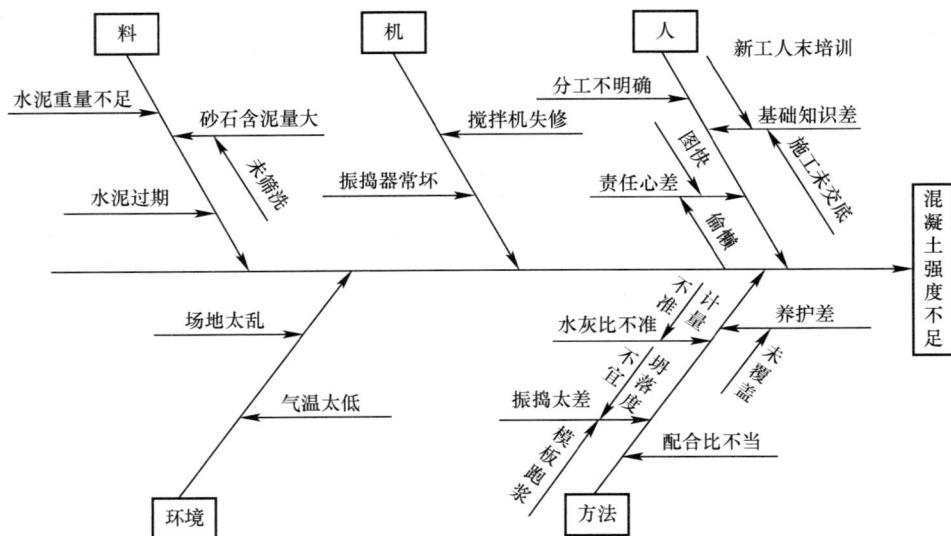

图 11-4 混凝土强度不合格因果分析

5) 直方图法

直方图法即频数分布直方图法,它是将收集到的质量数据进行分组整理,绘制成频数分布直方图,用以描述质量分布状态的一种分析方法,所以又称质量分布图法。通过直方图的观察与分析,可了解工程质量的波动情况,掌握质量特性的分布规律,以便对质量状况进行分析判断。同时可通过质量数据特征值的计算,估算施工生产过程总体的不合格产品率,评价过程能力等。

表 11-9 为某工程 10 组混凝土试块的抗压强度数据,但很难直接判断其质量状况是否正常、稳定和受控情况,如将其数据整理后绘制成直方图,就可以根据正态分布的特点进行分析判断,如图 11-5 所示。

混凝土强度数据整理表 (N/mm²)   表 11-9

序号	抗压强度					最大值	最小值
1	39.8	37.7	33.8	31.5	36.1	39.8	31.5
2	37.2	38.0	33.1	39.0	36.0	39.0	33.1
3	35.8	35.2	31.8	37.1	34.0	37.1	31.8
4	39.9	34.3	33.2	40.4	41.2	41.2	33.2
5	39.2	35.4	34.4	38.1	40.3	40.3	34.4
6	42.3	37.5	35.5	39.3	37.3	42.3	35.5
7	35.9	42.4	41.8	36.3	36.2	42.4	35.9
8	46.2	37.6	38.3	39.7	38.0	46.2	37.6
9	36.4	38.3	43.4	38.2	38.0	43.4	36.4
10	44.4	42.0	37.9	38.4	39.5	44.4	37.9

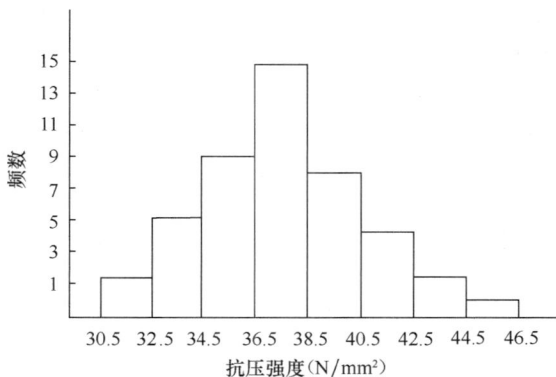

图 11-5　混凝土强度分布直方图

6）控制图法

控制图又称管理图，它是直角坐标系内画有控制界限，描述生产过程中产品质量波动状态的图形。利用控制图区分质量波动原因，判明生产过程是否处于稳定状态的方法称为控制图法。其用途为：过程分析，即分析生产过程是否稳定。应随机连续收集数据，绘制控制图，观察数据点分布情况并判断生产过程状态。过程控制：即控制生产过程质量状态。要定时抽样取得数据，将其变为点子描在图上，发现并及时消除生产过程中的失调现象，预防不合格的产品产生。排列图、直方图法是质量控制的静态分析法，反映的是质量在某一段时间里的静止状态。然而产品都是在动态的生产过程中形成的，因此，在质量控制中单用静态分析法显然是不够的，还必须用动态分析法。只有动态分析法，才能随时了解生产过程中质量的变化情况，及时采取措施，使生产处于稳定状态，起到预防出现废品的作用。

控制图的基本形式如图 11-6 所示。控制图一般有三条线：上面的一条线为控制上限，用符号 UCL 表示；中间的一条叫中心线，用符号 CL 表示；下面的一条叫控制下限，用符号 LCL 表示。在生产过程中，按规定取样，测定其特性值，将其统计量作为一个点画在控制图上，然后连接各点成一条折线，即表示质量波动情况。

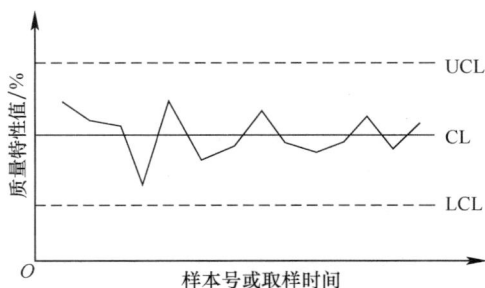

图 11-6　控制图基本形式

7）相关图法

相关图法又称散布图，在质量控制中它是用来显示两种质量数据之间关系的一种图形。质量数据之间的关系多属相关关系。一般有三种类型：一是质量特征和影响因素之间的关系；二是质量特性和质量特性之间的关系；三是影响因素和影响因素之间的关系。用质量特性值和影响因素，通过绘制散布图，计算相关系数等，分析研究两个变量之间是否存在相关关系，以及这种关系密切程度如何，进而对相关程度密切的两个变量，通过对其中一个变量的观察控制，去估计控制另一个变量的数值，以达到保证质量的目的。工程质量控制的统计分析方法是否可行、完善、切合实际。具体内容应具体分析，在进行统计分析过程中,其使用的方法、程序、步骤,分析过程须与工程的进度、质量结合起来,总共有多少工作量,一步步如何统计分析须表述清楚;从而进一步提出保证工程质量、进度、安全保障等的措施,使方案成为真正能够指导工程的一个文件。

【例 11-10】 产品的焊缝质量不良采用相关图法进行原因分析如图 11-7 所示。

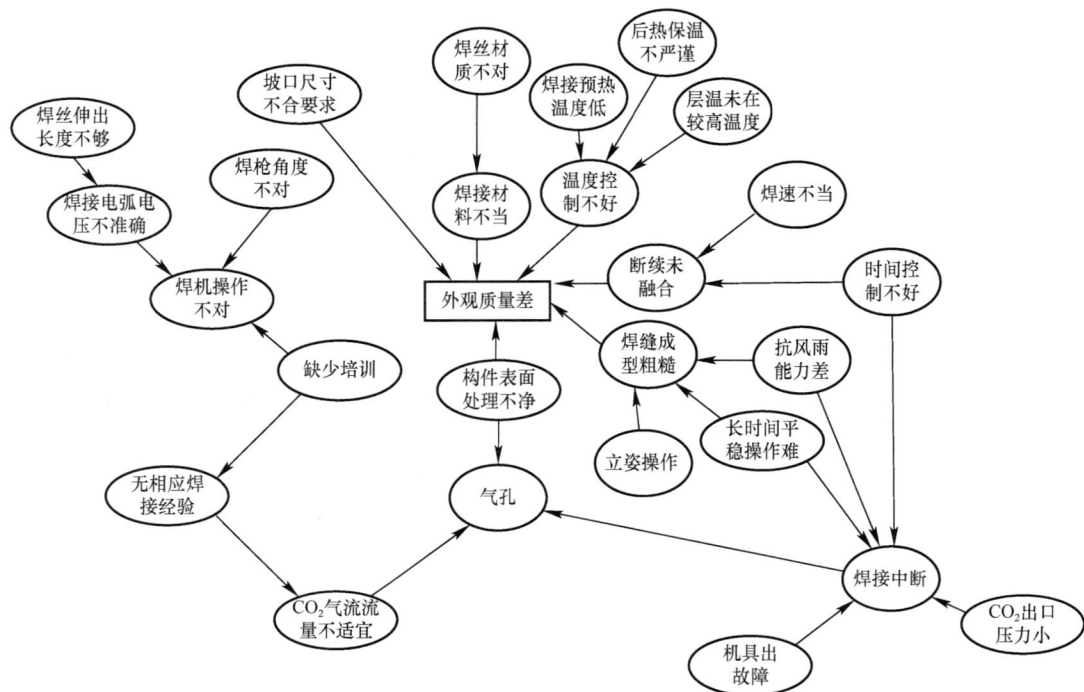

图 11-7 相关图法分析焊缝质量问题图示

8) 水平对比

水平对比就是将过程、产品和服务质量同公认的处于领先地位的竞争者的过程。产品和服务质量进行比较,以寻找自身质量改进的机会。水平对比在确定企业质量方针、质量目标和质量改进中都十分有用。

9) 流程图

流程图就是将一个过程(如工艺过程、检(试)验过程、质量改进过程等)的步骤用图的形式表示出来。通过对一个过程中各步骤之间关系的研究,一般能发现故障的潜在原因,查清需要进行质量改进的环节。

3. 抽样方案选择与规定

(1) 抽样检验方法分类

抽样检验方法分类见图 11-8,工程实践中应根据工程施工质量管理要求进行选择。

(2) 检验批抽样样本应随机抽取,满足分布均匀,具有代表性要求,抽样数量符合规范规定。

(3) 当采用计数抽样时,最小抽样数量应符合表 11-10 规定。明显不合格的个体可不

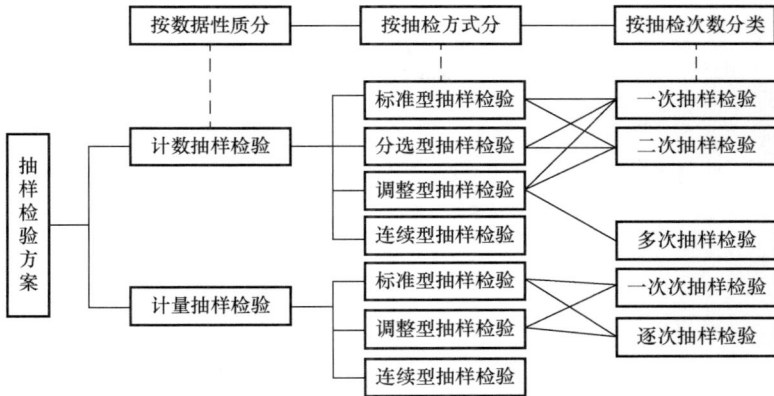

图 11-8　抽样检验方法分类

纳入检验批，应进行处理使其满足有关专业工程验收规范的规定。对处理情况应予以记录并重新验收。

检验批最小抽样数量　　　　　　　　　　　　　　　　　　表 11-10

检验批容量	最小抽样数量	检验批容量	最小抽样数量
2～15	2	151～280	13
16～25	3	281～500	20
26～90	5	501～1200	32
91～150	8	1201～3200	50

（4）计量抽样的错判概率 α 和漏判概率 β 规定如下：

1）主控项目：对应于合格质量水平的 α 和 β 不宜超过 5%。

2）一般项目：对应于合格质量水平的 α 不宜超过 5%，β 不宜超过 10%。